W0269615

Wärmediagramme für Vergasung Verbrennung und Rußbildung

Von

Dr.-Ing. F. Bošnjaković

o. Professor an der Technischen Hochschule Braunschweig
o. Professor E. h. Technische Fakultät der Universität Zagreb

Mit 111 Abbildungen
und 79 Tafeln

Springer-Verlag Berlin Heidelberg GmbH 1956

ISBN 978-3-642-92667-9   ISBN 978-3-642-92666-2 (eBook)
DOI 10.1007/978-3-642-92666-2

Additional material to this book can be downloaded from http://extras.springer.com

Vorwort

Die in den beigefügten Tafeln dargebotenen maßstäblichen Diagramme sollen bei bekannten Betriebsbedingungen eines Vergasungsvorganges die Eigenschaften des erzeugten Gases ohne Rechnung zugänglich machen. Dies dürfte dem Benutzer um so dienlicher sein, als Berechnungsverfahren für Vergasungsgleichgewichte sonst nur durch Probieren und unbequeme Näherungsrechnungen auszuwerten sind.

Entscheidender scheint jedoch ein anderer Vorzug der besprochenen Diagramme zu sein. Das ist die einfache Wiedergabe verschiedener Zustandsänderungen, wie des Mischungsvorganges, des Reaktionsablaufes, der Wärmezufuhr usw. Die Auswirkung erwogener Maßnahmen oder Erfüllung bestimmter Forderungen kann bei einem Verbrennungs- oder Vergasungsvorgang durch wenige Linienzüge beurteilt werden. Betrachtungen wie jene über den Zusatz von Wasserdampf oder über die Gasumwälzung behalten ihren qualitativen Wert auch dann, wenn im Betrieb gewisse vereinfachende Annahmen nicht ganz zutreffen sollten. Bei richtiger Anwendung der Diagramme wird jedoch auch die zahlenmäßige Übereinstimmung zwischen Theorie und Praxis wesentlich besser sein, als man es gewöhnlich zu erwarten pflegt.

Eine ausgesprochene Schlüsselstellung kommt dem $i\psi$-Diagramm und besonders dem $i\zeta$-Diagramm zu. Erst mit den daraus gewonnenen Ergebnissen liefern die übrigen Hilfsdiagramme die einzelnen Gaseigenschaften. Übrigens zeigt das $i\zeta$-Diagramm der Vergasung, trotz der darin berücksichtigten komplexen chemischen Problematik, eine verblüffende Verwandtschaft mit dem MOLLIERschen ix-Diagramm für feuchte Luft, und zwar sowohl im Aufbau als auch in den Anwendungsregeln. Nebenbei sei bemerkt, daß zur Benutzung dieser Wärmediagramme schon geringe Kenntnisse der chemischen Gleichgewichtsgesetze ausreichen.

Die Ausführungen des Buches beruhen vorwiegend auf der einfachen Annahme, daß bei allen Vorgängen überall das örtliche thermochemische Gleichgewicht herrscht. Damit können die meisten Erscheinungen im Gasgenerator gedeutet werden. Eine Analogie findet man bei der Wärmeübertragung durch ein Gas, wo in allen genügend kleinen Gasteilchen örtlich gleichmäßige Temperaturen als selbstverständlich angenommen werden, wenn auch die Temperatur von Ort zu Ort verschieden ist. Solche Vorstellung erleichtert sehr die Betrachtungen und man sollte sie nicht ohne wirklich triftige Gründe aufgeben. Nichtsdestoweniger wurden aber auch solche Zustandsänderungen besprochen, bei denen die Einstellung einzelner Teilgleichgewichte gehemmt sein sollte.

Da hier vor allem die Verwendbarkeit der neuen Wärmediagramme darzulegen war, konnten die als Beispiele herangezogenen Einzelprobleme selbst meist nur skizzenhaft behandelt werden. Manche wichtige Frage wurde nicht erst angeschnitten, so die mit der Erkenntnis verknüpfte, nach welcher die verlustreichen Nichtumkehrbarkeiten der Verbrennung, die Riesenwerte verschlucken, zum größten Teil auf Vorgänge in den dünnen Grenzschichten von kaum Millimeterdicke zurückzuführen sind. Ebenso wurde die Frage offengelassen, ob und wie ähnliche Diagramme zum Studium der Gasverbrennung und von Gasflammen nützlich herangezogen werden könnten.

Die Vorteile ähnlicher Wärmediagramme für andersartige chemische Vorgänge, wie es die temperaturempfindlichen Kontaktprozesse sind, wurden vom Verfasser schon vor dem Kriege am Beispiel der Ammoniaksynthese besprochen. Hier wird als weiteres interessante Beispiel dieser Art die Frage der industriellen Rußerzeugung aus Methan (Erdgas) auf Grund eines entsprechenden $i\xi$-Diagramms behandelt.

Den einzelnen Kapiteln der vorliegenden deutschen Ausgabe ist 1947 eine kroatische vorausgegangen. Daraus sind hier nur die Kapitel 1 und 3, allerdings wesentlich umgearbeitet, verwertet worden. Mit Rücksicht jedoch auf einige damalige Berechnungsfehler und auf die inzwischen bekanntgewordenen neueren Werte der Gleichgewichtskonstanten und Gasenthalpien von Rossini und Mitarbeitern wurden alle Diagramme neu berechnet. Sie weichen von der kroatischen Ausgabe teilweise beträchtlich ab. Das umfangreichste Kapitel 2 über die $i\zeta$-Diagramme sowie diese selbst sind jedoch neu.

Für die aufopfernde Hilfe bei der mühsamen Berechnung der maßstäblichen Diagramme möchte ich meinen früheren Mitarbeitern von der Technischen Fakultät in Zagreb, den Herren Prof. Ing. M. VILIČIĆ und Dozenten Ing. V. BRLEK, und für die vorliegende deutsche Ausgabe noch insbesondere Herrn Assistenten Dr.-Ing. I. TURK auch hier herzlich danken.

Mein besonderer Dank gebührt noch dem Springer-Verlag, welcher sich trotz der großen Zahl der maßstäblichen Diagrammtafeln nicht gescheut hat, die Arbeit im vollen Umfange wiederzugeben.

Braunschweig, Juli 1956

Der Verfasser

Inhaltsverzeichnis

Seite

Bezeichnungen VIII

1. Das $i\psi$-Diagramm der Vergasung 1

  a) Vernachlässigung der Methanbildung 2

    Die Gaseigenschaften 3
    Die Vergasungstemperatur 7
    Adiabate Vergasung 8
    Nichtadiabate Vergasung 10
    Prüfung des Gleichgewichtes durch Temperaturmessung 10
    Heizwert des Gases 11
    Wasserzusatz und Gaszusammensetzung 12
    Wasserzusatz und Gasheizwert 13
    Geforderte Gaseigenschaften 15
    Vergasungsgleichungen bei Vernachlässigung des Methans 17
    Enthalpie des Gases 22

  b) Berücksichtigung des Methans und der Brennstoffart 24

    Brennstoff ist reiner Kohlenstoff, $\sigma = 1{,}0$ 25
    Diagramme für beliebige Brennstoffe 27
    Adiabate und nichtadiabate Vergasung 32
    Einfluß der Art und Feuchtigkeit des Brennstoffes 33
    Druckvergasung 35
    Sauerstoffvergasung 37

  c) Vergasungsgleichungen für beliebige Brennstoffe unter Methan-
    bildung 38

    Gleichgewichtszusammensetzung 39
    Die Enthalpie des Gases 40
    Wärmebilanz bei adiabater Vergasung 41

2. Das $i\zeta$-Diagramm der Verbrennung und Vergasung 42

  a) Das $i\zeta$-Diagramm 42

    Beschreibung des $i\zeta$-Gleichgewichtsdiagramms 43
    Aufbau des $i\zeta$-Diagramms 46
    Teilgleichgewichte 51
      α) Homogenes Wassergasgleichgewicht 51
      β) Heterogene Teilgleichgewichte 52
    Bedingungen der Teilgleichgewichte 53
    Mehrdeutigkeit eines Zustandspunktes 54
    Vergasung bei höheren Drücken 56
    Vergasung mit Sauerstoffzusatz 56
    Das endgültige $i\zeta$-Diagramm 56

Inhaltsverzeichnis

VI

Seite

b) Zustandsänderungen im $i\zeta$-Diagramm 56

Wärmezufuhr bei $P =$ konst 56
Vermischen von Gasströmen 57
Zusetzen von Kohlenstoff 60
Adiabate Vergasung 61
Nichtadiabate Vergasung 63
Zustand an der Zonengrenze 64
Enthalpie des austretenden Gases 65

c) Temperaturverlauf bei örtlichen Gleichgewichten 66

Wärmeentzug von der Brennstoffoberfläche 68
Umrechnung des Wärmeentzuges durch kalten Brennstoff 69
Die Brennstofftemperaturen 71
Temperaturverlauf in der Reduktionszone 72
Temperaturen in der Brennzone 75
Lage der Flammenfront 79
Die Verbrennungstemperatur 81
Temperaturen in einer Kohlenstaubfeuerung 82
Temperaturen im Bett einer Rostfeuerung 83
Die Schlackentemperaturen 86

d) Stoff- und Wärmeaustausch im $i\zeta$-Diagramm 88

Der turbulente Austausch 89
Grenzschichtzustand A unveränderlich 91
Einheithöhe und Halbwerthöhe 92
Grenzschichtzustand A veränderlich 94
Adiabater Vergasungsverlauf mit der Höhe 96

e) Berücksichtigung der laminaren Grenzschicht 97

Ausgangspunkte bei Berücksichtigung der Grenzschicht 99
Austauschwiderstand der Grenzschicht 100
Anwendung an die Vergasung 102
Diffusion in der laminaren Schicht 103
Verlagerung der Oberflächentemperatur durch Diffusion 107

f) Gehemmte Einstellung des Gleichgewichtes 111

Gehemmtes simultanes Gleichgewicht 112
Selektiv gehemmte Gleichgewichteinstellung 113
Der Fall $\varphi_B > 0,\ \varphi_{W\sigma} = 0$ 114
Der Fall $\varphi_B = 0,\ \varphi_{W\sigma} > 0$ 115
Der Fall $\varphi_B > 0,\ \varphi_{W\sigma} > 0$ 115
Der Fall $\varphi_B > 0,\ \varphi_{W\sigma} > 0,\ \varphi_S > 0$ 116
Homogene Wassergasreaktion an der Brennstoffoberfläche, der Fall $\varphi_W > 0$ . . 117
Vereinfachte Hemmungsbetrachtung 118
Gleichgewichtshemmungen und Brennstofftemperatur 119
Brennstofftemperatur bei Anwesenheit von Asche 120

g) Besondere Vergasungsverfahren im $i\zeta$-Diagramm 121

Umwälzverfahren 121
Rückführung der Verbrennungsgase 123
Zusatz von fremden Abgasen 126
Vergasung mit Wärmeverlusten 127
Güte des Gases und Höhe des Brennstoffbettes 129
Güte des Gases und die Belastungsänderungen 130

Seite

3. Über die Rußbildung 131

    a) Unerwünschte Rußbildung 131

        Kriterium der Rußbildung 132

        Rußbildung bei extremen Temperaturen 135

        Rußbildung bei mittleren Temperaturen 137

        Feuchtigkeit und Rußbildung 137

        Rußbildung bei höheren Drücken 138

    b) Erzeugung von Ruß 139

        Rußerzeugung aus Kohlenwasserstoffen vom Typ $C_x H_y$ 139

        Rußerzeugung aus Methan 142

        Das $i\xi$-Diagramm 142

        Wärmeerscheinungen 143

        Einfluß des Luftmangels 143

Nachtrag zum Abschnitt „Brennstofftemperatur bei Anwesenheit von Asche" 146

Schrifttum 147

Sachverzeichnis 148

Tafelanhang

4. Maßstäbliche Diagrammtafeln Nr. 1 bis 79

Bezeichnungen

Eingeklammerte Zahlen weisen auf die Gleichungen hin, wo die Größe im Text erklärt wird

a	kg/kg	(67)	Aschegehalt des Brennstoffes
a	m²/h	(285)	Temperaturleitzahl eines Gasgemisches
B	kg	(76)	Brennstoffmenge
b	Mol/Mol	(82)	Sauerstoffcharakteristik des Brennstoffes
c	kg/kg	(67)	Kohlenstoffgehalt des Brennstoffes
C_p	kcal/Mol$_M$ °C	(234)	spezifische Wärme des Gases
$C_p' = V_t C_p$	kcal/Mol$_{M'}$ °C	(234)	spezifische Wärme der aus 1 Mol Vergasungsmittel entstandenen Gasmenge V_t
(C)	Mol/kg; Mol/Mol	(68)	molare Kohlenstoffmenge in Brennstoffeinheit
[C]	Mol/Mol	(52)	Gehalt des Gases an Kohlenstoff
c_B	kcal/kg °C	(93)	spezifische Wärme des Brennstoffes
d	m		eine charakteristische Länge, z. B. Korndurchmesser
D_x	m²/h	(289)	Diffusionskonstante des x-ten Bestandteiles im Gasgemisch
f	m²	(255)	Brennstoffoberfläche zwischen zwei Generatorquerschnitten
F	m²	(255)	Schachtquerschnitt
h	kg/kg	(67)	Wasserstoffgehalt des Brennstoffes
h	m	(262)	Höhe einer Brennstoffschicht
h_e	m	(271)	Einheithöhe einer Schüttung
$h_{1/2}$	m	(277)	Halbwerthöhe einer Schüttung
H	kcal/Mol; kcal/Nm³	(59)	der untere Heizwert eines Stoffes, s. aber auch S. 12
(H)	Mol/Mol$_B$	(82), (393)	Wasserstoffgehalt des Brennstoffes
i	kcal/Mol$_{M'}$	(11)	Enthalpie derjenigen feuchten Gasmenge V_t, die aus 1 Mol des Vergasungsmittels M' entsteht
i'	kcal/Mol$_{M'}$	(10)	Enthalpie des zugeführten Vergasungsmittels
i_B'	kcal/kg$_B$	(133)	Enthalpie des Brennstoffes
i_C	kcal/Mol$_C$	(61)	Enthalpie des festen Kohlenstoffes bei der örtlichen Temperatur
i_C'	kcal/Mol$_C$	(10)	Enthalpie des zugeführten Kohlenstoffes
i_{H_2O}	kcal/Mol$_{H_2O}$	(59)	Enthalpie des Wasserdampfes bei der örtlichen Temperatur
i_{H_2O}'	kcal/Mol$_{H_2O}$	(10)	Enthalpie des zugeführten Wasserdampfes
i_L	kcal/Mol$_L$	(62)	Enthalpie der Luft bei der örtlichen Temperatur
i_L'	kcal/Mol$_L$	(10)	Enthalpie der zugeführten Trockenluft
$i_C^0, i_{H_2O}^0, i_L^0$ usw.	kcal/Mol	(63) bis (66)	Enthalpien bei 0° C
K_B		(28)	Gleichgewichtskonstante der BOUDOUARD-Reaktion beim Druck P
K_M		(103)	Gleichgewichtskonstante der heterogenen Methanzersetzung beim Druck P
K_W		(29)	Gleichgewichtskonstante der homogenen Wassergasreaktion
K_{WC}		(174)	Gleichgewichtskonstante der heterogenen Wassergasreaktion beim Druck P
K_{0B}, K_{0M}, K_{0WC}		(104) bis (106)	Gleichgewichtskonstanten bei $p_0 = 1$ Atm
M	Mol	(6), (84)	Menge des erzeugten Gases
M_x	Mol	(84)	Menge des x-ten Bestandteiles der erzeugten Gases

M'	Mol	(4), (74)	Menge des Vergasungsmittels
M'_x	Mol	(10), (74)	Menge des zugeführten Stoffes x
M'_F	$\mathrm{Mol}_{M'}/\mathrm{m}_F^2\,\mathrm{h}$	(225)	je m² Schachtquerschnitt F durchströmende Vergasungsmittelmenge
M'_f	$\mathrm{Mol}_{M'}/\mathrm{m}_f^2\,\mathrm{h}$	(224)	je m² Brennstoffoberfläche f infolge Querbewegung bis zum Temperaturausgleich an dieser gekommene Gasmenge, ausgedrückt in $\mathrm{Mol}_{M'}$ der zugehörigen Vergasungsmittelmenge
n	$\mathrm{kg_{N_2}/kg_B}$	(67)	Stickstoffgehalt des Brennstoffes
n		(275)	Anzahl der Einheithöhen
n'		(279)	Anzahl der Halbwerthöhen
o	$\mathrm{kg_{O_2}/kg_B}$	(67)	Sauerstoffgehalt des Brennstoffes
(O)	$\mathrm{Mol/kg_B}$; $\mathrm{Mol/Mol_B}$	(82)	Gesamtsauerstoff des Brennstoffes
P	$\mathrm{kg/m^2}$		Vergasungsdruck
p	at		Vergasungsdruck
Q	kcal	(17)	zugeführte Wärme
q	$\mathrm{kcal/Mol}_{M'}$	(17)	Wärmemenge je 1 Mol Vergasungsmittel
q_f	$\mathrm{kcal/m}_f^2\,\mathrm{h}$	(227)	von je 1 m_f^2 Brennstoffoberfläche dem Brennstoffinneren zugeführte Wärmemenge
q_C	$\mathrm{kcal/Mol_C}$	(227)	q_f bezogen auf die örtlich vergaste Kohlenstoffmenge M'_{Cf}
q_ε	$\mathrm{kcal/Mol}_{M_f}$	(229)	q_f bezogen auf den örtlichen Austauschstrom M'_f
r, r_L	Mol/Mol	(45)	Sauerstoffgehalt der Trockenluft
s	$\mathrm{kg_S/kg_B}$	(67)	Schwefelgehalt des Brennstoffes
T	°K		absolute Temperatur
t	°C		Temperatur
t'	°C		Vorwärmungstemperatur
v	$\mathrm{m^3/Mol}$	(288)	Molvolumen eines Gasgemisches
v_f	$\mathrm{m^3/m}_f^2$	(238)	Schüttvolumen, welches 1 m_f^2 wirksame Brennstoffoberfläche umfaßt
V_f	$\mathrm{Mol}_M/\mathrm{Mol}_{M'}$	(6)	aus 1 Mol Vergasungsmittel erzeugte feuchte Gasmenge
V_tr	$\mathrm{Mol}_M/\mathrm{Mol}_{M'}$	(7)	aus 1 Mol Vergasungsmittel erzeugte trockene Gasmenge
w	$\mathrm{kg_W/kg_B}$	(67)	Wassergehalt des Brennstoffes
x	Mol/Mol	(300)	Molanteil des x-ten Bestandteiles im Gasgemisch
x		(269)	Gleichgewichtabstandgrad
z		(255)	bedeutet nach Wahl entweder i oder ζ
$[\mathrm{H_2}]$, $[\mathrm{CO}]$, $[\mathrm{CO_2}]$ usw. Mol/Mol			bedeuten Raumanteile im feuchten Gas
$\mathrm{H_2}$, CO, $\mathrm{CO_2}$ usw. Mol/Mol			bedeuten Raumanteile im getrockneten Gas
α	Mol/Mol	(409)	Ausbeutefaktor bei Rußerzeugung
α_f	$\mathrm{kcal/m}_f^2\,\mathrm{h\ grd}$	(231)	Wärmeübergangszahl im Brennstoffbett, bezogen auf die Brennstoffoberfläche f
α_v	$\mathrm{kcal/m^3\ h\ grd}$	(238)	wie α_f, jedoch bezogen auf 1 m³ Brennstoffschüttung
α_γ	$\mathrm{kcal/kg\ h\ grd}$	(238)	wie α_f, jedoch bezogen auf 1 kg Schüttgewicht
β	Mol/Mol	(349)	Rückführungsanteil der Auspuffgase
γ_f	$\mathrm{kg_B/m}_f^2$	(238)	Schüttgewicht, welches 1 m_f^2 wirksamer Brennstoffoberfläche f umfaßt
δ	Mol/Mol	(343)	Anteil der umgewälzten Gasmenge
δ	m	(244)	Dicke der laminaren Grenzschicht
ε	Mol/Mol	(224)	Austauschzahl der Strömung
ζ	$\mathrm{Mol_C/Mol}_{M'}$	(5)	Kohlenstoffgehalt der aus 1 Mol Vergasungsmittel erzeugten Gasmenge
λ		(364), (417)	Luftfaktor bei Verbrennung
λ	$\mathrm{kcal/m\ h\ grd}$	(287)	Wärmeleitzahl des Gasgemisches
λ_B	$\mathrm{kcal/m\ h\ grd}$	(243)	Wärmeleitzahl des Brennstoffes

λ_{kr}	Mol/Mol	(363)	kritischer Luftfaktor für die Rußbildung
μ	Mol/Mol	(108)	auf Methan entfallender Anteil des Gesamtwasserstoffes des Gases
ξ	Mol_{CH_4}/Mol	(390)	Methananteil im Ausgangsgemisch
σ	$Mol_{|}Mol_C$	(68)	Sauerstoffbedarfscharakteristik des Brennstoffes nach MOLLIER
φ	Mol/Mol	(330)	Umwandlungsanteil bei gehemmten Reaktionen
χ	Mol/Mol	(34), (107)	auf Wasserstoffgas entfallender Anteil des Gesamtwasserstoffes des Gases
ψ	Mol_{H_2O}/$Mol_{M'}$	(3), (78)	rechnerischer Feuchtigkeitsgehalt des rechnerischen Vergasungsmittels
ψ_L	Mol_{H_2O}/$Mol_{M'}$	(77)	tatsächlicher Feuchtigkeitsgehalt des Vergasungsmittels
ω	Mol/Mol	(35)	Verteilungsgrad des Sauerstoffes zwischen CO_2 und CO

1. Das $i\psi$-Diagramm der Vergasung

Die Aufgabe eines Gasgenerators ist es, einen gegebenen Brennstoff durch Zufuhr von Sauerstoff und Wasserdampf vollständig zu vergasen. Die an das Gas gestellten Forderungen können verschieden sein, je nachdem, welchem Zwecke es zugedacht ist. Beim Kraftgas stellt man die Forderung eines möglichst hohen Heizwertes bei Vermeidung von schädlichen Bestandteilen, in der Syntheseindustrie wünscht man wiederum ein Gas bestimmter Zusammensetzung, z. B. ein wasserstoffreiches Gas. So ist es wünschenswert, die Eigenschaften des Gases auf einfache Weise vorauszubestimmen und zu beeinflussen und vor allem auch die Auswirkung verschiedener Betriebsbedingungen zu überblicken.

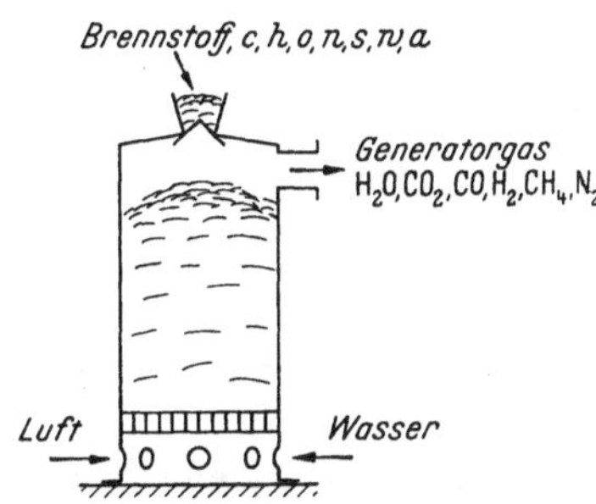

Bild 1. Stoffumsatz im Generator

Die Gaserzeugung im Generator unterteilt man zweckmäßigerweise in zwei Vorgänge: einerseits in die Entgasung oder trockene Destillation des Brennstoffes und andererseits in dessen Vergasung oder den eigentlichen Generatorprozeß. Wenn auch die beiden Vorgänge im Generator miteinander gekuppelt sind, so kann man sie doch rechnerisch getrennt verfolgen. Das ist erforderlich, weil beide Vorgänge verschiedenen Gesetzmäßigkeiten gehorchen.

Wir wenden uns vornehmlich dem eigentlichen Vergasungsvorgang zu, weil durch diesen der Gang des Generators, dessen Reaktionstemperatur und damit auch der etwaige Entgasungsprozeß entscheidend beeinflußt werden. Außerdem bietet gerade der Vergasungsvorgang große rechnerische Schwierigkeiten, und es soll versucht werden, diese Schwierigkeiten auf einfache und doch übersichtliche Weise zu umgehen.

In Bild 1 sind die Stoffe dargestellt, die bei einer gewöhnlichen Vergasung verbraucht und erzeugt werden. Es wird vorausgesetzt, daß durch den Vergasungsvorgang der Sauerstoff praktisch ganz aufgezehrt wird und daß sich außer Methan keine höheren Kohlenwasserstoffe im Generatorgas bilden. Nach den Gleichgewichtsgesetzen ist das, strenggenommen, eine Vernachlässigung. Wir dürfen sie aber bedenkenlos machen, da die theoretischen Mengen der vernachlässigten Gase im üblichen Temperaturbereich klein sind und einen quantitativ kaum merklichen Einfluß auf die Gleichgewichtseinstellung ausüben. Sauerstoff würde erst bei sehr hohen Temperaturen (etwa 2000° C) in beachtenswerten Mengen auftreten und die höheren Kohlenwasserstoffe bei so tiefen Temperaturen, wie sie für die Vergasung nicht in Betracht kommen. Das deckt sich auch mit praktischen Erfahrungen, wo die höheren Kohlenwasserstoffe höchstens als eine Folge der hier nicht berücksichtigten Entgasung auftreten, während Sauerstoff, wenn überhaupt, dann in geringen Mengen infolge mangelhafter Führung des Prozesses (Kanalbildung im Schacht u. dgl.) unausreagiert durchschlüpfen kann. Ob und wieweit die Bildung von höheren Kohlenwasserstoffen bei Höchstdruckprozessen des Generators von Bedeutung sein kann, soll hier nicht weiter untersucht werden.

a) Vernachlässigung der Methanbildung

Im Generator können verschiedenartige Brennstoffe zur Vergasung gelangen. Bevor wir den allgemeinen Fall der Vergasung eines beliebigen Brennstoffes betrachten, wollen wir diejenige des reinen Kohlenstoffes ins Auge fassen. Praktisch entspricht das einer Vergasung von Koks, d. h. eines Brennstoffes ohne flüchtige Bestandteile. Darüber hinaus treffen wir vorläufig die weitere Vereinfachung, daß sich im Gas kein Methan bildet, daß also das feuchte, noch Wasserdampf enthaltende Gas die Zusammensetzung

$$[H_2O] + [H_2] + [CO] + [CO_2] + [N_2] = 1 \tag{1}$$

aufweist. Die Symbole in den eckigen Klammern mögen zugleich die Raumteile der betreffenden Gase im Generatorgas angeben. Trocknet man das Gas, z. B. durch Abkühlung, so fällt der Wasserdampfgehalt aus, und es wird die Zusammensetzung der getrockneten Gase

$$H_2 + CO + CO_2 + N_2 = 1 . \tag{2}$$

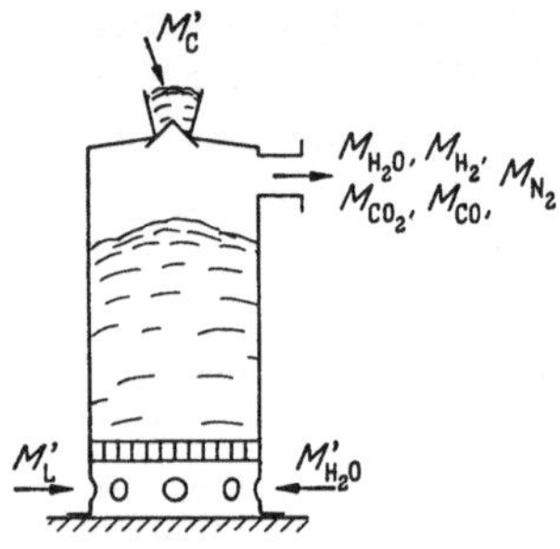

Bild 2. Mengenverhältnisse beim Stoffumsatz

Hier lassen wir zum Unterschied gegenüber dem feuchten Gas die Symbole ohne Klammern.

Wir können gleich vorwegnehmen, daß man die Methanbildung bedenkenlos bei solchen Betrieben bei Umgebungsdruck vernachlässigen kann, bei welchen die Vergasungstemperatur über 800° C liegt oder bei welchen der Wasserzusatz weniger als 30% vom Vergasungsmittel, beides gerechnet in Mol, ausmacht.

Die umgesetzten Mengen im Generator sind in Bild 2 dargestellt. Als Brennstoff werden M_C' Mol Kohlenstoff zugeführt, während sich das Vergasungsmittel M' Mol aus M_L' Mol Luft und aus M_{H_2O}' Mol Wasser oder Wasserdampf zusammensetzt. Das Vergasungsmittel (Ausgangsgemisch) weist dabei einen Feuchtigkeitsgehalt ψ Mol/Mol (Ausgangsfeuchte) auf. Die Ausgangsfeuchte des Vergasungsmittels ψ definieren wir als das Verhältnis

$$\psi = \frac{M_{H_2O}'}{M_L' + M_{H_2O}'} = \frac{M_{H_2O}'}{M'} , \tag{3}$$

worin

$$M' = M_L' + M_{H_2O}' \tag{4}$$

die Gesamtmenge des Vergasungsmittels in Mol darstellt.

Im Generator stellt sich im Vergasungsraum eine Temperatur $t°$ C ein, die sowohl von der Ausgangsfeuchte ψ des Vergasungsmittels als auch von dessen Vorwärmtemperatur, von den etwa zugeführten oder entzogenen Wärmemengen, vom Vergasungsdruck und vom Sauerstoffgehalt der Luft abhängen kann. Die zugeführte Luft fassen wir im allgemeineren Sinne auf. Es kann sich um Umgebungsluft handeln, aber auch um solche, die durch Sauerstoffzusatz mit Sauerstoff angereichert wird, wie das bei manchen neueren Verfahren in steigendem Maße durchgeführt wird.

Die Gaseigenschaften. Die Vergasungstemperatur t ist von entscheidender Bedeutung für die Eigenschaften des erzeugten Gases. Die rechnerische Vorausbestimmung dieser Vergasungstemperatur, oder allgemeiner des Vergasungszustandes, wird das Zentralproblem unserer weiteren Betrachtung bilden.

Von der Vergasungstemperatur hängt es in erster Linie ab, wieweit die Reduktion des Kohlendioxydes CO_2 zum brennbaren CO fortschreitet und in welchem Maße der zugesetzte Wasserdampf H_2O sich in Wasserstoff zersetzt. Je höher die Vergasungstemperatur liegt, um so mehr H_2 und CO kann man im allgemeinen im Gas erwarten.

Hinweise hierüber liefern uns die chemischen Gleichgewichtsbedingungen. Für den Fall, daß wir mit dem Erreichen des chemischen Gleichgewichtes im Generator rechnen können, wird die Zusammensetzung des erzeugten Generatorgases durch die Ausgangsfeuchte und durch die Vergasungstemperatur t eindeutig bestimmt, soweit der Vergasungsdruck und der Sauerstoffgehalt der Luft vorgegeben sind. Um den Leser nicht zu ermüden, wollen wir zunächst die Ergebnisse dieser Zusammenhänge besprechen, während die mathematischen Ableitungen hiervon erst später gegeben werden sollen.

Wir heben besonders hervor, daß im folgenden alle Mengen, wie Brennstoffverbrauch, erzeugte Gasmenge, Wärmeverlust usw., jeweils für den Umsatz von $1\,\mathrm{Mol}_{M'}$ des Vergasungsmittels M' in Diagrammen dargestellt werden. Mit anderen Worten, wir beziehen alle Größen auf einen solchen Generatorbetrieb, bei dem gerade $1\,\mathrm{Mol}_{M'}$ Vergasungsmittel M' verbraucht wurde. Diese Bezugseinheit hat sich als recht zweckmäßig erwiesen.

Die Aufwendung des Brennstoffes, die hier als der Kohlenstoffverbrauch auftritt, bildet eine wichtige Angabe für jeden Generatorbetrieb. Ebenso wie die Zusammensetzung des Gases wird auch der Kohlenstoffverbrauch des Generators im chemischen Gleichgewicht durch die Vergasungstemperatur t und durch die Ausgangsfeuchte ψ eindeutig bestimmt. Als Kohlenstoffverbrauch definieren wir die Kohlenstoffmenge $\zeta\,\mathrm{Mol}_C/\mathrm{Mol}_M$, die je Mol des Vergasungsmittels M' im Generator im Beharrungszustand aufgezehrt wird, falls der Betrieb unveränderlich aufrechterhalten werden soll.

Es ist

$$\zeta = \frac{M'_C}{M'}. \tag{5}$$

In Bild 3 ist der Kohlenstoffverbrauch $\zeta\,\mathrm{Mol}_C/\mathrm{Mol}_{M'}$ in Abhängigkeit von der Ausgangsfeuchte ψ des Vergasungsmittels für verschiedene Vergasungstemperaturen t aufgetragen[1]. Für den reinen Luftgasprozeß ohne Wasserzusatz, $\psi = 0$, kann der Kohlenstoffverbrauch je nach der Vergasungstemperatur t verschiedene Werte zwischen $\zeta_0 = 0{,}21$ bis $\zeta_\infty = 0{,}42\,\mathrm{Mol}_C/\mathrm{Mol}_M$ je Mol Luft annehmen. Bei reinem Wassergasprozeß, $\psi = 1$, liegen diese Werte zwischen $\zeta_0 = 0$ bis $\zeta_\infty = 1$ $\mathrm{Mol}_C/\mathrm{Mol}_{M'}$ je Mol aufgewendeten Wasserdampf. Der Kohlenstoffverbrauch kann also je nach der Betriebsart in weiten Grenzen schwanken.

---

[1] Die Bilder 3 bis 7 sind in größerem Maßstab auch als Beilagen am Ende des Buches, Tafel 3 bis 8, aufgenommen.

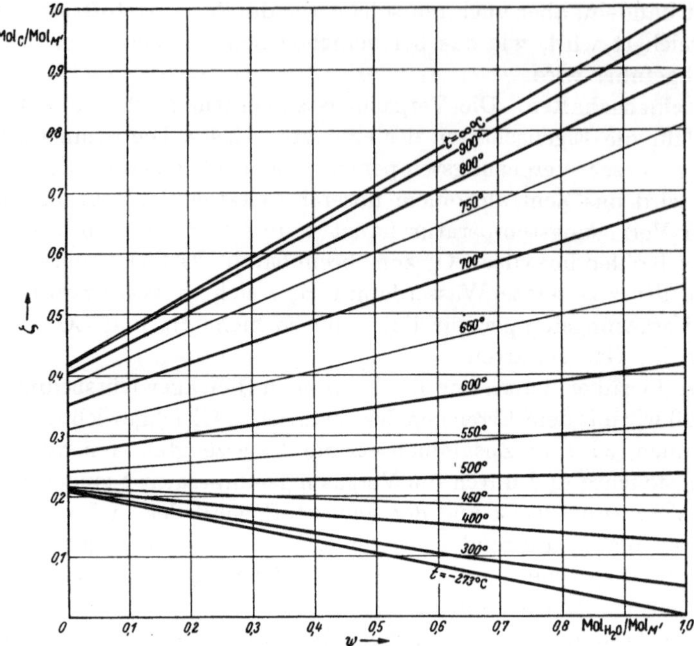

Bild 3. Kohlenstoffbedarf ζ Mol$_C$ je Mol Vergasungsmittel M' für Vergasung des reinen Kokses ($\sigma = 1$), $p = 1$ Atm, $r_L = 0{,}21$, $CH_4 = 0$

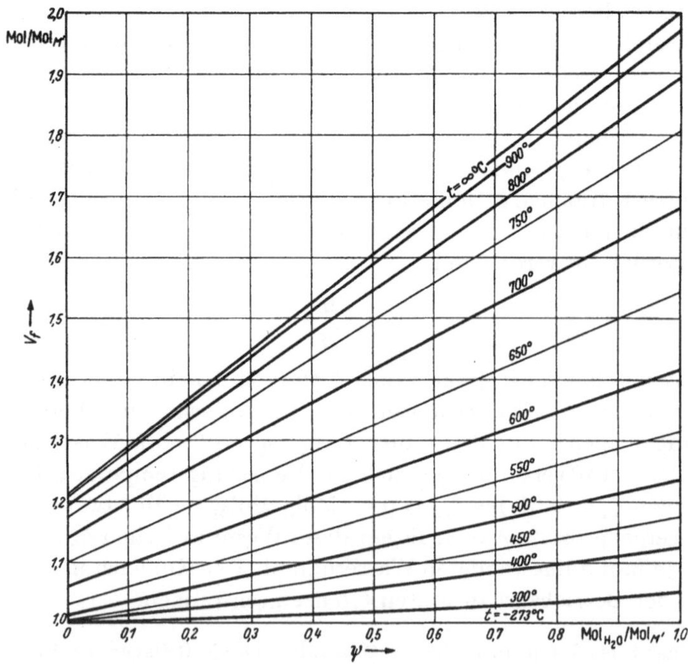

Bild 4. Menge der feuchten Gase V_f Mol$_f$/Mol aus 1 Mol$_{M'}$ Vergasungsmittel. Betriebsbedingungen wie in Bild 3

Die Menge der feuchten Generatorgase V_f Mol/Mol, die aus 1 Mol Vergasungsmittel entstehen, ist

$$V_f = \frac{M}{M'} \text{ Mol/Mol}_{M'}, \tag{6}$$

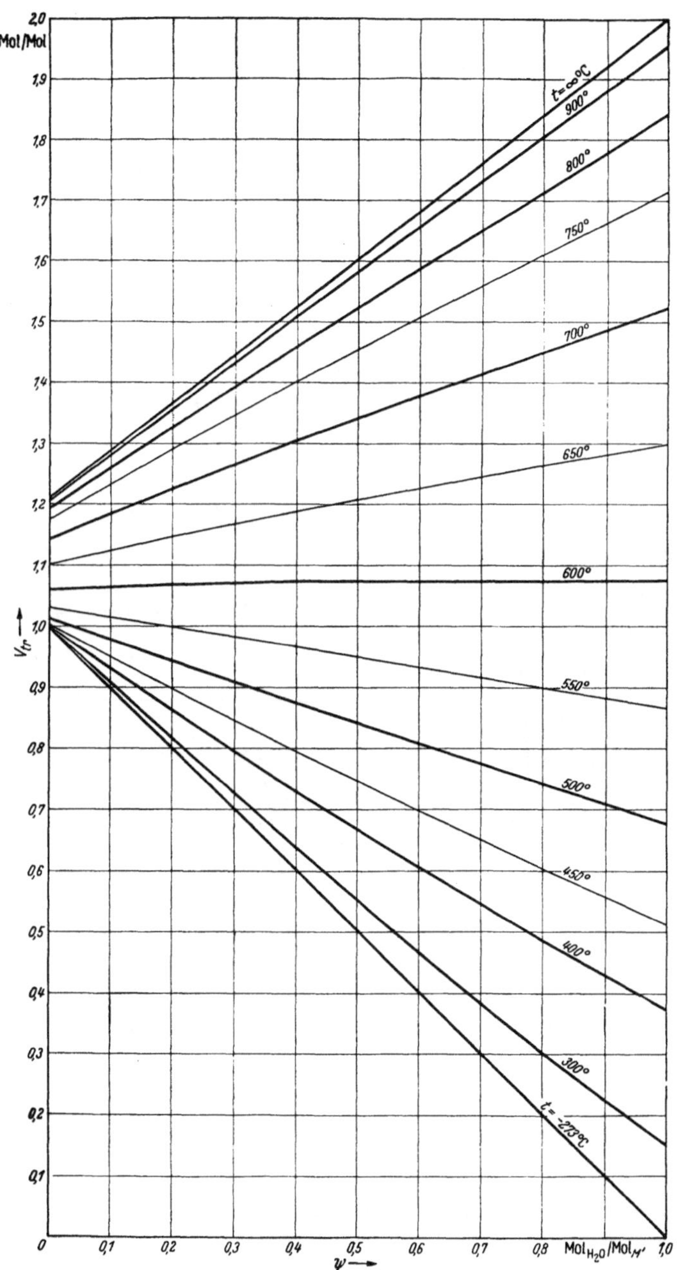

Bild 5. Menge der getrockneten Gase V_{tr} Mol$_{tr}$/Mol$_{M'}$ aus 1 Mol Vergasungsmittel. Betriebsbedingungen wie in Bild 3

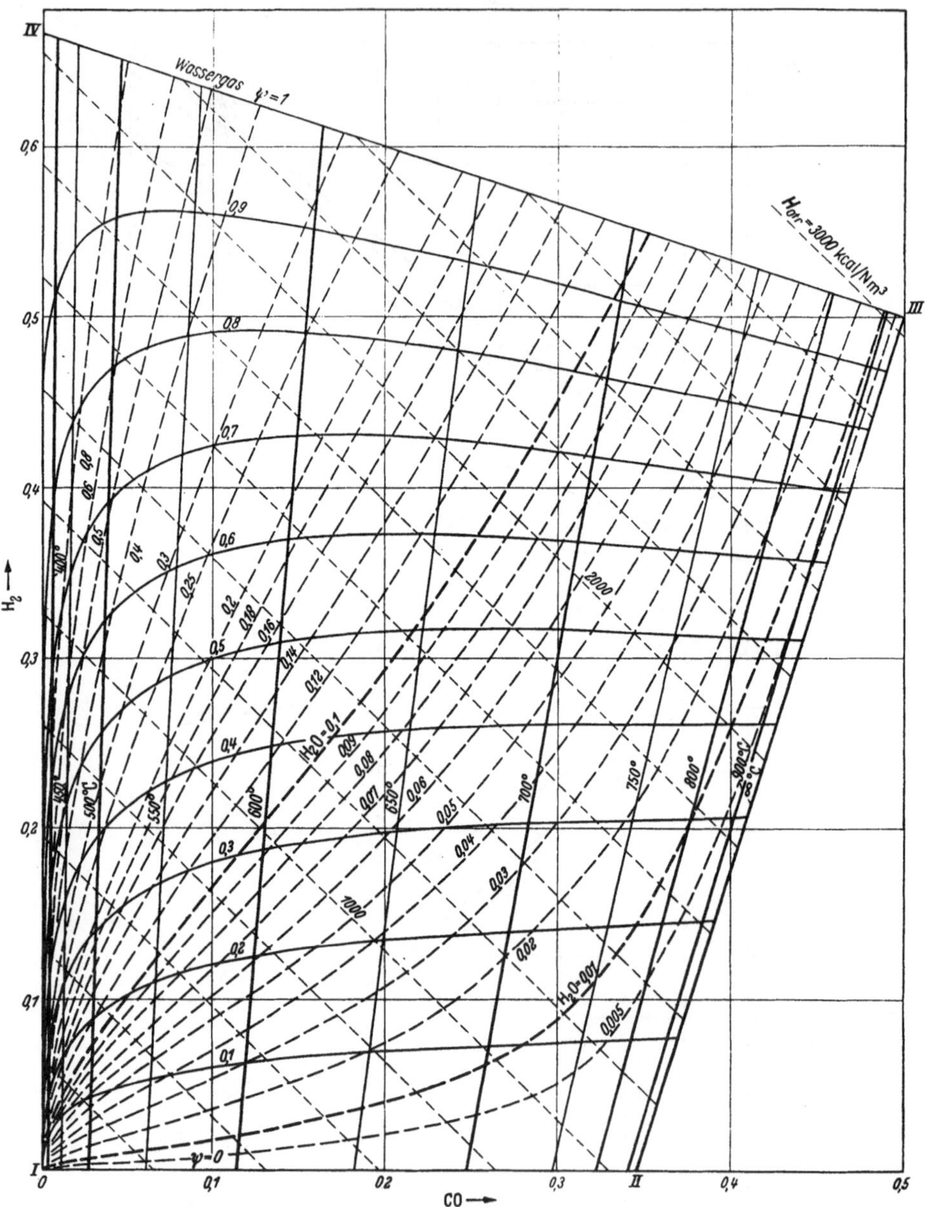

Bild 6. H_2–CO-Zusammensetzungsdiagramm für $\sigma = 1{,}0$, $p = 1$ Atm, $r_L = 0{,}21$, $CH_4 = 0$

während die Menge der getrockneten Gase um den ausgefallenen Wasserdampf geringer ist

$$V_{\mathrm{tr}} = \frac{M - M_{\mathrm{H_2O}}}{M'} \; \mathrm{Mol/Mol}_{M'}. \tag{7}$$

Diese Größen sind in Abhängigkeit von der Ausgangsfeuchte für verschiedene Vergasungstemperaturen t in Bild 4 und 5 dargestellt.

Die vollständige Zusammensetzung des getrockneten Gases kann man mit Hilfe des Bildes 6 ermitteln. Hier sind in das Vergasungsviereck von MOLLIER-HOFFMANN noch die Linien konstanter Ausgangsfeuchte $\psi = $ konst und konstanter Vergasungstemperatur $t = $ konst als maßgebende Größen eingetragen. Diese beiden Linienscharen sind auf Grund von später zu besprechenden Gleichgewichtsbeziehungen berechnet. Sie erlauben, die Eigenschaften des Gases ohne Rechnung zu ermitteln, wenn die Ausgangsfeuchte des Vergasungsmittels (der Luft) und die Vergasungstemperatur des Prozesses bekannt sind. Das ist der eine Vorteil dieser Diagramme. Die erwähnte Vervollständigung des MOLLIER-HOFFMANNschen H_2-CO-Diagramms mit Gleichgewichtsisothermen und mit Linien $\psi = $ konst hat bereits SCHWARZ V. BERGKAMPF[1] vorgenommen.

Die Eigenschaften der feuchten Gase, so wie sie aus dem Generator kommen, ermittelt man nach der Beziehung

$$[\mathrm{H_2}] = \mathrm{H_2}\frac{V_{\mathrm{tr}}}{V_{\mathrm{f}}},$$

$$[\mathrm{CO_2}] = \mathrm{CO_2}\frac{V_{\mathrm{tr}}}{V_{\mathrm{f}}},$$

$$[\mathrm{H_2O}] = \mathrm{H_2O}\frac{V_{\mathrm{tr}}}{V_{\mathrm{f}}} \tag{8}$$

usw.

Die Vergasungstemperatur. Zur Benutzung der bisher besprochenen Diagramme ist neben der Ausgangsfeuchte ψ des Vergasungsmittels noch die Kenntnis der Vergasungstemperatur t des Prozesses erforderlich. Sie stellt gewissermaßen eine Schlüsselgröße dar, die wir nun bestimmen wollen.

Als Vergasungstemperatur verstehen wir hier die Temperatur in jenem Teil des Generators und an jenen Stellen, wo man im Grenzfalle mit der Einstellung des chemischen Gleichgewichtes zwischen Gas und Brennstoff rechnen kann. Dieses wird an der Brennstoffoberfläche annähernd herrschen, und wir werden diese Frage später eingehender behandeln. Zur Ermittlung der Vergasungstemperatur ist es zweckmäßig, die Enthalpie des erzeugten Gases zu kennen. Man kann sie aus den Enthalpien seiner Bestandteile ermitteln und gewinnt, wie später gezeigt wird, die Beziehung Gl. (58). Aus Zweckmäßigkeitsgründen beziehen wir die Enthalpie des Gases nicht auf 1 Mol, sondern auf diejenige Menge des Gases, die aus 1 Mol$_{M'}$ des Vergasungsmittels M' entsteht. Die Enthalpie dieser feuchten Gasmenge V_{f} bezeichnen wir mit i kcal/Mol$_{M'}$. Zur Berechnung von i wird diejenige Gaszusammensetzung zugrunde gelegt, welche sich im chemischen Gleichgewicht mit dem Brennstoff bei der Vergasungstemperatur t einstellen würde. Auch wenn in Wirklichkeit dieses Gleichgewicht nicht streng erreicht werden

---

[1] SCHWARZ V. BERGKAMPF, E.: Z. Elektrochem. Bd. 43 (1937) S. 636; Radex-Rdsch. 1948 S. 41.

sollte, kommt unseren Ausführungen die Bedeutung von wertvollen Grenzbetrachtungen zu. Später werden wir aber auch Nichtgleichgewichtsgase in unsere Betrachtungen einbeziehen.

Adiabate Vergasung. Bei einem Vorgang, bei welchem dem Generator Fremdwärme weder zugeführt noch entzogen wird, muß im Beharrungszustand die Enthalpie der zugeführten Stoffe gleich der Enthalpie der entzogenen sein

$$I' = I.\tag{9}$$

Es ist für zugeführte Stoffe

$$I' = M'\,i' = M'_L\,i''_L + M'_{H_2O}\,i''_{H_2O} + M'_C\,i''_C\tag{10}$$

und für das erzeugte Gas

$$I = M'\,i.\tag{11}$$

Hier ist die Enthalpie der Asche (Schlacke) vernachlässigt worden, was man meist bedenkenlos machen kann, wie das später bei der Behandlung des allgemeinen Falles noch begründet wird.

Die Enthalpienullpunkte werden bei 0° C festgelegt, so daß bei dieser Temperatur $i^0_L = 0$, $i^0_{O_2} = 0$; $i^0_{H_2O\text{flüss}} = 0$, $i^0_C = 0$. Sollte der Brennstoff (Kohlenstoff) im vorgewärmten Zustande dem Vergasungsvorgang zugeleitet worden sein, so ist dazu die Wärme

$$Q_C = M'\,q_C\tag{12}$$

aufgewendet worden. Hier ist q_C kcal/Mol die Wärme, die zur Vorwärmung derjenigen Kohlenstoffmenge ζ aufgewendet werden muß, die bei Vergasung von 1 Mol Vergasungsmittel M' verbraucht wird. Es ist

$$M'\,q_C = M'_C\,i''_C\tag{13}$$

und

$$q_C = \frac{M'_C}{M'}\,i''_C = \zeta\,i''_C,\tag{14}$$

Der Kohlenstoffverbrauch ζ ist nach Bild 3 auch von der Vergasungstemperatur t abhängig. Wenn diese noch unbekannt ist, kann man sie in Gl. (14) zunächst schätzen und ζ dem Diagramm, Bild 3, entnehmen. Die Unsicherheit der Schätzung ist in diesem Falle von untergeordneter Bedeutung, da die etwaige Vorwärmung des Brennstoffes nur wenig dem Wärmehaushalt des Vergasungsvorganges beisteuert. Oft wird sogar der Brennstoff verhältnismäßig kalt dem Vergasungsvorgang zugeführt, in welchem Falle seine Enthalpie zu vernachlässigen sein wird, $i''_C \approx 0$, $q_C \approx 0$, ohne Rücksicht auf die Vergasungstemperatur.

Aus den eben aufgeschriebenen Gleichungen folgt durch Dividieren mit M' die adiabate Bedingungsgleichung

$$i = (1 - \psi)\,i''_L + \psi\,i''_{H_2O} + \zeta\,i''_C,\tag{15}$$

worin oft

$$\zeta\,i''_C = q_C \approx 0\tag{16}$$

gesetzt werden kann.

Die Beziehung Gl. (15) läßt eine elegante Ermittlung der Vergasungstemperatur mit Hilfe des $i\psi$-Diagramms zu. Im $i\psi$-Diagramm, Bild 7, sind die Enthalpien i kcal/Mol$_{M'}$ des erzeugten Gases über der Ausgangsfeuchte ψ des Vergasungsmittels aufgetragen. Wie erwähnt, beziehen sich die Enthalpien des Gases jeweils auf diejenige Gasmenge, die aus 1 $Mol_{M'}$ Vergasungsmittel entsteht. Für eine Vergasungstemperatur t ist im chemischen Gleichgewicht die Zusammensetzung des Gases bekannt, und man kann die Enthalpie i berechnen und so das $i\psi$-Diagramm aufzeichnen. So erhält man für verschiedene Vergasungstempera-

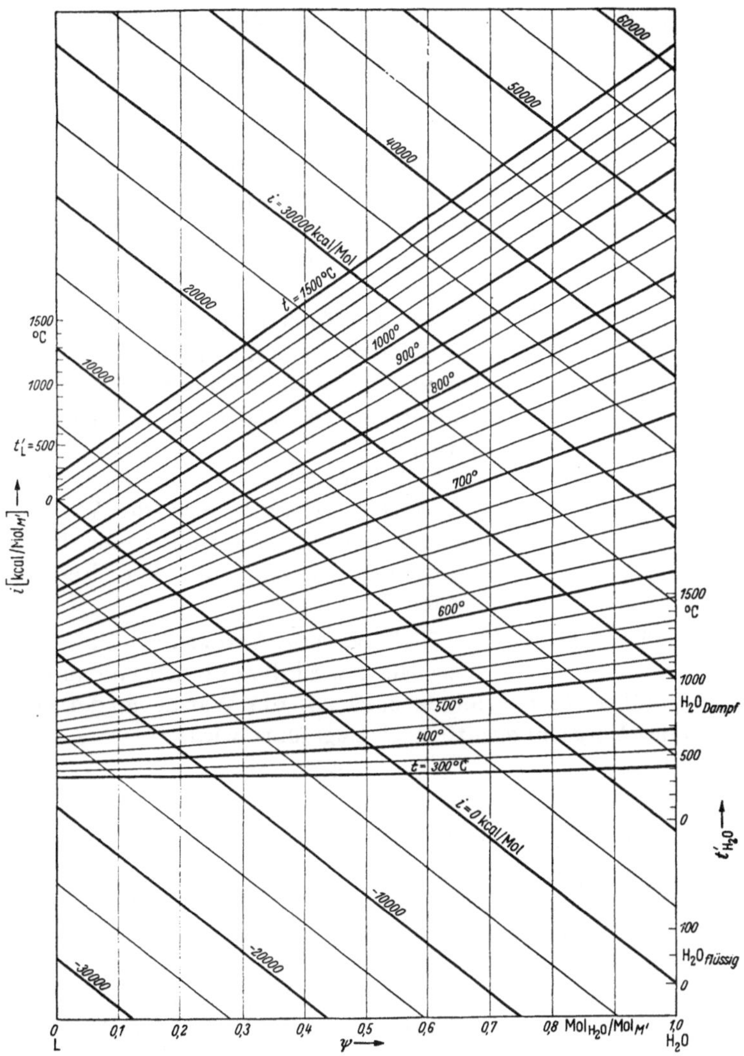

Bild 7. $i\psi$-Diagramm für $\sigma = 1{,}0$, $p = 1$ Atm, $r_L = 0{,}21$, $CH_4 = 0$

turen t eine Schar nahezu geradliniger Isothermen. Diese gestatten, die Enthalpie derjenigen Gasmenge V_f abzulesen, welche bei der betreffenden Vergasungstemperatur t und gegebener Ausgangsfeuchte aus 1 $Mol_{M'}$ Vergasungsmittel M' vergast wurden. In das Diagramm kann man auch die Enthalpie i'_L und i'_{H_2O} der beiden Bestandteile des Vergasungsmittels an den entsprechenden Ordinaten $\psi = 0$ und $\psi = 1$ auftragen, und zwar für Zustände, mit denen sie dem Generator zugeführt werden. Diese Enthalpien sind durch die Temperaturen der Luft und des Wassers oder Wasserdampfes gekennzeichnet.

Sucht man im $i\psi$-Diagramm, Bild 8, den Zustand *1* der zugeführten Luft bei $\psi = 0$ und den Zustand *2* des zugesetzten Dampfes oder Wassers bei $\psi = 1$ auf, so muß die Enthalpie von 1 Mol des physikalischen Gemisches dieser beiden Bestandteile in Abhängigkeit von der Ausgangsfeuchte ψ auf der Verbindungsgeraden $\overline{12}$, der sog. „Vergasungsgeraden", liegen, Punkt M gemäß dem Ausdruck

$$(1 - \psi)\, i'_L + \psi\, i''_{H_2O}\,,$$

den wir auf der rechten Seite der Gl. (15) angetroffen haben. Vernachlässigt man die Brennstoffvorwärmung, $q_C \approx 0$, so muß gemäß Gl. (15) auch das erzeugte Gas eben diese Enthalpie aufweisen. Hat man sich für einen Betrieb mit bekanntem ψ entschlossen, so suche man Punkt M auf der Vergasungsgeraden bei diesem ψ auf. Er stellt den Zustand des erzeugten Gases dar. Die zugehörige Isotherme t_M gibt die Vergasungstemperatur bei adiabater Vergasung im Gleichgewicht an.

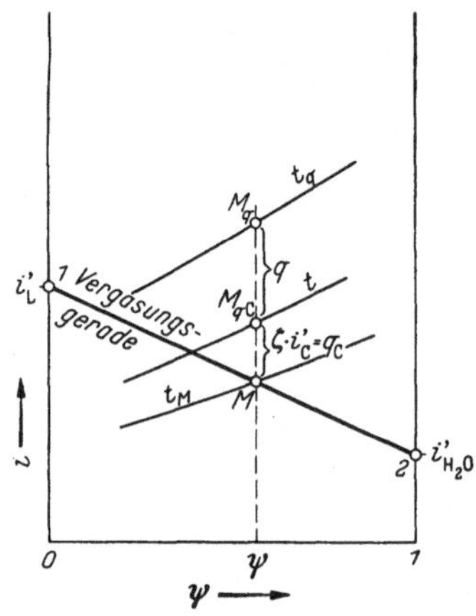
Bild 8. Adiabate und nichtadiabate Vergasung

Sollte der Brennstoff merklich vorgewärmt gewesen sein, so trage man die Wärme q_C gemäß Gl. (14) über M auf und erhält Punkt M_{q_C} als Vergasungszustand, mit der Vergasungstemperatur t.

Nichtadiabate Vergasung. Bei nichtadiabater Vergasung wird dem Prozeß von außen die Fremdwärme Q zugeführt. Man ermittle zunächst die Wärme q, die bei Vergasung von 1 Mol$_{M'}$ des Vergasungsmittels M' zugeführt wird,

$$q = \frac{Q}{M'}\,. \tag{17}$$

Der jetzige Vergasungszustand M_q liegt in diesem Falle um q kcal/Mol oberhalb des adiabaten Zustandes M (bzw. M_{q_C}). Bei Wärmeentziehung, die z. B. als Folge von Wärmeverlusten auftritt, liegt Punkt M_q unterhalb M.

Prüfung des Gleichgewichtes durch Temperaturmessung. Die Zufuhr oder Entziehung von Wärme, insbesondere die Wärmeverluste, können an verschiedenen Stellen des Generators auftreten. Im $i\psi$-Diagramm muß nur derjenige Teil dieser Wärmemengen berücksichtigt werden, der beim Vergasungsvorgang selbst noch zur Geltung kommen kann. Das sind z. B. die Verluste der Verbrennungs- und der Vergasungszone. Dagegen sind die Verluste im Abzugsrohr des Gases oder am Generatordeckel nicht einzubeziehen, weil diese erst nach dem stattgefundenen Vergasungsvorgang erfolgen und somit keinen Einfluß mehr auf die Gaszusammensetzung haben. Hier ist die Reaktion schon beendet, und ein Wärmeentzug hat nur eine Abkühlung des Gases ohne Änderung seiner Zusammensetzung zur Folge.

Die gemessene Abzugstemperatur des Gases wird niedriger als die Vergasungstemperatur sein. Der Unterschied kann unter Umständen recht beträchtlich werden. Die Abkühlung des Gases ist einmal durch die Vorwärmung des aufgegebenen kalten frischen Brennstoffes bedingt, dann aber auch durch Auftrocknung der etwaigen Brennstoffeuchtigkeit oder durch etwaige Entgasung der flüchtigen Bestandteile im Brennstoff. Auch bei absteigender Vergasung kann das erzeugte Gas durch Produkte der Trocknung und Trockendestillation, die unzersetzt durchschlüpfen, gekühlt werden. Immerhin wird diese Nachkühlung des Gases bei absteigender Vergasung wesentlich schwächer als bei aufsteigender sein.

Als weitere Ursache des Unterschiedes der Vergasungs- und der Abzugstemperatur sind die Wärmeverluste im Abzugsstutzen und am Generatordeckel zu nennen. Allgemeiner gesagt, sind das die Verluste an Generatorteilen, an denen das heiße Gas vorbeistreicht, ohne zugleich mit dem Brennstoff zu reagieren, sei es wegen Abwesenheit des Brennstoffes an diesen Stellen, sei es infolge zu tiefer Brennstofftemperaturen.

Die Berücksichtigung dieser Temperaturunterschiede ist von Bedeutung bei der versuchsmäßigen Prüfung der Generatorgasgleichgewichte. Die theoretische Zusammensetzung des Generatorgases ist sehr temperaturempfindlich. Das sieht man gut in Bild 9, wo über der Vergasungstemperatur die Raumteile der

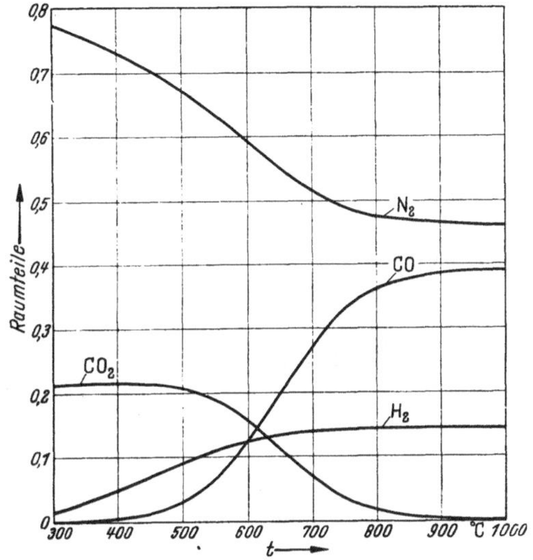

Bild 9. Gleichgewichtszusammensetzung eines Gases mit $\psi = 0,2$ bei verschiedenen Temperaturen

einzelnen Bestandteile des Gases aufgetragen sind, bei einer Ausgangsfeuchte des Vergasungsmittels $\psi = 0,2$. Bei $t = 700°$ C ist z. B. der Gehalt an CO $= 0,28$. Wird die Vergasungstemperatur um 30° falsch eingesetzt, was infolge der üblichen Meßfehler und insbesondere infolge der angeführten Abkühlungen durchaus möglich ist, so würde man bei 670° C nach Bild 9 den CO-Gehalt zu etwa CO $= 0,23$ ermitteln. Der Fehlbetrag von etwa 0,05 beträgt 20% des Sollwertes. Bei CO_2 ist der entsprechende Sollwert bei 700° C etwa 0,07 und der Fehlbetrag 0,02, also etwa 30% des Sollwertes. Aus diesem Grunde darf man die gemessenen Temperaturen am Generator nur mit großer Vorsicht zur Überprüfung der Gleichgewichte heranziehen. Es ist richtiger, die Reaktionstemperatur aus der Wärmebilanz unter Annahme des chemischen Gleichgewichtes wie oben zu ermitteln und mit der etwa erhaltenen Gasanalyse zu vergleichen, als umgekehrt aus der Temperaturmessung die Gleichgewichtseinstellung zu kontrollieren. Diese Bemerkung wird insofern noch bedeutungsvoller, als nach späteren Darlegungen für den Ablauf der chemischen Reaktionen nicht die Temperatur des Gases selbst, sondern diejenige der Brennstoffoberfläche maßgebend sein wird.

Heizwert des Gases. Neben dem oberen und unteren Heizwert des Gases muß man noch die Heizwerte des feuchten Gases und des getrockneten Gases unterscheiden. So bekommt man vier verschiedene Heizwerte ein und desselben Generatorgases, und zwar

        H_{of} der obere Heizwert des feuchten Gases,

        H_{uf} der untere Heizwert des feuchten Gases,

        H_{otr} der obere Heizwert des getrockneten Gases,

        H_{utr} der untere Heizwert des getrockneten Gases.

Der Heizwert des feuchten Gases ist für solche Betriebe wichtig, wo das Gas vor seiner Anwendung nur mäßig abgekühlt wird, so daß sein Wasserdampfgehalt erhalten bleibt. Der Heizwert des getrockneten Gases findet dort Anwendung, wo das Gas durch Reinigung so weit abgekühlt wird, daß sich seine Feuchtigkeit zum größten Teil niederschlägt und das Gas praktisch ganz trocken wird.

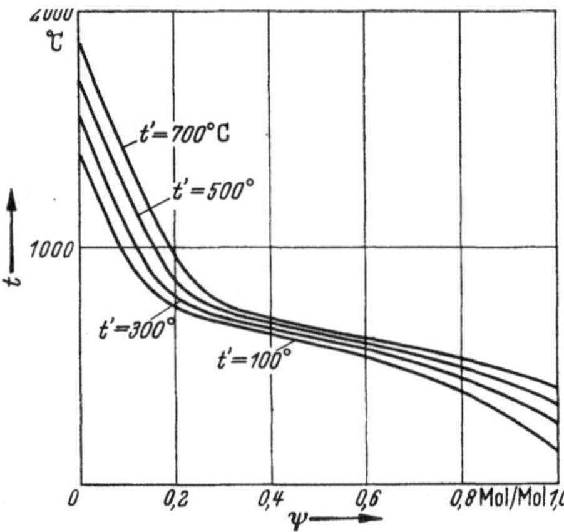

Bild 10. Vergasungstemperatur t abhängig von der Ausgangsfeuchte ψ für verschiedene Vorwärmung t' des Vergasungsmittels

Die Erzeugung eines Gases von gegebenem Heizwert kann unter verschiedenen Betriebsbedingungen erfolgen. Der Betrieb bei kleinem Wasserzusatz ψ und hoher Vergasungstemperatur t kann denselben Heizwert liefern wie ein solcher bei großem Wasserzusatz und niedriger Vergasungstemperatur.

Wasserzusatz und Gaszusammensetzung. Um den Einfluß des Wasserdampfzusatzes auf den Generatorvorgang zu untersuchen, betrachten wir Betriebe mit gleicher Vorwärmung des Vergasungsmittels. Bei adiabatem Vorgang muß der jeweilige Gaszustand durch den Punkt M auf der Vergasungsgeraden gemäß Bild 8 dargestellt werden. Für diesen Punkt kann man die Vergasungstemperatur t dem $i\psi$-Diagramm entnehmen, und man bekommt Bild 10. Hier ist die Vergasungstemperatur t in Abhängigkeit von der Ausgangsfeuchte ψ des Vergasungsmittels aufgetragen, die sich im adiabaten Betrieb einstellt, wenn das Vergasungsmittel in vorgewärmtem Zustande mit der Temperatur t' dem Generator zugeführt wird. Man erkennt den zunächst steilen Abfall der Vergasungstemperatur bis auf etwa 700° C im Bereich der kleineren Dampfzusätze bis etwa $\psi \approx 0{,}2$. Bei weiterem Dampfzusatz nimmt die Vergasungstemperatur viel langsamer ab. Dies hängt damit zusammen, daß kleinere Dampfmengen sehr weitgehend in Wasserstoff gespalten werden, ohne daß die dazu erforderliche Spaltungswärme allein durch entsprechende Bildung von CO_2 geliefert wird. Diese Wärme muß auf Kosten der Abkühlung des Gases gedeckt werden. Bei weiterem Wasserzusatz setzt bei Vergasungstemperaturen unter 700° C die Spaltung von Wasserdampf zwar unvermindert fort, aber hier bildet sich in steigendem Maße CO_2, wodurch viel Wärme frei wird.

Die entsprechenden Zusammensetzungsverhältnisse erkennt man aus Bild 11 bis 13, und zwar für den Fall der Vorwärmung des Vergasungsmittels auf $t' = 100°$ C, wobei also Wasser in Form von Wasserdampf zugesetzt wird. In Bild 11 ist der Verlauf dieser Linie $t' = 100°$ C im H_2–CO-Diagramm dargestellt, woraus man die Raumteile der verschiedenen Teilnehmer ablesen kann. Diese sind in Bild 12 in Abhängigkeit von der Ausgangsfeuchte übersichtlich dargestellt, während Bild 13 dieselben Verhältnisse in Abhängigkeit von der Vergasungstemperatur zeigt.

Wasserzusatz und Gasheizwert. Eine wichtige Eigenschaft des Gases ist sein Heizwert. Dieser ist in hohem Maße von der Ausgangsfeuchte des Ver-

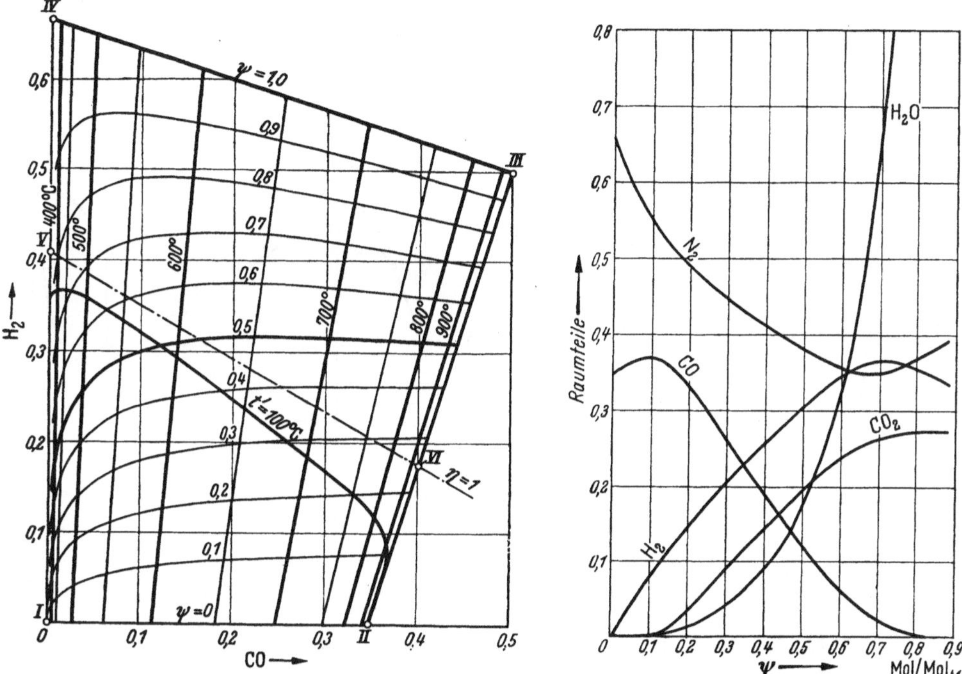

Bild 11. Vergasung mit verschiedenen Ausgangsfeuchten ψ, aber mit gleichbleibender Vorwärmung t' des Vergasungsmittels, als Linie $t' = 100°$ C im H_2–CO-Diagramm

Bild 12. Zusammensetzung des Gases, abhängig von der Ausgangsfeuchte ψ, für gleichbleibende Vorwärmung $t' = 100°$ C des Vergasungsmittels

gasungsmittels abhängig. Um diesen Einfluß zu untersuchen, verlege man im $i\psi$-Diagramm, Bild 8, die Mischgerade $\overline{12}$ nach Maßgabe des Lutt- und Wasserdampfzustandes 1 und 2. Auf dieser Geraden liest man unmittelbar die entsprechenden Gasheizwerte bei verschiedenen Ausgangsfeuchten ψ ab, falls das Diagramm mit Isocaloren versehen ist. Wenn das nicht der Fall ist, lese man die entsprechenden Vergasungstemperaturen bei den betreffenden ψ-Gehalten ab, gehe mit den erhaltenen Werten in das H_2–CO-Diagramm, Bild 6, ein und lese dort den Heizwert ab oder berechne ihn aus den erhaltenen Zusammensetzungsangaben des Gases.

Einige Ergebnisse sind in Bild 14 und 15 dargestellt. Hier wurde jeweils eine einheitliche Vorwärmung des Vergasungsmittels auf die Temperatur t' vorausgesetzt. Bild 14 stellt den Einfluß des Wasserzusatzes auf den unteren Heizwert des getrockneten Gases $H_{u\,tr}$. Die Linie $t' = 0°$ C stellt die Vergasung mit dem Zusatz von flüssigem Wasser von $0°$ C dar, die Linien $t' = 100°$ C bis

500° C den Zusatz des Wassers in Dampfform dar. Man erkennt scharf ausgeprägte Höchstwerte des Heizwertes, die beim Dampfzusatz in der Gegend von $\psi \approx 0{,}2$ liegen, bei Wasserzusatz sogar bei nur $\psi = 0{,}12$. Die höheren Vorwärmungstemperaturen t' bedingen auch höhere Vergasungstemperaturen t und ein heizwertreicheres Gas.

Den Heizwert des Gases bei reinem Luftgasbetrieb, $H_{u\,tr} = 1050$ Kcal/Nm³, kann man durch Wasserzusatz merklich verbessern. Bei einer Vorwärmtemperatur von z. B. $t' = 300°$ erreicht man bei $\psi = 0{,}2$ einen Heizwert $H_{u\,tr} =$ 1500 kcal/Nm³. Ein größerer Wasserzusatz ist jedoch schädlich, da der Heizwert wieder abnimmt. Der Grund

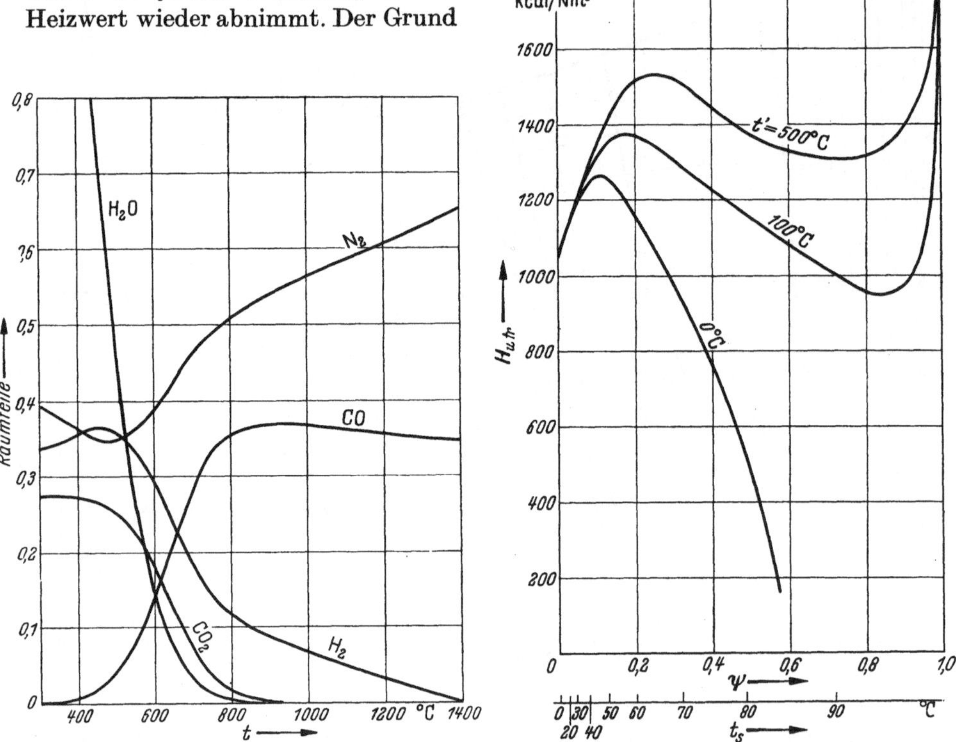

Bild 13. Zusammensetzung des Gases, abhängig von der Vergasungstemperatur t, die sich bei verschiedenen Ausgangsfeuchten ψ einstellt, bei gleichbleibender Vorwärmung $t' = 100°$ C des Vergasungsmittels

Bild 14. Der untere Heizwert $H_{u\,tr}$ des getrockneten Gases, abhängig vom Wasserzusatz ψ, für verschiedene Vorwärmung t' des Vergasungsmittels

ist in der abnehmenden Vergasungstemperatur zu suchen, wobei der CO_2-Gehalt des Gases rasch zunimmt.

In Bild 15 ist der Verlauf des unteren Heizwertes $H_{u\,f}$ des feuchten Gases dargestellt. Auch hier erkennen wir ähnliche Höchstwerte wie bei $H_{u\,tr}$, aber die Minima sind nicht vorhanden. Für $H_{u\,f}$ ist ein zu großer Wasserzusatz noch schädlicher als für $H_{u\,tr}$. Übrigens sieht man, daß die für den Heizwert günstigste Vergasungstemperatur t bei etwa 750° C liegt.

Die Befeuchtung der Vergasungsluft erfolgt entweder durch Dampfeinblasen oder durch Wassereinspritzung oder durch Bestreichen der Luft über eine Wasser-

fläche bzw. über feuchten Brennstoff (bei absteigender Vergasung). Bei Dampfeinblasen oder Wassereinspritzen ist die Ausgangsfeuchte des Vergasungsmittels
von den Einspritzungen und nicht von der Lufttemperatur abhängig. Die Luft
kann dabei sowohl ungesättigt als auch naß werden. Bei Luftbefeuchtung durch
Bestreichen einer feuchten Oberfläche kann sich die Luft dagegen bestenfalls mit
Wasserdampf sättigen, und die aufgenommene Wasserdampfmenge ist dann von
der erreichten Sättigungstemperatur t_s der Luft abhängig. Es ist dabei

$$\psi = \frac{P_s}{P_0}, \qquad (18)$$

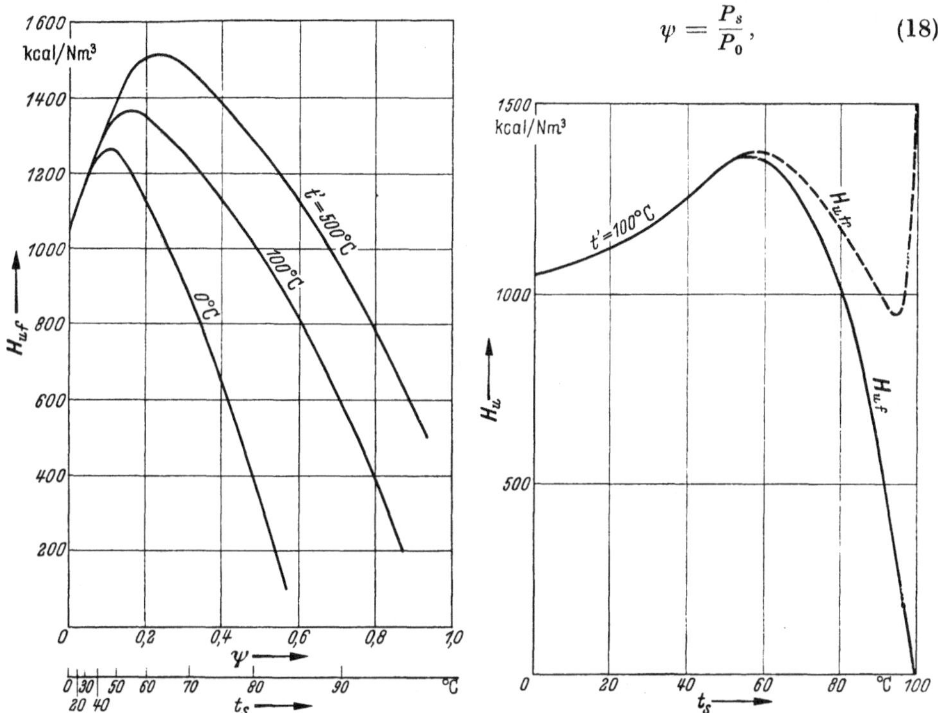

Bild 15. Der untere Heizwert $H_{u\,f}$ des feuchten Gases, abhängig vom Wasserzusatz ψ, für verschiedene Vorwärmung t' des Vergasungsmittels

Bild 16. Heizwert des feuchten Gases, abhängig von der Sättigungstemperatur t_s des Vergasungsmittels

wo P_0 den Luftdruck, P_s die Sättigungsspannung des Wasserdampfes bei der
Sättigungstemperatur t_s bedeuten. In Bild 16 ist der Verlauf der Gasheizwerte
in Abhängigkeit von dieser Sättigungstemperatur dargestellt. Eine Sättigung
der Luft bei Temperaturen höher als 60° C hat einen steilen Abfall der Heizwerte
zur Folge, was vermieden werden möchte. In Bild 14 und 15 waren die zugeord-
neten Sättigungstemperaturen an den Abszissenachsen mit verzeichnet.

Geforderte Gaseigenschaften. Der Generatorvorgang muß so geführt werden,
daß bestimmte Eigenschaften des Gases eingehalten werden. So verlangt man
gelegentlich für Syntheseprozesse ein Generatorgas, dessen Wasserstoff- und
Kohlenoxydgehalt in einem bestimmten gegenseitigen Verhältnis stehen, z. B.
$\frac{H_2}{CO} = 2$. Man kann diese Forderung durch verschiedenartigen Gang des Generators erfüllen. Ihr genügen alle Betriebsarten, deren Zustandspunkte des erzeugten

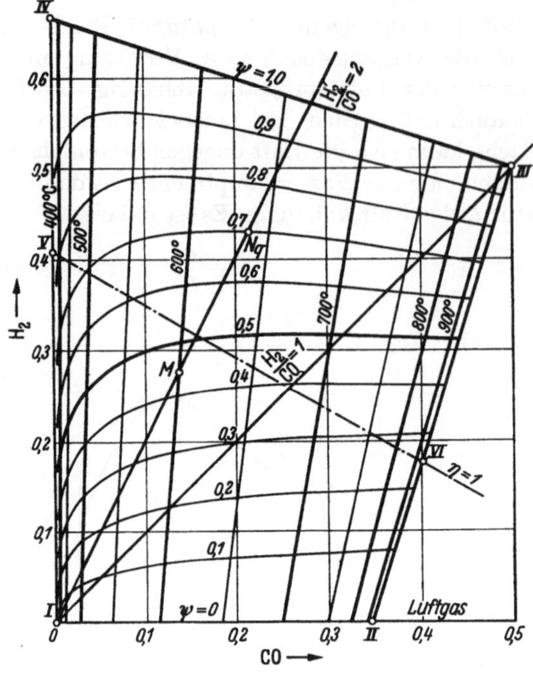

Bild 17. Gaszustände mit gefordertem Verhältnis $\frac{H_2}{CO}$ = konst im H_2-CO-Diagramm

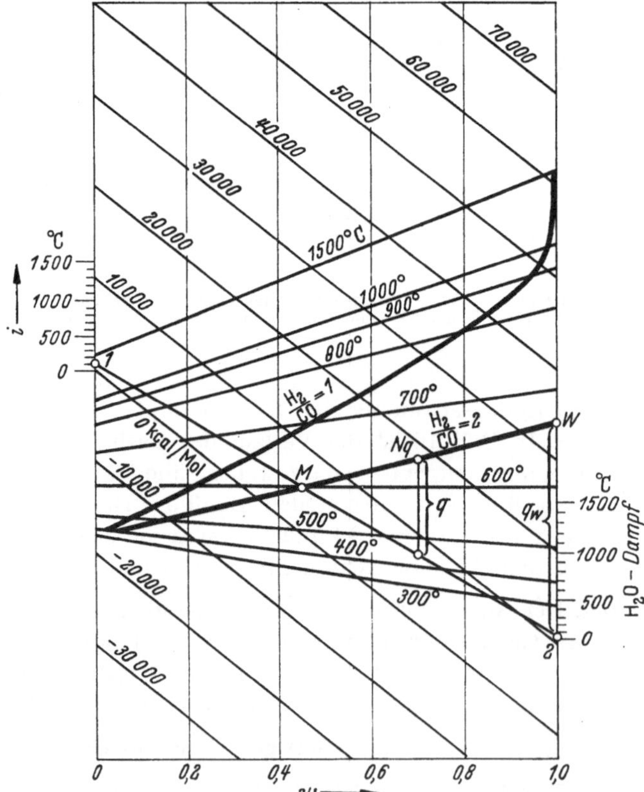

Bild 18. Aus Bild 17 in das $i\psi$-Diagramm übertragene Linien für Gaszustände mit $\frac{H_2}{CO}$ = konst

Gases auf der Geraden $\frac{H_2}{CO} = 2$, Bild 17, liegen. Überträgt man mit Hilfe der abzulesenden ψ- und t-Werte diese Gerade in das $i\,\psi$-Diagramm, so erhält man Bild 18. Bei gegebenen Ausgangszuständen *1* und *2* der Luft und des Zusatzwassers muß bei adiabatischem Vorgang der Wasserzusatz ψ nach Maßgabe des Zustandspunktes M gewählt werden, will man das geforderte Verhältnis $\frac{H_2}{CO}$ erzielen. Punkt M ist der Schnittpunkt der Mischgeraden und der Vorschriftslinie $\frac{H_2}{CO} = 2$. Beim Betrieb mit Hinzuziehung von Fremdwärme (Außenheizung)

ist dagegen der Punkt N_q maßgebend. Man erhält ihn, indem man die Heizwärme q kcal/Mol je Mol Vergasungsmittel über die Mischgerade $\overline{12}$ aufträgt und den Schnittpunkt N_q aufsucht.

Wird darüber hinaus ein stickstofffreies Gas $N_2 = 0$ verlangt, so muß zum reinen Wassergasbetrieb geschritten werden, Punkt W. Zu diesem Zwecke muß allerdings eine beträchtliche zusätzliche Heizwärme q_W für den Vergasungsprozeß zur Verfügung gestellt werden, was entweder durch wechselweisen Betrieb des Generators (Kaltblasen und Warmblasen) oder durch Außenbeheizung erfolgen kann.

In Bild 19 sind über der Ausgangsfeuchte die Vergasungstemperaturen t aufgetragen, mit denen gearbeitet werden muß, wenn das gewünschte Verhältnis $\frac{H_2}{CO}$ erreicht werden soll.

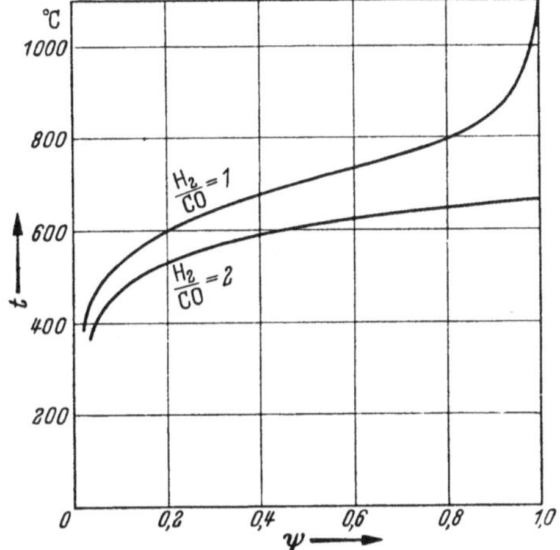

Bild 19. Erforderliche Reaktionstemperaturen in Abhängigkeit von der Ausgangsfeuchte zur Erzielung von Gasen mit $\frac{H_2}{CO}$ = konst

Ähnlich kann man auch andere Fragen mit Hilfe der Vergasungsdiagramme beantworten, sobald die Forderungen festliegen, die an das Generatorgas gestellt werden.

Vergasungsgleichungen bei Vernachlässigung des Methans. In diesem Abschnitt wollen wir den Rechnungsgang darlegen, der zum Entwurf der besprochenen Diagramme geführt hat. Wenn auch die Kenntnis dieser Ausführungen für eine verständnisvolle Anwendung der Diagramme nicht erforderlich ist, so mögen sie der Vollständigkeit wegen doch dargelegt werden. Dies um so mehr, als der Leser so in die Lage versetzt wird, Diagramme für einen anderen Vergasungsdruck P oder für einen anderen Sauerstoffgehalt der Luft im Bedarfsfalle zu entwerfen.

Zur rechnerischen Erfassung der Vorgänge im Generator verfügen wir über Gleichungen der Stoffbilanzen, der Wärmebilanzen und der Gleichgewichtsbedingungen. Zu ihnen gesellt sich noch die Gleichung der Zusammensetzung des feuchten Generatorgases, welche bei Vernachlässigung des Methans lautet

$$[H_2O] + [CO_2] + [CO] + [H_2] + [N_2] = 1\,. \tag{19}$$

Wie schon erwähnt, wollen wir in diesem Abschnitt als Brennstoff reinen Kohlenstoff ohne flüchtige Bestandteile in Betracht ziehen, was praktisch einem Betrieb mit Koks gleichkommt.

Dem Generator, Bild 2, führen wir M' Mol des Vergasungsmittels zu, welches aus M'_L Mol Luft und aus M'_{H_2O} Wasser oder Wasserdampf gebildet wird. Als Luft wollen wir im allgemeinen auch jedes andere mit Sauerstoff angereicherte Stickstoff-Sauerstoff-Gemisch bezeichnen, falls es bei der Vergasung Verwendung findet. Im Grenzfalle kann diese „Luft" auch reiner Sauerstoff sein. Es ist

$$M' = M'_L + M'_{H_2O} \ \text{Mol}. \tag{20}$$

Die erzeugte Menge des feuchten Generatorgases ist insgesamt

$$M = M_{H_2O} + M_{CO_2} + M_{CO} + M_{H_2} + M_{N_2} \ \text{Mol}, \tag{21}$$

wo M_{H_2O}, M_{CO_2} usw. die Molmengen der einzelnen Bestandteile des Generatorgases darstellen.

Die Sauerstoffbilanz lautet für den Fall, daß gewöhnliche Umgebungsluft verwendet wird,

$$0{,}21\,M'_L + \tfrac{1}{2}\,M'_{H_2O} = \tfrac{1}{2}\,M_{H_2O} + \tfrac{1}{2}\,M_{CO} + M_{CO_2}. \tag{22}$$

Für den Fall, daß eine mit Sauerstoff angereicherte Luft Verwendung findet, muß der Faktor 0,21 mit entsprechenden Zahlenwerten des Sauerstoffgehaltes ersetzt werden.

Die Wasserstoffbilanz lautet:

$$M'_{H_2O} = M_{H_2O} + M_{H_2}, \tag{23}$$

die Stickstoffbilanz

$$0{,}79\,M'_L = M_{N_2}, \tag{24}$$

die Kohlenstoffbilanz

$$M'_C = M_{CO_2} + M_{CO}. \tag{25}$$

Bei Vernachlässigung des Methans kann man die chemischen Reaktionen zwischen den einzelnen Teilnehmern auf zwei Grundreaktionen zurückführen. Diese sind

die BOUDOUARDsche Reaktion

$$C + CO_2 = 2\,CO \tag{26}$$

und die Wassergasreaktion

$$CO_2 + H_2 = CO + H_2O. \tag{27}$$

Diese Reaktionen werden durch die Gleichgewichtsbeziehungen gesteuert

$$\frac{[CO]^2}{[CO_2]} = K_B \tag{28}$$

und

$$\frac{[CO] \cdot [H_2O]}{[CO_2] \cdot [H_2]} = K_W. \tag{29}$$

Hier sind K_B und K_W die temperaturabhängigen Gleichgewichtskonstanten für den Druck P, wobei zu erwähnen ist, daß K_W vom Druck P unabhängig ist. Wenn mit K_{0B} und K_{0W} die entsprechenden Gleichgewichtskonstanten für den Druck $p_0 = 1$ Atm bezeichnet werden, für welchen Druck Angaben im Schrifttum vorliegen, so wird für einen beliebigen Betriebsdruck P

$$K_B = \frac{p_0}{p} K_{0B}, \tag{30}$$

$$K_W = K_{0W}. \tag{31}$$

Der Verlauf der Gleichgewichtskonstanten K_{0B} und K_{0W} in Abhängigkeit von der Temperatur ist dem Bild 20 zu entnehmen.

Der Molanteil des Wasserdampfes im Vergasungsmittel M' sei

$$\psi = \frac{M'_{H_2O}}{M'_L + M'_{H_2O}} = \frac{M'_{H_2O}}{M'} \; \mathrm{Mol}_W/\mathrm{Mol}_{M'}, \tag{32}$$

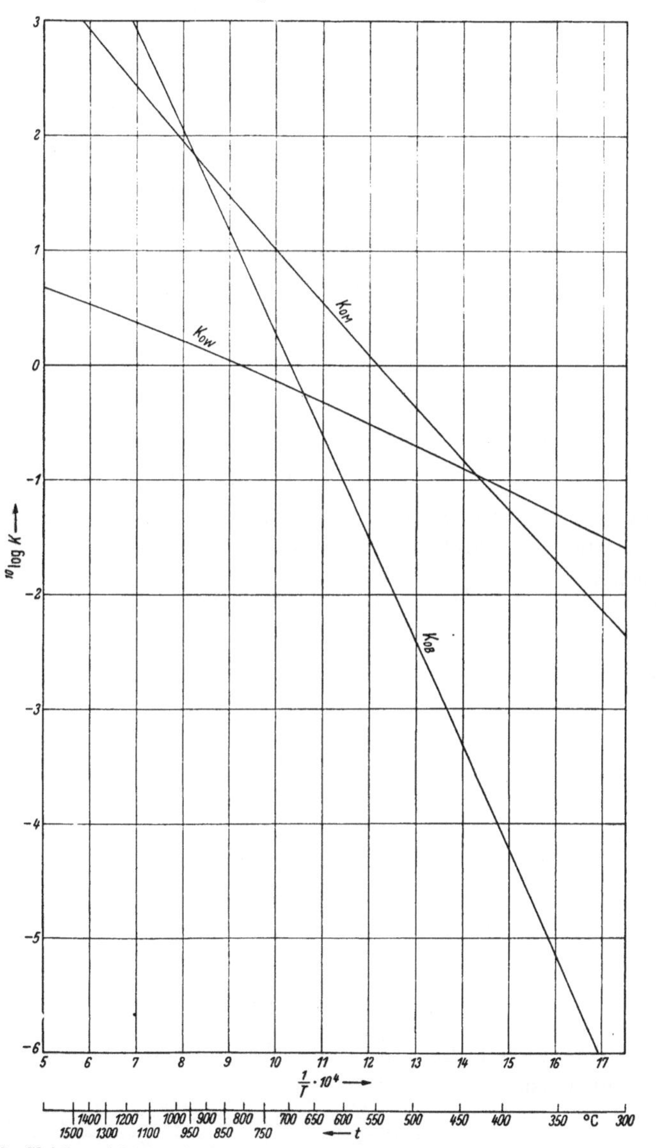

Bild 20. Gleichgewichtskonstanten für $p_0 = 1$ Atm in Abhängigkeit von der Temperatur

wobei der Rest $(1 - \psi)$ den Anteil der Luft darstellt

$$1 - \psi = \frac{M'_L}{M'} \ \mathrm{Mol}_L/\mathrm{Mol}_{M'} \,. \tag{33}$$

Der zugesetzte Wasserdampf wird bei der Vergasung zum Teil zersetzt, und es entsteht Wasserstoff. Der Bildungsanteil des Wasserstoffes sei

$$\chi = \frac{M_{H_2}}{M'_{H_2O}} = \frac{[H_2]}{[H_2O] + [H_2]} \ \mathrm{Mol}/\mathrm{Mol} \,. \tag{34}$$

Hier ist χ zugleich der Zersetzungsgrad des Wasserdampfes.

Der aus der Luft und aus dem zersetzten Wasser stammende Sauerstoff verteilt sich auf Bildung von CO und von CO_2. Dabei entfällt auf CO_2 der molare Anteil dieses Sauerstoffes

$$\omega = \frac{M_{CO_2}}{\tfrac{1}{2} M_{CO} + M_{CO_2}} = \frac{[CO_2]}{\tfrac{1}{2} [CO] + [CO_2]} \ \mathrm{Mol}/\mathrm{Mol} \,, \tag{35}$$

welcher als Verteilungsgrad des Sauerstoffes zwischen CO_2 und CO aufgefaßt werden kann.

Aus diesen Gleichungen folgen die nachstehenden Beziehungen.

Die Menge des verbrauchten Kohlenstoffes für 1 Mol des Vergasungsmittels ist

$$\zeta = \frac{M'_C}{M'} = (2 - \omega)\,[0{,}21\,(1 - \psi) + \tfrac{1}{2}\,\chi\,\psi] \ \mathrm{Mol}_C/\mathrm{Mol}_{M'} \,. \tag{36}$$

Die Menge der feuchten Generatorgase, die aus 1 Mol des Vergasungsmittels entstehen, ist

$$V_f = \frac{M}{M'} = 1 - 0{,}21\,(1 - \psi) + (2 - \omega)\,[0{,}21\,(1 - \psi) + \tfrac{1}{2}\,\chi\,\psi] \ \mathrm{Mol}_f/\mathrm{Mol}_{M'} \,. \tag{37}$$

Die Menge der getrockneten, vom unzersetzten Wasserdampf befreiten Generatorgase, die aus 1 Mol des Vergasungsmittels gewonnen werden, ist

$$V_{tr} = \frac{M - M_{H_2O}}{M'} = 1 - 0{,}21\,(1 - \psi) + (2 - \omega)\,[0{,}21\,(1 - \psi) + \tfrac{1}{2}\,\chi\,\psi] -$$
$$- (1 - \chi)\,\psi \ \mathrm{Mol}_{tr}/\mathrm{Mol}_{M'} \,. \tag{38}$$

Für die Zusammensetzung des feuchten Generatorgases gelten folgende Beziehungen

$$[H_2O] = \frac{(1 - \chi)\,\psi}{V_f} \,, \tag{39}$$

$$[CO_2] = \frac{\omega\,[0{,}21\,(1 - \psi) + \tfrac{1}{2}\,\chi\,\psi]}{V_f} \,, \tag{40}$$

$$[CO] = \frac{2\,(1 - \omega)\,[0{,}21\,(1 - \psi) + \tfrac{1}{2}\,\chi\,\psi]}{V_f} \,, \tag{41}$$

$$[H_2] = \frac{\chi\,\psi}{V_f} \,, \tag{42}$$

$$[N_2] = \frac{0{,}79\,(1 - \psi)}{V_f} \,. \tag{43}$$

Die Kohlenstoffmenge [C], die zur Erzeugung von 1 Mol feuchter Generatorgase aufgebraucht wird, ist

$$[C] = \frac{M'_C}{M} = \frac{(2 - \omega)\,[0{,}21\,(1 - \psi) + \tfrac{1}{2}\,\chi\,\psi]}{V_f} \,. \tag{44}$$

Verfügt man irgendwie über Angaben von ζ, so kann man die Gaszusammensetzung auch nach folgenden Beziehungen ermitteln: Es ist dabei zu beachten, daß statt 0,21 überall r_L eingesetzt wurde, für den Fall, daß die verwendete Trockenluft einen von 0,21 verschiedenen Sauerstoffgehalt r_L haben sollte.

$$V_f = 1 - r_L (1 - \psi) + \zeta , \tag{45}$$

$$V_{tr} = 1 - r_L (1 - \psi) + \zeta - (1 - \chi)\,\psi , \tag{46}$$

$$[H_2O] = \frac{(1 - \chi)\,\psi}{V_f} , \tag{47}$$

$$[CO_2] = \frac{2\,[r_L (1 - \psi) + \tfrac{1}{2}\chi\,\psi] - \zeta}{V_f} , \tag{48}$$

$$[CO] = \frac{2\,\{\zeta - [r_L (1 - \psi) + \tfrac{1}{2}\chi\,\psi]\}}{V_f} , \tag{49}$$

$$[H_2] = \frac{\chi\,\psi}{V_f} , \tag{50}$$

$$[N_2] = \frac{(1 - r_L)\,(1 - \psi)}{V_f} , \tag{51}$$

$$[C] = \frac{\zeta}{V_f} . \tag{52}$$

Es ist auch

$$\omega = 2 - \frac{\zeta}{r_L (1 - \psi) + \tfrac{1}{2}\chi\,\psi} . \tag{53}$$

Die Zusammensetzung des getrockneten Generatorgases gewinnt man, indem man in Gl. (47) bis (52) an Stelle von V_f die Größe V_{tr} einsetzt.

Die Gln. (36) bis (53) gelten sowohl für Prozesse, bei denen das chemische Gleichgewicht erreicht wird, als auch für solche, bei denen es nicht erreicht wird. Der Unterschied wird nur in den Zahlenwerten von ζ, χ und ω liegen, die natürlich verschieden sein werden, je nachdem das Gleichgewicht erreicht oder nicht erreicht wurde.

Wenn der Prozeß bis zum chemischen Gleichgewicht bei der Vergasungstemperatur t abläuft, so kann man χ und ω aus den Gleichgewichtsbedingungen ermitteln. Man kann entweder bei angenommener Ausgangsfeuchte ψ den Wasserstoffbildungsgrad χ oder umgekehrt bei angenommenem Wasserstoffbildungsgrad χ die zugehörige Ausgangsfeuchte ψ berechnen. Man bekommt nach einigen Umformungen die Beziehung

$$\psi = \frac{0{,}21\,K_W \left(\dfrac{\chi}{1-\chi}\right)^2 - \dfrac{K_B}{K_W}\left(1 + \dfrac{1}{2}\,1{,}21\,K_W\,\dfrac{\chi}{1-\chi}\right)}{K_W\left(0{,}21 - \dfrac{1}{2}\chi\right)\left(\dfrac{\chi}{1-\chi}\right)^2 - \dfrac{1}{2}\dfrac{K_B}{K_W}\left[(0{,}21 - \chi)\,K_W\,\dfrac{\chi}{1-\chi} - \chi\right]} . \tag{54}$$

Die explizite Darstellung der Größe χ als Funktion von ψ ist dagegen leider nicht möglich.

Ebenso kann man den Sauerstoffverteilungsgrad ω im Falle des Gleichgewichtes zu

$$\omega = \frac{1}{1 + \dfrac{1}{2}K_W\,\dfrac{\chi}{1-\chi}} \tag{55}$$

ermitteln.

Bei der Berechnung geht man am besten vom Fall $\psi = 0$ aus. Für diesen Fall ist nämlich

$$\left(\frac{1-\chi}{\chi}\right)_{\psi=0} = K_W\left\{\sqrt{\left(\frac{1,21}{4}\right)^2 + \frac{0,21}{K_B}} - \frac{1,21}{4}\right\} \tag{56}$$

und

$$(1 - \omega)_{\psi=0} = \frac{2}{0,79 + \sqrt{(1,21)^2 + 0,21\dfrac{16}{K_B}}} \, . \tag{57}$$

Bei sauerstoffangereicherter Luft sind überall die Faktoren 0,21 bzw. 1,21 mit entsprechenden Werten r_L bzw. $(1 + r_L)$, und 0,79 mit $(1 - r_L)$ des verwendeten Sauerstoff-Stickstoff-Gemisches zu ersetzen.

Die Auswertung der verwickelteren Gl. (54) erfolgt am besten systematisch, indem man der Reihe nach einige χ-Werte bei gegebener Vergasungstemperatur, d. h. bei bekannten K_B und K_W, einsetzt und die zugehörigen ψ-Werte berechnet, nachdem man den Richtwert für χ bei $\psi = 0$ aus Gl. (56) ermittelt hat. Sinnvoll sind nur die Werte $0 \leqq \chi \leqq 1$ und $0 \leqq \psi \leqq 1$. Trägt man die berechneten Werte ψ über χ auf, so kann man χ für runde Zwischenwerte ψ mit beliebiger Genauigkeit ablesen. Den Vorgang wiederholt man für verschiedene Temperaturen und überdeckt das ganze in Betracht kommende Feld der möglichen Fälle. Die Rechnungen sind umfangreich, aber man hat dann ein für allemal die entsprechenden Berechnungsunterlagen. Für $p = 1$ Atm und gewöhnliche Luft als den einen Vergasungspartner sind die Ergebnisse der Rechnung in Bild 21 über der Vergasungstemperatur aufgetragen.

Die Gln. (19) bis (55) gelten allgemein sowohl für verschiedene Vergasungsdrücke als auch für verschiedene Sauerstoffgehalte der Luft. Allerdings muß man für jeden Vergasungsdruck P die Rechnung gesondert durchführen und dabei die Größe K_B nach Gl. (30) einsetzen. Dem verschiedenen Sauerstoffgehalt der Luft muß man Rechnung tragen, indem man an Stelle der Faktoren 0,21 und 0,79 die entsprechenden Anteile des Sauerstoffes r_L und des Stickstoffes $(1 - r_L)$ der Ausgangsluft einsetzt.

Enthalpie des Gases. Für Wärmerechnungen ist der Begriff der Enthalpie des Gases von großem Vorteil. Die Enthalpie i kcal/Mol$_{M'}$ des Gases beziehen wir absichtlich nicht auf dessen Mengeneinheit, sondern auf diejenige Gasmenge V_f oder V_{tr}, die aus 1 Mol des Vergasungsmittels M' entsteht. Auf diese Weise ist dann

$$i = V_f\{[H_2O]\,i_{H_2O} + [CO_2]\,i_{CO_2} + [CO]\,i_{CO} + [H_2]\,i_{H_2} + [N_2]\,i_{N_2}\}\ \text{kcal/Mol}_{M'}, \tag{58}$$

worin sich jedoch i_{H_2O}, i_{CO} usw. jeweils auf 1 Mol des betrachteten Teilnehmers beziehen sollen. Zwischen den Enthalpien der einzelnen Bestandteile und den Reaktionswärmen (Heizwerten) bei gegebener Temperatur t bestehen Beziehungen der Art

$$H_{H_2} = i_{H_2} + \tfrac{1}{2}i_{O_2} - i_{H_2O}\,, \tag{59}$$

$$H_{CO} = i_{CO} + \tfrac{1}{2}i_{O_2} - i_{CO_2}\,, \tag{60}$$

$$H_C = i_C + i_{O_2} - i_{CO_2}\,. \tag{61}$$

Der Kohlenstoff C tritt im Brennstoff (Koks) vorwiegend in amorpher Form auf. Deswegen werden hier die Werte von H_C und i_C für amorphen Kohlenstoff und nicht für Graphit eingesetzt. Dagegen ist bei den Gleichgewichtsbedingungen überall Graphit als die maßgebende Modifikation eingesetzt worden.

Berücksichtigt man die letzten Beziehungen in Gl. (58) und zieht die Ausdrücke Gl. (39) bis Gl. (43) heran, so folgt nach einigen Umformungen die Enthalpie derjenigen Gasmenge von der Vergasungstemperatur t, die aus 1 Mol Vergasungsmittel entsteht

$$i = (1 - \psi)\, i_L + \psi\, i_{H_2O} +$$
$$+ \zeta\, i_C + \chi\,\psi\, \boldsymbol{H}_{H_2} + 2(1 - \omega)\,[0{,}21\,(1 - \psi) + \tfrac{1}{2}\,\chi\,\psi]\, \boldsymbol{H}_{CO} - \zeta\, \boldsymbol{H}_C . \qquad (62)$$

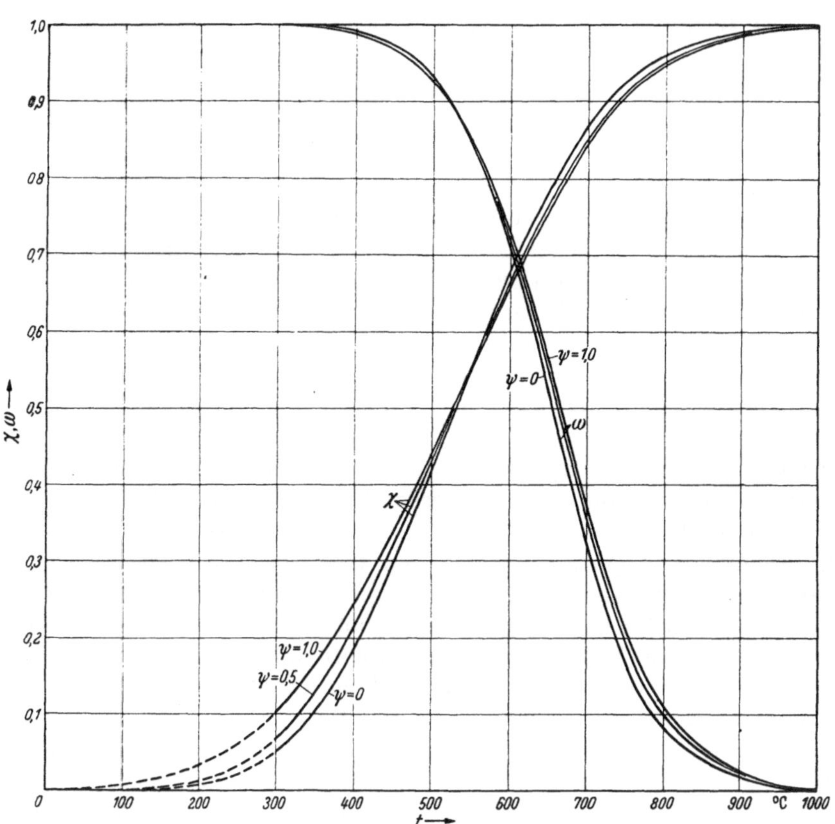

Bild 21. χ und ω für $p = 1$ Atm in Abhängigkeit von der Temperatur, für reinen Kohlenstoff als Brennstoff und bei Vernachlässigung der Methanbildung, $CH_4 = 0$. Siehe auch Beilage Tafel Nr. 2

Mit Hilfe dieser Gleichung ist das $i\,\psi$-Diagramm in Bild 7 berechnet und aufgezeichnet worden. Es gilt für den Vergasungsdruck $p = 1$ Atm und für gewöhnliche Luft $(r_L = 0{,}21)$ als den einen Bestandteil des Vergasungsmittels.

Bei der Auswertung der Gl. (62) ist zu beachten, daß der Nullpunkt der Enthalpiezählung nicht für alle Teilnehmer willkürlich gewählt werden darf. Wenn nach dem früheren Hinweis willkürlich gesetzt wird, daß bei 0° C

$$i^0_{N_2} = 0; \quad i^0_{O_2} = 0; \quad i^0_C = 0; \quad i^0_{H_2O_{fl}} = 0 \qquad (63)$$

ist, so ist nach Gln. (59) bis (61) bei $0°$ C einzusetzen für

$$i^0_{H_2} = H^0_{H_2} + i^0_{H_2O} - \tfrac{1}{2} i^0_{O_2} = H^0_{H_2}, \tag{64}$$

$$i^0_{CO_2} = i^0_{C} + i^0_{O_2} - H^0_{C} = - H^0_{C}, \tag{65}$$

$$i^0_{CO} = H^0_{CO} - \tfrac{1}{2} i^0_{O_2} + i^0_{CO_2} = H^0_{CO} - H^0_{C}. \tag{66}$$

Das sind alles von Null sehr verschiedene Werte. $H^0_{H_2}$, H^0_{CO}, H^0_{C} sind die Heizwerte bei $0°$ C. Für $H^0_{H_2}$ in Gl. (64) ist der obere Heizwert einzusetzen, falls bei $0°$ C die Enthalpie des flüssigen Wassers (nicht des Dampfes) zu $i^0_{H_2O_{fl}} = 0$ gesetzt wird.

b) Berücksichtigung des Methans und der Brennstoffart

Bisher haben wir bei der Vergasung einmal die Bildung des Methans vernachlässigt, zum anderen als Brennstoff nur reinen Kohlenstoff vorausgesetzt. Beide Vereinfachungen sind allerdings praktisch bedeutungsvoll. Bei der wichtigen Vergasung von Koks ist oft die zweite Annahme, die Vergasung des reinen Kohlenstoffes, nahezu erfüllt. Aber auch bei aufsteigender Vergasung von Kohle, d. h., in einem gewöhnlichen Generator, wo der Brennstoff oben aufgeschüttet und das Vergasungsmittel im Gegenstrom von unten zugeleitet wird, wird der Brennstoff entgast, bevor er in die Vergasungszone gelangt. Der ursprüngliche Brennstoff erreicht gar nicht die Vergasungszone, sondern es gelangt in diese nur entgaster Koks, was praktisch reinem Kohlenstoff entspricht. Was wiederum die Vernachlässigung des Methans betrifft, so gibt es eine Reihe von Prozessen, wo man das bedenkenlos machen kann, wie aus den weiteren Betrachtungen folgen wird.

Es gibt aber Vergasungsprozesse, wo der Brennstoff auch nicht angenähert als reiner Kohlenstoff angesprochen werden kann. Das sind z. B. die absteigende Vergasung (Gleichstromvergasung) und Vergasung in der Schwebe von Steinkohle, Braunkohle, Lignit, Holzkohle und Holz sowie von gewissen Ölen, die zur Karburierung verwendet werden. Auch gibt es Vergasungsprozesse, vor allem solcher mit großem Wasserdampfzusatz bei hohen Drücken und verhältnismäßig kaltem Betrieb, wo die Vernachlässigung des Methans ein falsches Bild geben kann.

Aus diesem Grunde soll sowohl die Bildung des Methans als auch die wirkliche Brennstoffzusammensetzung berücksichtigt werden. Die Vergasung verschiedener Brennstoffe kann befriedigend in drei Gruppen eingeordnet werden, und zwar eine Vergasung des reinen Kohlenstoffes, d. h. ohne Vorhandensein von freiem Wasserstoff, dann eines Brennstoffes mit mittlerem Gehalt an freiem Wasserstoff und endlich eines solchen mit hohem Gehalt an freiem Wasserstoff. Wir wählen Brennstoffe mit der MOLLIERschen Brennstoffcharakteristik $\sigma = 1{,}0$, dann $\sigma = 1{,}1$ und endlich $\sigma = 1{,}2$ *). Der Wert $\sigma = 1$ entspricht reinem Kohlenstoff, $\sigma = 1{,}05$ hat das Holz, $\sigma = 1{,}10$ gewisse Lignite, $\sigma = 1{,}15$ Steinkohle, $\sigma = 1{,}2$ ausnahmsweise gewisse Ölschiefer. Für irgendeinen anderen Brennstoff können die Ergebnisse erforderlichenfalls durch Interpolation erhalten werden, falls man auf eine so hohe Genauigkeit Wert legen sollte.

Indem wir mit reinem Kohlenstoff, $\sigma = 1{,}0$, beginnen, gewinnen wir auch Anschluß an die früheren Betrachtungen, wo bei reinem Kohlenstoff die Bildung des Methans vernachlässigt wurde.

---

* Definition von σ siehe weiter unten Gl. (68) bzw. (69).

Brennstoff ist reiner Kohlenstoff, $\sigma = 1{,}0$. Wir wollen die Ergebnisse der Berechnung vorwegnehmen und die zugehörigen Gleichungen erst später geben.

Der wichtige Kohlenstoffbedarf ζ $\mathrm{Mol_C/Mol}_{M'}$ der Vergasung ist in Tafel 9 im Anhang für verschiedene Vergasungstemperaturen t in Abhängigkeit von der Ausgangsfeuchte ψ aufgetragen. Der Kohlenstoffbedarf ζ des Gases bezieht sich auf die Gasmenge, die aus 1 Mol Vergasungsmittel M' entsteht und deren Menge als feuchtes Gas mit V_f $\mathrm{Mol/Mol}_{M'}$, Tafel 11, und als getrocknetes Gas mit V_{tr} $\mathrm{Mol/Mol}_{M'}$, Tafel 12, bezeichnet wird.

Die Zusammensetzung des getrockneten Gases kann man dem H_2–CO-Diagramm, Tafel 13 und 14, entnehmen, welches getrennt dargestellt wurde, um eine Überladung mit Linien zu vermeiden. Bei irgendwie bekannten ψ und t kann diesen Diagrammen neben der Zusammensetzung H_2, CO, CH_4, CO_2, N_2 und H_2O des getrockneten Gases noch dessen oberen Heizwert $H_{o\,tr}$ kcal/Nm³ entnommen werden, alles für den Fall des erreichten chemischen Gleichgewichtes bei der betreffenden Vergasungstemperatur t. Die Zusammensetzung $[H_2]$, $[CO]$ usw. des feuchten Gases erhält man aus diesen Werten nach Gl. (8). In Tafel 15 ist der untere Heizwert H_{uf} des feuchten Gases über ψ dargestellt.

Das H_2–CO-Diagramm für methanhaltiges Generatorgas unterscheidet sich merklich vom entsprechenden MOLLIERschen Viereck für methanfreies Gas, Bild 22.

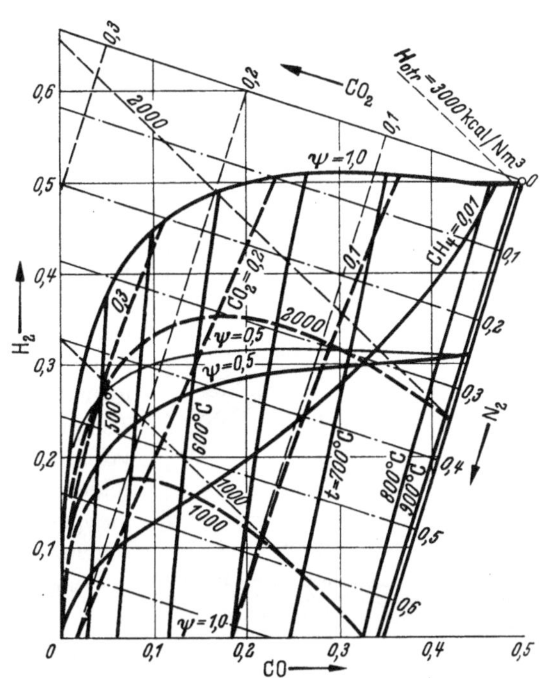

Bild 22. Gegenüberstellung der H_2–CO-Gleichgewichtsdiagramme bei Vernachlässigung (dünn) und Berücksichtigung (stark) der Methanbildung

Um den Unterschied hervorzuheben, sind in Bild 22 die Umrisse der beiden Diagramme übereinander gezeichnet. Das methanfreie Gas weist im Bestfalle einen Wasserstoffgehalt von $H_{2\,max} = 0{,}667$ auf, und zwar bei tieferen Temperaturen, während das methanhaltige Gas kaum den Wert $H_{2\,max} = 0{,}50$ überschreitet. Bei tieferen Vergasungstemperaturen wird im zweiten Falle der Wasserstoffgehalt immer kleiner, so daß bei Umgebungstemperatur sowohl der H_2- als auch der CO-Gehalt verschwinden und das Gleichgewichtsgas hier nur CH_4, CO_2, H_2O und N_2 enthalten würde.

Die Diagramme für methanfreies und methanhaltiges Gas decken sich bei $\psi = 0$ und bei $t = \infty$, so daß die Unterschiede in der Zusammensetzung der beiden Fälle im rechten unteren Winkel der Diagramme unwesentlich sind.

Der Methangehalt erreicht im rechten unteren Winkel, d. h. oberhalb 650° C und unterhalb $\psi = 0{,}25$, im Gleichgewicht noch nicht einmal den Wert von 1%.

Bei tieferen Temperaturen und größeren Ausgangsfeuchten können jedoch beträchtliche Mengen von Methan auftreten, so daß bei ganz tiefen Temperaturen und bei $\psi \approx 1$ der theoretische Methangehalt bei getrocknetem Gas dem Wert $CH_{4\,max} = 0,5$ zustrebt. Der Rest ist in diesem Falle $CO_2 = 0,5$. Allerdings ist hier der Anteil des Wasserdampfes $H_2O = \infty$, so daß sich nur verschwindend wenig Wasserdampf zersetzt. Wegen den tiefen Temperaturen und den damit verknüpften geringen chemischen Reaktionsgeschwindigkeiten ist dieses Gebiet ohne Bedeutung für den Betrieb eines Generators. Es kann aber von Interesse für die Bildung von Methan als Erdgas sein, wenn zu dem tiefliegenden und Kohlenstoff führenden Erdreich Wasser eindringt und dort eine Art Wassergasprozeß bei verhältnismäßig tiefen Temperaturen auslöst. Die geringen Reaktionsgeschwindigkeiten können hier durch die gewaltigen zur Verfügung stehenden Zeiträume aufgewogen werden. Im Anschluß an diese Frage ist technisch die Untertagevergasung natürlicher Kohlenflöze zu erwähnen, wie sie versuchsmäßig bereits durchgeführt wurde.

In Tafel 10 ist das $i\psi$-Diagramm des methanhaltigen Gleichgewichtsgases dargestellt. Auch hier sind merkliche Unterschiede gegenüber Bild 7 für methanfreies Gas nur bei tiefen Temperaturen und großen Ausgangsfeuchten ψ vorhanden. Bei $\psi = 0$ gibt es keine Unterschiede, denn hier kann sich Methan in Ermangelung des Wasserdampfes überhaupt nicht bilden.

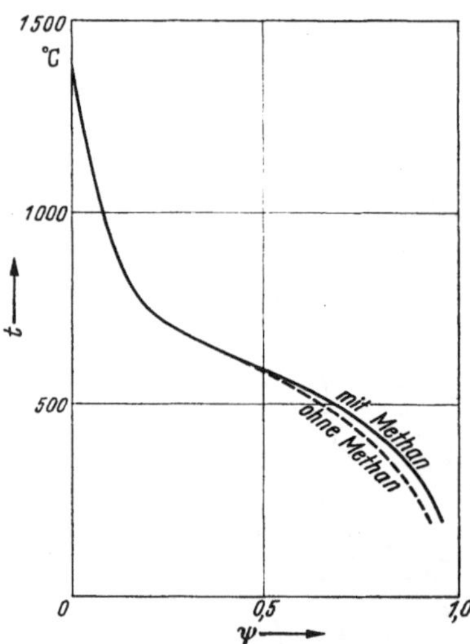

Bild 23. Vergasungstemperaturen mit (voll) und ohne (gestrichelt) Methanbildung, in Abhängigkeit von der Ausgangsfeuchte ψ, bei Vorwärmung des Vergasungsmittels auf $t' = 100°$ C

Den Fehler, den man bei Vernachlässigung des Methans begeht, erkennt man aus Bild 23 bis 25. Darin ist der Einfluß des Wasserdampfzusatzes ψ dargestellt, wenn das Vergasungsmittel auf $t' = 100°$ C vorgewärmt wird. Die ausgezogenen Linien beziehen sich auf das methanhaltige, die gestrichelten auf das methanfreie Gas. Die Ermittlung ist mit Hilfe des $i\psi$-Diagramms für den adiabaten Betrieb durchgeführt.

Die Vergasungstemperaturen, Bild 23, des methanhaltigen und des methanfreien Gases unterscheiden sich bis etwa $\psi = 0,4$ um weniger als 5°, was man vernachlässigen kann. Mit weiter zunehmender Ausgangsfeuchte werden jedoch die Unterschiede größer.

Der Unterschied der verbrennlichen Bestandteile des erzeugten Gases ist nach Bild 24 bei geringen Ausgangsfeuchten ψ auch unwesentlich. Bei $\psi = 0,25$ beträgt der Gesamtunterschied weniger als 0,5%, so daß man hier das Methan vernachlässigen kann. Noch auffälliger zeigt das Bild 25 am Verlauf der Heizwerte $H_{0\,tr}$ der getrockneten Gase. Bis zu den Ausgangsfeuchten von $\psi = 0,25$ sind die Unterschiede der Heizwerte bei methanhaltigem und methanfreiem Gas kleiner als 2%. Bei $\psi = 0,5$ ist dieser Unterschied bereits 300 kcal/Nm³, d. h. größer als 20% und kann nicht mehr vernachlässigt werden.

Diagramme für beliebige Brennstoffe. Der zur Vergasung gelangende Brennstoff mag nun neben Kohlenstoff auch noch flüchtige Bestandteile und hygroskopische Feuchtigkeit enthalten. Seine Zusammensetzung in Gewichtsteilen sei

$$c + h + o + n + s + w + a = 1 \,. \tag{67}$$

Die Brennstoffcharakteristik nach MOLLIER ist

$$\sigma = \frac{O_m}{(C)} \,, \tag{68}$$

wo O_m den zur vollkommenen Verbrennung nötigen Mindestsauerstoffbedarf und (C) die

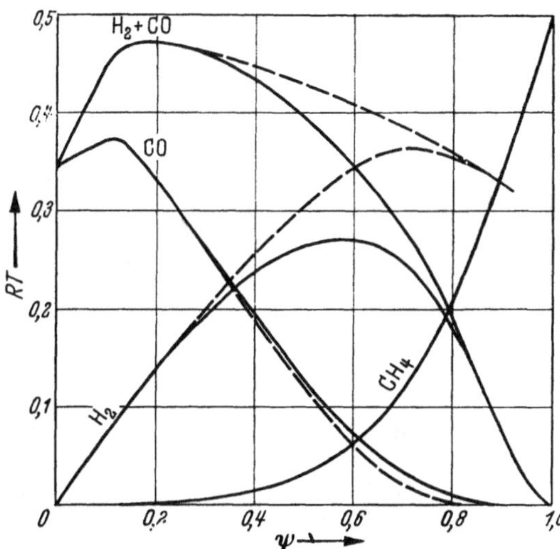

Bild 24. Gegenüberstellung der verbrennlichen Bestandteile des Gases mit (voll) und ohne (gestrichelt) Methanbildung, Vorwärmung des Vergasungsmittels $t' = 100°$ C

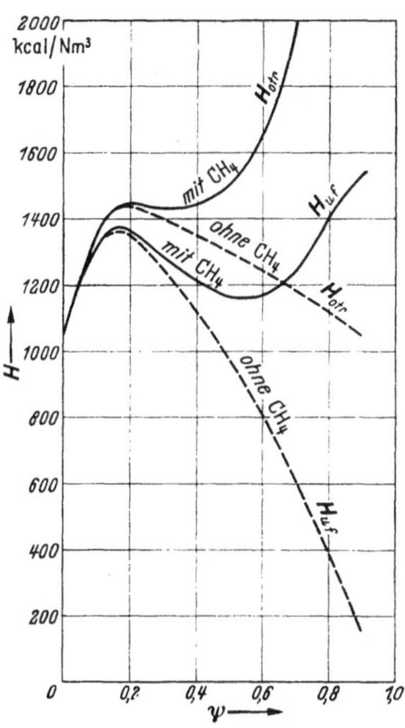

Bild 25. Heizwerte $H_{o\,\mathrm{tr}}$ und $H_{u\,\mathrm{f}}$ mit (voll) und ohne (gestrichelt) Methanbildung, Vorwärmung des Vergasungsmittels $t' = 100°$ C

im Brennstoff enthaltene Kohlenstoffmenge bedeuten, beide Größen gerechnet in Mol je Mengeneinheit des Brennstoffes. Unter Bezugnahme auf Gl. (67) ist

$$\sigma = 1 + 3\,\frac{h - \dfrac{o - s}{8}}{c} \,. \tag{69}$$

Für Brennstoffe gleicher Herkunft ist σ gleich groß, ohne Rücksicht auf den zufälligen Wassergehalt w und Aschegehalt a. Für feste Brennstoffe liegt σ zwischen 1 und 1,15 (ausnahmsweise bis 1,2).

Der Schwefel des Brennstoffes geht bei einem Verbrennungsvorgang in SO_2 über, soweit er nicht in der Schlacke gebunden bleibt. Beim Vergasungsvorgang verschiebt sich jedoch das Schwefelgleichgewicht so zu H_2S und zu COS hin, daß SO_2 ganz verschwindet[1].

Wenn auch der Schwefelgehalt des Gases aus betrieblichen Gründen interessant ist, so ist er doch für unsere Rechnungen ohne Belang. Die Mengen der

---

[1] GUMZ, W.: Vergasung fester Brennstoffe, Berlin/Göttingen/Heidelberg: Springer 1952, S. 64 u. 75.

Schwefelverbindungen im Gas sind in der Regel so gering, daß deren Einfluß auf die Gleichgewichtszusammensetzung der übrigen Bestandteile und auf die Wärmebilanz unberücksichtigt bleiben kann. Das gleiche gilt für den Stickstoffgehalt n, so daß wir auch diesen außer acht lassen wollen.

Dem Generator, Bild 26, führt man M'_L Mol Luft (Reinluft) und setzt noch $M'_{H_2O_L}$ Wasser oder Wasserdampf zu. Wasser wird auch im Brennstoff B zugeführt, und zwar in einer Menge $M'_{H_2O_B}$. Dieses stammt z. T. aus dem Wassergehalt w, z. T. aus dem Wasserstoffgehalt h des Brennstoffes. Den letzteren unterteilen wir rechnerisch in gebundenen Wasserstoff h_{geb} und freien Wasserstoff h_{fr}, indem wir schreiben

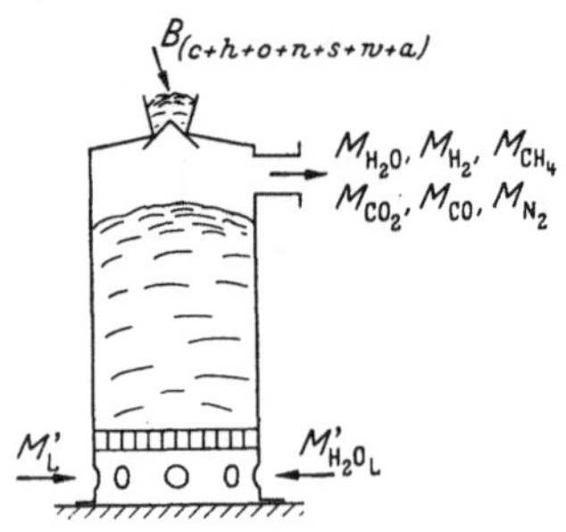

Bild 26. Stoffumsatz im Generator

$$\frac{h_{fr}}{2} = \frac{h}{2} - \frac{o - s}{16} \quad \text{Mol/kg} \tag{70}$$

und

$$\frac{h_{geb}}{2} = \frac{h - h_{fr}}{2} = \frac{o - s}{16} \quad \text{Mol/kg} . \tag{71}$$

Bilanzmäßig setzen wir nur h_{geb} des Brennstoffes als wasserführend ein, während h_{fr} nicht in die Wasserbilanz einbezogen wird. Es ist belanglos, ob das zutrifft oder nicht, weil es eine rein rechnerische Maßnahme ist, und man darf nur nicht etwas doppelt einsetzen oder weglassen.

Insgesamt führt man dem Generator die Wassermenge zu

$$M'_{H_2O} = M'_{H_2O_L} + M'_{H_2O_B} , \tag{72}$$

worin

$$M'_{H_2O_B} = B \left(\frac{w}{18} + \frac{h_{geb}}{2} \right) \tag{73}$$

ist, wenn B die Brennstoffmenge bedeutet.

Wir setzen

$$M' = M'_L + M'_{H_2O_L} + M'_{H_2O_B} \tag{74}$$

als die rechnerische Menge des Vergasungsmittels. Es ist zweckmäßig, alle wichtigen Angaben des Generatorbetriebes auf diese rechnerische Größe M' zu beziehen. Eine solche ist z. B. der Kohlenstoffbedarf ζ in Mol_C je $\text{Mol}_{M'}$. Im Brennstoff werden M'_C Mol_C Kohlenstoff dem Generator zugeleitet. Wir beziehen diese Menge auf 1 Mol rechnerisches Vergasungsmittel M' und es wird

$$\zeta = \frac{M'_C}{M'} , \tag{75}$$

woraus man z. B. den Brennstoffverbrauch B des Generators berechnen kann, wenn M' bekannt ist

$$B = \frac{M'_C}{\dfrac{c}{12}} = 12 \frac{\zeta}{c} M' \quad \text{kg} . \tag{76}$$

Der tatsächliche Feuchtigkeitsgehalt des mit Wasser angereicherten Vergasungsmittels ist

$$\psi_L = \frac{M'_{H_2O_L}}{M'_L + M'_{H_2O_L}} , \tag{77}$$

wo M'_L die dem Generator zugeführte Reinluftmenge und $M'_{H_2O_L}$ die dieser Luft zugesetzte Wassermenge in Mol bedeuten. Es ist jedoch besser, nicht mit der tatsächlichen Vergasungsmittelfeuchtigkeit ψ_L zu rechnen, sondern vorgehen, als ob das Wasser aus dem Brennstoff ebenfalls der Luft zugesetzt worden wäre. So gelangt man zur rechnerischen Feuchte des rechnerischen Vergasungsmittels

$$\psi = \frac{M'_{H_2O}}{M'} = \frac{M'_{H_2O_L} + M'_{H_2O_B}}{M'_L + M'_{H_2O_L} + M'_{H_2O_B}} \quad \mathrm{Mol_{H_2O}/Mol_{M'}}. \tag{78}$$

Um diese aus der tatsächlichen Feuchte ψ_L zu ermitteln, muß man die mit dem Brennstoff zugeführte Wassermenge $M'_{H_2O_B}$ kennen. Diese stammt, wie schon erwähnt, aus dem Wassergehalt w und aus dem gebundenen Wasserstoff h_{geb}, und es ist

$$\frac{M'_{H_2O_B}}{M'} = \frac{M'_C}{M'} \frac{\dfrac{w}{18} + \dfrac{o-s}{16}}{\dfrac{c}{12}} = \zeta \frac{\dfrac{w}{18} + \dfrac{o-s}{16}}{\dfrac{c}{12}}. \tag{79}$$

Damit wird die rechnerische Feuchte des rechnerischen Vergasungsmittels

$$\psi = \psi_L + (1 - \psi_L) \frac{M'_{H_2O_B}}{M'} \quad \mathrm{Mol/Mol} \tag{80}$$

oder mit Gl. (79)

$$\psi = \psi_L + \zeta (1 - \psi_L)\, b, \tag{81}$$

wenn

$$b = \frac{\dfrac{w}{18} + \dfrac{o-s}{16}}{\dfrac{c}{12}} = \frac{2}{3} \frac{w + 9h}{c} - 2(\sigma - 1) = \frac{(H)}{(C)} - 2(\sigma - 1) = 2 \frac{(O) - (S)}{(C)}, \tag{82}$$

wobei (H), (C), (O), (S) Mol/kg oder Mol/Mol die gesamten molaren Mengen von Wasserstoff oder Kohlenstoff usw. in der Brennstoffeinheit darstellen mögen.

Die Kenngröße b hat für einen Brennstoff gegebenen Wassergehaltes w einen festen Wert.

Bei bekanntem $\zeta\psi$-Diagramm kann man ψ aus ψ_L und umgekehrt zeichnerisch einfach ermitteln. Es ist aus Gl. (81)

$$\frac{\zeta}{\dfrac{1}{b}} = \frac{\psi - \psi_L}{1 - \psi_L}. \tag{83}$$

was erfüllt wird, wenn man im $\zeta\psi$-Diagramm, Bild 27, den Punkt A bei $\psi = 1$ durch Auftragen des Zahlenwertes $1/b$ aufsucht und mit B an der Abszisse bei ψ_L verbindet. Der Schnittpunkt C mit der Vergasungsisotherme t liefert an der Abszisse die rechnerische Feuchte ψ, weil sich die eingezeichneten Strecken ζ und $\frac{1}{b}$ tatsächlich wie in Gl. (83) verhalten. Diese Konstruktion ist trotz der einfachen Beziehung Gl. (81) der Rechnung vorzuziehen, weil ζ und ψ gegenseitig bedingen, was erst durch eine Näherungsrechnung überbrückt werden könnte, die beim zeichnerischen Verfahren wegfällt. Zum leichteren Aufsuchen des Punktes A können die $\zeta\psi$-Diagramme noch mit einer Hilfsskala für b versehen werden,

s. Bild 27, und man bekommt Punkt A, indem man Punkt D beim betreffenden b-Wert aufsucht und die Gerade $\overline{OD}$ bis A verlängert.

Da sich unsere Betrachtungen auf den Vergasungsvorgang beschränken und die Entgasung nicht mit erfassen, so müssen und dürfen hier nur jene Stoffe in Rechnung gesetzt werden, die am Vergasungsvorgang selbst wirklich teilnehmen. Wenn das hygroskopische Wasser w sowie alle flüchtigen Bestandteile des Brennstoffes gezwungen werden, die Vergasungszone zu durchwandern, so ist diese Bedingung erfüllt, und die obigen Gleichungen sind mit den Zahlenwerten σ, w usw. des angelieferten Brennstoffes einzusetzen. Das ist z. B. der Fall bei Generatoren mit absteigender Vergasung, dann bei Gleichstromvergasung in der Schwebe usw. Bei Generatoren mit aufsteigender Vergasung wird dagegen der Brennstoff aufgetrocknet, noch bevor er in die Vergasungszone gelangt. Die Brennstoffeuchtigkeit entweicht, ohne am Vergasungsvorgang teilzunehmen. Ebenso entweichen auch die flüchtigen Bestandteile in Form von Kohlenwasserstoffen, ohne am Vergasungsvorgang teilgenommen zu haben. Die Menge und Zusammensetzung der ausgetriebenen Kohlenwasserstoffe hängt außer vom Brennstoff noch von der Vergasungstemperatur ab. In die Vergasungszone gelangt ein Brennstoff, der an flüchtigen Bestandteilen verarmt ist. Im Grenzfalle — bei hoher Vergasungstemperatur — wird er die Eigenschaften des trockenen Kokses, d. h. $\sigma \approx 1$, $h \approx 0$, $o \approx 0$, $w \approx 0$ aufweisen, obwohl der Ausgangsbrennstoff andere Zusammensetzung hatte.

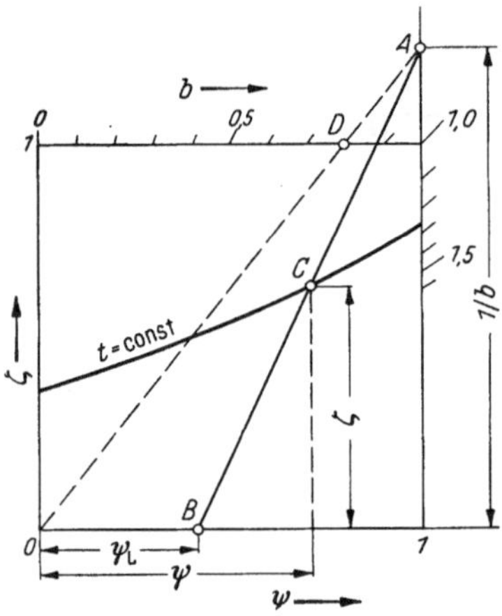

Bild 27. Zusammenhang zwischen der wirklichen (ψ_L) und der rechnerischen (ψ) Feuchte des Vergasungsmittels

In die Gleichungen muß man diejenigen Zahlenwerte von c, σ, w, h, o usw. in Rechnung setzen, mit welchen der Brennstoff am eigentlichen Vergasungsvorgang teilnimmt. Bei absteigender Vergasung und Vergasung in der Schwebe sind das die Werte des angelieferten Brennstoffes, bei aufsteigender Vergasung die Werte des in die Vergasungszone gelangenden entgasten Kokses.

Im praktischen Betrieb kann es vorkommen, daß Trocknung, Destillation und Vergasung nicht im ausgeglichenen Tempo verlaufen und sich sowohl ψ als auch σ während einer Begichtungsperiode ändern. Die folgenden Betrachtungen beziehen sich auf zeitliche Mittelwerte von ψ, σ, c, h usw.

Der Generator erzeuge M_f Mol feuchtes Generatorgas,

$$M_f = M_{H_2O} + M_{H_2} + M_{CH_4} + M_{CO} + M_{CO_2} + M_{N_2}, \tag{84}$$

worin M_{tr} getrocknetes Generatorgas

$$M_{tr} = M_f - M_{H_2O} \tag{85}$$

enthalten ist. Aus 1 Mol rechnerisches Vergasungsmittel M' entstehen

$$V_f = \frac{M_f}{M'} \ \text{Mol/Mol}_{M'} \tag{86}$$

feuchter Generatorgase, und dem entsprechen

$$V_{tr} = \frac{M_{tr}}{M'} \text{ Mol/Mol}_{M'}$$ (87)

getrockneter Generatorgase.

Die Ausdrücke für ζ, V_f, V_{tr} werden später dargelegt. Die Ergebnisse sind für 1 Atm und für gewöhnliche Luft als den einen Vergasungspartner in den Diagrammen, Tafel 17 bis 24 und 25 bis 32, über der rechnerischen Ausgangsfeuchte ψ des Vergasungsmittels für verschiedene Vergasungstemperaturen t aufgetragen. Die Diagramme sind für $\sigma = 1{,}1$ und $\sigma = 1{,}2$ gezeichnet, so daß mit den Diagrammen, Tafel 9 bis 16, für $\sigma = 1{,}0$ (Kohlenstoff) alle festen Brennstoffe bei Berücksichtigung der Methanbildung erfaßt sind. Die Zwischenwerte kann man erforderlichenfalls durch Interpolation der Ergebnisse ermitteln.

Die Zusammensetzung des feuchten Gases ist

$$[H_2O] + [H_2] + [CH_4] +$$
$$+ [CO] + [CO_2] + [N_2] = 1 ,$$ (88)

diejenige des getrockneten Gases

$$H_2 + CH_4 + CO + CO_2 + N_2 = 1.$$ (89)

Die Zusammensetzung des getrockneten Gases kann für chemisches Gleichgewicht dem H_2-CO-Diagramm in Tafel 21, 22 und 29, 30 für verschiedene ψ und t entnommen werden. Hier sind noch die Linien des oberen Heizwertes $H_{0\,tr}$ kcal/Nm³ des getrockneten Gases eingetragen.

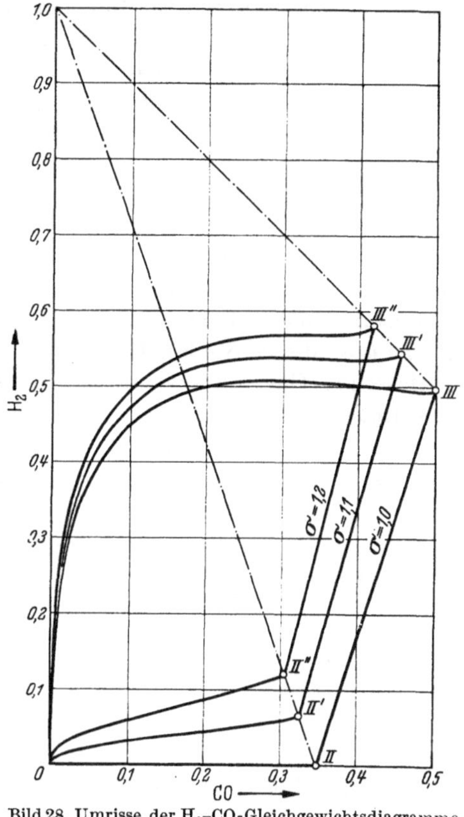

Bild 28. Umrisse der H_2-CO-Gleichgewichtsdiagramme für Brennstoffe mit verschiedener Charakteristik σ

Zur Benutzung der Diagramme müssen außer dem Brennstoff (c, σ usw.) auch noch ψ und t bekannt sein. Die Ausgangsfeuchte ψ wird gewöhnlich durch den Wasserzusatz gegeben sein. Die Vergasungstemperatur t wird man aus den Betriebsbedingungen mit Hilfe des $i\psi$-Diagramms ermitteln können, wie noch gezeigt werden soll.

Der reine Wassergasprozeß ($M'_L = 0$) ist durch $\psi = 1$ und der reine Luftgasprozeß durch $\psi_L = 0$ dargestellt. Ist im Sonderfall $\sigma = 1$, $b = 0$ (trockener Koks), so ist beim Luftgasprozeß nach Gl. (81) auch $\psi = 0$. Im allgemeinen wird dagegen der reine Luftgasprozeß durch einen Wert $\psi > 0$ dargestellt, der sich aus Gl. (81) mit Einsetzen von $\psi_L = 0$ ergibt.

Der ungefähre Einfluß der Brennstoffzusammensetzung ist aus Bild 28 zu ersehen, wo die Konturen der H_2-CO-Diagramme für Brennstoffe mit $\sigma = 1{,}0$, $\sigma = 1{,}1$ und $\sigma = 1{,}2$ eingezeichnet sind.

Auch hier führt man die Wärmeberechnung über die Enthalpie des Gases durch. Über der rechnerischen Ausgangsfeuchte ψ ist im $i\psi$-Diagramm, Tafel 10, 18, 26 usw., für verschiedene Vergasungstemperaturen t die Enthalpie i kcal/Mol$_{M'}$ derjenigen Gasmenge V_f aufgetragen, die aus 1 Mol des rechnerischen Vergasungsmittels M' beim Erreichen des Gleichgewichtes entsteht. Die entsprechenden Ausdrücke für die Isothermen des $i\psi$-Diagramms werden später abgeleitet. Zur besseren Bildflächenausnutzung sind schiefwinkelige Koordinaten gewählt. Zur Erleichterung der Benutzung sind in die $i\psi$-Diagramme auch Linien $\zeta = $ konst eingezeichnet.

Adiabate und nichtadiabate Vergasung. Die Wärmebilanz des adiabaten Vergasungsvorganges liefert für 1 Mol rechnerisches Vergasungsmittel M' die Beziehung

$$(1 - \psi)\, i''_L + (\psi - \zeta\, b)\, i''_{\mathrm{H_2O}_L} + \frac{12}{c}\, \zeta\, i''_B = i + \frac{12}{c}\, \zeta\, a\, i_a\,. \tag{90}$$

Das erste Glied bezieht sich auf zugeführte Trockenluft, das zweite auf das mit der Luft zugeführte Wasser oder den Wasserdampf, das dritte auf den in die Vergasungszone gelangenden Brennstoff (einschließlich Brennstoffeuchte w und Asche a an dieser Stelle). Das erste Glied rechts gilt für das die Vergasungszone verlassende Gas, das zweite die Asche beim Ausbringen aus dem Generator. Die Enthalpien i'_B des Brennstoffes und i_a der Asche beziehen sich auf je 1 kg, während i'_L und $i'_{\mathrm{H_2O}_L}$ für je 1 Mol der betreffenden Stoffe gelten. Die Enthalpie i des Gases bezieht sich auf die Gasmenge V_f, die aus 1 Mol Vergasungsmittel M' erzeugt wird.

Wie später bei Gl. (139) gezeigt werden soll, kann man Gl. (90) auch in der Form schreiben

$$(1 - \psi)\, i''_L + \psi\, i'_{\mathrm{H_2O}_L} + \zeta\, q_B = i\,, \tag{91}$$

worin

$$q_B = \frac{12}{c}\, \boldsymbol{H}^0_{\mathrm{o}\,B} - 97\,200 - b\, i''_{\mathrm{H_2O}_L} + \frac{12}{c}\, (i''_{\mathrm{f}\,B} - a\, i_a) \tag{92}$$

für den betreffenden Brennstoff am Eintritt in die Vergasungszone und $i''_{\mathrm{H_2O}_L}$ für die gewählte Vorwärmtemperatur $t'_{\mathrm{H_2O}_L}$ des zugesetzten Wasserdampfes einzusetzen ist. Es ist hier $\boldsymbol{H}^0_{\mathrm{o}\,B}$ kcal/kg$_B$ der obere Heizwert des Brennstoffes bei $0°\,\mathrm{C}$ und

$$i''_{\mathrm{f}\,B} = c_B\, t'_B \ \ \mathrm{kcal/kg}_B \tag{93}$$

seine fühlbare Wärme im betreffenden Zustand (d. h. einschließlich w und a). Das Glied $a\, i_a$ für die Asche ist meistens zu vernachlässigen.

Gelangt in die Vergasungszone bereits entgaster und getrockneter Koks ($b \approx 0$), so vereinfacht sich Gl. (92) zu

$$q_B \approx i''_{\mathrm{C}} \quad (\text{für Koks})\,, \tag{94}$$

wo i''_{C} kcal/Mol$_\mathrm{C}$ die Enthalpie des Kohlenstoffes am Eintritt in die Vergasungszone bezeichnet.

Der Ausdruck Gl. (91) läßt eine einfache Lösung des adiabaten Vergasungsvorganges im $i\psi$-Diagramm zu. Zweckmäßigerweise versieht man dieses bei $\psi = 0$ (Luft) und bei $\psi = 1$ (Wasser) mit den Enthalpie-Skalen für i'_L bzw. $i'_{\mathrm{H_2O}}$, für vorgewärmte Luft bzw. Wasserdampf.

In Bild 29 ist die Ermittlung des adiabaten Vergasungspunktes M nach Gl. (91) dargestellt. Die Enthalpien der zugeführten Luft und des Wasserdampfes sind durch Punkt 1 und 2 gegeben. Die Vergasungsgerade $\overline{12}$ liefert bei ψ den Punkt M_0. Durch Auftragen von $\zeta\, q_B$ findet man den Vergasungspunkt M. Für den zunächst noch unbekannten Zahlenwert ζ setzt man vorerst den bei M_0 gültigen Wert ζ_0 ein und berichtigt ihn mit ζ vor der endgültigen Festlegung von M. Den mit der Luft zugeführten Wasserdampf ψ_L findet man aus dem $\zeta\psi$-Diagramm nach Maßgabe von Bild 27, worin Punkt A durch den Wert b des Brennstoffes und Punkt C durch die Angaben des Punktes M des $i\,\psi$-Diagramms bekannt sind.

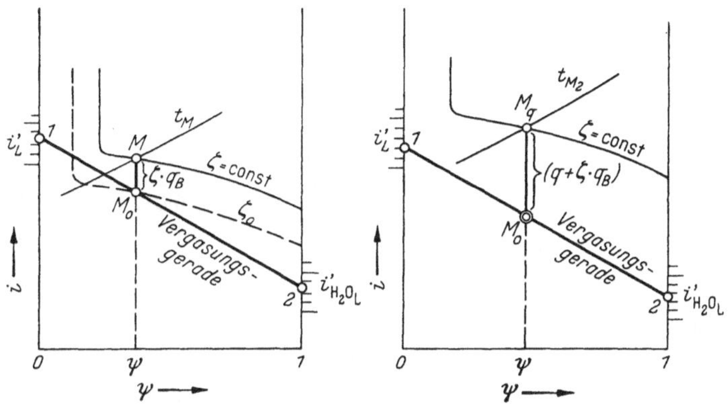

Bild 29. Adiabate Vergasung   Bild 30. Vergasung mit Wärmezufuhr

Wird bei der Vergasung Wärme Q von außen zugeführt ($Q > 0$) oder entzogen ($Q < 0$), so schreibt man

$$q = \frac{Q}{M'} \; \text{kcal/Mol}_{M'}. \tag{95}$$

Um den richtigen Punkt M_q der Vergasung mit Wärmezufuhr zu erhalten, muß man die Enthalpie des Gases noch um q erhöhen, indem man dem Punkt M_0 der Vergasungsgeraden nun den Betrag $(q + \zeta\, q_B)$ hinzufügt, Bild 30. Hier ist für ζ der entsprechende Wert des endgültigen Vergasungspunktes M_q maßgebend, wobei der Wert ζ_0 von M_0 als erster Anhaltswert dienen kann, der nachher berichtigt wird.

Einfluß der Art und Feuchtigkeit des Brennstoffes. Durch Vergleich von Tafel 21 und 13 sieht man, daß der Wasserstoffgehalt des Gases bei Kohle größer ist als bei Koks. Die Verlagerung des Diagramms bei zunehmendem σ-Wert des Brennstoffes zeigt Bild 28. Die Eckpunkte II und III verschieben sich auf zwei Geraden, die durch Punkt A bei $H_2 = 1{,}0$, $CO = 0$, gehen, siehe Punkte II', II'' und III', III''. Bei $\sigma > 1$ enthält auch das reine Luftgas ($\psi_L = 0$) merkliche Mengen an Wasserstoff.

Um den Einfluß der Art des Brennstoffes und dessen Feuchtigkeitsgehalt besser zu demonstrieren, sind in folgender Zahlentafel für vier verschiedene Brennstoffe deren Eigenschaften c^0, h^0, ..., H^{00}, bezogen auf Reinkohle, angeführt. Enthält der Brennstoff w kg_w/kg_B Feuchtigkeit, bezogen auf aschenfreie, feuchte Substanz[1], so gelten zwischen den Kennziffern des aschefreien feuchten Brennstoffes und der Reinkohle die Beziehungen

$$\sigma = \sigma^0; \qquad b = \frac{2}{3}\,\frac{w}{(1-w)\,c^0} + b^0. \tag{96}$$

Hierin beziehen sich die Größen ohne Index auf den Verwendungszustand, die Größen mit dem oberen Index ^{0} auf Reinkohle. Für den Vergleich ist eine absteigende Vergasung oder eine Vergasung in der Schwebe gedacht, für welche es kennzeichnend ist, daß alle Brennstoffbestandteile an der Vergasung selbst teilnehmen, so daß keine Entgasungsprodukte verbleiben. Die Vergasung finde mit

Zahlentafel.
Einfluß der Brennstoffart und Feuchtigkeit auf die Gaseigenschaften

	a Kohlenstoff (Koks)	b Holzkohle	c Lignit	d Holz
c^0	1	0,884	0,683	0,504
h^0	0	0,038	0,052	0,062
o^0	0	0,078	0,242	0,433
n^0	0	0	0,013	0,001
s^0	0	0	0,010	0
σ	1,0	1,097	1,101	1,046
$b^0 = \dfrac{12}{16}\dfrac{o^0 - s^0}{c^0}$	0	0,066	0,255	0,643
$\boldsymbol{H}_B^{00}$ kcal/kg	8080	8300	6670	4760
w_{norm} %	8	8	30	17
t °C	1200	1550	740	660
Gasheizwert $\boldsymbol{H}_{0\mathrm{tr}}$ kcal/Nm³	1130	1360	1960	1700
w_{gr} %	76	71	65	51

trockener Luft ohne Dampfzusatz statt ($\psi_L = 0$). Der Wasserdampf der Vergasung stammt allein aus der Brennstoffeuchte.

Die Ergebnisse sind in Bild 31 und 32 über die jeweilige Brennstoffeuchte w kg$_w$/kg$_B$ aufgetragen. Die Reaktionstemperaturen t sind nach Bild 31 stark abhängig, sowohl vom Feuchtigkeitsgehalt w des betreffenden Brennstoffes als auch von der Brennstoffart. Je trockener die Brennstoffe, um so krasser sind die Unterschiede in den Reaktionstemperaturen. So z. B. hätte man bei adiabater Vergasung von ganz trockenem Holz ($w = 0$) eine Reaktionstemperatur $t_d = 725$° C gegenüber einer solchen bei ganz trockener Holzkohle von $t_b = 1730$° C zu erwarten, also ein Unterschied von etwa 1000°! Man beachte, daß es sich hier um Vergasungstemperaturen handelt. Dieser große Unterschied in den Reaktionstemperaturen hat hier nichts mit einer guten oder schlechten chemischen Reaktionsfreudigkeit des Brennstoffes zu tun, sondern ist nur eine Folge der Wärmebilanzen bei vorausgesetzter Einstellung der Gleichgewichte. Für die tiefe Vergasungstemperatur des Holzes ist in erster Linie der hohe Wert seiner Charakteristik $b^0 = 0,643$ verantwortlich, die ja die Dimension eines Wassergehaltes hat (an Sauerstoff O gebundener Wasserstoff h_{geb}). Diese Wassermenge wird bei der Vergasung größtenteils zu H_2 reduziert, was ein endothermer Vorgang ist und folglich die Vergasungstemperatur merklich drücken muß.

---

[1] Der Aschegehalt ist in diesem Vergleich belanglos, da die Enthalpie der Asche beim Ausbringen nur gering gegenüber der sonstigen Wärmebilanz ist.

Die Brennstoffe sind im Verwendungszustand nicht ganz trocken, sondern haben die übliche Brennstoffeuchte, die in der Zahlentafel auf S. 34 mit w_{norm} bezeichnet und in Bild 31 und 32 jeweils mit einem Doppelkreis hervorgehoben ist.

In der Zahlentafel sind auch die entsprechenden Reaktionstemperaturen t und die oberen Heizwerte $H_{o\,tr}$ der getrockneten Gase beim Betrieb mit normaler Brennstoffeuchte w_{norm} gegenübergestellt. Auch hier sind die Temperaturunterschiede für verschiedene Brennstoffe noch recht groß. Es ist bemerkenswert, daß von den vier gewählten Brennstoffarten die Lignite das heizwertreichste Gas bei

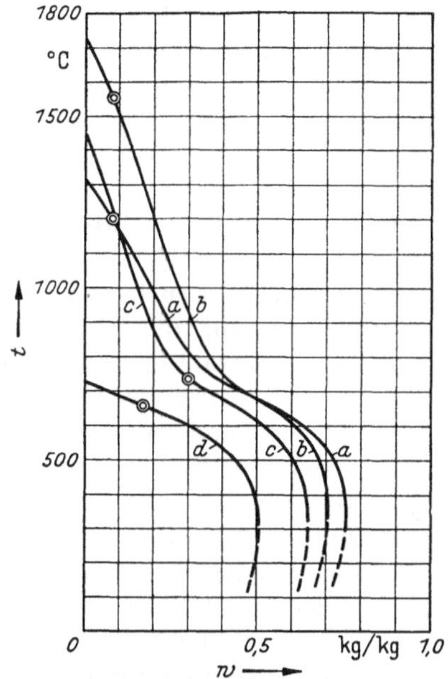

Bild 31. Vergasungstemperaturen für Brennstoffe aus Zahlentafel S. 34 mit dem Wassergehalt w, Vergasungsmittel trockene Luft ($\psi L = 0$), a Koks, b Holzkohle, c Lignit, d Holz

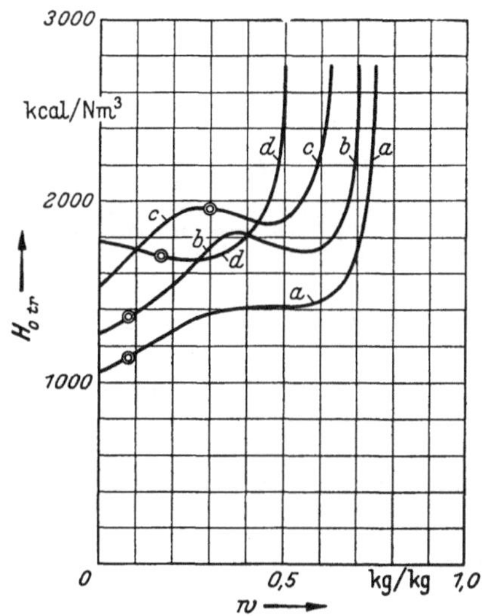

Bild 32. Heizwerte $H_{o\,tr}$ für Verhältnisse in Bild 31

der üblichen Brennstoffeuchte versprechen, allerdings alles bezogen auf absteigende Vergasung oder auf Vergasung in der Schwebe.

Aus Bild 32 sieht man, daß in bezug auf einen möglichst hohen Gasheizwert bei absteigender Vergasung der Koks als Brennstoff nicht feucht genug sein kann, während bei Ligniten die übliche Feuchte w_{norm} in bezug auf den Gasheizwert gerade günstig liegt.

Aus Bild 31 und Zahlentafel auf S. 34 ist auch der theoretische Grenzwert w_{gr} der Brennstoffeuchtigkeit zu entnehmen, bei dessen Überschreitung die absteigende Vergasung oder Vergasung in der Schwebe erlöschen muß. Der praktisch zulässige Grenzwert w_{zul} ist natürlich wesentlich kleiner, einmal wegen der Wärmeverluste und dann wegen zu tiefer Reaktionstemperaturen. Die absatzweise Beschickung des Generators kann diese Grenze noch weiter senken. Bei Holz wird also w_{zul} merklich unter 50%, bei Ligniten merklich unter 65% liegen.

Druckvergasung. Die Vergasung bei höheren Drücken gewinnt an Bedeutung, da sie gewisse Vorteile bezüglich des verwertbaren Brennstoffes, der Leistung und der Gasqualität bietet. Der hohe Gasdruck kann für synthetische Prozesse, für Druckgasleitungen und für Gasturbinenantrieb wertvoll sein. Da das Vergasungsmittel unter Druck in den Generator geblasen werden muß, benötigt man für Luft oder Sauerstoff einen Kompressor, wogegen für Wasserdampf ein Dampfkessel geeigneten Druckes ausreicht. Der Brennstoff muß über Druckkammern oder sonstwie eingeschleust werden, ohne dabei den Betriebsdruck zu stören.

Die Wärmediagramme der Druckvergasung unterscheiden sich beträchtlich von jenen für 1 Atm, aber es ist hierzu nichts grundsätzlich Neues zu sagen. Der erhöhte Druck wirkt sich in erster Linie auf die Größe der Gleichgewichtskonstanten und in dem

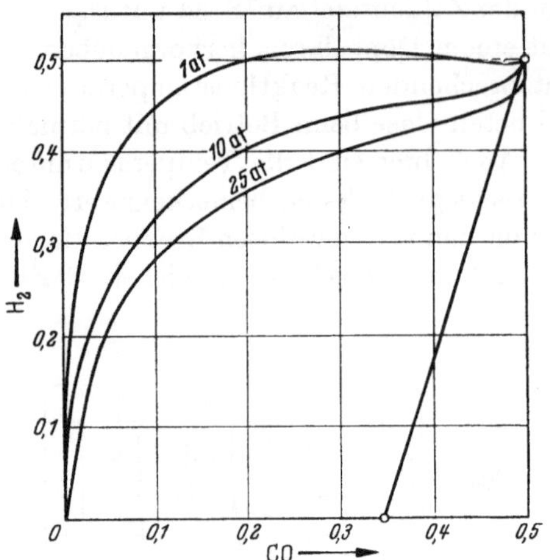

Bild 33. Einfluß des Vergasungsdruckes p auf die Umrisse des H_2–CO-Gleichgewichtsdiagramms, für Brennstoffe mit $\sigma = 1{,}0$

Sinne aus, daß der CO_2- und CH_4-Gehalt bei gleichem ψ und bei gegebener Reaktionstemperatur mit dem Druck zunehmen. Der Gasheizwert steigt. In Tafel 33 bis 40 und 41 bis 48 sind die entsprechenden Diagramme für Koks, $\sigma = 1{,}0$, bei Vergasung mit gewöhnlicher Luft bei 10 und 25 at dargestellt. In Bild 33 sind zur besseren Übersicht die Umrisse der H_2–CO-Diagramme für diese Drücke übereinandergezeichnet.

Der erhöhte Methangehalt ist dann von Vorteil, wenn man auf einen höheren Heizwert Wert legt, wie das z. B. in Gasanstalten der Fall ist. Dieses kann noch gesteigert werden, wenn Kohlendioxyd CO_2 mit Druckwasser ausgewaschen wird, was bei höheren Drücken wirkungsvoll durchgeführt werden kann. In Bild 34 ist der Heizwert $H_{0\,tr}$ über der Vergasungstemperatur t aufgetragen, die bei adiabater Vergasung mit Luft

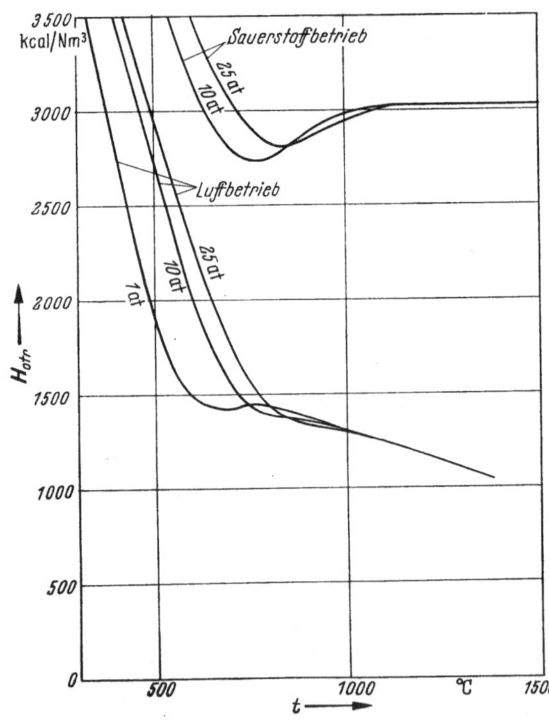

Bild 34. Durch Änderung der Ausgangsfeuchte ψ erzielbare Heizwerte, aufgetragen über die sich einstellende Vergasungstemperatur t, siehe Bild 35, für verschiedene Vergasungsdrucke p. Unten für Luft-, oben für Sauerstoffbetrieb. Vorwärmung des Vergasungsmittels jeweils auf die dem Druck p entsprechende Sättigungstemperatur des Wasserdampfes

von $t'_L = 100°$ C und mit entsprechendem Zusatz ψ von, beim Vergasungsdruck P gesättigtem Wasserdampf erreicht wird. Wird z. B. noch eine Reaktionstemperatur von 650° C als ausreichend erachtet, so ergeben sich bei 1, 10, 25 at Gasheizwerte $H_{0\,tr}$ von beziehungsweise 1440, 1740, 1980 kcal/Nm³. Bei höheren Vergasungstemperaturen unterscheiden sich jedoch die Heizwerte bei verschiedenen Drücken kaum.

Bei reinem Wassergasprozeß ohne Luftzufuhr, $\psi = 1$, würde man bei $t = 650°$C Gase mit einem Heizwert $H_{0\,tr}$ von etwa 2870 bzw. 3400 bzw. 3650 kcal/Nm³ erhalten, was jedoch nur unter zusätzlicher Wärmezufuhr möglich wäre. Bei Betrieb mit gesättigtem Dampf für den jeweiligen Vergasungsdruck wären Fremdwärmen von 19400 bzw. 10300 bzw. 8300 kcal/Mol$_{M'}$ erforderlich. Bei höchstem Betriebsdruck wäre die geringste Fremdheizung oder Vergasungsmittelvorwärmung erforderlich.

Die Druckvergasung liefert bei gleicher Vorwärmung des Vergasungsmittels höhere Vergasungstemperaturen. Zur Aufrechterhaltung des Wassergasprozesses ist bei höheren Drücken eine geringere Heizung erforderlich als bei Umgebungsdruck.

Sauerstoffvergasung. Wird dem Vergasungvorgang Sauerstoff statt Luft zugeführt, so behalten alle bisherigen Gleichungen ihre Gültigkeit, wenn überall statt 0,21 der Wert 1 und statt 0,79 der Wert 0 eingesetzt wird. Wird die Luft mit Sauerstoff angereichert, so ändert sich ihr Sauerstoffgehalt von 0,21 auf r_L und Stickstoffgehalt von 0,79 auf $(1 - r_L)$, was überall in den Gleichungen zu berücksichtigen ist.

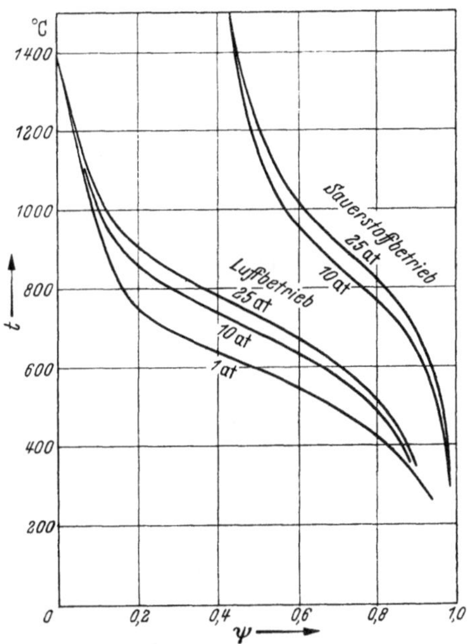

Bild 35. Einfluß der Ausgangsfeuchte ψ auf die Vergasungstemperatur bei verschiedenen Vergasungsdrücken p und bei Luft- und Sauerstoffbetrieb. Verhältnis wie in Bild 34

Sauerstoffzusatz vermindert den Stickstoffballast im Gas, und die Reaktionstemperatur nimmt zu. Dadurch kann mehr Wasserdampf zersetzt werden, und der Heizwert wird größer.

Hier sind Diagramme für die Vergasung des Kokses, $\sigma = 1$, mit reinem Sauerstoff und Wasserdampf als Vergasungsmittel entworfen, weswegen im Gas $N_2 = 0$ sein muß. Das H_2-CO-Diagramm für Sauerstoffbetrieb, Tafel 53, 54 oder 61, 62, weicht sehr von demjenigen für Luftbetrieb ab. Die Linien $N_2 =$ konst gibt es nicht mehr. Das Diagramm erstreckt sich von CO $= 0$ bis CO $= 1$, zum Unterschied des Betriebes mit Luft, wo $0 \leqq$ CO $\leqq 0,5$ bleibt. Der reine Wassergasbetrieb ($\psi = 1$) ist selbstverständlich hier und dort derselbe, denn wenn man sowieso keine Verbrennungsluft zuführt, so kann es gleichgültig sein, wie diese zusammengesetzt ist. Die Vorteile der Sauerstoffanwendung treten somit nicht beim Wassergasprozeß, sondern nur beim Mischgasprozeß hervor.

Die Diagramme für Sauerstoffvergasung bei 10 und 25 at sind in Tafel 49 bis 56 und 57 bis 64 dargestellt. In Bild 34 und 35 sind die Heizwerte des Gases und die adiabaten Reaktionstemperaturen vergleichsweise für Betrieb mit Luft und mit Sauerstoff über ψ aufgetragen. Es ist überall dieselbe Vorwärmtemperatur $t'_L = 100°$ C und Wasserdampf ψ in trockengesättigtem Zustand für den betreffenden Vergasungsdruck angenommen.

c) Vergasungsgleichungen für beliebige Brennstoffe unter Methanbildung

Beim Vergasungsvorgang müssen neben der Gleichung der Gaszusammensetzung [Gl. (88)] noch die Bilanzen der einzelnen Elemente befriedigt werden, und bei Gleichgewichtseinstellungen auch die Gleichungen des chemischen Gleichgewichtes. Diese lauten folgendermaßen:

Die Sauerstoffbilanz

$$0{,}21\, M'_L + \tfrac{1}{2} M'_{H_2O} = \tfrac{1}{2} M_{H_2O} + \tfrac{1}{2} M_{CO} + M_{CO_2}. \tag{97}$$

Die Wasserstoffbilanz

$$M'_{H_2O} + M'_C \,\frac{\dfrac{h}{2} - \dfrac{o-s}{16}}{\dfrac{c}{12}} = M_{H_2O} + 2\, M_{CH_4} + M_{H_2}. \tag{98}$$

Die Stickstoffbilanz

$$0{,}79\, M_L = M_{N_2}. \tag{99}$$

Darin ist der Stickstoffanteil n des Brennstoffes vernachlässigt, da er für den Vergasungsvorgang ohne Bedeutung ist.

Die Kohlenstoffbilanz

$$M'_C = M_{CO_2} + M_{CO} + M_{CH_4}. \tag{100}$$

Die Gleichgewichtsbedingungen lauten
für die BOUDOUARDsche Reaktion

$$\frac{[CO]^2}{[CO_2]} = K_B, \tag{101}$$

für die Wassergasreaktion

$$\frac{[CO]\cdot[H_2O]}{[CO_2]\cdot[H_2]} = K_W, \tag{102}$$

für die Methanzersetzung

$$\frac{[H_2]^2}{[CH_4]} = K_M. \tag{103}$$

K_B, K_W und K_M gelten für den Vergasungsdruck P. Für den Druck $p_0 = 1$ Atm mögen die Konstanten mit dem Index $_0$ gekennzeichnet sein. Dann gilt

$$K_B = \frac{p_0}{p}\, K_{0B}, \tag{104}$$

$$K_W = K_{0W}, \tag{105}$$

$$K_M = \frac{p_0}{p}\, K_{0M}. \tag{106}$$

Werte für K_{0B}, K_{0W} und K_{0M} sind für 1 Atm dem Bild 20 zu entnehmen. Den Bildungsgrad des Wasserstoffes bezeichnen wir mit χ. Es sei

$$\chi = \frac{M_{H_2}}{M'_{H_2O} + 2(\sigma - 1)M'_C} = \frac{[H_2]}{[H_2] + [H_2O] + 2[CH_4]}. \tag{107}$$

Der Wasserstoffanteil, welcher im gebildeten Methan gebunden wird, ist

$$\mu = \frac{2 M_{CH_4}}{M'_{H_2O} + 2(\sigma - 1)M'_C} = \frac{2[CH_4]}{[H_2] + [H_2O] + 2[CH_4]}. \tag{108}$$

Der Verteilungsgrad des Sauerstoffes auf CO_2 und CO ist

$$\omega = \frac{M_{CO_2}}{\frac{1}{2}M_{CO} + M_{CO_2}} = \frac{[CO_2]}{\frac{1}{2}[CO] + [CO_2]}. \tag{109}$$

Auf diese Weise bekommt man Ausdrücke zur Berechnung einzelner Größen wie folgt.

Der Kohlenstoffverbrauch ζ $Mol_C/Mol_{M'}$ je Mol des rechnerischen Vergasungsmittels M'

$$\zeta = \frac{M'_C}{M'} = \frac{(2 - \omega)[0,21(1 - \psi) + \frac{1}{2}(\chi + \mu)\psi] + \frac{1}{2}\mu\psi}{1 + (\sigma - 1)[(2 - \omega)(1 - \chi - \mu) - \mu]} \quad Mol_C/Mol_{M'}. \tag{110}$$

Die Menge der feuchten Generatorgase, die aus 1 Mol des rechnerischen Vergasungsmittels M' entsteht,

$$V_f = 0,79(1 - \psi) + (1 - \tfrac{1}{2}\mu)\psi + (2 - \omega)[0,21(1 - \psi) + \tfrac{1}{2}(\chi + \mu)\psi] +$$
$$+ \zeta(\sigma - 1)[2 - \mu - (2 - \omega)(1 - \chi - \mu)] \quad Mol/Mol_{M'}. \tag{111}$$

Die Menge der getrockneten Generatorgase, die aus 1 Mol des rechnerischen Vergasungsmittels M' entsteht,

$$V_{tr} = V_f - (1 - \chi - \mu)[\psi + 2\zeta(\sigma - 1)] \quad Mol/Mol_{M'}. \tag{112}$$

Die Zusammensetzung des feuchten Gases

$$[H_2O] = \frac{(1 - \chi - \mu)[\psi + 2\zeta(\sigma - 1)]}{V_f}, \tag{113}$$

$$[H_2] = \frac{\chi[\psi + 2\zeta(\sigma - 1)]}{V_f}, \tag{114}$$

$$[CH_4] = \frac{\frac{1}{2}\mu[\psi + 2\zeta(\sigma - 1)]}{V_f}, \tag{115}$$

$$[CO] = \frac{2(1 - \omega)[0,21(1 - \psi) + \frac{1}{2}(\chi + \mu)\psi - \zeta(\sigma - 1)(1 - \chi - \mu)]}{V_f}, \tag{116}$$

$$[CO_2] = \frac{\omega[0,21(1 - \psi) + \frac{1}{2}(\chi + \mu)\psi - \zeta(\sigma - 1)(1 - \chi - \mu)]}{V_f}, \tag{117}$$

$$[N_2] = \frac{0,79(1 - \psi)}{V_f}. \tag{118}$$

Die Beziehungen Gln. (107) bis (118) gelten sowohl für Gleichgewichts- als auch für Nichtgleichgewichtszustände. Erreicht der Vergasungszustand annähernd das chemische Gleichgewicht, so können die Größen χ und μ, und damit auch ω, aus den Gleichgewichtsbeziehungen ermittelt werden.

Gleichgewichtszusammensetzung. Es ergeben sich dann die Gleichung

$$\omega = \frac{1}{1 + \frac{1}{2}K_W \dfrac{\chi}{1 - \chi - \mu}} \tag{119}$$

und die beiden Simultangleichungen

$$\psi_\mathrm{I} = \frac{0{,}21 - \dfrac{1}{2\chi\dfrac{K_W}{K_B} - (1 - \chi - \mu)}\,\dfrac{1 - \chi - \mu}{1 - \omega} - \zeta(\sigma - 1)\,\dfrac{1 - \chi - \mu}{2\chi\dfrac{K_W}{K_B} - (1 - \chi - \mu)} \times \left[2\chi\dfrac{K_W}{K_B} + \dfrac{1 + \chi}{1 - \omega} - (1 - \chi - \mu)\right]}{0{,}21 - \dfrac{1}{2}(\chi + \mu) + \dfrac{1}{2}\,\dfrac{\chi}{2\chi\dfrac{K_W}{K_B} - (1 - \chi - \mu)}\,\dfrac{1 - \chi - \mu}{1 - \omega}}, \tag{120}$$

$$\psi_\mathrm{II} = \frac{0{,}21 - \zeta(\sigma - 1)(1 - \chi - \mu)\left(1 + \dfrac{K_B}{K_M K_W}\,\dfrac{2}{1 - \omega}\,\dfrac{\chi}{\mu}\right)}{0{,}21 - \dfrac{1}{2}(\chi + \mu) + \dfrac{K_B}{K_M K_W}\,\dfrac{1 - \chi - \mu}{1 - \omega}\,\dfrac{\chi}{\mu}}, \tag{121}$$

welche im Gleichgewicht zugleich befriedigt werden müssen, so daß

$$\psi_\mathrm{I} = \psi_\mathrm{II} \tag{122}$$

wird. Die Gleichungen können durch Probieren, am besten zeichnerisch und systematisch gelöst werden. In Tafel 16, 24, 32 sind die Ergebnisse für den Betriebsdruck $p = 1$ Atm, für gewöhnliche Luft als den einen Vergasungspartner ($r_L = 0{,}21$, $(1 - r_L) = 0{,}79$) und für Brennstoffe mit $\sigma = 1{,}0$, $\sigma = 1{,}1$, $\sigma = 1{,}2$ dargestellt. In Tafel 40 bzw. 48 ist der Verlauf dieser Größen für den Betriebsdruck von $p = 10$ bzw. 25 at und für $\sigma = 1{,}0$ für gewöhnliche Luft dargestellt. Die Tafel 56 bzw. 64 gilt für $p = 10$ bzw. 25 at, für $\sigma = 1{,}0$ und für reinen Sauerstoff ($r_L = 1$) als Vergasungspartner. Hier sind die Werte χ, ω und μ mit ψ als Parameter über der Temperatur t aufgetragen.

Die Enthalpie des Gases. Die Enthalpie der Gasmenge V_f, die aus 1 Mol Vergasungsmittel M' entsteht, ist

$$i = V_\mathrm{f}\{[\mathrm{H_2O}]i_{\mathrm{H_2O}} + [\mathrm{CO_2}]i_{\mathrm{CO_2}} + [\mathrm{CO}]i_{\mathrm{CO}} + [\mathrm{H_2}]i_{\mathrm{H_2}} + [\mathrm{CH_4}]i_{\mathrm{CH_4}} + [\mathrm{N_2}]i_{\mathrm{N_2}}\}. \tag{123}$$

Die Bezugspunkte für $i_{\mathrm{H_2O}}$, $i_{\mathrm{CO_2}}$ usw. sind beschränkt frei wählbar, und zwar so, daß die Beziehungen erfüllt bleiben

$$\boldsymbol{H}_{\mathrm{H_2}} = i_{\mathrm{H_2}} + \tfrac{1}{2}i_{\mathrm{O_2}} - i_{\mathrm{H_2O}}, \tag{124}$$

$$\boldsymbol{H}_{\mathrm{CO}} = i_{\mathrm{CO}} + \tfrac{1}{2}i_{\mathrm{O_2}} - i_{\mathrm{CO_2}}, \tag{125}$$

$$\boldsymbol{H}_{\mathrm{CH_4}} = i_{\mathrm{CH_4}} + 2i_{\mathrm{O_2}} - i_{\mathrm{CO_2}} - 2i_{\mathrm{H_2O}}, \tag{126}$$

$$\boldsymbol{H}_{\mathrm{C}} = i_{\mathrm{C}} + i_{\mathrm{O_2}} - i_{\mathrm{CO_2}}. \tag{127}$$

Hier bedeuten $\boldsymbol{H}_{\mathrm{H_2}}$ und $\boldsymbol{H}_{\mathrm{CH_4}}$ die unteren Heizwerte der entsprechenden Gase bei der betrachteten Temperatur t. Es wurden die folgenden unteren Heizwerte bei $0°\mathrm{C}$ zugrunde gelegt

$$\boldsymbol{H}^0_{\mathrm{H_2}} = 57\,700; \quad \boldsymbol{H}^0_{\mathrm{CO}} = 67\,600; \quad \boldsymbol{H}^0_{\mathrm{CH_4}} = 191\,700; \quad \boldsymbol{H}^0_{\mathrm{C}} = 97\,200. \tag{128}$$

Mit der willkürlich getroffenen Wahl für die Enthalpien bei $0°\mathrm{C}$

$$i^0_L = 0; \quad i^0_{\mathrm{O_2}} = 0; \quad i^0_{\mathrm{C}} = 0; \quad i^0_{\mathrm{H_2O\,flüss}} = 0 \quad \text{bzw.} \quad i^0_{\mathrm{H_2O\,dampf}} = 10\,760 \tag{129}$$

folgt dann aus Gln. (124) bis (127) mit (129)

$$i^0_{\mathrm{CO_2}} = -\boldsymbol{H}^0_{\mathrm{C}} = -97\,200; \quad i^0_{\mathrm{CO}} = \boldsymbol{H}^0_{\mathrm{CO}} - \boldsymbol{H}^0_{\mathrm{C}} = -29\,600;$$

$$i^0_{\mathrm{H_2}} = \boldsymbol{H}^0_{\mathrm{H_2}} + i^0_{\mathrm{H_2O\,dampf}} = 68\,460 \ \text{kcal/Mol}. \tag{130}$$

Die Beziehung Gl. (123) kann man umformen in den Ausdruck

$$i = (1 - \psi)\, i_L + \psi\, i_{H_2O} + V_{tr}(H_2\, \boldsymbol{H}_{H_2} + CO\, \boldsymbol{H}_{CO} + CH_4\, \boldsymbol{H}_{CH_4}) -$$

$$- \zeta(\boldsymbol{H}_C - i_C) + 2\,\zeta\,(\sigma - 1)\,(i_{H_2O} - \tfrac{1}{2}\,i_{O_2}), \tag{131}$$

worin alle Enthalpien und unteren Heizwerte für die betrachtete Gastemperatur t einzusetzen sind. Die Raumanteile entsprechen der Gleichgewichtszusammensetzung für dieselbe Temperatur.

Auf diese Weise wurden die $i\psi$-Diagramme für verschiedene Drücke und für gewöhnliche Luft bzw. für reinen Sauerstoff als den einen Vergasungspartner berechnet und entworfen.

Wärmebilanz bei adiabater Vergasung. Wie bereits in Gl. (90) angegeben, lautet bei adiabater Vergasung von 1 Mol M' die Wärmebilanz

$$(1 - \psi)\, i'_L + (\psi - \zeta\, b)\, i''_{H_2O_L} + \frac{12}{c}\, \zeta\, i''_B = i + \frac{12}{c}\, \zeta\, a\, i_a. \tag{132}$$

Die Glieder beziehen sich der Reihe nach auf die zugeführte Trockenluft, auf den mit Luft zugeführten Wasserdampf und auf den der Vergasungszone zugeführten Brennstoff, und auf der rechten Seite der Gleichung auf das abziehende Gas und auf die entnommene Asche.

Die Enthalpie i'_B des Brennstoffes teilen wir in eine Nullpunktsenthalpie i^0_B bei 0° C und in fühlbare Wärme i'_{fB} bei der Temperatur t'_B auf

$$i'_B = i'_{fB} + i^0_B, \tag{133}$$

worin

$$i'_{fB} = c_B\, t_B \tag{134}$$

und

$$i^0_B = \boldsymbol{H}^0_{oB} - \frac{c}{12}\, \boldsymbol{H}^0_C = \boldsymbol{H}^0_{oB} - 97\,200\,\frac{c}{12}. \tag{135}$$

Hier ist c_B kcal/kg$_B$ °C die mittlere spezifische Wärme zwischen 0° und t'_B °C und $\boldsymbol{H}^0_{oB}$ kcal/kg der obere Heizwert des in die Vergasungszone gelangenden Brennstoffes. Die Beziehung Gl. (135) folgt aus der Verbrennungsgleichung des Brennstoffes bei 0° C

$$i^0_B + \frac{c}{12}\, \sigma\, i^0_{O_2} = \frac{c}{12}\, i^0_{CO_2} + \left(\frac{w}{18} + \frac{h}{2}\right) i^0_{H_2O\,flüss} + \boldsymbol{H}^0_{oB}. \tag{136}$$

Berücksichtigt man hier für $i^0_{O_2}$, $i^0_{CO_2}$ und $i^0_{H_2O_{flüss}}$ die Ausdrücke Gl. (129) und (130), so folgt sofort Gl. (135). Faßt man in Gl. (132) die Glieder mit ζ zusammen, so wird

$$(1 - \psi)\, i'_L + \psi\, i'_{H_2O_L} + \zeta \left(\frac{12}{c}\, i'_B - b\, i''_{H_2O_L} - \frac{12}{c}\, a\, i_a\right) = i. \tag{137}$$

Setzt man hier für i'_B die Ausdrücke Gln. (133) bis (135) ein, so folgt

$$q_B = \frac{12}{c}\, i'_B - b\, i''_{H_2O_L} - \frac{12}{c}\, a\, i_a = \frac{12}{c}\, \boldsymbol{H}^0_{oB} - \boldsymbol{H}^0_C - b\, i''_{H_2O_L} + \frac{12}{c}\, (i'_{fB} - a\, i_a) \tag{138}$$

und damit

$$(1 - \psi)\, i'_L + \psi\, i'_{H_2O_L} + \zeta\, q_B = i \tag{139}$$

als der Ausdruck der adiabaten Wärmebilanz, den wir oben in Gl. (91) vorweggenommen haben.

2. Das $i\zeta$-Diagramm der Verbrennung und Vergasung

a) Das $i\zeta$-Diagramm

Für Vergasungsvorgänge mit unveränderlicher Ausgangsfeuchte ψ bietet ein $i\zeta$-Diagramm eine tiefere Einsicht in die inneren Vorgänge des Generators. Hier wird die Enthalpie i kcal/Mol$_{M'}$ des Gases über den Kohlenstoffgehalt ζ Mol$_C$/Mol$_{M'}$ des Gases aufgetragen, Bild 36.

Der Hauptvorteil dieses Diagramms gegenüber dem früher besprochenen $i\psi$-Diagramm liegt darin, daß man mit ihm sowohl Gaszustände, die im heterogenen chemischen Gleichgewicht mit dem Brennstoff stehen, als auch solche, die es nicht sind, darstellen und untersuchen kann. So kann man auch Nichtgleichgewichtsvorgänge im Generator quantitativ verfolgen, wogegen das $i\psi$-Diagramm nur zur Darstellung der heterogenen Gleichgewichtszustände geeignet war. Vor allem aber kann man im $i\zeta$-Diagramm die Austauschvorgänge im Generator (Stoff- und Wärmeaustausch) näher und anschaulich untersuchen. Der Nachteil des $i\zeta$-Diagramms ist wiederum, daß es jeweils nur für einen bestimmten und unveränderlichen Wert ψ gilt, und man muß für jeden erforderlichen ψ-Wert ein besonderes $i\zeta$-Diagramm entwerfen, wenn man die Untersuchung nicht nur qualitativ, sondern auch quantitativ durchführen möchte. Darüber hinaus kann das $i\zeta$-Diagramm eindeutig verwertet werden nur für Gleichgewichte, die durch eine oder höchstens durch zwei simultane Reaktionen beherrscht werden, in unserem Fall z. B. durch die BOUDOUARD-Reaktion Gl. (26) und die Wassergasreaktion Gl. (27). Bei Berücksichtigung einer weiteren simultanen Reaktion, z. B. der gleichzeitigen Bildung von Methan, müßte man schon räumliche Diagramme anwenden. Da jedoch bis $\psi \approx 0{,}3$ und den üblichen Reaktionspartnern die Methanbildung zu vernachlässigen ist, wie das auf S. 25 gezeigt wurde, so sind die $i\zeta$-Diagramme für alle technisch wichtigen Prozesse quantitativ verwertbar, ausgenommen für den Wassergasprozeß mit $\psi \approx 1$ bei niedrigen Temperaturen. Aber auch hier liefert das $i\zeta$-Diagramm ein zahlenmäßig zwar etwas ungenaues, aber qualitativ richtiges Bild. Die Einschränkung $\psi = $ konst wiederum umfaßt noch immer alle Vorgänge, die in einem gegebenen Vergasungsprozeß möglich sind, da ja alle im Generator angetroffenen Gasteilchen vom gleichen Vergasungsmittel $\psi = $ konst abstammen. Eine Ausnahme davon siehe im Abschnitt „Diffusionsstrom in der laminaren Schicht".

Berücksichtigt man in Gl. (58) oder (62) die Ausdrücke Gln. (36) bis (43) und (59) bis (61), so kann man die Enthalpie des Gases auch in die Form kleiden

$$i = (1 - \psi)\, i_L + \psi\, i_{H_2O} -$$
$$- 2 \cdot 0{,}21\,(1 - \psi)\, H_{CO} - \chi\,\psi\,(H_{CO} - H_{H_2}) + \zeta\,(2\,H_{CO} - H_C + i_C) \qquad (140)$$

oder auch

$$i = (1 - \psi)\, i_L + \psi\, i_{H_2O} - 0{,}21\,(1 - \psi)\,[i_{O_2} + 2(i_{CO} - i_{CO_2})] -$$
$$- \chi\,\psi\,(i_{H_2O} + i_{CO} - i_{H_2} - i_{CO_2}) + \zeta\,(2\,i_{CO} - i_{CO_2}) . \qquad (141)$$

Hier ist i die Enthalpie derjenigen Gasmenge V, die aus 1 Mol des Vergasungsmittels gebildet wurde, wogegen i_L, i_{H_2O}, i_{O_2} usw. jeweils für 1 Mol des betreffenden Bestandteiles und bei der Temperatur des Gases gelten. Die Beziehung Gl. (140) bzw. (141) gilt zunächst ganz allgemein für das Vergasungsgebiet mit $O_2 = 0$ und $C_{Ruß} = 0$ und ist nicht auf chemisches Gleichgewicht gebunden. Im besonderen Falle des chemischen Gleichgewichtes kommen den Größen χ und ζ die Gleichgewichtswerte für betreffendes ψ und t zu.

Es sei noch bemerkt, daß ih den maßstäblichen $i\zeta$-Diagrammen der beigefügten Tafeln 70 bis 79 als Enthalpie-Nullpunkt für Wasser der trocken gesättigte Dampfzustand von $0°$ C angenommen wurde, d. h.

$$i^0_{\text{H}_2\text{O}_{\text{dampf}}} = 0 \quad \text{und damit} \quad i^0_{\text{H}_2\text{O}_{\text{flüssig}}} = -\,10\,760 \text{ kcal/Mol},$$

also abweichend von der in Gl. (36) getroffenen Übereinkunft für das $i\psi$-Diagramm. Sollte man jemals den zahlenmäßigen Anschluß der Enthalpie-Netze der $i\zeta$-Diagramme an dasjenige des $i\psi$-Diagramms, Tafel 4, wünschen, so sind die Linien $i =$ konst der $i\zeta$-Diagramme jeweils um den konstanten Wert $10\,760\,\psi$ parallel nach unten zu verrücken.

Beschreibung des $i\zeta$-Gleichgewichtsdiagramms. Zunächst soll der Aufbau des $i\zeta$-Diagramms für reine Gleichgewichtszustände des Generatorgases, Bild 36, allgemein beschrieben werden, ohne auf die Berechnungsmethoden und auf die mannigfaltigen Ungleichgewichte einzugehen. In der Folge sollen dann auch diese verwickelteren Einzelheiten erläutert werden.

Es ist bei der Vergasung zweckmäßig, von zwei besonders kennzeichnenden Stoffmengen auszugehen. Das ist einerseits die Menge M' des aufgewendeten Vergasungsmittels bekannter Zusammensetzung ψ (Luft und Wasserdampf), und andererseits die Menge des verbrauchten bzw. vom Vergasungsmittel aufgenommenen Kohlenstoffes M'_C, der hier den Brennstoff vertritt. Man kann die Kohlenstoffmenge M'_C entweder auf 1 Mol M' beziehen, wie das bereits oben getan wurde,

$$\zeta = \frac{M'_C}{M'}\,, \tag{142}$$

aber ebensogut könnte man M'_C auf die Gesamtmenge $(M' + M'_C)$ der aufgewendeten Stoffe beziehen

$$\xi = \frac{M'_C}{M' + M'_C}\,. \tag{143}$$

Beide Darstellungsarten führen gleich gut zum Ziel. Wir wählen jedoch die erste, weil durch sie das Diagrammblatt bei Vergasungsvorgängen zeichnerisch besser ausgenutzt wird.

Als Abszisse wird die Kohlenstoffmenge ζ $\text{Mol}_C/\text{Mol}_{M'}$ gewählt, die im Laufe der Vergasung von 1 Mol Vergasungsmittel M' aufgenommen wird. Die Mengen der mit dem Vergasungsmittel M' zugeführten Elemente bleiben während der Vergasung gleich, auch wenn sie chemischen Umwandlungen unterliegen. D. h., die Mengen des Sauerstoffes, Wasserstoffes und Stickstoffes, die im Vergasungsmittel zugeführt worden sind, ändern sich durch den Vergasungsvorgang nicht, mögen sie in neue chemische Verbindungen eingehen oder nicht. Die Mengensumme dieser Stoffe bleibt immer M' Mol, so daß M' bei einer Vergasung eine unveränderliche Größe ist.

Als Ordinate wählen wir im $i\zeta$-Diagramm die Enthalpie i kcal/Mol_M, derjenigen Menge der jeweiligen Vergasungsprodukte, die aus 1 Mol des Vergasungsmittels M' entstanden sind.

Für Leser, denen das ix-Diagramm für feuchte Luft von MOLLIER geläufig ist, sei erläuternd erwähnt, daß unser M' der unveränderlichen Trockenluftmenge L im ix-Diagramm und unser ζ dem veränderlichen Wassergehalt x des ix-Diagramms entspricht. Die Enthalpie i ist hier auf die unveränderliche Vergasungsmittelmenge M', dort auf die unveränderliche Trockenluftmenge L bezogen.

Wegen der grundsätzlich ähnlichen Gesichtspunkte bei der Wahl der Bezugsgrößen im $i\zeta$-Diagramm und im ix-Diagramm wird sich auch eine erstaunliche Ähnlichkeit in der weitläufigen Anwendbarkeit der beiden Diagramme für so grundverschiedene Vorgänge ergeben, wie es etwa die einfache Wasserverdunstung einerseits und die Vergasung mit ihrem verwickelten Chemismus andererseits sind.

Zur besseren Ausnutzung des Diagrammblattes werden schiefwinkelige Koordinaten gewählt, mit beliebig schräg gelegten Linien $i =$ konst. Unter Vorwegnahme der noch zu erläuternden Berechnung ergibt sich dann für ein Vergasungsmittel von bekanntem und konstantem Wassergehalt $\psi =$ konst und für den Vergasungsdruck $P =$ konst das Bild 36. Das Diagramm weist drei charakteristische Gebiete auf. Im linken Teil von $\zeta = 0$ bis $\zeta = \zeta_0 = 0{,}21 \, (1 - \psi)$ ist der Kohlenstoffzusatz so gering gewesen, daß der Sauerstoff des Vergasungsmittels nicht ganz aufgebraucht werden konnte. Das ist das Gebiet der vollkommenen Verbrennung mit Sauerstoffüberschuß. Im thermodynamischen Gleichgewicht findet man in diesen Verbrennungsgasen bis zu Temperaturen von etwa $1600°$ C praktisch nur N_2, CO_2, O_2 und H_2O vor, während die Mengen von H_2, CO und von anderen Dissoziationsprodukten verschwindend gering sind. Deswegen verlaufen die Gleichgewichtsisothermen unter $1500°$ C, wie eingetragen, geradlinig bis $\zeta = \zeta_0$. Bei $\zeta = \zeta_0$ ist der verfügbare Sauerstoff gerade verbraucht, so daß diese Ordinate den Grenzfall der vollkommenen Verbrennung mit der theoretischen Sauerstoffmenge kennzeichnet. Bei höheren Temperaturen als $1600°$C macht sich der Einfluß der Dissoziation bemerkbar.

Einem Mol des Vergasungsmittels von $0°$ C mit der Enthalpie $i = 0$ kcal/Mol$_{M'}$, Punkt O, setze man ζ_A Mol$_C$/Mol$_{M'}$ Kohlenstoff von $0°$ C zu. Die Enthalpie des letzteren ist $i_C = 0$ kcal/Mol$_C$. Bei adiabater Verbrennung ändert sich die Gesamtenthalpie nicht, d. h., das Verbrennungserzeugnis A muß auf der schrägen Linie $i =$ konst, in diesem Falle $i = 0$, liegen. Im Punkt A bei $\zeta = \zeta_A$ kann man die erreichte Verbrennungstemperatur t_A ablesen. Setzt man mehr Kohlenstoff, z. B. ζ_B, zu, so erreicht man Punkt B mit der theoretischen Verbrennungstemperatur t_B. (Man beachte, daß die Verbrennung nicht in trockener, sondern in wasserdampfhaltiger Luft, mit dem Wasserdampfgehalt ψ, vorgenommen wird.)

Ein weiterer Zusatz an Kohlenstoff, z. B. ζ_C, führt notwendig zur unvollkommenen Verbrennung oder, was dasselbe ist, zur Vergasung, unter gleichzeitiger Bildung von CO und H_2. So gelangt man in das zweite wichtige Gebiet des Diagramms, das Vergasungsgebiet, Punkt C. Die gebildeten Mengen von CO und H_2 sind außer von ζ_C auch noch von der Temperatur t_C abhängig und können für das thermodynamische Gleichgewicht berechnet werden. Die entsprechenden Gleichgewichtsisothermen sind für das Vergasungsgebiet ebenfalls eingetragen. Im unteren Teil sind es gekrümmte Linien, die um so geradliniger verlaufen, je höher die Temperatur ist. Bei tieferen Temperaturen weisen die Isothermen des Verbrennungs- und des Vergasungsgebietes einen Knick bei $\zeta = \zeta_0$ auf. Bei hohen Temperaturen wird dieser Knick allmählich durch eine Übergangskrümmung abgelöst, s. Bild 36. Das ist dadurch bedingt, daß es bei hohen Temperaturen hier zu Dissoziationserscheinungen kommt, bevor noch der gesamte Sauerstoff zur Bildung von CO_2 aufgebraucht worden ist. Eine merkliche Abrundung des genannten Knickes bei $\zeta = \zeta_0$ setzt erst bei Temperaturen ein, die über 1600° C liegen.

Fährt man mit dem Kohlenstoffzusatz fort, so erreicht man bei ζ_D den Punkt D, wo die Verbrennungsgase (oder wenn man will: die Vergasungsprodukte)

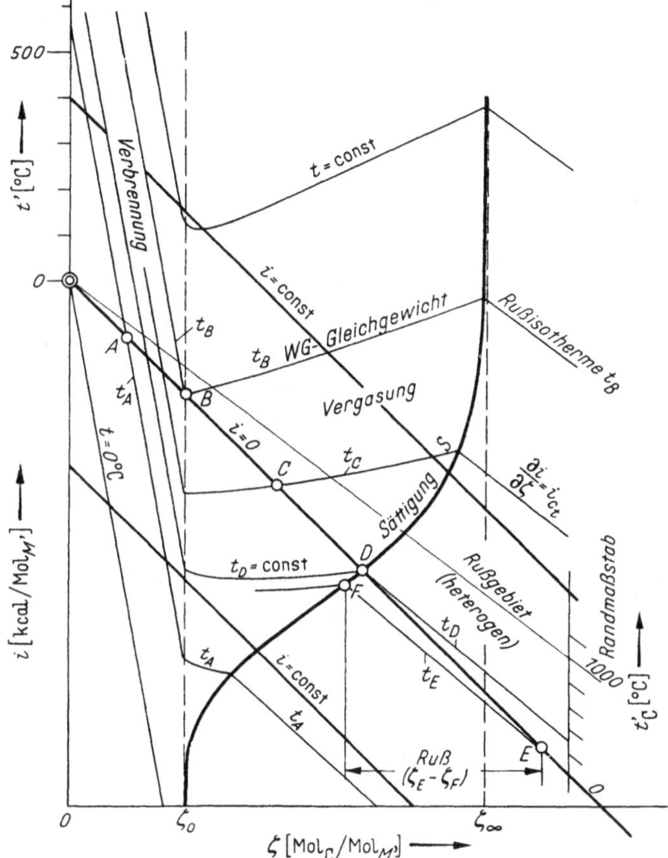

Bild 36. $i\zeta$-Diagramm der Vergasung für $P =$ konst und $\psi =$ konst, i Enthalpie der aus 1 Mol Vergasungsmittel erzeugten Gasmenge V_t, ζ deren Kohlenstoffgehalt in Mol. Dissoziation bei der obersten Isotherme $t =$ konst berücksichtigt

auch bei unvollkommener Verbrennung, d. h. bei Bildung von CO, nicht mehr fähig sind, noch weiter Kohlenstoff gasförmig aufzunehmen. Es tritt eine Sättigung des Gases mit Kohlenstoff auf, Punkt D.

Jeder weitere Zusatz an Kohlenstoff, z. B. $\zeta = \zeta_E$, führt zum Ausfall an Kohlenstoff in fester Form, sei es, daß der überschüssige Kohlenstoff gar nicht vergast und als Flugkoks mit den Gasen entweicht (z. B. bei einer Kohlenstaubvergasung, die mit zu viel Kohlenstaub betrieben wird), sei es, daß der überschüssige Kohlenstoff in Form von Ruß aus dem Gas ausfällt. In diesem dritten, heterogenen

Diagrammgebiet, Punkt E, würde das heterogene Gas-Ruß-Gemisch die Temperatur t_E angenommen haben. Das Traggas würde den Sättigungszustand F bei der Temperatur t_E annehmen, und im Gas würde Ruß oder Flugkoks in der Menge von $(\zeta_E - \zeta_F)$ Mol$_C$/Mol$_{M'}$ schweben (oder sich niederschlagen). Die Sättigungsgehalte ζ_D, ζ_F usw. an der Rußgrenze des heterogenen Gebietes werden durch die heterogenen simultanen Wassergas- und BOUDOUARD-Gleichgewichte zwischen CO_2, CO, H_2O, H_2 und festem C gesteuert und können berechnet werden. Man erhält die durch Punkte D und F gehende Sättigungslinie S der simultanen heterogenen Gleichgewichte, Bild 36.

In einem Gasgenerator strömt das von unten eingeblasene Vergasungsmittel durch das aufgeschüttete Brennstoffbett. Auf seinem Strömungsweg nimmt das Vergasungsmittel laufend Kohlenstoff auf und durchläuft der Reihe nach die Gaszustände A, B, C und, wenn das Bett genügend hoch ist, auch den Zustand D, wo es sich mit Kohlenstoff gesättigt hat. Eine weitere Kohlenstoffaufnahme bleibt wegen der eingetretenen Sättigung aus, es sei denn, daß die Strömungsgeschwindigkeit so groß ist, daß Kohlenstaub mechanisch mitgerissen wird, ohne aber weiterverarbeitet werden zu können. Es müssen sich also im Generator auch sehr verschieden temperierte Zonen ausbilden, beginnend mit der niedrigen Temperatur am Lufteintritt, ansteigend über t_A zu der höchsten im Generator herrschenden Temperatur in t_B (Brennzone des Generators $\overline{OAB}$) und dann abfallend von t_B über t_C bis t_D (Vergasungszone des Generators $\overline{BCD}$). Es sei hervorgehoben, daß sich diese Temperaturen gemäß den getroffenen Überlegungen lediglich auf das Gas beziehen. Das Brennstoffbett wird, wie später gezeigt werden soll, einen davon wesentlich verschiedenen Temperaturgang aufweisen.

Das besprochene $i\zeta$-Diagramm wird auf der linken Ordinate ($\zeta = 0$) noch mit einer Skala für die Enthalpie des eingeführten Vergasungsmittels bei verschiedenen Vorwärmtemperaturen t' ausgestattet, s. Bild 36. Dasselbe ist auch für die etwaige Vorwärmung des Kohlenstoffes vorgesehen. Da aber der reine Kohlenstoff durch die Abszisse $\zeta = \infty$ wiedergegeben wird, so kann man nicht seine Enthalpie selbst in das Diagramm eintragen, sondern man sieht einen Richtungsmaßstab (Randmaßstab) vor, der mit der Temperatur t'_C des zugesetzten Kohlenstoffes versehen ist und dessen Anwendung später besprochen werden soll.

Nachdem nun in großen Zügen der Aufbau eines $i\zeta$-Gleichgewichtsdiagramms beschrieben worden ist, wollen wir uns eingehender mit seinem Entwurf befassen, um vor allem den Anschluß des $i\zeta$-Diagramms an sonstige Gaseigenschaften zu erhalten, wie z. B. auf seine Zusammensetzung usw. Dabei werden wir auch Gaszusammensetzungen berücksichtigen, die nicht notwendig im chemischen Gleichgewicht stehen. Solche Ungleichgewichtszustände können z. B. beim schroffen Abkühlen des Gases, beim Vermischen von Gasströmen verschiedener Zusammensetzung usw. vorkommen.

Aufbau des $i\zeta$-Diagramms. Das Diagramm wollen wir für den Druck $P =$ konst und für einen bestimmten Wert $\psi =$ konst entwerfen. Bei gegebenem ψ sind die Gleichgewichtswerte $\chi_{\psi,t}$ und $\zeta_{\psi,t}$ nur noch von der Temperatur abhängig und mögen unter Fortlassung des Index ψ mit χ_t und ζ_t als Gleichgewichtswerte bei der veränderlichen Temperatur t (und bei festgehaltenem ψ) bezeichnet werden.

Zur Darstellung wählen wir zweckmäßigerweise ein schiefwinkliges $i\zeta$-Diagramm für den Druck $P = $ konst und für einen Generatorbetrieb mit der Ausgangsfeuchte $\psi = $ konst (Bild 37). Für eine gewählte Temperatur t sind aus Bild 3 und 8 die zugehörigen Gleichgewichtswerte ζ_t und χ_t zu entnehmen. Damit kann man nach Gl. (141) die Enthalpie i_t des entsprechenden Gases berechnen, welches mit festem Kohlenstoff (Brennstoff) im heterogenen Gleichgewicht steht, und erhält bei $\zeta = \zeta_t$ und $i = i_t$ den Gleichgewichtspunkt S (Bild 37). Wiederholt man die Rechnung für verschiedene Temperaturen, so bekommt man die eingezeichnete heterogene simultane Gleichgewichtslinie $i_t = i(\zeta_t)$. Diese verläuft asymptotisch einerseits zur Ordinate $\zeta = \zeta_\infty$, wenn ζ_∞ den Kohlenstoffbedarf für sehr hohe Temperaturen und für das betreffende ψ bedeutet. Nach dem $\zeta\psi$-Diagramm, Bild 3, ist

$$\zeta_\infty = \psi + 2 \cdot 0{,}21 (1 - \psi). \quad (144)$$

Andererseits ist die Gleichgewichtslinie links durch die Ordinate

$$\zeta_0 = 0{,}21 (1 - \psi) \quad (145)$$

begrenzt, die den Kohlenstoffbedarf bei tiefen Temperaturen darstellt.

Man hätte mit derselben aufgenommenen Kohlenstoffmenge ζ bei

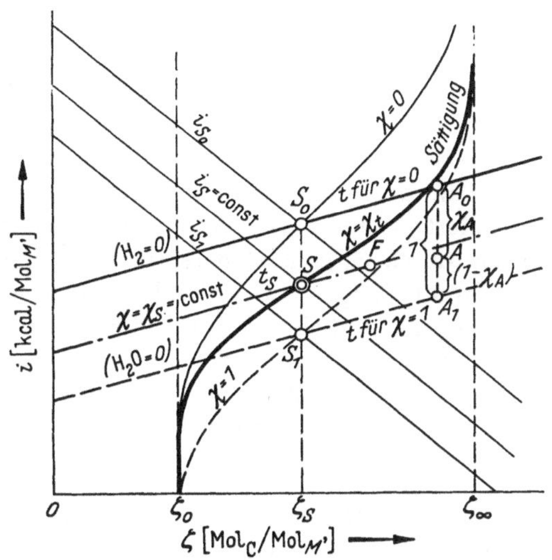

Bild 37. Aufbau des $i\zeta$-Diagramms

gleicher Temperatur t auch ein Gas erhalten können, welches nicht im chemischen Gleichgewicht mit festem Kohlenstoff ist, bei welchem also zwar $\zeta = \zeta_t$, aber $\chi \neq \chi_t$ wäre. Die zwei möglichen Grenzfälle wären $\chi = 0$ und $\chi = 1$. Berechnet man die Enthalpien nach Gl. (141) mit diesen Werten, so bekommt man für $\chi = 0$ den Ungleichgewichtspunkt S_0 bei gleicher Temperatur $t_{S_0} = t_S = t$ und ähnlich für $\chi = 1$ den Punkt S_1 mit $t_{S_1} = t_S = t$. Da der Zersetzungsgrad χ in Gl. (140) nur in dem Glied $\chi\psi(H_{CO} - H_{H_2})$ erscheint, so sieht man, daß in Bild 37

$$\overline{S_0 S_1} = i_{S_0} - i_{S_1} = i_{\chi=0} - i_{\chi=1} = \psi(H_{CO} - H_{H_2}) \quad (146)$$

ist, bzw., daß der Gleichgewichtspunkt S die Strecke $\overline{S_0 S_1}$ im Verhältnis teilt

$$\chi = \frac{\overline{S_0 S}}{\overline{S_0 S_1}}. \quad (147)$$

Alle drei Punkte S, S_0 und S_1 gelten für gleiches ψ, für dieselbe Temperatur t und gleiches ζ. Die drei Zustände unterscheiden sich jedoch im Zersetzungsgrad χ und damit in der Gaszusammensetzung. Diese entspricht nur für den Zustand S der Zusammensetzung des simultanen heterogenen Gleichgewichtes bei t und ψ. Zwischen S_0 und S_1 gibt es bei $\zeta = \zeta_S$ eine Reihe von anderen möglichen Gaszusammensetzungen, welche bei gleicher Temperatur t durch das zugehörige χ eindeutig beschrieben sind.

Vom Gleichgewichtsgas S ausgehend, kann man sich bei gleicher Temperatur und unveränderlichem Zersetzungsgrad $\chi_F = \chi_S$ ein anderes nicht im Gleichgewicht befindliches Gas mit größerem Kohlenstoffbedarf ζ_F vorstellen. Nach Gl. (141) ist bei $\psi = $ konst, $t = $ konst, $\chi = $ konst die Gasenthalpie i eine lineare Funktion von ζ, und Punkt F des neuen Gases liegt auf einer Geraden durch S, deren Neigung nach Gl. (55)

$$\left(\frac{\partial i}{\partial \zeta}\right)_{t,\chi} = 2\,i_{CO} - i_{CO_2} \tag{148}$$

ist. Zustand F ist wiederum kein Gleichgewichtszustand, während die strichpunktierte Gerade $\overline{SF}$ eine Isotherme $t = t_C = $ konst bei $\chi = \chi_S = $ konst, aber für verschiedene ζ darstellt. Alle Zustände dieser Isotherme t_S sind bis auf Punkt S keine Gleichgewichtszustände.

Variiert man, von S_0 ausgehend, wiederum den Kohlenstoffbedarf ζ, hält aber den Zersetzungsgrad $\chi = \chi_{S_0} = 0$ und die Temperatur $t = t_{S_0} = t_{\chi=0}$ unverändert, so folgt eine Reihe von Gaszuständen, die alle auf der voll ausgezogenen, durch S_0 gehenden Isotherme $t_{\chi=0}$ liegen. Diese hat dieselbe Temperatur wie Punkt S, $t_{S_0} = t_S = t$ und verläuft wegen Gl. (148) parallel zur Isotherme $t_S = $ konst. Ähnliches gilt für die gestrichelte Isotherme für $\chi = 1$, die durch Punkt S_1 verläuft. Wegen $t_S = t_{S_0} = t_{S_1} = t$ sind nach Gl. (148) diese Isothermen jeweils Linien konstanten Zersetzungsgrades $\chi = 0$ bzw. $\chi = \chi_S$ bzw. $\chi = 1$. Sie sind untereinander parallel

$$t_{\chi=0} \,\|\, t_S \,\|\, t_{\chi=1}. \tag{149}$$

Um sich im Diagramm zurechtzufinden, ist zunächst die stark ausgezogene heterogene Gleichgewichtslinie χ_t eingetragen, welche alle Gleichgewichtspunkte S bei verschiedenen Temperaturen verbindet. Von den Isothermen sind dagegen nur die Isothermenscharen für $\chi = 0$ (voll) und für $\chi = 1$ (gestrichelt) eingezeichnet, weil sie bei verschiedenen Temperaturen ungefähr gleichmäßige Abstände aufweisen und somit übersichtlich sind. Außerdem ist neben der Gleichgewichtslinie $\chi = \chi_t$ noch die Hilfslinie $\chi = 0$ voll ausgezogen, welche alle S_0-Punkte für $\chi = 0$ bei verschiedener Temperatur verbindet. Ebenso ist auch die gestrichelte Hilfslinie $\chi = 1$ eingetragen, welche alle Punkte S_1 für $\chi = 1$ bei verschiedenen Temperaturen verbindet.

Um bei gegebener Temperatur t den Gleichgewichtspunkt S zu finden, sucht man mit Hilfe der Isotherme $t_{S_0} = t$ und der Hilfslinie $\chi = 0$ zunächst Punkt S_0 auf. Punkt S liegt dann auf der Ordinate durch S_0 auf der darunterliegenden Gleichgewichtslinie χ_t. Zum Eingang in das Diagramm kann man natürlich ebensogut Punkt S_1 bei $t_{S_1} = t$ auf der Hilfslinie $\chi = 1$ aufsuchen, und der Gleichgewichtspunkt S liegt dann darüber auf der Gleichgewichtslinie χ_t.

Gaszustände, die irgendwie aus dem Vergasungsmittel gegebener Ausgangsfeuchte entstanden sind und im Laufe der Zustandsänderungen die Temperatur t angenommen haben, müssen im $i\zeta$-Diagramm irgendwo zwischen den Isothermen t für $\chi = 0$ und derjenigen für $\chi = 1$ liegen. So z. B. muß der Gaszustand A (Bild 37), falls ihm die Temperatur t zukommt, den Zersetzungsgrad $\chi = \chi_A$ aufweisen, den man bei bekannter Lage des Punktes A aus dem Diagramm nach

Maßgabe von Bild 37 ablesen kann. Ist im Gegenteil t, ζ_A und χ_A irgendwie bekannt, so findet man leicht die Lage von A zwischen den entsprechenden Grenzisothermen für $\chi = 0$ und $\chi = 1$. In der Mannigfaltigkeit der — bei gegebenen ψ und t — möglichen Zustände A stellt nur ein einziger Punkt S den simultanen heterogenen Gleichgewichtszustand dar.

Nicht alle Punkte zwischen den Isothermen $t_{\chi=0}$ und $t_{\chi=1}$ stellen reale physikalische Zustände bei betreffender Temperatur dar. Die Punkte A, für welche etwa CO < 0 oder $CO_2 < 0$ wäre, sind natürlich physikalisch sinnlos. Es ist nach Gl. (35)

$$\omega = \frac{[CO_2]}{\tfrac{1}{2}[CO] + [CO_2]}, \qquad (150)$$

wobei für ein reales Gasgemisch

$$0 \leqq \omega \leqq 1 \qquad (151)$$

sein muß. Aus Gl. (36) folgt mit Gl. (151)

$$0{,}21(1 - \psi) + \tfrac{1}{2}\chi\,\psi \leqq \zeta$$

$$\leqq 2 \cdot 0{,}21(1 - \psi) + \chi\,\psi \qquad (152)$$

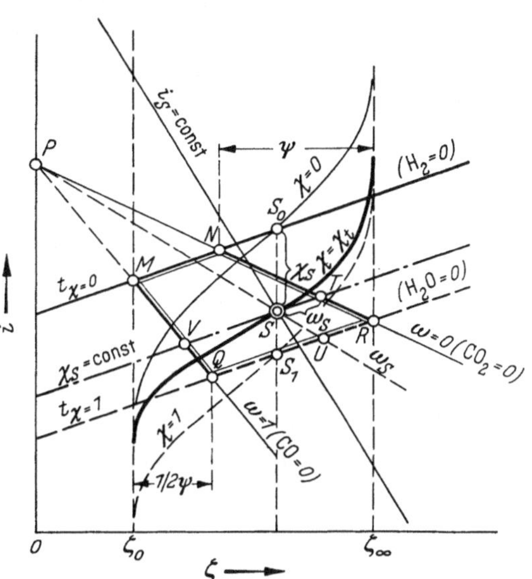

Bild 38. Isothermes Feld $MNQR$ der realen Gaszustände im $i\zeta$-Diagramm für $\psi =$ konst

als die Bedingung für reale Zustände. Das gibt mit Bezug auf Bild 38 für

$$\text{Punkt } M, \quad \chi = 0, \quad \omega = 1 \quad \text{den Wert} \quad \zeta_M = 0{,}21(1 - \psi), \qquad (153)$$

$$\text{Punkt } N, \quad \chi = 0, \quad \omega = 0 \quad \text{den Wert} \quad \zeta_N = 2 \cdot 0{,}21(1 - \psi), \qquad (154)$$

$$\text{Punkt } Q, \quad \chi = 1, \quad \omega = 1 \quad \text{den Wert} \quad \zeta_Q = 0{,}21(1 - \psi) + \tfrac{1}{2}\psi, \qquad (155)$$

$$\text{Punkt } R, \quad \chi = 1, \quad \omega = 0 \quad \text{den Wert} \quad \zeta_R = 2 \cdot 0{,}21(1 - \psi) + \psi. \qquad (156)$$

Für einen beliebigen Zersetzungsgrad $\chi =$ konst wird nach Gl. (36) für

$$\text{Punkt } V, \quad \omega = 1, \quad \text{der Wert} \quad \zeta_V = 0{,}21(1 - \psi) + \tfrac{1}{2}\chi\,\psi, \qquad (157)$$

$$\text{Punkt } T, \quad \omega = 0, \quad \text{der Wert} \quad \zeta_T = 2 \cdot 0{,}21(1 - \psi) + \chi\,\psi \qquad (158)$$

und daraus

$$\zeta_T = 2\zeta_V \quad \text{oder auch} \quad \zeta_V = \zeta_T - \zeta_V. \qquad (159)$$

Dann ist für einen beliebigen Wert ω mit Rücksicht auf Gln. (157) und (158) aus Gl. (36)

$$\zeta = \zeta_T - \omega\,\zeta_V. \qquad (160)$$

Zwischen ζ, χ und i besteht bei $\psi =$ konst, $t =$ konst und $\omega =$ konst nach Gln. (36) und (141) ein linearer Zusammenhang, weswegen im $i\zeta$-Diagramm die Linien $\omega =$ konst geradlinig verlaufen. So gilt für $\omega = 1$ die Gerade $\overline{MQ}$, für $\omega = 0$ die Gerade $\overline{NR}$, für $\omega = \omega_S$ die Gerade $\overline{PS}$. (Man kann leicht zeigen, daß der

Pol P an der Ordinate $\zeta = 0$ liegen muß.) Aus Gl. (160) folgt mit Gl. (159)

$$\omega = \frac{\zeta_T - \zeta}{\zeta_V} = \frac{\zeta_T - \zeta}{\zeta_T - \zeta_V} \, . \tag{161}$$

Man findet also für einen beliebigen Punkt S (mag es ein Gleichgewichts- oder ein Ungleichgewichtszustand sein) den zugehörigen Sauerstoff-Verteilungsgrad ω_S nach Gl. (161) und Bild 38 als Streckenverhältnis auf der Isotherme $\chi = \chi_S$
$$= \text{konst}$$

$$\omega_S = \frac{\zeta_T - \zeta_S}{\zeta_T - \zeta_V} = \frac{\overline{TS}}{\overline{TV}} = \frac{\overline{RU}}{\overline{RQ}} \, . \tag{162}$$

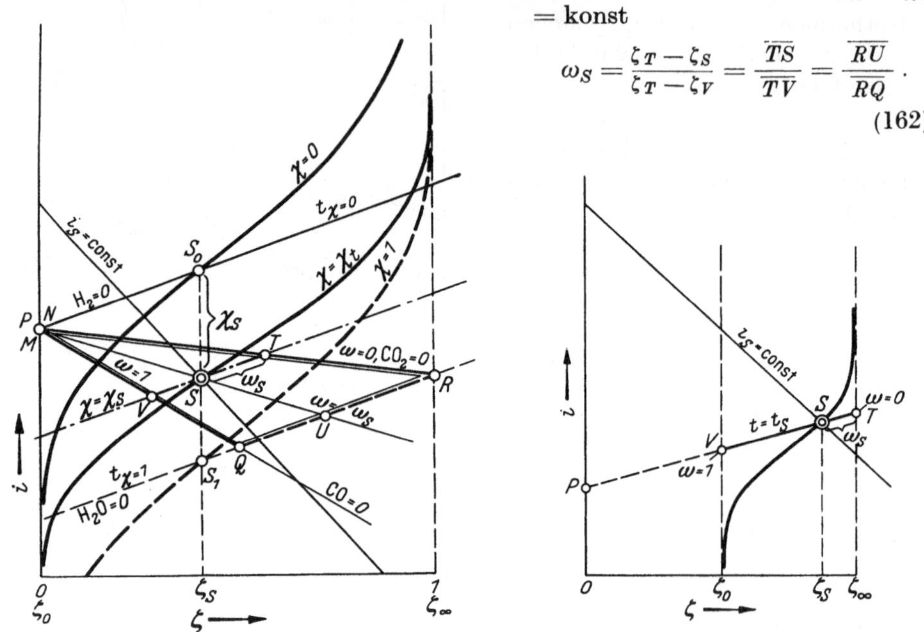

Bild 39. Das reale isotherme Feld für reinen Wassergasprozeß $\psi = 1$ Bild 40. Das zur Strecke VT degenerierte reale
isotherme Feld für reinen Luftbetrieb $\psi = 0$

Physikalisch reale Zustände liegen bei der Temperatur t des Gases nur innerhalb des Isothermenvierckes $MNRQ$, wo überall dieselbe Temperatur gilt. Außerhalb dieses Vierckes sind bei der betreffenden Temperatur keine Gaszustände möglich.

Es ist die Linie

$$\left.\begin{array}{lll}
\overline{MN} & \text{gekennzeichnet durch} & H_2 = 0, \\
\overline{NR} & \text{gekennzeichnet durch} & CO_2 = 0, \\
\overline{QR} & \text{gekennzeichnet durch} & H_2O = 0, \\
\overline{MQ} & \text{gekennzeichnet durch} & CO = 0.
\end{array}\right\} \tag{163}$$

Nur ein einziger Punkt S innerhalb des Isothermenvierckes stellt den heterogenen Gleichgewichtszustand in bezug auf anwesenden festen Kohlenstoff unter gleichzeitiger Einhaltung des eigenen homogenen Gleichgewichtes bei der betreffenden Temperatur dar.

In Bild 39 ist das reale Feld für den reinen Wassergasprozeß, $\psi = 1$, eingetragen. Die Punkte M und N des Bildes 38 sind hier in den Punkt P gefallen und aus dem Isothermenviereck wurde ein Isothermendreieck des realen Zustandsfeldes PRQ. Sonst gelten die gleichen Regeln wie früher.

Für den reinen Luftgasprozeß ohne Wasserzusatz, $\psi = 0$, degeneriert das Isothermenviereck $MNQR$ des Bildes 38 zu einer Strecke $\overline{TV}$ nach Bild 40. Für den Gaszustand kann nicht mehr der Zersetzungsgrad χ kennzeichnend sein, weil es hier keinen Wasserstoff gibt. Die Isothermen für $\chi = 0$ und für $\chi = 1$ fallen deswegen ineinander, und zwar in die Isotherme $t = t_S$. Der Verteilungsgrad ω kann wie früher auf der Strecke $\overline{TV}$ beim betreffenden Zustandspunkt abgelesen werden. So ist z. B. für den Zustand S in Bild 40 der Verteilungsgrad

$$\omega_S = \frac{\overline{TS}}{\overline{TV}}. \tag{164}$$

Teilgleichgewichte. α) *Homogenes Wassergasgleichgewicht.* Der Punkt S auf der simultanen heterogenen Gleichgewichtslinie des Bildes 38 stellt den, bei gegebenen P, ψ und t allein möglichen Gaszustand dar, der im homogenen eigenen und zugleich im heterogenen Gleichgewicht mit dem anwesenden glühenden Kohlenstoff gleicher Temperatur steht. Alle übrigen Gaszustände des Viereckes $MNQR$ haben eine davon abweichende Zusammensetzung. Das heterogene Gleichgewicht S wird durch zwei unabhängige simultane Gleichgewichtsbedingungen, z. B. Gln. (28) und (29), gesteuert. Läßt man die Bedingung Gl. (28) fallen, indem man z. B. solche Gasteilchen betrachtet, die sich weit von der Kohlenstoffoberfläche befinden und mit dieser nicht im Stoffaustausch stehen, so kann in diesen Gasteilchen ein reines homogenes Gasgleichgewicht nach Gl. (29) sich einstellen, welches nicht zugleich im heterogenen Gleichgewicht mit glühendem Kohlenstoff steht. Durch Fortfall der Bedingung Gl. (28) erhält man einen Freiheitsgrad mehr und es gibt bei P, ψ, t nun eine Reihe solcher möglichen Zustände des homogenen Gleichgewichtes in der Gasphase. Der Zustand S stellt den Sonderfall derjenigen unmittelbar am glühenden Kohlenstoff anliegenden Gasteilchen dar, die sowohl mit diesem Kohlenstoff als auch im eigenen inneren homogenen Gleichgewicht stehen.

Im homogenen Gleichgewicht muß die Bedingung Gl. (55) erfüllt werden und es wird damit Gl. (36)

$$\left(2 - \frac{1}{1 + \frac{1}{2} K_W \frac{\chi}{1 - \chi}}\right)\left[0,21\,(1 - \psi) + \frac{1}{2}\chi\,\psi\right] = \zeta \tag{165}$$

und umgeformt

$$(1 - \chi + K_W \chi)\,[0,21\,(1 - \psi) + \tfrac{1}{2}\chi\,\psi] = \zeta\,(1 - \chi + \tfrac{1}{2}K_W \chi). \tag{166}$$

Es folgt daraus die Bedingung des homogenen Wassergasgleichgewichtes

$$\chi_W = \frac{\zeta - 2 \cdot 0,21\,(1 - \psi)}{2\,\psi} - \frac{\zeta + \psi}{2\,\psi\,(K_W - 1)} +$$
$$+ \sqrt{\left(\frac{\zeta - 2 \cdot 0,21\,(1 - \psi)}{2\,\psi} - \frac{\zeta + \psi}{2\,\psi\,(K_W - 1)}\right)^2 + \frac{2\,[\zeta - 0,21\,(1 - \psi)]}{\psi\,(K_W - 1)}}. \tag{167}$$

Daraus kann man für gegebenes ψ und t den Zersetzungsgrad χ_W in Abhängigkeit von ζ berechnen und damit diejenigen Zustandspunkte im Viereck $MNRQ$ des Bildes 41 auffinden, die sich durch homogenes Gasgleichgewicht bei der betreffenden Temperatur auszeichnen. Für systematische Berechnung von χ_W ist es günstiger, zu Gl. (166) zurückzugreifen. Man trägt für gegebenes ψ in ein Diagramm über χ die für die betreffende Temperatur t berechnete linke Seite der Gl. (166) und sucht den Schnittpunkt mit der Schar der Geraden, die der Ausdruck auf der rechten Seite für dieselbe Temperatur bei verschiedenen ζ-Werten ergibt. So bekommt man die χ_W-Werte für verschiedene ζ bei einer Temperatur t. In Bild 41 ist ein entsprechender Punkt W des homogenen Wassergasgleichgewichtes bei der Temperatur t eingetragen. Findet man mehrere solche Punkte, so bekommt man für die betreffende Temperatur die mit K_W bezeichnete Wassergas-Gleichgewichtslinie $MWSR$. Diese muß natürlich auch durch den Punkt S des zugehörigen heterogenen Gleichgewichtes verlaufen und in den Eckpunkten M und R münden. Das letztere erkennt man aus der Beziehung Gl. (29), wonach mit Gln. (39) bis (42)

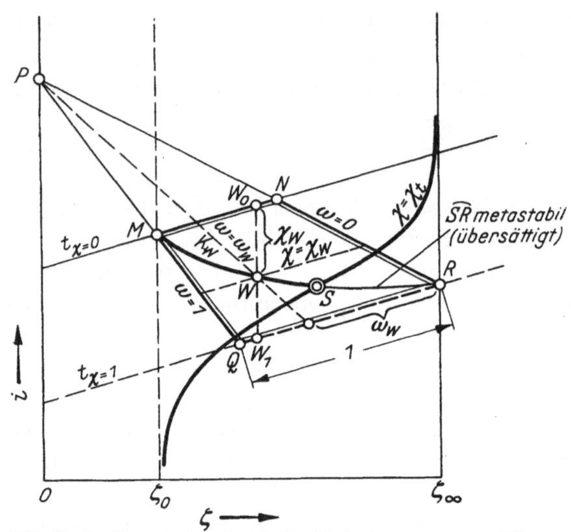

Bild 41. Isothermenviereck mit der Linie der homogenen Wassergasgleichgewichte K_W = konst, $\widehat{MWS}$ stabil, $\widehat{SR}$ metastabil

$$K_W = \frac{2(1-\omega)}{\omega}\frac{1-\chi}{\chi} \qquad (168)$$

gilt. Bei endlichem K_W muß hier

$$
\begin{array}{llll}
\text{für} & \omega = 1 & \text{gelten} & \chi = 0, \quad \text{Punkt } M, \\
\text{für} & \omega = 0 & \text{gelten} & \chi = 1, \quad \text{Punkt } R.
\end{array} \qquad (169)
$$

β) *Heterogene Teilgleichgewichte.* Unter allen möglichen Zuständen des Isothermenviereckes kann man auch solche aussondern, welche das heterogene BOUDOUARDsche Teilgleichgewicht nach Gl. (28) befriedigen. Man kann zeigen, daß dies bei denjenigen Zustandspunkten sein wird, welche die Bedingung befriedigen

$$\chi_B = \frac{2}{\psi}\left[\frac{\omega}{\dfrac{4}{K_B}+1}\,\frac{1-r_L(1-\psi)}{(1-\omega)^2-\dfrac{1}{\dfrac{4}{K_B}+1}}-r_L(1-\psi)\right], \qquad (170)$$

worin r_L den Sauerstoffgehalt der trockenen Vergasungsluft darstellt (z. B. $r_L = 0,21$). Die entsprechenden Zustandspunkte liegen im Isothermenviereck, Bild 42, auf der mit K_B bezeichneten Teilgleichgewichtslinie, welche schwach gekrümmt ist und nur wenig von der Geraden $\omega =$ konst abweicht.

Zustände des Isothermenviereckes, welche das heterogene Wassergasgleichgewicht nach Gl. (174) bzw. (175) befriedigen, müssen, wie man zeigen kann, der Bedingung genügen

$$\chi_{WC} = -\frac{(1-\omega)(2ab-\psi)+(2-\psi)}{2\psi[(1-\omega)b+1]}+$$
$$+\sqrt{\frac{[(1-\omega)(2ab-\psi)+(2-\psi)]^2}{\{2\psi[(1-\omega)b+1]\}^2}+\frac{2[1+a(1-\omega)]}{\psi[(1-\omega)b+1]}}, \qquad (171)$$

worin

$$a = r_L(1 - \psi), \tag{172}$$

$$b = 1 + \frac{2}{K_{WC}}, \tag{173}$$

wenn

$$K_{WC} = \frac{[\mathrm{H_2}] \cdot [\mathrm{CO}]}{[\mathrm{H_2O}]} \tag{174}$$

die Gleichgewichtskonstante der heterogenen Wassergasreaktion

$$\mathrm{C_{fest} + H_2O = H_2 + CO} \tag{175}$$

bedeutet.

Die Zustandspunkte, die diesem Teilgleichgewicht genügen, sind in Bild 42 durch die Linie K_{WC} verbunden.

Die drei Linien K_W, K_B und K_{WC} schneiden sich im Punkt S des simultanen Vergasungsgleichgewichtes, welcher auf der (hier nicht eingezeichneten) Sättigungslinie liegt. Mit der Änderung der Temperatur verlagern sich sowohl die Linien der drei Teilgleichgewichte als auch deren Schnittpunkt S.

Bedingungen der Teilgleichgewichte. Wenn auf der Oberfläche nicht das simultane Vergasungsgleichgewicht S der Gasteilchen sich einstellt, sondern nur Teilgleichgewichte entweder nach BOUDOUARD oder nach dem heterogenen Wassergasgleichgewicht, so sind folgende Überlegungen maßgebend.

Den Teilchen, welche aus dem Gasraum kommen und an der Brennstoff-

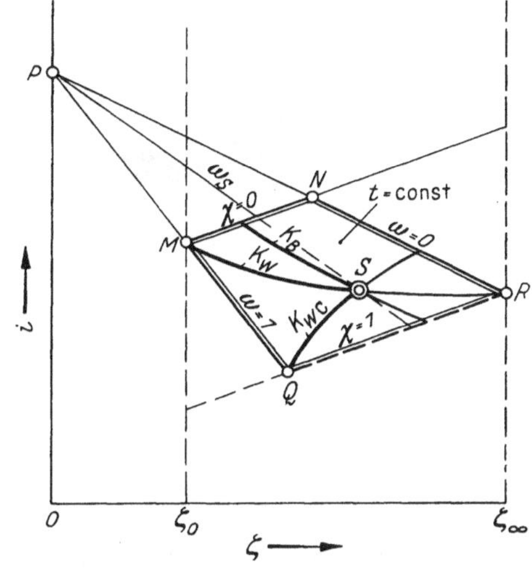

Bild 42. Isothermenviereck mit eingetragenen Linien der Teilgleichgewichte K_W = konst für homogenes Wassergasgleichgewicht, K_B = konst für heterogenes BOUDOUARD-Gleichgewicht, K_{WC} = konst für heterogenes Wassergasgleichgewicht

oberfläche nur einer Umwandlung nach der BOUDOUARD-Reaktion Gl. (28) unterliegen und von der heterogenen Wassergasreaktion Gl. (175) unberührt bleiben, ist es gemeinsam, daß deren Mengen an Wasserdampf und an Wasserstoff nicht geändert werden. Die Zustandsänderung solcher Teilchen verläuft also unter der Bedingung

$$\chi = \mathrm{konst.} \tag{176}$$

Das sind in einem Isothermenviereck des $i\zeta$-Diagramms Linien gleichmäßigen Abstandes, parallel zur Isotherme $t_{\chi=0}$ bzw. $t_{\chi=1}$, Bild 43.

Für Teilchen, die demgegenüber nur einer heterogenen Wassergasreaktion Gl. (175) unterworfen sind und von der BOUDOUARDschen Gl. (28) nicht betroffen werden, bleibt die Menge $M_{\mathrm{CO_2}}$ des Kohlendioxydes im Gas unberührt, und die Zustandsänderung solcher Teilchen verläuft unter der Bedingung

$$M_{\mathrm{CO_2}} = \mathrm{konst.} \tag{177}$$

Es ist

$$M_{\mathrm{CO_2}} = V_f \cdot [\mathrm{CO_2}] \tag{178}$$

und nach Gln. (45) und (48)

$$M_{CO_2} = 2\,[0{,}21\,(1-\psi) + \tfrac{1}{2}\,\chi\,\psi] - \zeta\,. \tag{179}$$

Daraus

$$\zeta = 2\cdot 0{,}21\,(1-\psi) - M_{CO_2} + \psi\,\chi\,. \tag{180}$$

In einem $\chi\zeta$-Diagramm sind demnach für $\psi=$ konst die Linien $M_{CO_2}=$ konst parallele Geraden. Im Isothermenviereck des $i\zeta$-Diagramms sind die Linien $M_{CO_2}=$ konst[1] gerade Linien gleichmäßigen Abstandes, die parallel mit der Geraden $[CO_2]=0$, d. h. mit der Linie $\omega=0$ verlaufen, Bild 43.

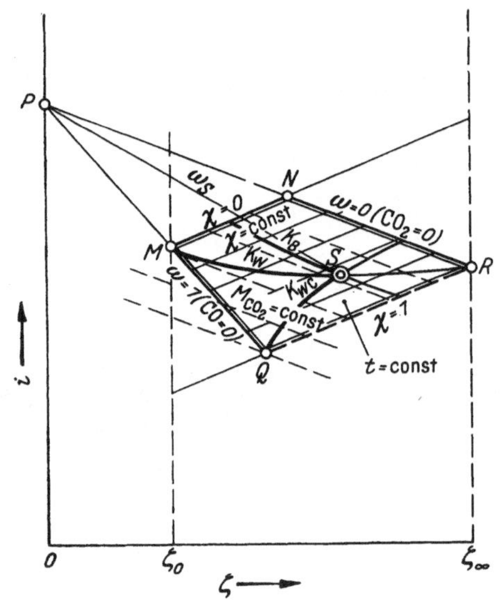

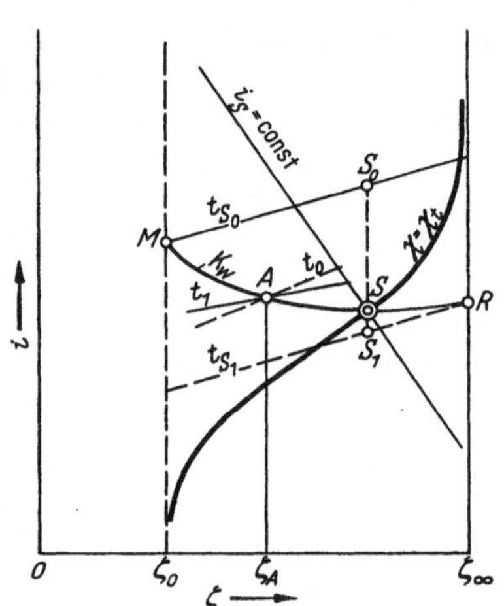

Bild 43. Isothermenviereck mit eingetragenen Linien $M_{CO_2}=V_{tr}\cdot CO_2=$ konst und Linien $\chi=$ konst   Bild 44. Punkt A ist mehrdeutig je nach der ihm zukommenden Temperatur t_A

Die Zustandsänderung der Gasteilchen, die nur der heterogenen Wassergasreaktion nach Gl. (175) unterworfen sind, verläuft also unter der Bedingung $M_{CO_2}=$ konst, und wenn außerdem $t=$ konst ist, verläuft sie auf der Isotherme $M_{CO_2}=$ konst des betreffenden Isothermenviereckes, d. h. parallel zur Linie $\omega=0$.

Wenn ein Teilchen demgegenüber sowohl der BOUDOUARD-Reaktion Gl. (28) als auch derjenigen nach Gl. (175) ausgesetzt ist und beide bis zum Gleichgwicht verlaufen, so ist zwangsläufig auch das homogene Wassergasgleichgewicht befriedigt, was nur in Punkt S erfüllt wird. In diesem Falle verläuft die Zustandsänderung des Gasteilchens immer in der Richtung zum simultanen Gleichgewichtspunkt S des Isothermenvierecks hin.

Mehrdeutigkeit eines Zustandspunktes. Betrachtet man im $i\zeta$-Diagramm für $\psi=$ konst, Bild 44, irgendeinen Zustandspunkt A mit gegebenen ζ_A und i_A, so können diese Werte durch Gase verschiedenen Zustandes und Zusammensetzung befriedigt werden. Es kann z.B. das betrachtete Gas zufällig im Wassergasgleichgewicht stehen. Dann findet man seine Temperatur, indem man die Gleichgewichtslinie K_W aufsucht, die durch Punkt A geht und für welche die Tem-

---

[1] Nicht zu verwechseln mit $[CO_2]=$ konst, s. Gl. (178).

peratur t_S gilt. Dann ist $t_A = t_S$, und der Zersetzungsgrad χ_A ist wie oben in Bild 37 mit Hilfe der Isothermen t_{S_0} und t_{S_1} zu bestimmen. Wenn das Gas in A kein Gleichgewichtsgas ist, so kann χ_A Werte von 0 bis 1 haben. Im ersten Falle, für $\chi_A = 0$, findet man die Gastemperatur t_A durch Aufsuchen derjenigen Isotherme t_0 für $\chi = 0$, die durch A geht. Dann ist $t_A = t_0$. Im zweiten Falle

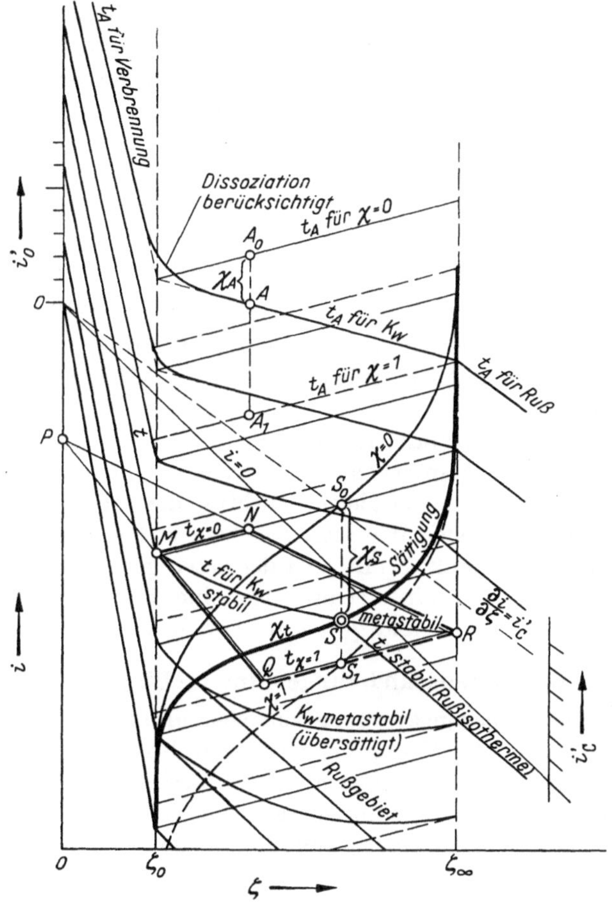

Bild 45. Das endgültige $i\zeta$-Diagramm, s. auch maßstäbliche Diagramme, Tafel 70 bis 79

mit $\chi_A = 1$ sucht man diejenige Isotherme t_1 für $\chi = 1$, die durch A geht, dann wäre $t_A = t_1$. Wenn somit für einen Punkt A nur ζ_A und i_A gegeben sind, so kann dieser Punkt zunächst alle Gase zwischen $t_0 \leqq t_A \leqq t_1$ mit $0 \leqq \chi_A \leqq 1$ bei gleichem ψ, ζ_A, i_A bedeuten, der Zustandspunkt A ist also mehrdeutig. Um ihm einen eindeutigen physikalischen Gaszustand zuzuordnen, ist noch eine unabhängige Angabe erforderlich, entweder χ_A oder t_A, oder eine Gleichgewichtsvorschrift, oder eine andere ähnliche Vorschrift. Wenn z. B. χ_A vorgegeben ist, so findet man t_A durch Probieren, indem man jenes Isothermenpaar t_{A0} für $\chi = 0$ und t_{A1} für $\chi = 1$ aufsucht (wobei $t_{A0} = t_{A1}$), für welches die Lage von A nach Bild 37 den Zersetzungsgrad χ_A befriedigt.

Vergasung bei höheren Drücken. Findet die Vergasung bei höheren Drücken statt und läßt man die Methanbildung unberücksichtigt, so kann dasselbe Isothermennetz des $i\zeta$-Diagramms benutzt werden, soweit man sich im Bereiche nahezu idealer Gase bewegt. Bei diesen ist ja die Enthalpie i nur von der Temperatur, nicht aber vom Druck abhängig. Deswegen werden sich die Isothermen t für $\chi = 0$ und für $\chi = 1$ bei anderen Drücken nicht verlagern. Dasselbe gilt auch für die Isothermen K_W des homogenen Wassergasgleichgewichtes, denn dieses ist auch vom Druck unabhängig. Es muß nur zusätzlich die heterogene Gleichgewichtslinie χ_t, d.h. die Sättigungslinie (und die zugehörigen Hilfslinien $\chi = 0$ und $\chi = 1$), für jeden Druck einzeln eingetragen werden, um das $i\zeta$-Diagramm für verschiedene Drücke verwenden zu können.

Vergasung mit Sauerstoffzusatz. Bei Vergasung mit Sauerstoffzusatz hat man u. a. zu beachten, daß der Sauerstoffgehalt der zugeführten Luft nicht 0,21 Mol/Mol ist, sondern einen größeren Wert r_L hat, bei reinem Sauerstoff sogar den Wert 1,0 annimmt. Im letzten Falle wird gemäß Gln. (144) und (145)

$$\zeta_\infty = 2 - \psi \quad \text{und} \quad \zeta_0 = 1 - \psi \quad \text{(reiner Sauerstoffbetrieb)} \tag{181}$$

und das $i\zeta$-Diagramm erstreckt sich auch über Werte $\zeta_\infty > 1$, im Grenzfalle bis $\zeta_\infty = 2$. Alle früheren Ausführungen über das $i\zeta$-Diagramm behalten auch hier ihre Gültigkeit.

Das endgültige $i\zeta$-Diagramm. In Bild 45 ist das endgültige $i\zeta$-Diagramm für $\psi = \text{konst}$ aufgezeichnet. Man erkennt die Gleichgewichtslinie χ_t des simultanen homogenen und heterogenen Gasgleichgewichtes, die sog. Sättigungslinie, und diejenigen K_W des homogenen Wassergasgleichgewichtes für verschiedene Temperaturen. Deren Schnittpunkt S mit χ_t ist der heterogene Gleichgewichtszustand für die Temperatur t. Für eine Temperatur sind die charakteristischen Isothermen t für $\chi = 0$, $\chi = \chi_W$ und $\chi = 1$ stärker hervorgehoben.

b) Zustandsänderungen im $i\zeta$-Diagramm

Wir wollen den Vergasungsvorgang zunächst unter folgenden vereinfachten Annahmen untersuchen. Zur Vergasung gelangt ein Brennstoff, der außer Kohlenstoff und Asche keine weiteren Bestandteile in merklichen Mengen enthält. Dadurch schließen wir auch Entgasungsvorgänge im Generator aus, d. h., wir vernachlässigen die etwaigen Destillationsprodukte, die bei einem jüngeren Brennstoff auftreten würden.

Wärmezufuhr bei $P = \text{konst}$. Erwärmt man M_1 Mol eines Gasgemisches vom Zustand 1, Bild 46, indem man bei $P = \text{konst}$ die Wärme Q_{12} zuführt und beachtet, daß M Mol Gasgemisch aus M' Mol Vergasungsmittel erzeugt wurden, wobei $\dfrac{M}{M'} = V_t$ ist, so ist

$$Q_{12} = M' (i_2 - i_1) \tag{182}$$

oder mit

$$q_{12} = \frac{Q_{12}}{M'}, \tag{183}$$

$$q_{12} = i_2 - i_1. \tag{184}$$

Wenn während der Erwärmung keine Stoffe zugeführt oder entzogen werden, so bleibt

$$\zeta_1 = \zeta_2, \tag{185}$$

und der neue Zustandspunkt *2* liegt um q_{12} über Punkt *1*. Der Zustand *2* und seine Temperatur t_2 sind damit noch nicht eindeutig festgelegt, weil Punkt *2* mehrdeutig ist. Erst durch weitere Kenntnis über die Zustandsänderung kann man Näheres über den erreichten Zustand aussagen. Interessant sind folgende zwei Grenzfälle.

Wenn die Erwärmung ohne Ablauf von chemischen Umsetzungen erfolgt, so ändert sich weder χ noch ζ, und es bleibt $\chi_2 = \chi_1$. Man sucht dasjenige Isothermenpaar t_2 auf, für welches der Punkt *2* die Bedingung $\chi_2 = \chi_1$ erfüllt. Dieser Fall ist in Bild 46 nicht eingetragen.

Findet während der Erwärmung eine chemische Umwandlung statt, so wird ein Gleichgewichtszustand angestrebt. Bei sehr großen Reaktionsgeschwindigkeiten wird in Punkt *2* das

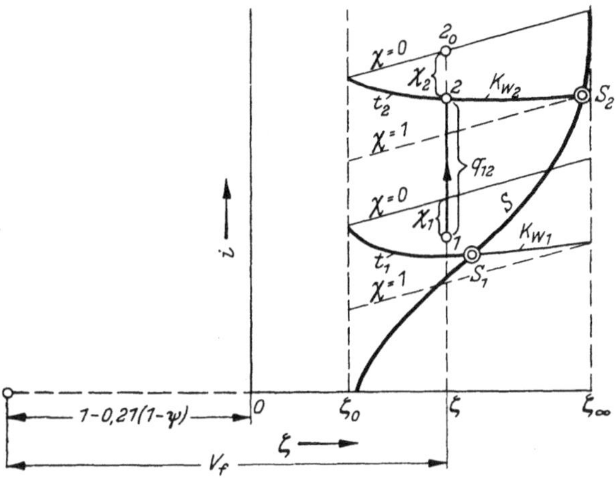

Bild 46. Wärmezufuhr im $i\zeta$-Diagramm

Wassergasgleichgewicht bei der betreffenden Temperatur t_2 erreicht. Dieser Fall ist in Bild 46 eingetragen. Man sucht die Gleichgewichtsisotherme K_{W_2} auf, die durch Punkt *2* verläuft, und das ist die gesuchte Endtemperatur t_2 mit dem zugehörigen Gleichgewichtswert χ_2.

Vermischen von Gasströmen. Beim Vergasungsvorgang tritt wiederholt Vermischung von Gasen verschiedener Zusammensetzung auf. So vermischen sich die kälteren Randgase des Generators mit wärmeren Mittengasen oder wiederum Gasteilchen aus der Grenzschicht am Brennstoff mit den weiter davonströmenden Gasteilchen der Kernströmung. Man möchte den Zustand des entstandenen Gemisches ermitteln, wenn die Mengen und Zustände der zu vermischenden Gasteilchen bekannt sind.

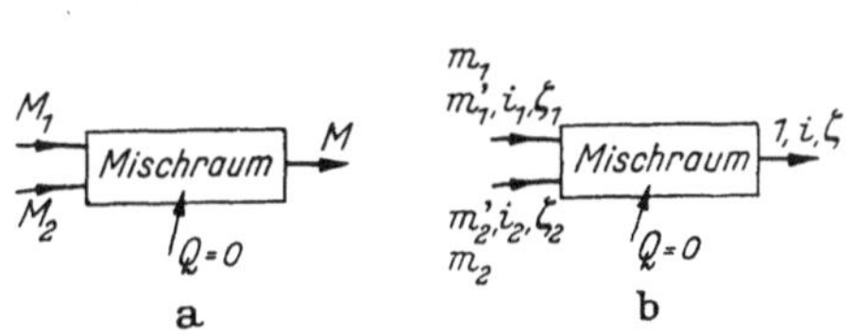

Bild 47. Schema eines Mischvorganges

Wir gehen von der Annahme aus, daß sich nur Gasteilchen vermischen, die demselben Vergasungsmittel, d. h. dem gleichen ψ entstammen. Des weiteren setzen wir voraus, daß der Vermischungsvorgang konvektiv verläuft, d. h., daß der Stofftransport und der Wärmetransport durch den gleichen Übertragungsmechanismus bestritten werden.

Diese Bedingungen werden in einem Generator mit Vergasungsmittel gleichmäßiger Ausgangsfeuchte ψ im turbulenten Teil der Strömung streng erfüllt sein. Abweichungen davon trifft man in laminaren Grenzschichten an, wo der Stofftransport durch Diffusion, der Wärmetransport durch reine Wärmeleitung erfolgt. Sie sollen jedoch später gestreift werden.

In Bild 47 ist schematisch ein Mischvorgang dargestellt. M_1 Mol des einen Gases werden mit M_2 Mol des anderen bei $P = $ konst und wärmedicht ($Q = 0$) vermischt, und man gewinnt M Mol des Gemisches. Es sei das Mengenverhältnis

$$m_1 = \frac{M_1}{M_1 + M_2}; \quad m_2 = \frac{M_2}{M_1 + M_2}; \quad m_1 + m_2 = 1. \tag{186}$$

Da sich die Angaben des $i\zeta$-Diagramms nicht auf 1 Mol der erzeugten Gase, sondern auf 1 Mol des Ausgangsgemisches M' beziehen, wollen wir auch das erwähnte Mengenverhältnis darauf zurückführen.

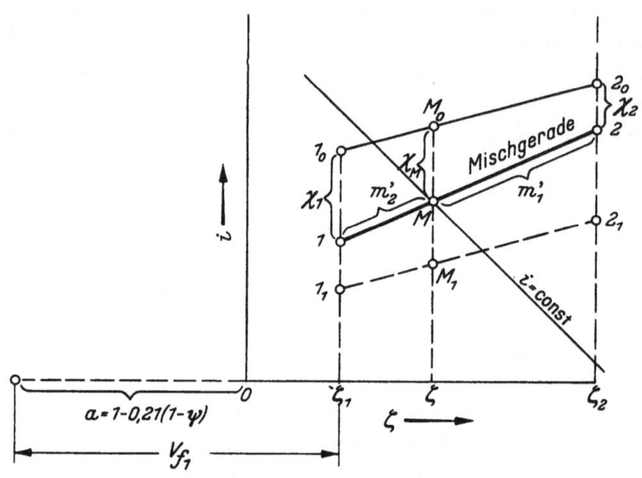

Bild 48. Mischgerade im $i\zeta$-Diagramm

Wenn die obigen M_1 Mol der Gase aus M_1' Mol des Ausgangsgemisches entstanden sind, und analog M_2 Mol aus M_2' Mol, wobei wir setzen

$$m_1' = \frac{M_1'}{M_1' + M_2'}; \quad m_2' = \frac{M_2'}{M_1' + M_2'}; \quad m_1' + m_2' = 1, \tag{187}$$

so ist nach Gl. (37)

$$V_{f1} = \frac{M_1}{M_1'}; \quad V_{f2} = \frac{M_2}{M_2'}, \tag{188}$$

und man bekommt den Zusammenhang zwischen m_1' und m_1 zu

$$m_1' = \frac{1}{1 + \dfrac{1 - m_1}{m_1} \dfrac{V_{f1}}{V_{f2}}}; \quad m_2' = \frac{1}{1 + \dfrac{m_1}{1 - m_1} \dfrac{V_{f2}}{V_{f1}}}, \tag{189}$$

woraus man m_1' bei Kenntnis von m_1, V_{f1} und V_{f2} ermitteln kann. Es ist nach Gl. (45)

$$V_f = 1 - 0{,}21\,(1 - \psi) + \zeta = a + \zeta. \tag{190}$$

Verlegt man im $i\zeta$-Diagramm (Bild 48) den Koordinaten-Nullpunkt um a nach links, so kann für irgendeinen Zustandspunkt *1* das Volum der feuchten Gase V_{f1} unmittelbar an der neuen Abszisse abgelesen werden. Man kann also das $i\zeta$-Diagramm ebensogut auch als ein i–V_f-Diagramm mit verlagertem Nullpunkt auffassen.

Vermischt man nun im Mischraum des Bildes 47 die Mengen m_1 und m_2 Mol der Gase vom Zustand *1* bzw. *2*, so entsprechen diesen Gasmengen die Mengen m_1' und m_2' des Vergasungsmittels. Dann müssen beim Vermischungsvorgang sowohl die Kohlenstoffbilanz als auch die Wärmebilanz befriedigt sein, d.h., wenn keine Wärme abgeführt wird, gilt

$$m_1'\zeta_1 + m_2'\zeta_2 = \zeta, \tag{191}$$

$$m_1'i_1 + m_2'i_2 = i. \tag{192}$$

Das ist aber im $i\zeta$-Diagramm die Gleichung einer Geraden, und der Zustandspunkt M des Gemisches mit den Koordinaten i, ζ muß auf der Mischgeraden $\overline{12}$ der beiden Ausgangszustände *1* und *2* liegen. Punkt M teilt die Strecke $\overline{12}$ im Verhältnis

$$\frac{\overline{M2}}{\overline{12}} = m_1'; \quad \frac{\overline{1M}}{\overline{12}} = m_2'. \tag{193}$$

Es bliebe noch die Frage nach der Temperatur t_M bzw. nach dem Zersetzungsgrad χ_M des Gemischzustandes M offen. Findet die Vermischung so statt, daß keine chemischen Reaktionen nebenher laufen, so bleiben die Gasbestandteile unberührt, und man findet χ_M des Gemisches nach Bild 48, indem man den Punkt 1_0 des Punktes *1* und 2_0 des Punktes *2* aufsucht und verbindet, und ebenso bei 1_1 und 2_1 verfährt. (Die Indizes $_0$ beziehen sich auf $\chi = 0$ und $_1$ auf $\chi = 1$ bei

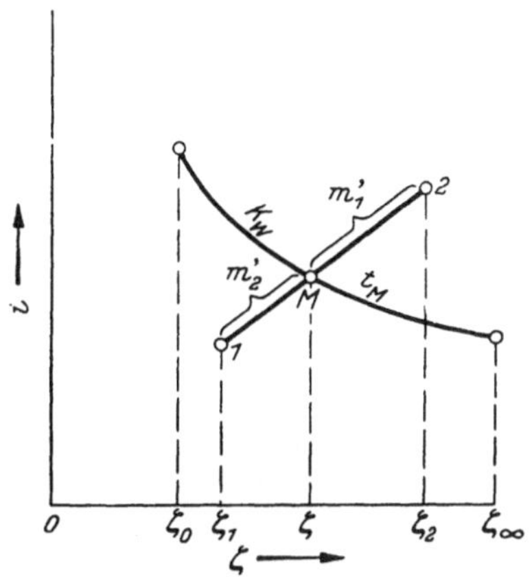

Bild 49. Mischungsergebnis M bei nebenherlaufender homogener Gasreaktion

jeweils derselben Temperatur.) Den Zersetzungsgrad χ_M findet man als das Streckenverhältnis

$$\chi_M = \frac{\overline{M_0 M}}{\overline{M_0 M_1}}, \tag{194}$$

welches sofort die Temperatur t_M nach Maßgabe des Punktes A in Bild 37 festlegt. Praktisch genügt es jedoch, die durch M_0 verlaufende Isotherme für $\chi = 0$ (oder die durch M_1 für $\chi = 1$ geltende) aufzusuchen, und man hat die Temperatur t_M gefunden.

Eine andere Temperatur stellt sich jedoch ein, wenn bei der Vermischung Reaktionen nebenher laufen. Auch in diesem Falle muß M auf der Mischgeraden $\overline{12}$ liegen und diese im Verhältnis $m_1' : m_2'$ teilen. Wegen der stattgefundenen Reaktionen haben sich jedoch die Anteile der Gasbestandteile geändert. Verlaufen die Reaktionen nur in der Gasphase (homogen) ohne Beteiligung des festen Brennstoffes, so bleibt ζ unverändert. Da wärmedichter Vorgang vorausgesetzt wurde, bleibt auch i unverändert, so daß der Punkt M seine Lage beibehält. Die neue Temperatur t_M und den neuen Zersetzungsgrad χ_M kann man jedoch nur dann ermitteln, wenn etwas Näheres über den Fortschritt der Reaktion bekannt ist. Wartet man z. B. so lange, bis sich lokales Wassergasgleichgewicht eingestellt hat, so findet man die neue Temperatur t_M, indem man nach Bild 49 die Gleichgewichtslinie K_W des Wassergasgleichgewichtes, die durch den Punkt M verläuft, aufsucht und deren Temperatur abliest. Damit ist dann nach dem Früheren auch t_M festgelegt.

Zusetzen von Kohlenstoff. Setzt man dem Gas vom Zustand *1* etwas Kohlenstoff (Brennstoff) zu, so nimmt sein Kohlenstoffgehalt von ζ_1 und ζ_2 zu. Die zur Erzeugung von M Mol Gas aufgewendete Menge M' Mol des Vergasungsmittels ändert sich bei Kohlenstoffzusatz nicht, $M_1' = M_2' = M'$. Wenn die zugesetzte Kohlenstoffmenge M_C' Mol ist, so müssen die Kohlenstoffmengen vor und nach dem Vermischen gleich sein

$$M'\,\zeta_1 + M_C' = M'\,\zeta_2, \tag{195}$$

und mit

$$\frac{M_C'}{M'} = \zeta_z \tag{196}$$

als zugesetzte Kohlenstoffmenge je Mol Vergasungsmittel M' wird Gl. (195)

$$\zeta_1 + \zeta_z = \zeta_2. \tag{197}$$

Beim wärmedichten Zusatz bleibt die Gesamtenthalpie vor und nach dem Zusetzen gleich, d. h.

$$i_1 + \zeta_z\,i_C' = i_1 + (\zeta_2 - \zeta_1)\,i_C' = i_2, \tag{198}$$

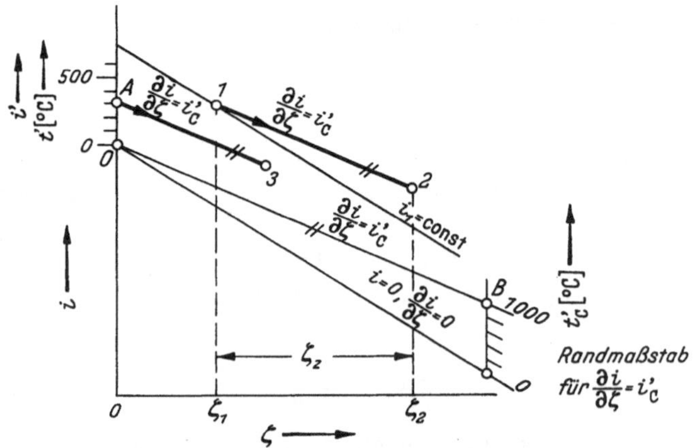

Bild 50. Zustandsänderungen beim Zusetzen des festen Kohlenstoffes

wenn i_C' die durchschnittliche Enthalpie des zugesetzten Kohlenstoffes ist.

Bei kaltem Kohlenstoff (Brennstoff) ist $i_C' \approx 0$ und

$$i_1 \approx i_2 \quad \text{(kalter Brennstoff)} \tag{199}$$

und der Zustandspunkt *2* läge im $i\zeta$-Diagramm auf der Linie $i_1 = $ konst, die durch den Ausgangspunkt *1* geht.

Ist dagegen der Brennstoff merklich vorgewärmt, so muß man seine Enthalpie i_C' berücksichtigen. Differenziert man in Gl. (198) i_2 nach ζ_2, so ist

$$\left(\frac{\partial i}{\partial \zeta}\right)_{P,\,\psi} = i_C', \tag{200}$$

d. h., beim wärmedichten Zusatz von Kohlenstoff verlagert sich im $i\zeta$-Diagramm der Zustand *1* des Gemisches in der Richtung, die mit der Linie $i_1 = $ konst den Winkel arctg i_C' bildet, Bild 50. Der erreichte Zustandspunkt *2* liegt bei $\zeta_2 = \zeta_1 + \zeta_z$.

Zum leichteren Einzeichnen dieser Richtung ist rechts ein Randmaßstab für die jeweilige Vorwärmtemperatur t'_C des Kohlenstoffes aufgetragen. Die Verbindungslinie, z. B. $\overline{OB}$ mit dem Koordinatennullpunkt O (bei $i = 0$), gibt die Richtungsgerade $\overline{OB}$ mit dem Neigungskoeffizienten $\frac{\partial i}{\partial \zeta} = i'_C$ für die Vorwärmtemperatur des Kohlenstoffes t_B an. Eine Parallele durch den Zustandspunkt 1 gibt dann die „Mischgerade" $\overline{12}$ bei Zusatz des so vorgewärmten Kohlenstoffes.

Wird der zugesetzte Kohlenstoff ζ_z vollkommen vergast, so hat man in 2 ein neues homogenes Gasgemisch erhalten. Dessen Temperatur t_2 und Zustand 2 kann man aber erst dann näher bestimmen, wenn etwas über den Ablauf der stattgefundenen Reaktion bekannt ist, z. B. wenn die Reaktion bis zum neuen Wassergasgleichgewicht abläuft, oder wenn etwas über den erreichten Zersetzungsgrad χ_2 oder über ω_2 ausgesagt werden kann.

Für i'_C ist hier immer die durchschnittliche Enthalpie des tatsächlich vom Gas aufgenommenen Brennstoffes maßgebend, was zu beachten ist, wenn der Brennstoff etwa nicht gleichmäßig durchgewärmt gewesen wäre.

Über den Zustand 1 ist keine nähere Einschränkung gemacht worden, und es muß von ihm grundsätzlich nur i_1 und ζ_1 bekannt sein, ohne Rücksicht auf seine Zusammensetzung. Wenn man z. B. $\zeta_1 = 0$ wählt, so kann es sich noch um kein Generatorgas, wohl aber um das noch nicht vergaste Vergasungsmittel (Generatorluft) handeln. Um auch dieses berücksichtigen zu können, ist bei $\zeta = 0$ die Enthalpie des Vergasungsmittels

$$i' = (1 - \psi)\, i'_L + \psi\, i''_{H_2O} \tag{201}$$

bei verschiedenen Vorwärmtemperaturen t' des Vergasungsmittels eingetragen. Setzt man dem auf t_A, Punkt A vorgewärmten Vergasungsmittel Kohlenstoff mit der Enthalpie i'_C zu, so verläuft auch hier die Zustandsänderung (Verbrennung und Vergasung) in Richtung $\frac{\partial i}{\partial \zeta} = i'_C$ zum Punkt 3 hin.

Adiabate Vergasung. Im Generator mag trockener Brennstoff vergast werden, welcher nur Kohlenstoff und Asche enthält. Wir wollen aber die Asche vernachlässigen, weil sie auf die Wärmebilanz meistens einen ganz geringfügigen Einfluß hat. Bei absteigender Vergasung wird der Brennstoff oben aufgegeben, während das Vergasungsmittel von unten zugeführt wird. Das Gas strömt also im Gegenstrom zum aufgegebenen Brennstoff. Es wird angenommen, daß mit der Asche A aus dem Generator nur unbedeutende Kohlenstoffmengen entzogen werden, Bild 51.

Wir betrachten einen Generatorausschnitt zwischen den Querschnitten m und n. Wenn durch den Querschnitt m die Gasmenge M_m strömt, die aus M' Mol Vergasungsmittel entstanden war, so ist zwar M_m von M_n im Querschnitt n verschieden, aber es ist

$$M'_m = M'_n = M', \tag{202}$$

weil ja dazwischen kein Vergasungsmittel neu hinzugefügt wird.

Im Beharrungszustand muß beim Brennstoff- und Gasdurchsatz die Kohlenstoffbilanz befriedigt werden. Rechnen wir die Kohlenstoffmengen in Mol, so wird nach unten im Brennstoff die Kohlenstoffmenge $B\frac{c}{12}$ transportiert, während nach oben der Kohlenstoff im CO_2 und CO des Gases, und zwar in der

Menge $M'\zeta$, befördert wird. Für den Ausschnitt zwischen m und n, Bild 51, gilt dann

$$M'\zeta_m + B_n \frac{c_n}{12} = M'\zeta_n + B_m \frac{c_m}{12} \qquad (203)$$

oder

$$\zeta_m + \frac{B_n}{M'}\frac{c_n}{12} = \zeta_n + \frac{B_m}{M'}\frac{c_m}{12}. \qquad (204)$$

Der Ausdruck $\frac{B}{M'}\frac{c}{12}$ ist die vom Brennstoff nach unten beförderte Kohlenstoffmenge, bezogen auf die Mengeneinheit des Vergasungsmittels M', und wir wollen sie mit ζ_B bezeichnen

$$\zeta_B = \frac{B}{M'}\frac{c}{12}. \qquad (205)$$

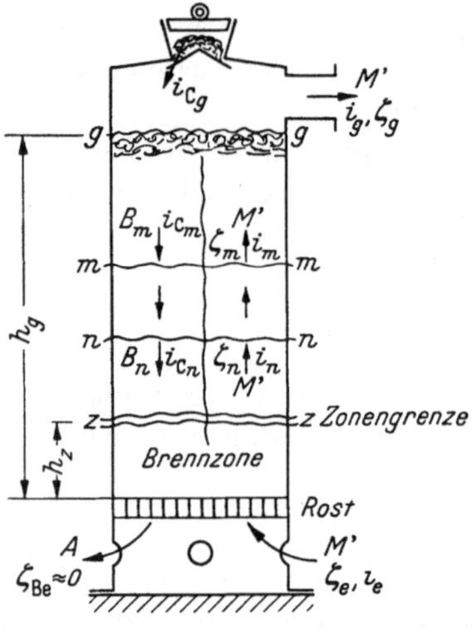

Bild 51. Stoff- und Wärmeumsatz innerhalb des Generators

Bringen wir in Gl. (204) die Größen, die sich auf den gleichen Querschnitt beziehen, jeweils auf die eine Seite der Gleichung, so wird

$$\zeta_m - \zeta_{Bm} = \zeta_n - \zeta_{Bn}, \qquad (206)$$

und da das für einen beliebigen Querschnitt erfüllt sein muß, wird allgemein

$$\zeta - \zeta_B = \text{konst.} \qquad (207)$$

Dies muß z. B. auch für das Ende des Generators erfüllt sein, wo das Vergasungsmittel zugeführt und Asche entnommen wird. Die entsprechenden Größen unten mögen mit ζ_e und ζ_{Be} bezeichnet werden. Damit wird Gl. (207)

$$\zeta - \zeta_B = \zeta_e - \zeta_{Be}. \qquad (208)$$

Nun ist aber nach Voraussetzung in der Asche kein Kohlenstoff enthalten

$$\zeta_{Be} \approx 0, \qquad (209)$$

womit

$$\zeta - \zeta_B = \zeta_e \qquad (210)$$

wird. ζ_e ist der Kohlenstoffgehalt des Gases an dessen Einführungsstelle in den Generator, und das ist nichts anderes als das Vergasungsmittel selbst. Bei gewöhnlichem Betrieb mit Luft und Wasserdampf wird $\zeta_e = 0$ sein, weil dieses Vergasungsmittel noch keinen Kohlenstoff führt. Es kann aber vorkommen, daß $\zeta_e > 0$ ist, so z.B. dann, wenn bei der sog. Umwälzvergasung dem Vergasungsmittel noch vor dem Eintritt in den Generator etwas umgewälztes Generatorgas zugesetzt wird.

Zwischen den Querschnitten m und n in Bild 51 muß auch die Wärmebilanz befriedigt werden. Die Enthalpie des Brennstoffes setzt sich aus der Enthalpie des Kohlenstoffes und der Asche zusammen. Bei Vernachlässigung der Enthalpie der Asche gilt dann

$$M'i_m + M'\zeta_{Bn}i_{Cn} = M'i_n + M'\zeta_{Bm}i_{Cm} \qquad (211)$$

und

$$i_m - \zeta_{Bm}i_{Cm} = i_n - \zeta_{Bn}i_{Cn} \qquad (212)$$

oder für einen beliebigen Generatorquerschnitt

$$i - \zeta_B\, i_\mathrm{C} = \text{konst}. \tag{213}$$

Hier ist i die lokale Enthalpie des Gases (je Mol$_{M'}$), i_C die des Kohlenstoffes im gleichen Querschnitt. Am Eintritt muß Gl. (213) auch befriedigt sein, d. h. es ist

$$i - \zeta_B\, i_\mathrm{C} = i_e - \zeta_{Be}\, i_{Ce}. \tag{214}$$

Wegen Gl. (209) und mit Gl. (210) wird

$$i = i_e + (\zeta - \zeta_e)\, i_\mathrm{C} \quad \text{(adiabate Vergasung)}. \tag{215}$$

Hier bezieht sich der Index $_e$ auf den Gaseintritt, d. h. auf das eingeführte Vergasungsmittel, während i, ζ und i_C im betrachteten Generatorquerschnitt gelten.

In Bild 52 stellt E den Zustandspunkt des Vergasungsmittels am Eintritt dar, wobei wir i_e und ζ_e als bekannt voraussetzen wollen. Der Zustandspunkt M des Gases in irgendeinem Generatorquerschnitt liegt dann gemäß Gl. (215) auf der entsprechenden Ordinate $\zeta = \zeta_M$ bei der Enthalpie i, die nach Gl. (215) um den Betrag $(\zeta - \zeta_e)\, i_\mathrm{C}$ größer ist als i_e. Man findet also M, wenn man durch E eine Gerade $\overline{EM}$ verlegt, welche den Neigungskoeffizienten $\dfrac{\partial i}{\partial \zeta} = i_\mathrm{C}$ hat. Zu diesem Zwecke sucht man mit Hilfe des Randmaßstabes (rechts) bei bekanntem oder geschätztem i_C die Richtungsgerade $\overline{OC}$ auf und verlegt die Gerade $\overline{EM}$ parallel zu $\overline{OC}$, d. h. $\overline{EM} \,\|\, \overline{OC}$, und gewinnt den gesuchten Gaspunkt M.

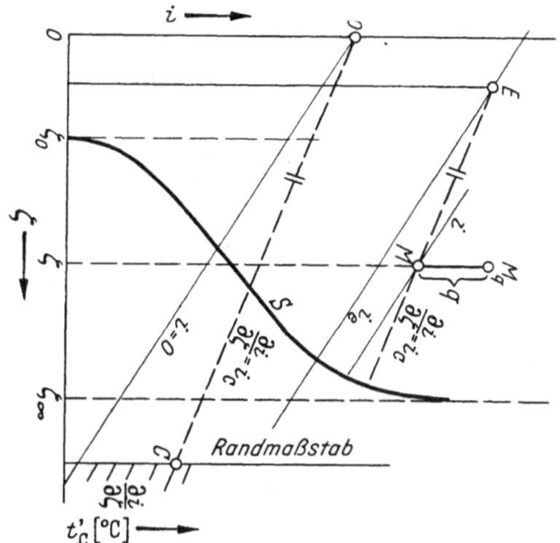

Bild 52. Die Querschnittsbedingung dargestellt im $i\zeta$-Diagramm

Für einen gegebenen Generatorbetrieb ist der Zustand des Vergasungsmittels gegeben, somit auch der entsprechende Zustandspunkt E festgelegt.

Nichtadiabate Vergasung. Zwischen den betrachteten Generatorquerschnitten kann ein Wärmeumsatz mit der Umgebung stattfinden. Dieser Fall wird z. B. bei Wärmeverlusten des nicht isolierten Generators an die Umgebung oder bei einem von außen zusätzlich beheizten Generator eintreten. Wird zwischen dem Querschnitt m und der Einführungsstelle e des Vergasungsmittels, Bild 51, von außen die Wärme Q zugeführt, so setzen wir

$$q = \frac{Q}{M'} \text{ kcal/Mol}_{M'}, \tag{216}$$

wenn M' die Menge des Vergasungsmittels ist. So beziehen wir auch die zugeführte Wärme auf 1 Mol Vergasungsmittel. Dann wird Gl. (215)

$$i = i_e + (\zeta - \zeta_e)\, i_\mathrm{C} + q, \tag{217}$$

worin bei Wärmezufuhr von außen $q > 0$, bei Wärmeverlusten dagegen $q < 0$ ist. Bei Kenntnis dieser Wärmemenge q findet man den Gaszustand M_q im Querschnitt m nach Bild 52 durch Auftragen von q, und zwar nach oben bei $q > 0$, nach unten bei $q < 0$.

Zustand an der Zonengrenze. Im Normalfall wird das Vergasungsmittel ohne Kohlenstoffgehalt zugeführt, $\zeta_e = 0$, und der Punkt E fällt in die linke Ordinate, Bild 53. Die Enthalpie i_e dieses Punktes ist dann identisch mit der Enthalpie i' des zugeführten Vergasungsmittels, $i_e \equiv i'$, und man kann Punkt E sofort an der Skala für i' (links) aufsuchen, sobald die Vorwärmungstemperatur t' des Vergasungsmittels bekannt ist.

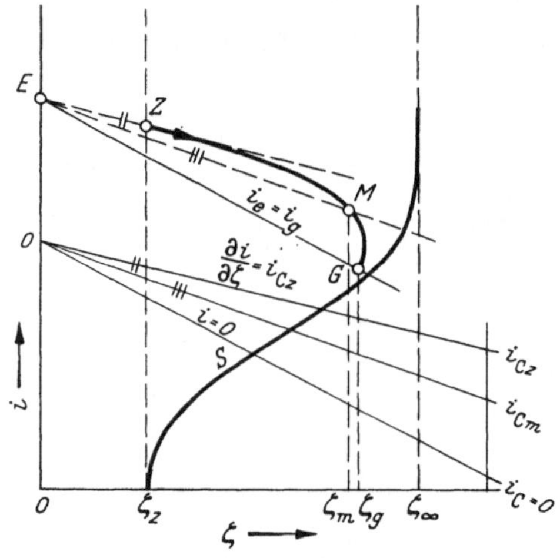

Als Zonengrenze z soll der Querschnitt gelten, wo praktisch kein freier Sauerstoff O_2 mehr angetroffen wird. Das wird natürlich keine scharf umrissene Ebene sein, denn nach den Gleichgewichtsgesetzen wird, besonders bei höheren Temperaturen t_z, der freie Sauerstoff bis in die Vergasungszone vordringen und erst bei fortgeschrittener Vergasung verschwinden. Wenn freier Sauerstoff aber berücksichtigt wird, braucht uns das nicht weiter zu stören. Der Brennstoff gelangt in die Zonengrenze z mit der Enthalpie i_{C_z}, die durch dessen Temperatur an diesem Ort festgelegt ist. Wie wir noch sehen werden, entspricht diese Temperatur

Bild 53. Zustände des Gases an der Zonengrenze (Z) und am Austritt aus dem Brennstoffbett (G)

der adiabaten Vergasungstemperatur, die man für das entsprechende ψ aus dem früheren $i\psi$-Diagramm ermittelt hätte. Der Brennstoff dürfte an dieser Stelle bereits gleichmäßig durchgewärmt sein, da er bei seiner Wanderung durch den Schacht genügend Zeit dazu hatte.

Der Gaszustand Z an der Zonengrenze z muß im $i\zeta$-Diagramm nach früheren Ausführungen auf der Geraden $\overline{EZ}$ liegen, die durch E mit einem Neigungskoeffizienten $\dfrac{\partial i}{\partial \zeta} = i_{C_z}$ verlegt wurde. Es ist noch zu klären, wie groß ζ_Z an dieser Stelle sein wird. In der Verbrennungszone unterhalb der Zonengrenze ist in den Gasen noch unverbrauchter freier Sauerstoff O_2 vorhanden, was zur Folge hat, daß die Verbrennungsgleichgewichte ganz auf die Seite von CO_2 und H_2O verdrängt sein dürften und praktisch kein CO und H_2 anwesend sein wird. Erst wenn der freie Sauerstoff infolge Verbrennung schwindet, können merkliche Mengen von CO und H_2 entstehen. An der Zonengrenze wird also in erster Näherung CO $\approx$ O, $H_2 \approx$ O angenommen werden dürfen, was den Werten $\omega = 1$ und $\chi = 0$ entspricht[1]. Dieser Zustand entspricht dem Punkt M in Bild 41 oder Bild 38. Für diesen Grenzfall $\chi_z = 0$, $\omega_z = 1$ findet man den Zustandspunkt Z,

---

[1] Bei Temperaturen $t_z < 1600°$ C ist das genügend genau erfüllt. Bei höheren Temperaturen muß man für genauere Rechnungen die Dissoziation an der Zonengrenze berücksichtigen, wie das in Diagrammtafel 70 für 1 Atm getan wurde.

wenn in Bild 54 durch E der Strahl EZ mit der Neigung $\dfrac{\partial i}{\partial \zeta} = i_{C_z}$ verlegt wird und der Schnittpunkt Z mit der Ordinate $\zeta_z = \zeta_0$ aufgesucht wird [ζ_0 ist der Abszissenwert für die Eckpunkte M der reellen Isothermenvierecke $MNRQ$, siehe auch Gl. (145) und Bild 41]. Die durch Z laufende Isotherme für $\chi = 0$ bestimmt die Temperatur t_z des Gases an der Zonengrenze, und dies ist zugleich auch die höchste Verbrennungstemperatur des Verbrennungsraumes.

Infolge ungleichmäßiger Strömungsvorgänge im Verbrennungsraum wird der Sauerstoff nicht überall in derselben Schichthöhe gleichzeitig aufgebraucht. So werden sich Stromfäden mit noch unverbrauchtem und solche mit bereits verbrauchtem Sauerstoff verflechten und vermischen. Das kann zur Folge haben, daß in die Zonengrenze ein Gasgemisch bereits mit $\chi > 0$ und $\omega < 1$ gelangt.

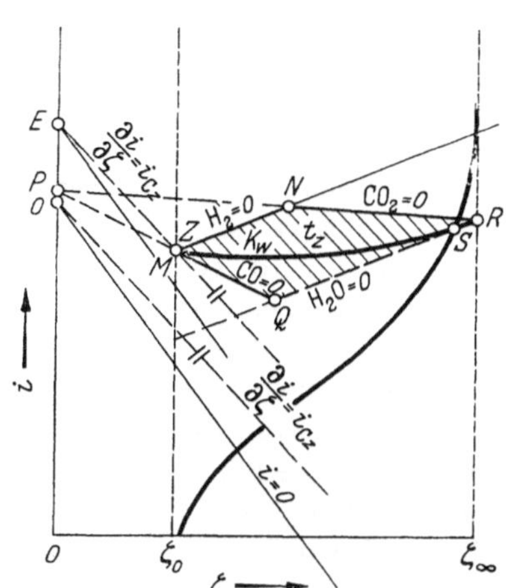

Bild 54. Zustand Z an der Zonengrenze bei großer Reaktionsgeschwindigkeit und bei Vernachlässigung der Dissoziation

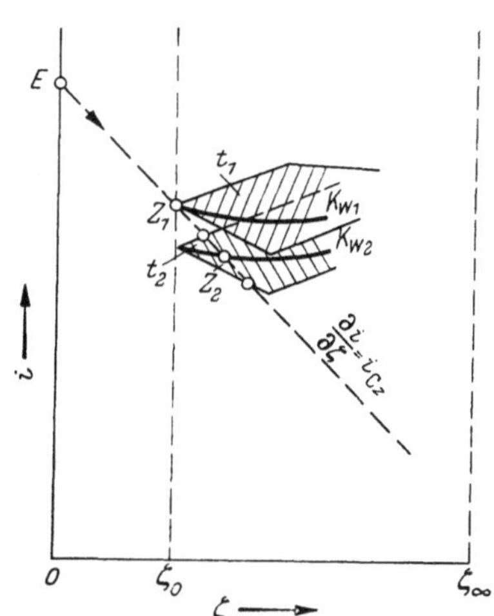

Bild 55. Zur Temperatur des Gases in der Zonengrenze

Wegen der hohen Temperaturen, die hier über 1200° C liegen, kann man wohl mit einer sofortigen Einstellung des Wassergasgleichgewichtes im Gas rechnen. Es wird in die Zonengrenze ein Gas mit dem Zustand Z_2 statt Z_1 gelangen, Bild 55, wobei Z_2 bei $\chi > 0$ und $\omega < 1$ an der Wassergas-Gleichgewichtslinie K_W liegen dürfte, soweit die Temperatur t_2 nicht wesentlich über 1600° C liegt[1]. Die zugehörige Temperatur t_2 kann nach Bild 55 nur niedriger als t_1 sein, $t_2 < t_1$. Wie weit Z_2 von Z_1 im praktischen Betrieb abweichen wird, kann man nicht voraussagen, jedenfalls aber erkennt man, daß t_1 die höchstmögliche Temperatur darstellt, die an irgendeiner Stelle des Brennstoffbettes im Generator auftreten kann.

Enthalpie des austretenden Gases. Die Beziehung Gl. (215) gilt für jeden Querschnitt des Generators, also auch für den Austrittsquerschnitt. Wenn der Gasaustritt an der Begichtungsseite, d. h. oben, wie in Bild 51, liegt, und wird er mit dem Index g bezeichnet, so gilt hier nach Gl. (215)

$$i_g = i_e + (\zeta_g - \zeta_e)\, i_{C_g}. \tag{218}$$

---

[1] Siehe die Bemerkung in der Fußnote 1, S. 64

Für den Fall, daß der Brennstoff, wie gewöhnlich, im kalten Zustande begichtet wird, so ist

$$i_{C_g} \approx 0, \tag{219}$$

und bei adiabatem Vorgang wird gemäß Gl. (215)

$$i_g = i_e. \tag{220}$$

In diesem Falle muß der Zustandspunkt G des austretenden Gases ohne Rücksicht auf ζ_g auf der Linie $i_e = $ konst liegen, wie in Bild 53 eingezeichnet. Über den Wert von ζ_g und über die sonstigen Zustandsangaben des entweichenden Gases, insbesondere über seine Zusammensetzung und Temperatur, kann die Beziehung Gl. (215) nichts Näheres aussagen. Zur Abschätzung dieser Frage sind noch weitere Überlegungen erforderlich.

In Bild 53 ist ungefähr die Zustandsänderung $EZMG$ des Gases innerhalb des Generators bei adiabater Vergasung angedeutet. Es sei vorweggenommen, daß der Gasendzustand G im allgemeinen kein Gleichgewichtsgas im üblichen Sinne sein wird, was aber nicht bedeuten soll, daß man im Generator nicht mit Gleichgewichtseinstellungen rechnen darf. Im Gegenteil, wir werden von Gleichgewichtseinstellungen im folgenden ausgiebig Gebrauch machen, dabei aber auch zeigen, daß es durch Verflechtung verschiedener Vorgänge im Generator bei Gegenstromvergasung im allgemeinen nicht möglich sein wird, beim Endgas die Bedingungen des heterogenen Gleichgewichtes mit dem frisch eingebrachten festen Kohlenstoff streng zu erfüllen. Eine Analogie hat man bei Gegenstromwärmeaustauschern mit stark veränderlichem Wärmewert des einen Stromes, wo man zwar einen Temperaturausgleich wohl irgendwo in der Mitte des Austauschers, nicht aber an seinen Enden erreichen kann. Eine Ausnahme könnte eine Gegenstromvergasung mit hoch vorgewärmtem Brennstoff bilden, was aber praktisch nicht zur Anwendung kommt, es sei denn beim Kaltblasen des Wassergasprozesses, wo das ganze Brennstoffbett durch vorhergehendes Warmblasen in Glut gebracht wird. Bei Gleichstromvergasung dagegen wäre die Erzeugung eines Gleichgewichtsgases auch theoretisch möglich.

c) Temperaturverlauf bei örtlichen Gleichgewichten

Das aus der Brennzone ankommende heiße Gas streicht in der Vergasungszone am glühenden Brennstoff (Kohlenstoff) vorbei und reagiert mit diesem. Nach den Strömungsgesetzen bildet sich an der Brennstoffoberfläche eine Grenzschicht des Gases aus, so daß an der Oberfläche ein im wesentlichen laminarer Gasfilm anliegt. Bei einigermaßen hohen Temperaturen ist es durchaus vernünftig, anzunehmen, daß sich in der unmittelbar am Brennstoff anliegenden Gasschicht das lokale, heterogene Gleichgewicht mit dem glühenden Kohlenstoff einstellt, und daß die Einstellung wegen beträchtlichen Reaktionsgeschwindigkeiten bei der katalytischen Wirkung des glühenden Kohlenstoffes sehr schnell erfolgt. In einiger Entfernung von der Oberfläche kann sich im Gas bestenfalls ein lokales homogenes Wassergasgleichgewicht einstellen, was von der Reaktionsgeschwindigkeit in der homogenen Phase (wo der katalytische Einfluß des glühenden Kohlenstoffes und der Asche fehlt) abhängt.

Heiße Gasteilchen aus dem Gaskern werden infolge turbulenter Mischbewegung an die Brennstoffoberfläche gebracht, wenn man zunächst von einer laminaren Grenzschicht absieht. Später sollen die durch die laminare Grenzschicht bedingten Berichtigungen besprochen werden. An der Brennstoffoberfläche werden die ankommenden Gasteilchen mit glühendem Kohlenstoff reagieren und nach der obigen Annahme augenblicklich den lokalen heterogenen Gleichgewichtszustand und die Temperatur der Brennstoffoberfläche annehmen. Dabei wird für die Reaktion die erforderliche Kohlenstoffmenge der Brennstoffoberfläche entnommen, und der ζ-Gehalt der Gasteilchen nimmt zu. Die mit Kohlenstoff angereicherten Gasteilchen werden durch Turbulenzbewegung zurück in den Gaskern befördert und vermischen sich dort mit anderen Gasteilchen. Nebenher kann im Gasraum auch noch eine Reaktion zum lokalen Wassergasgleichgewicht hin laufen.

Der Mischvorgang der einzelnen Gasteilchen aus dem Gaskern und aus der Grenzschicht verläuft ohne äußere Wärmezufuhr und kann entsprechend im $i\zeta$-Diagramm verfolgt werden, Bild 56. Zustand A in der Grenzschicht des Gases wird bei genügend großer Reaktionsgeschwindigkeit ein Gleichgewichtszustand sein. Der Zustand des Kerngases sei 1, dann muß nach der Mischungsregel Bild 48 die Beimischung der Gasteilchen A zum Kerngas 1 eine Zustandsänderung des Gases auf der Mischgeraden $\overline{1A}$ von 1 in der

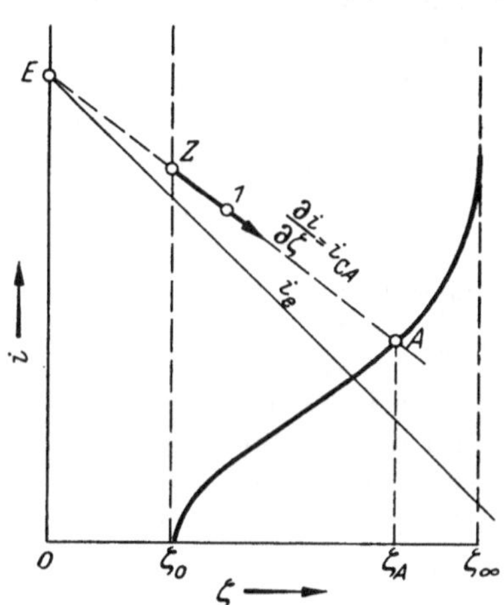

Bild 56. Zumischung der am Brennstoff anliegenden Gasteilchen A zum Kernstrom des Gases 1

Richtung zu A bewirken. Die Richtung $\dfrac{\partial i}{\partial \zeta}$ dieser Geraden ist durch

$$\frac{\partial i}{\partial \zeta} = \frac{i_A - i_1}{\zeta_A - \zeta_1} \tag{221}$$

festgelegt. Der Zustandspunkt irgendeines Teilchens zwischen dem Gaskern 1 und der Grenzschicht A kann und muß im $i\zeta$-Diagramm irgendwo auf der Mischgeraden $\overline{1A}$ liegen.

Die Zustandsänderung von 1 kann man sich aber auch so hervorgerufen denken, daß den Teilchen vom Zustand 1 Kohlenstoff aus der Brennstoffoberfläche mit der dortigen Enthalpie i_{CA} zugesetzt wird. Wenn dabei z. B. zur Erwärmung des Brennstoffinneren keine Wärme entzogen wird (gut durchgewärmter Brennstoff), so muß nach der Mischungsregel die Richtung der Zustandsänderung von 1 auch sein

$$\frac{\partial i}{\partial \zeta} = i_{CA} \quad \text{(durchgewärmter Brennstoff)}. \tag{222}$$

In diesem Falle sind i_{CA} in Gl. (222) und i_C in Gl. (215) für denselben Querschnitt gleich

$$i_{CA} = i_C \quad \text{(durchgewärmter Brennstoff)}, \tag{223}$$

und die Zustandsänderung von 1 wie auch der Grenzschichtpunkt A fallen in die Verlängerung der Linie $\overline{E1}$, Bild 56.

5*

Die Lage des Punktes A kann man auch so finden, daß man diejenige Rußisotherme t_A aufsucht, die auf den gegebenen Zustand 1 des Gases zielt. Die Rußisotherme t_A erhält man ja, wenn man dem gesättigten Gas A Kohlenstoff gleicher Temperatur, d. h. mit der Enthalpie i_{CA} zusetzt. Die Neigung der Rußisotherme durch Punkt A muß also genau dem Wert in Gl. (222) entsprechen.

Wärmeentzug von der Brennstoffoberfläche. Ist der Brennstoff noch nicht durchgewärmt und im Inneren kalt, so wird Wärme von der Oberfläche ins Brennstoffinnere abgeführt, wodurch die Oberflächentemperatur entsprechend gesenkt wird. Es kann von der Brennstoffoberfläche f gegebenenfalls Wärme auch durch Abstrahlung in die kühlere Umgebung abgegeben werden. Insgesamt soll im betrachteten Generatorquerschnitt zur Anwärmung des Brennstoffes und durch Abstrahlung je 1 m² der Brennstoffoberfläche der örtliche Betrag q_f kcal/m²h verbraucht, d. h. von der Oberfläche weggeführt werden. Bei Kenntnis der Temperaturverhältnisse im Brennstoffkern könnte man diese Wärme abschätzen, wie später gezeigt wird. Diese Wärme beeinflußt die neue Zustandsrichtung $\left(\dfrac{\partial i}{\partial \zeta}\right)_q$ des Gases im $i\,\zeta$-Diagramm. Um diese zu ermitteln, müssen wir q_f auf die Gasmenge umrechnen, die stündlich an dieselbe Brennstoffoberfläche von 1 m² anströmt und dort abgekühlt wird. Denn letzten Endes muß diese Gasmenge (einschließlich der chemischen Reaktionen darin) für die Wärme q_f aufkommen. Zweckmäßigerweise wählen wir als Bezugsgröße nicht die Gasmenge selbst, sondern die dazugehörige Menge des Vergasungsmittels M'_f $\mathrm{Mol}_{M'}/\mathrm{m^2\,h}$. Es ist somit M'_f die Menge des Vergasungsmittels, welches in Form von Generatorgas einem Quadratmeter der Brennstoffoberfläche aus dem Gaskern stündlich zugebracht wird, um dort bis zum heterogenen Gleichgewicht K zu reagieren, dabei $(\zeta_K - \zeta)$ $\mathrm{Mol}_C/\mathrm{Mol}_{M'}$ Kohlenstoff aufzunehmen und so angereichert in den Gaskern zurückzukehren. Dieser zwischen Gaskern und Brennstoffoberfläche zirkulierende Austauschstrom M'_f bedingt den Stoff- und Wärmeaustausch zwischen Gas und Brennstoffoberfläche. Wir erfassen diese Querzirkulation M'_f zunächst in Bruchteilen der Hauptströmungsmenge M'_F des Gases, und zwar mit einer dimensionslosen Austauschzahl ε, indem wir schreiben

$$M'_f = \varepsilon\, M'_F \ \mathrm{Mol}_{M'}/\mathrm{m}_f^2, \tag{224}$$

wenn

$$M'_F = \frac{M'}{F} \ \mathrm{Mol}_{M'}/\mathrm{m}_F^2\,\mathrm{h} \tag{225}$$

die durch 1 m² Schachtquerschnitt F stündlich strömende Vergasungsmittelmenge darstellt.

Die vom Austauschstrom M'_f an der Brennstoffoberfläche f aufgenommene Kohlenstoffmenge ist $(\zeta_K - \zeta)$ $\mathrm{Mol}_C/\mathrm{Mol}_{M'_f}$ oder insgesamt

$$M'_{Cf} = M'_f(\zeta_K - \zeta) = \varepsilon\, M'_F(\zeta_K - \zeta) \ \mathrm{Mol}_C/\mathrm{m}_f^2\,\mathrm{h}. \tag{226}$$

Bezieht man die von der Oberfläche abgeleitete Wärme q_f kcal/m²h nun auf die gleichzeitig vom Gas verschluckte Kohlenstoffmenge, so bekommt man

$$q_C = \frac{q_f}{M'_{Cf}} = \frac{q_f}{\varepsilon\, M'_F(\zeta_K - \zeta)} \ \mathrm{kcal/Mol}_C. \tag{227}$$

Für jedes Mol des Kohlenstoffes, welches dem Gas zugesetzt wird, wird die Wärme q_C $\mathrm{kcal/Mol}_C$ zur Anwärmung des Brennstoffinneren abgegeben. Der zugesetzte Kohlenstoff bringt aber dem Mischvorgang auch seine Enthalpie i_{CK} kcal/Mol$_C$ mit, welche dem Zustand K der Brennstoffoberfläche bzw. deren Temperatur t_K entspricht. Damit ist dann nach der Mischregel die Änderung des Gaszustandes durch die Beziehung festgelegt

$$\left(\frac{\partial i}{\partial \zeta}\right)_q = i_{CK} - q_C = i_{CK} - \frac{q_f}{\varepsilon\, M_F'(\zeta_K - \zeta)}. \tag{228}$$

Der Index q weise auf die Zustandsänderung des Gases bei Wärmeentziehung q in der Brennstoffoberfläche. Hier sei

$$q_\varepsilon = \frac{q_f}{\varepsilon\, M_F'} \ \text{kcal/Mol}_{M'_f} \tag{229}$$

die erwähnte, durch die Oberfläche abgeleitete Wärme, jedoch jetzt bezogen auf 1 Mol des Austauschstromes M_f'. Es ist dann für den Fall dieser nichtadiabaten Oberflächenreaktion die Zustandsänderungsrichtung des Kerngases

$$\left(\frac{\partial i}{\partial \zeta}\right)_q = i_{CK} - \frac{q_\varepsilon}{\zeta_K - \zeta} \quad \text{(nichtadiabate Oberflächenreaktion)}. \tag{230}$$

Das erste Glied der rechten Seite berücksichtigt die Enthalpie des zugesetzten (vergasten) Kohlenstoffes, das zweite die Wärmeentziehung in der Brennstoffoberfläche zur Erwärmung des kälteren Brennstoffkernes und zur evtl. Abstrahlung. Der Index K weist auf den zunächst noch unbekannten örtlichen Zustand an der Brennstoffoberfläche.

In Bild 57 bezeichne Punkt *1* den örtlichen Zustand des Generatorgases. Durch Abtragen der als bekannt vorausgesetzten Wärme q_ε erhält man Punkt H. Durch H verlege man eine Gerade mit der Neigung $\frac{\partial i}{\partial \zeta} = i_{CK}$ und erhält den gesuchten Punkt K an der Sättigungslinie als den Zustandspunkt des Gases in der Grenzschicht am Brennstoff. Der genaue Wert i_{CK} wird zwar erst nach Kenntnis des Punktes K (bzw. seiner Temperatur t_K) bekannt sein, aber man kann i_{CK}

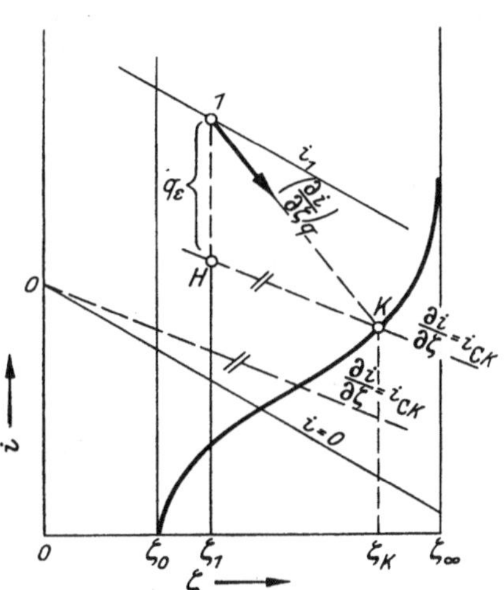

Bild 57. Einstellung des Zustandes K der Gasteilchen an der Brennstoffoberfläche bei gegebenem Zustand *1* des Kerngases und bei gekühlter Brennstoffoberfläche

zunächst schätzen, um ihn dann erforderlichenfalls mit der vorläufig erhaltenen Temperatur t_K zu berichtigen. Noch einfacher ist es, diejenige Rußisotherme t_K aufzusuchen, die gerade auf Punkt H zielt.

Der Zustand *1* des Gaskernes ändert sich örtlich in der Richtung $\left(\frac{\partial i}{\partial \zeta}\right)_q$ zu Punkt K hin, so daß K gewissermaßen der „ziehende" Punkt für die Zustandsänderung von *1* ist.

Umrechnung des Wärmeentzuges durch kalten Brennstoff. Falls die Temperatur t_K der Brennstoffoberfläche, also auch der Grenzschichtpunkt K irgendwie vorgegeben oder bekannt sind, so braucht man die Wärme q_ε gar nicht zu kennen, sondern man kann sie sogar nach Bild 57 aus dem Diagramm ermitteln. Andernfalls muß man jedoch q_ε irgendwie abschätzen, was durch folgende Betrachtungen erleichtert wird.

Nehmen wir an, daß der Austauschstrom M_f' aus dem Gaskern durch turbulente Bewegung zustande kommt und bis hart an die Brennstoffoberfläche getragen wird. Die laminare Grenzschicht mag zwar den Austauschmechanismus verlangsamen, sie soll ihn jedoch qualitätsmäßig nicht wesentlich beeinflussen. Vor allem soll sich das Verhältnis der durch die laminare Grenzschicht durchgeleiteten Wärme zu den durch Diffusion transportierten Stoffmengen nicht wesentlich verschieben gegenüber dem entsprechenden Verhältnis des Wärme- und Stoffaustausches im turbulenten Gebiet. Diese Annahme wird im allgemeinen nicht streng erfüllt sein, insbesondere bei Anwesenheit von Wasserstoff H_2, dessen Diffusionskoeffizient sehr hoch ist, aber wir können uns in erster Näherung mit ihr begnügen.

Ein hypothetisches, nicht reagierendes Gas von gleichen Wärmeübergangseigenschaften (Re, Pr, λ, C_p) wie unser Generatorgas würde gegenüber derselben Brennstoffoberfläche f bei gleichen Strömungsbedingungen eine Wärmeübergangszahl α_f kcal/m² h grd aufweisen. Da der Wärmeübergang durch Konvektion erfolgt, indem der Austauschstrom M_f Mol/m$_f^2$ h an der Oberfläche von t_1 auf t_K abgekühlt wird, so gilt

$$M_f C_p (t_1 - t_K) = \alpha_f (t_1 - t_K) \tag{231}$$

oder

$$M_f C_p = \alpha_f, \tag{232}$$

eine Beziehung, die dem bekannten LEWISschen Gesetz eines Verdunstungsvorganges entspricht. Nun ziehen wir es vor, alle Größen nicht auf die Gasmenge M_f selbst, sondern auf die entsprechende Menge M_f' des zugehörigen Vergasungsmittels zu beziehen. Das kann durch Umrechnung

$$M_f C_p = M_f' C_p' \tag{233}$$

geschehen. Hier führt man die rechnerische Größe C_p' nach der Beziehung

$$C_p' = \frac{M_f}{M_f'} C_p = V_f C_p \ \text{kcal/Mol}_M' \ \text{grd} \tag{234}$$

ein, die aus der spezifischen Wärme C_p des Generatorgases und aus der Gasmenge V_f Mol$_M$/Mol/$_{M'}$, welches aus 1 Mol Vergasungsmittel entsteht, ermittelt wird. So erhält man

$$\alpha_f = M_f' C_p' = \varepsilon M_F' C_p' \tag{235}$$

bzw.

$$\varepsilon M_F' = \frac{\alpha_f}{C_p'}. \tag{236}$$

Setzt man das in Gl. (229) ein, so folgt

$$q_\varepsilon = \frac{C_p'}{\alpha_f} q_f, \tag{237}$$

worin die unbekannte Austauschzahl ε eliminiert werden konnte.

In der Literatur findet man neben α_f auch Hinweise auf Wärmeübergangszahlen in Schüttungen, bezogen entweder auf 1 m³ Brennstoffschüttung als α_v kcal/m³ h grd oder aber auf 1 kg Schüttgewicht als α_γ kcal/kg h grd. Bezeichnet man als Flächeneinheitsvolumen v_f m³/m$_f^2$ dasjenige Schüttvolumen bzw. als Flächeneinheitsgewicht γ_f kg/m$_f^2$ dasjenige Schüttgewicht, in welchem gerade 1 m$_f^2$ wirksamer Brennstoffoberfläche f untergebracht ist, so gilt die Beziehung

$$\alpha_f = \alpha_v v_f = \alpha_\gamma \gamma_f \tag{238}$$

und mit Gl. (236)

$$\frac{\varepsilon}{v_f} = \frac{\alpha_v}{M_F' C_p'} ; \quad \frac{\varepsilon}{\gamma_f} = \frac{\alpha_\gamma}{M_F' C_p'} . \tag{239}$$

Damit wird Gl. (237)

$$q_\varepsilon = \frac{C_p'}{\alpha_v v_f} q_f = \frac{C_p'}{\alpha_\gamma \gamma_f} q_f \ \text{kcal/Mol}_{M'_f} . \tag{240}$$

In Gl. (240) kann man auch setzen

$$q_v = \frac{q_f}{v_f} \ \text{kcal/m}^3\,\text{h} \quad \text{bzw.} \quad q_\gamma = \frac{q_f}{\gamma_f} \ \text{kcal/kg h}, \tag{241}$$

worin man die von der Brennstoffoberfläche abgeleitete Wärme in q_v auf 1 m^3 und in q_γ auf 1 kg der Brennstoffschüttung bezogen hat. Damit wird dann Gl. (240) zu

$$q_\varepsilon = \frac{C_p' q_v}{\alpha_v} = \frac{C_p' q_\gamma}{\alpha_\gamma} \ \text{kcal/Mol}_{M'_f} . \tag{242}$$

Wenn Erfahrungswerte von q_v und α_v bzw. von q_γ und α_γ vorliegen, so braucht man v_f bzw. γ_f gar nicht zu kennen, um q_ε berechnen zu können.

In Gl. (240) setzt man C_p' nach Gl. (234) ein, wo man für C_p die Molwärme eines Generatorgases zwischen Zustand *1* und *K*, Bild 57, wählt. Man darf hier nicht kleinlich sein, sondern man soll sich mit abgerundeten Molwärmen begnügen, denn die getroffenen Vereinfachungen einerseits sowie die Übertragung der Erfahrungswerte von α_v von anderen Gasen an unser Generatorgas, dann die Unsicherheit des Volumens v_f der Schüttung können sowieso nur Näherungswerte abgeben. Dem schließt sich noch die Unsicherheit in der Abschätzung der abgeführten Wärme q_f an, die man nur grob schätzen können wird.

Die Brennstofftemperaturen. Eine Abschätzung von q_f kann, falls es sich z. B. nur um eine Wärmeableitung in das Brennstoffinnere handelt, nach der Beziehung erfolgen

$$q_f = -\lambda_B \frac{\partial t}{\partial n}, \tag{243}$$

wo λ_B kcal/m h grd die Wärmeleitfähigkeit des Brennstoffes und $\frac{\partial t}{\partial n}$ der Temperaturgradient in der äußersten Brennstoffschale ist. Die Flächennormale n ist in der Richtung zum Brennstoffinneren positiv zu rechnen. (Es ist $dn = -dr$, wenn r der Radius einer Brennstoffkugel wäre.) Hierbei ist allerdings stillschweigend angenommen, daß über die ganze örtliche Oberfläche f des Brennstoffes ein vernünftiger Durchschnittswert $\frac{\partial t}{\partial n}$ eingesetzt werden darf. Das ist z. B. dann der Fall, wenn der Korndurchmesser klein gegenüber der Halbwerthöhe $h_{\frac{1}{2}}$ (s. S. 93) ist.

Eine Schätzung von $\frac{\partial t}{\partial n}$ kann unter Zuhilfenahme der Abkühlungsgeschwindigkeit einer Brennstoffkugel vorgenommen werden. Es zeigt sich, daß bei der kontinuierlichen Beschickung eines Generators mit kaltem Brennstoff die Wärmemenge q_ε, wenn überhaupt, so nur kurzzeitig ansehnliche Werte annimmt. Das hält nur unmittelbar nach dem Einsetzen der Oberflächenreaktion am frischen Brennstoff an, was bei einer Gegenstromvergasung am oberen Ende des Generators geschieht. Der kalt aufgegebene Brennstoff reagiert zunächst kaum mit den abziehenden heißen Gasen. Erst nachdem seine Oberfläche durch konvektiven Wärmeaustausch genügend aufgeheizt wurde, setzt die Reaktion mit merklicher Geschwindigkeit ein. Die Oberflächentemperatur schnellt nun plötzlich hoch und erreicht in kurzer Zeit, d. h. innerhalb einer Schichtdicke des Brennstoffbettes von wenigen Zentimetern, die volle adiabate Reaktionstemperatur, die dann bis zur Zonengrenze praktisch unverändert bleibt. Die endgültige Durchwärmung des Brennstoffinneren folgt zwar viel langsamer nach, aber wegen des schnellen Abklingens von $\dfrac{\partial t}{\partial n}$ der Schale mit der Schachthöhe wird der Wärmeentzug für den Reaktionsablauf in den maßgebenden tieferen Brennstofflagen fast bedeutungslos, $q_\varepsilon \approx 0$.

Wesentlich anders liegen die Verhältnisse beim Wechselbetrieb eines Wassergaserzeugers. Hier wird in der Blaseperiode Wärme in der Glut aufgespeichert, um in der Gasperiode zur Erzeugung des endothermen Wassergasprozesses zur Verfügung zu stehen. Die abwechselnde Erwärmung und Abkühlung der äußeren Brennstoffschalen ist ein wesentlicher Bestandteil des Verfahrens, wobei in den kurzen Schaltperioden von wenigen Minuten die Wärme q_ε ansehnliche Werte annehmen und einen merklichen Einfluß auf die veränderliche Lage des Punktes K in Bild 57, somit auch auf die Gaseigenschaften und auf den Gang des Generators haben kann.

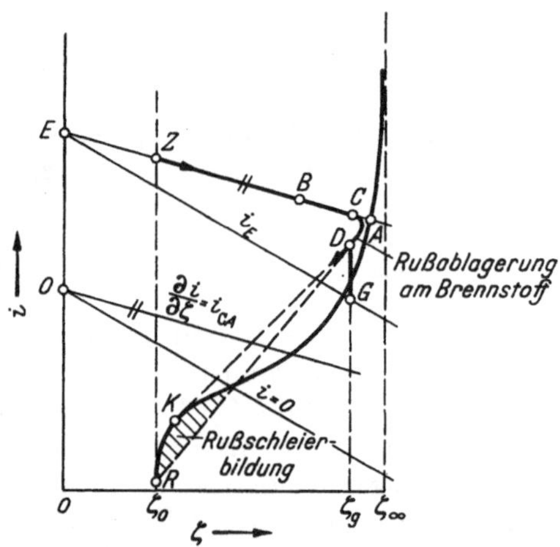

Bild 58. Zustandsverlauf des Gases von der Zonengrenze Z bis zum Gasaustritt G. Im rückläufigen Teil des Kurvenzweiges CD Rußabscheidung am Brennstoff. Im schraffierten Gebiet bei K und R Bildung eines Rußschleiers

Temperaturverlauf in der Reduktionszone. Auf Grund der bisherigen Überlegungen können wir die Zustandsänderung des Gases längs der Reduktionszone nach Bild 58 verfolgen. Bei einer nicht zu knapp bemessenen Schachthöhe wird die Zustandsänderung des Gases vom Zustandspunkt Z in der Zonengrenze fast geradlinig über B bis C verlaufen. In diesem Bereich verlagert sich nämlich der Grenzzustandspunkt A nicht, weil hier überall die zur Brennstoffanwärmung erforderliche Wärme praktisch $q_\varepsilon \approx 0$ ist. Erst in den obersten Brennstoffschichten, wo also der Gaszustand C nahezu den heterogenen Gleichgewichtszustand A erreicht hat, tritt eine merkliche Beeinflussung durch die Brennstoffvorwärmung auf, und der ziehende Punkt A verlagert sich gemäß Bild 57 allmählich tiefer in der Richtung zu K hin (Bild 58). Das hat ein Umbiegen der Zustandsänderungslinie von C nach D hin zur Folge. Nun ist aber in K die Brennstoffoberfläche bedeutend kälter geworden, die Reaktionsgeschwindigkeit sinkt ab, so daß die Gasteilchen, die durch die Grenzschicht vordringen, zwar die

Temperatur der Brennstoffoberfläche annehmen, aber nicht mehr das chemische Gleichgewicht K erreichen. Wenn die Reaktionsgeschwindigkeit verschwindend klein wird, so kühlt sich zwar das Gas am kalten Brennstoff von D bis G weiter ab, aber es reagiert nicht mehr merklich mit festem Kohlenstoff und es bleibt $\zeta_D \approx \zeta_G$. Ob von D bis G noch weitere homogene Reaktionen im Gas ablaufen (Wassergasreaktion), hängt von der Temperatur des Gases in diesem Bereich ab und kann nicht ohne weiteres beantwortet werden. Jedenfalls ist ein solcher weiterer Ablauf wenig wahrscheinlich, weil die Temperaturen in G und D bereits ziemlich niedrig liegen. Bei trockenem Brennstoff ohne flüchtige Bestandteile (keine Entgasung) wird sich die Gastemperatur in G nicht viel von derjenigen in D unterscheiden, und es ist immerhin möglich, daß sich das homogene Wassergasgleichgewicht laufend von D bis G der veränderlichen Temperatur anpaßt. Beim Trocknen des feuchten Brennstoffes im Schacht und bei Entgasungserscheinungen sind vom Gas wesentlich größere Wärmemengen abzugeben, und die Temperatur in G wird beträchtlich tiefer liegen, so daß der weitere Ablauf der Wassergasreaktion einfrieren kann. Jedenfalls muß bei adiabater Vergasung eines kalten, trockenen, nicht entgasungsfähigen Brennstoffes der Zustandspunkt G genau auf der Linie $i_E = $ konst liegen, die durch den Zustandspunkt E des Vergasungsmittels festgelegt ist. Wird der Brennstoff vorgewärmt und mit der Enthalpie i'_C zugeführt, so liegt der Punkt G' um $\zeta_G\, i'_C$ höher, entsprechend der Konstruktion für Punkt M in Bild 53, mit Hilfe der Linie $\dfrac{\partial i}{\partial \zeta} = i_{Cm}$. Wird zur Auftrocknung der Brennstoffeuchte und zur Entgasung der flüchtigen Bestandteile insgesamt die Wärme q_v kcal/Mol$_{M'}$ verbraucht, so liegt Punkt G'' um q_v unter dem Punkt G', und das Gas wird merklich abgekühlt. Die konvektive Abkühlung des Gases von D bis G, was der Vorwärmung der Brennstoffoberfläche auf die Temperatur der beginnenden Reaktion in K entspricht, findet in den obersten Brennstoffschichten statt. Diese fallen somit als Reaktionszone aus. Erst die darunterliegenden Brennstoffschichten nehmen an der Reaktion teil.

Die Nase CD der Zustandsänderungslinie weist darauf hin, daß in oberen Schichten des Brennstoffbettes in der Regel eine Rußabscheidung zu erwarten ist, weil ja $\zeta_D < \zeta_C$ ist. Je tiefer die Temperaturen sind, bei denen der Brennstoff noch reaktionsfreudig ist, um so mehr Ruß wird in den oberen Schichten aus dem Gas herausfallen. Da das Brennstoffkorn im Inneren erst allmählich durchgewärmt wird, so kann es gut vorkommen, daß an der Brennstoffoberfläche die Verrußung schon einsetzt, während im Inneren des Brennstoffes noch der Entgasungsvorgang im Gange ist.

In Bild 58 schneiden sich zwar die Linien $\overset{\frown}{DG}$ und die Gleichgewichtslinie $\overset{\frown}{AK}$. Der Schnittpunkt stellt aber keinen Gleichgewichtszustand des Gases dar. Wir erinnern daran, daß jeder geometrische Diagrammpunkt mehrdeutig sein kann (s. Punkt A in Bild 44) und uns erst eine zusätzliche Angabe darüber unterrichten kann, welcher physikalische Zustand durch den betreffenden Punkt wiedergegeben wird. Falls z. B. im Gas von D bis G, Bild 58, keine Reaktionen weiter ablaufen, so wird hier überall $\chi = \chi_D = \chi_G$ und $\zeta = \zeta_D = \zeta_G$ sein, und erst damit kann man jedem Punkt der Linie $\overset{\frown}{DG}$ die zugehörige Temperatur ermitteln.

Es ist schon bei der Besprechung zu Bild 58 hingewiesen worden, daß im größten Teil der Reduktionszone der Grenzzustandspunkt A unveränderlich sein wird, was auch eine unveränderliche Brennstoffoberflächentemperatur t_A zur Folge hat. Abweichungen davon treten nur in den obersten Brennstoffschichten auf, wo der Brennstoffkern noch kalt sein kann. Man hat somit mit einem Temperaturgang im Generator nach dem schematischen Bild 59 zu rechnen. Hier sind als Abszisse die Temperaturen, als Ordinate die Schichthöhen aufgetragen. Es ist zu unterscheiden zwischen den mittleren Gas- und Brennstofftemperaturen einerseits und der Brennstoffoberflächentemperatur andererseits. Allein die letztere ist für den Ablauf der heterogenen Kohlenstoffreaktion und für die Gleichgewichtseinstellung in der Grenzschicht maßgebend, Punkt A.

Dagegen ist für das lokale homogene Wassergasgleichgewicht im Kerngas des gleichen Querschnittes nicht t_A, sondern die Gastemperatur t_B maßgebend, welche wesentlich höher sein kann. Nahe dem oberen Ende werden jedoch beide Temperaturen nahezu gleich, Punkt H und Punkt C, um am Austritt des Gases wieder verschieden zu werden, Punkte F und G.

Die Brennstoffoberfläche möge erst im Punkt K so weit vorgewärmt sein, daß eine merkliche Reaktion einsetzen kann. Das Gas kann oberhalb dieses Querschnittes mit dem Brennstoff nicht mehr reagieren, sondern es kann sich nur noch abkühlen. Natürlich wird die Lage des Punktes K nicht scharf ausgeprägt sein, da sich die Reaktionsgeschwindigkeit mit der Temperatur nicht sprungweise von einem endlichen Wert auf Null verändert. Deswegen werden bei K und bei D keine Knicke, sondern nur schärfere Krümmungen zu verzeichnen sein.

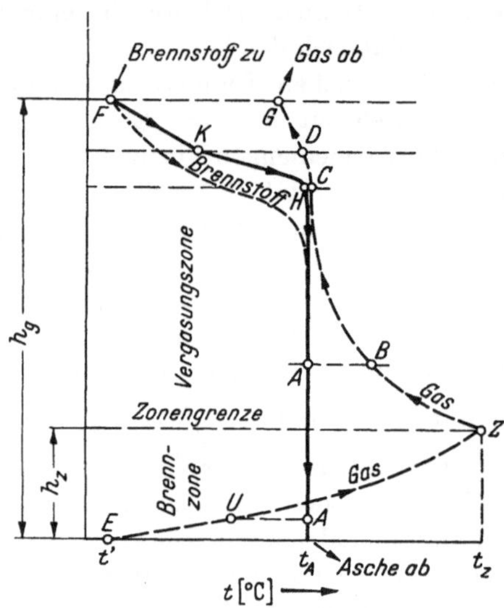

Bild 59. Theoretischer Temperaturverlauf im Generator unter Annahme augenblicklicher Einstellung der örtlichen Gleichgewichte oberhalb der Temperatur t_k

Bei feuchten Brennstoffen und bei Entgasungsvorgängen wird die Brennstoffschicht zwischen F und K dicker, und die obere Grenze K der Vergasungszone wird nach unten gedrückt.

Man erkennt, daß bei reichlicher Höhe des Brennstoffbettes der Gaszustand C beliebig nahe an den Gleichgewichtszustand H der Grenzschicht rücken kann. In D ist jedoch der Abstand vom Gleichgewicht gegenüber der Brennstoffgrenzschicht K wieder größer geworden, um in G noch größer gegenüber F zu werden. Es ist also bei Gegenstromführung nicht möglich, das abziehende Gas G im Gleichgewicht mit dem Brennstoff K oder gar F zu erhalten, obwohl innerhalb des Generators das Gleichgewicht z. B. in C gegenüber H nahezu erreicht worden ist. Der Grund ist nicht in der Reaktionsträgheit des Brennstoffes oder in einer zu geringen Verweilzeit, sondern im Anwärmungsvorgang des Brennstoffes zu suchen. Immerhin wird im allgemeinen die Zusammensetzung des Gases in D,

s. Bild 59 und 58, nur wenig von jener in C bzw. H abweichen. Das berechtigt uns, die Reaktionstemperatur $t_H = t_A$ in erster Näherung als maßgebend für die Gleichgewichtszusammensetzung auch des abziehenden Gases anzunehmen, worauf sich die Ermittlung der Schlüsseltemperatur mit Hilfe des $i\psi$-Diagramms, Bild 7 und 8, begründet.

Temperaturen in der Brennzone. In der Brennzone findet eine Verbrennung mit unverbrauchtem Sauerstoff statt unter Erzeugung entsprechend hoher Verbrennungstemperaturen. Bei diesen hohen Temperaturen dürften sich örtliche chemische Gleichgewichte fast augenblicklich einstellen, womit man zum folgenden zwanglosen Bild über den Verbrennungsvorgang eines festen Brennstoffes (Kokses) gelangt. Ähnliche Überlegungen, wenn auch zunächst in den Grundzügen, wurden bereits von Burke und Schumann, von Traustel sowie von anderen Autoren vertreten[1].

Der durch Verbrennung verzehrte Kohlenstoff C muß der Verbrennungsluft U zugebracht werden. Der Transport des Kohlenstoffes C erfolgt in Form von CO bzw. CO_2 durch die am Brennstoff anliegende laminare Grenzschicht von der Dicke δ, in welcher der Wärmetransport durch reine Wärmeleitung, der Stofftransport durch reine Diffusion stattfindet. Am Rande dieser laminaren Grenzschicht herrsche der von der turbulenten Seite her aufgeprägte Übergangszustand des Gases U. Die Dicke einer solchen Grenzschicht dürfte im üblichen Brennstoffbett die Größenordnung von $\delta \approx 1$ mm haben. Innerhalb dieser dünnen Grenzschicht muß sich der in Bild 60 dargestellte Verbrennungsvorgang abspielen.

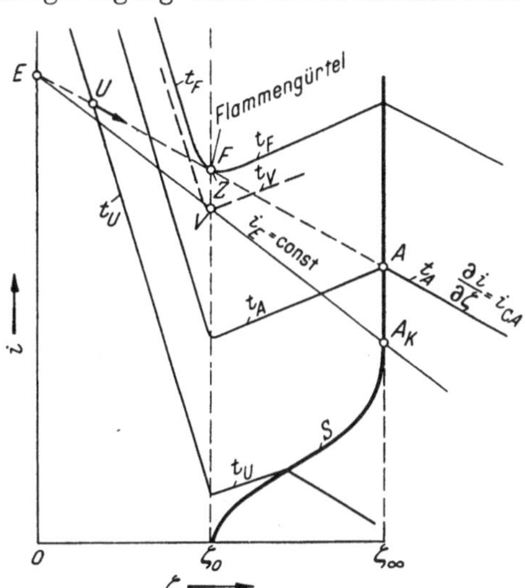

Bild 60. Zum Temperatur- und Zustandsprofil in der Nähe der Brennstoffoberfläche, in der Brennzone, s. Bild 61

Durch die vorangegangene Verbrennung möge sich die Frischluft E bereits bis zum Zustand U mit Kohlenstoff angereichert haben. Bei adiabatem Stoff- und Wärmeaustausch liegt Punkt U auf einer durch E mit der Neigung $\frac{\partial i}{\partial \zeta} = i_{CA}$ gehenden Linie, wenn i_{CA} die Enthalpie des aufgenommenen Kohlenstoffes bei der Temperatur t_A der Brennstoffoberfläche darstellt. Punkt A wiederum liegt auf der Sättigungslinie S, und zwar auf derjenigen Rußisothermen t_A, deren Verlängerung auf Punkt E zielt. Beim Durchwandern der Grenzschicht vom Rande U bis zur Brennstoffoberfläche A wird man eine Folge von Zuständen antreffen, die alle auf der Mischgeraden $\overline{UA}$ liegen müssen, wie das früher bei Bild 56 dargelegt wurde. Man findet, daß die Temperatur zunächst von U bis Z beachtlich wächst, um bei weiterem Fortschreiten bis zur Oberfläche wieder bis

---

[1] Burke u. Schumann: Industr. Engng. Chem. Bd. 23 (1931) S. 406; Bd. 24 (1932) S. 451. — S. Traustel: Verbrennung, Vergasung, Verschlackung, Dissertation Berlin-Charlottenburg 1939.

t_A abzunehmen. In Bild 60 ist Punkt Z auch als F bezeichnet, weil es der Zustand einer örtlich sehr heißen Gasschicht, der Flammenfront, ist, die wie ein Schleier oder wie eine Wolkendecke die Brennstoffoberfläche in geringem Abstand einhüllt. Diese Flammenfront liegt jedenfalls noch innerhalb der dünnen Grenzschicht und ist von der Oberfläche nur um Bruchteile eines Millimeters entfernt. In Bild 61 sind die Verhältnisse in der Grenzschicht von der Dicke δ in Abhängigkeit von der Entfernung x von der Brennstoffoberfläche A dargestellt, und zwar einfachheitshalber für trockene Verbrennungsluft, $\psi = 0$. Die drei Fälle

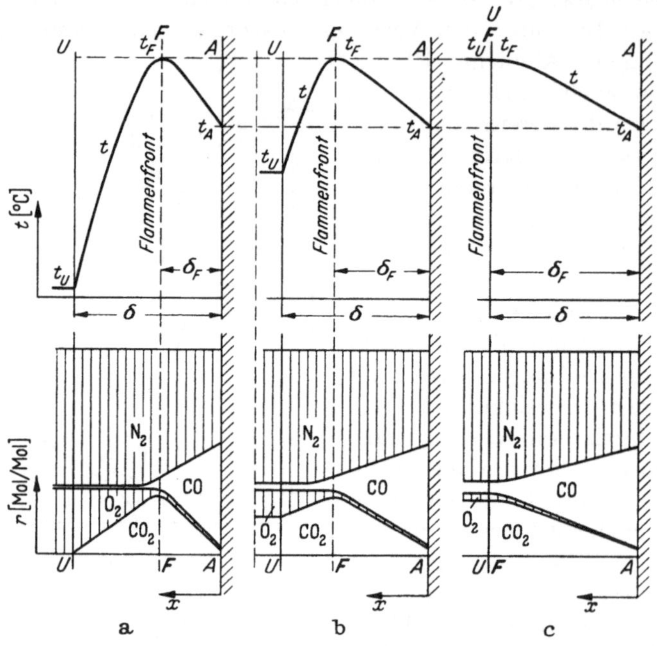

Bild 61 a–c. Temperaturprofil und Zusammensetzung des Gasfilmes am Brennstoff in der Brennzone. Angenommen sofortige Einstellung der örtlichen Gleichgewichte; trockene Verbrennungsluft. a) Frischlufteintritt; b) Mitte der Brennschicht; c) Zonengrenze

a, b bzw. c beziehen sich auf ein Brennstoffkorn, einmal in noch frischer, dann in halb verbrauchter und endlich in ganz verbrauchter Luft.

Betrachten wir den Fall a, d. h. die Verbrennung in trockener Frischluft. Unter der getroffenen Annahme, daß sich an jeder Stelle des Gasfilmes augenblicklich chemisches Gleichgewicht einstellt, sind die Zusammensetzungsangaben skizziert. In Gasteilchen an der Brennstoffoberfläche herrscht bei hoher Temperatur t_A (etwa 1600° C) das BOUDOUARDsche Gleichgewicht, welches ganz auf der Seite von CO liegt ($CO_{2A} \approx 0$, $O_{2A} \approx 0$). Am gegenüberliegenden Rande U der Grenzschicht ist durch Turbulenz die Frischluftzusammensetzung mit $O_{2U} = 0{,}21$, $CO_{2U} = 0$, $CO_U = 0$ aufgeprägt. Dann muß sich innerhalb der Grenzschicht eine solche Verteilung der Zusammensetzungen einstellen, die den Sauerstoff O_2 von U nach F hin, Kohlenoxyd CO von A nach F hin und Kohlendioxyd CO_2 sowohl von F nach U als auch von F nach A hin zu diffundieren veranlaßt. Die gegeneinander strömenden Gase O_2 und CO verbrennen in der Flammenronft F $\left(\text{etwa bei } \dfrac{\delta}{2}\right)$. Es entsteht CO_2, welches auf beide Seiten von F abströmt. In der Flammenfront F müssen die Gehalte an CO und O_2 endlich groß bleiben, damit die Reaktionsgeschwindigkeit einen endlichen Wert erhalten kann. Dafür sorgt die Dissoziation von CO_2, welche bei etwa $t_F = 2200°$ C in Luft von 1 Atm einen Dissoziationsgrad des stöchiometrischen Gemisches von etwa 25% aufweist. Deswegen ist auch die Flammenfront keine geometrische Fläche (Ebene), sondern ein schnell abklingender Flammengürtel (Zone) beiderseits von F. Nach dieser Vorstellung dringt also Sauerstoffgas O_2 praktisch gar nicht bis zur Brennstoffoberfläche vor. Die Versorgung des Brennstoffes mit Sauerstoff erfolgt mittelbar über CO_2, welches im Flammengürtel erzeugt und am Brennstoff wieder zu CO reduziert wird. Ob und welche Kettenreaktionen sich möglicherweise noch dazwischenschalten, ist für unsere Betrachtungen ohne Belang, soweit sich die lokalen Gleichgewichte überall schnell einstellen. Und solange man keine triftigen Gründe hat, von dieser einfachen, aber eindeutigen und bei hohen Temperaturen durchaus vernünftigen Annahme abzuweichen, soll man es auch nicht tun.

Fall b, Bild 61, stellt die Verhältnisse um ein Brennstoffkorn in demjenigen Teil der Brennstoffschicht, wo bereits halb verbrauchte Luft ankommt, und Fall c ein solches in ganz verbrauchter Luft. Fall c gilt also an der Zonengrenze

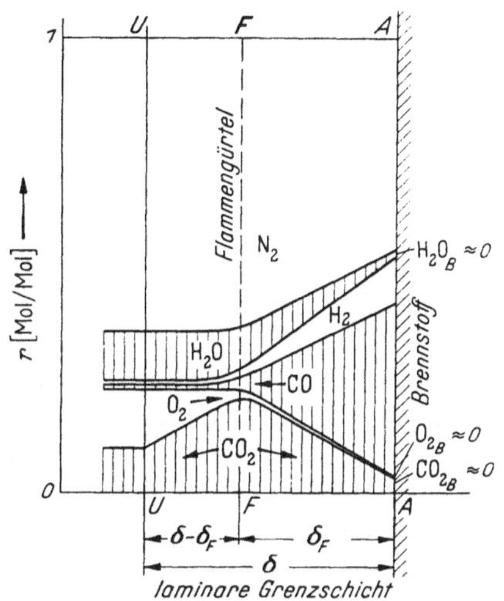

Bild 62. Zusammensetzung des Gasfilmes am Brennstoff bei wasserdampfhaltiger Verbrennungsluft. Angenommen sofortige Einstellung der örtlichen Gleichgewichte

zwischen Brennraum und Vergasungszone. Die Temperatur t_U der Verbrennungsgase wird immer höher, aber auch deren CO_U-Gehalt nimmt trotz des noch vorhandenen Sauerstoffüberschusses O_{2U} zu. Die Höchsttemperatur der Verbrennungsgase wird zu $t_{U\max} = t_F$, Bild 61, Fall c, wobei $CO_U = 2O_{2U}$ (stöchiometrisches Verhältnis des Unverbrannten im Gleichgewicht bei t_F). Eine noch höhere Brennstoffschicht bewirkt nun wieder eine Abnahme von t_U und hat eine weitere Zunahme von CO_U zur Folge (Vergasungsvorgang).

Führt man nicht trockene, sondern feuchte Verbrennungsluft zu, $\psi > 0$, so tritt noch die Wasserdampfzersetzung hinzu, aber es ändert sich nichts Grundsätzliches an den bisherigen Betrachtungen. Der Zusammensetzungsverlauf innerhalb der Grenzschicht ist für $\psi > 0$ in Bild 62 wiedergegeben. Hier ist zu beachten, daß der Sauerstofftransport zum Brennstoff sowohl durch CO_2 als auch durch H_2O erfolgt (nicht aber direkt durch O_2) und daß CO am Brennstoff durch Reduktion von CO_2 und von H_2O gebildet wird. Es ist auch bezeichnend, daß Wasserdampf dem Brennstoff nicht aus der Verbrennungsluft zugeführt wird, sondern durch Regenerieren von H_2 zwischen Flammenfront und Brennstoffoberfläche laufend erneuert wird.

Im Temperaturgang, s. Bild 61a oben, äußert sich das Vorhandensein eines Flammengürtels im Gegensatz zu einer Flammenfläche darin, daß das Temperaturprofil keine Spitze, sondern ein abgerundetes Maximum bei F hat. Die Temperatur t_F entspricht etwa, wenn auch nicht genau, der theoretischen Verbrennungstemperatur unter Berücksichtigung der Dissoziation. Aus dem maßstäblichen $i\zeta$-Diagramm für $\psi = 0$ entnimmt man beim Betrieb mit kalter Frischluft ($t_E = 0°$ C) die Temperatur $t_A \approx 1650°$ C und $t_F \equiv t_Z \approx 2200°$ C, allerdings nur bei rein adiabater Vergasung. Das gibt in der Grenzschicht Temperaturgradienten von der beachtlichen Größenordnung $\dfrac{\delta t}{\delta x} \approx 10^6$ grd/m, d. h. ein sehr steiles Temperaturgefälle. Dieses wird brennstoffseitig zur Beheizung der endothermen Reduktion von CO_2 an der Brennstoffoberfläche benötigt und luftseitig zur Erhitzung der Verbrennungsluft U herangezogen. Diese Wärmeabgabe erfolgt nur durch Wärmeleitung und nicht etwa durch Wärmestrahlung aus dem Flammengürtel. Dessen sehr geringe Dicke, die kaum Bruchteile eines Millimeters beträgt, setzt ihn außerstande, merkliche Energien senkrecht zur Flammenfläche auszustrahlen, mag seine Temperatur noch so hoch sein. Für ein beachtliches Emissionsvermögen sind — insbesondere auch bei Gasen — endliche Körperabmessungen erforderlich, welche Forderung bei dem zwar heißen, aber äußerst dünnen Flammengürtel nicht erfüllt ist.

Man kann die Emissionszahl ε eines solchen Gasgürtels nach Meßergebnissen von ECKERT und SCHMIDT an größeren Schichtdicken abschätzen. Bei Temperaturen über $1000°$ C und bei Flammengürteldicken $s < 1$ mm bekommt man die Emissionszahl bei CO_2 in der Größenordnung $\varepsilon \approx 10^{-3}$, bei Wasserdampf noch weniger. Bei Grenzschichten von wenigen Millimetern Dicke entfällt auf die Strahlung aus dem Flammengürtel nur etwa 1% der Wärmemenge, die der Brennstoffoberfläche durch Leitung aus der Grenzschicht zugebracht wird. Aus diesem Grunde kann der Flammengürtel auch Ascheteilchen durch Strahlung nicht wesentlich erhitzen und zum Schmelzen bringen. Das könnte nur durch Berührung geschehen, wenn z. B. durch Abbrand des Brennstoffes das Ascheskelett in den Flammengürtel hereinwächst.

Etwas anders können die Strahlungsverhältnisse in der Nähe der Zonengrenze Z, d. h. beim Austritt der Gase aus der Brennzone, werden. Hier hat sich gemäß Bild 61c oben der Flammengürtel an die Begrenzung U der laminaren Schicht verlagert, und die Verbrennungsgase außerhalb der Grenzschicht sind bereits erhitzt. Die hohe Flammentemperatur t_F ist hier nicht mehr auf einen schmalen Flammengürtel begrenzt, sondern erstreckt sich als $t_U \approx t_F$ über den ganzen Strömungsquerschnitt außerhalb der Grenzschicht. Gasschichten solcher Dicke können schon merklich abstrahlen, was eine Erhöhung der Brennstofftemperatur t_A an dieser Stelle zur Folge haben kann. Die Abstrahlung der Gase und damit auch die Erhöhung der Brennstofftemperatur ist hier von geometrischen Abmessungen der Gasräume um das Brennstoffkorn abhängig, also z. B. von der Größe der Zwischenräume einer Brennstoffschüttung. In einem Generator ist somit die höchste Temperatur des Brennstoffes in der Gegend beiderseits der Zonengrenze zu erwarten, wenn auch diese Temperatur nicht sehr von jenen an den übrigen Stellen des Brennstoffbettes verschieden sein wird.

Für die Strahlung des Brennstoffbettes einer Feuerung ist demnach nicht die Flammentemperatur t_F des Flammengürtels, sondern eine niedrigere Temperatur t_B, die zwischen t_A und t_F liegt, maßgebend, was bei Strahlungsberechnungen immerhin zu beachten wäre[1].

Die erwähnte Temperatur t_A der Brennstoffoberfläche gilt nur für adiabaten Verbrennungsvorgang des Brennstoffkornes. Kann die Brennstoffoberfläche in eine kältere Umgebung ausstrahlen, so wird die Temperatur t_A gesenkt, und zwar nach Maßgabe der abgestrahlten Wärme q_ε, siehe auch Bild 57.

Eine Nachprüfung dieser Überlegungen durch direkte Messungen ist schwierig. Die Entnahme von zuverlässigen Gasproben an definierten Stellen der Grenzschicht scheint wegen der dünnen Grenzschicht und den hohen Temperaturen wenig aussichtsreich. Die Messung des Temperaturprofils in der Grenzschicht ist bei den oben erwähnten, sehr starken Temperaturgradienten nicht gut möglich. Auch eine Messung der Flammenfronttemperatur t_F kommt kaum in Frage, da jedes eingebrachte Thermometer (feinstes Thermoelement oder Widerstandsdraht) unkontrollierbare Strahlungsverluste in kältere Umgebung (Brennstoffoberfläche) aufweisen und so die Temperaturmessung fälschen würde. Aussichtsreicher scheint die Ermittlung der Brennstofftemperatur zu sein, aber auch hier dürfte es schwierig sein, einer Fälschung durch Nebeneinflüsse aus dem Wege zu gehen. Dabei wäre auch besonders darauf zu achten, daß man zur Temperaturmessung eine Brennstoffoberfläche im Inneren des Brennstoffbettes heranzieht, um die adiabate Oberflächentemperatur t_A möglichst wenig durch Abstrahlung zu fälschen.

Nach TANNER[2] waren die höchsten gemessenen Temperaturen beim Abbrand einer Eßkohlenschicht mit Umgebungsluft je nach Belastung 1450 bis 1680° C. Nach Messungen vom Bureau of Mines lagen nach LEYE[3] bei höheren Rostbelastungen die höchsten Brennstofftemperaturen im Inneren der Schicht zwischen 1400 bis 1600° C. Das sind alles Werte, die mit der oben ermittelten Temperatur $t_A = 1650°$ C für trockene Verbrennungsluft von 0° C leidlich gut übereinstimmen, jedenfalls viel besser als mit der theoretischen Verbrennungstemperatur von 2200° C. Die gegenüber der adiabaten Temperatur t_A tiefer liegenden gemessenen Werte können zwanglos durch Strahlungsabgabe des Brennstoffbettes gedeutet werden, nicht aber durch etwaige gehemmte Gleichgewichtseinstellung an der Brennstoffoberfläche. Eine solche müßte vielmehr bei vorliegender endothermer Reaktion und adiabater Verbrennung eine Erhöhung und nicht eine Senkung der Brennstofftemperatur zur Folge haben. Die Strahlungsabgabe des Brennstoffbettes fällt bei geringer Belastung mehr ins Gewicht als bei großer. So liegt auch hier kein Anlaß vor, von der Annahme einer sofortigen lokalen Gleichgewichtseinstellung abzuweichen.

Lage der Flammenfront. Die Lage der Flammenfront innerhalb der laminaren Grenzschicht kann man nach Bild 62 ungefähr abschätzen. Der von der Brennstoffoberfläche A kommende Diffusionsstrom von CO versorgt mit seinem Kohlenstoff C die beiden Diffusionsströme von CO_2, von denen der eine von F

---

[1] Für Kohlenstaubfeuerungen beachte den Abschnitt „Temperaturen in einer Kohlenstaubfeuerung" S. 82

[2] SCHULTE, Fr., u. E. TANNER: Stand und Entwicklung der Feuerungstechnik. Z. VDI Bd. 77 (1933) S. 565/572.

[3] LEYE, A. R.: Die Verbrennung auf dem Rost, Dissertation Techn. Hochschule Berlin, 1933.

nach A und der andere von F nach U fließt. Setzt man in erster Näherung die Diffusionskoeffizienten von CO und CO_2 als gleich groß ein, so müssen folgende Diffusionsströme gleich sein:

$$\frac{[CO]_A - [CO]_F}{\delta_F} = \frac{[CO_2]_F - [CO_2]_U}{\delta - \delta_F} + \frac{[CO_2]_F - [CO_2]_A}{\delta_F}, \tag{244}$$

worin δ_F bzw. δ die Schichtdicken in der laminaren Schicht nach Bild 62 bezeichnen. Der Ausdruck links stellt den von der Brennstoffoberfläche kommenden Diffusionsstrom von CO dar. Der erste Ausdruck rechts ist der CO_2-Strom von F nach U. Der zweite Ausdruck rechts ist der mit C belieferte CO_2-Diffusionsstrom von F nach A. Auf eine genauere Diffusionsgleichung soll bei der Abschätzung verzichtet werden.

Es ist annähernd

$$[CO]_F \approx 0, \quad [CO]_U \approx 0 \tag{245}$$

und damit

$$[CO_2]_F \approx \zeta_F, \quad [CO_2]_U \approx \zeta_U, \quad [CO]_A + [CO_2]_A = \frac{\zeta_A}{V_{fA}}; \tag{246}$$

$$\zeta_F \approx \zeta_0. \tag{247}$$

Setzt man dies in Gl. (244) ein, so folgt nach einer Umformung der Abstand δ_F der Flammenfront F von der Brennstoffoberfläche A

$$\frac{\delta_F}{\delta} = \frac{\zeta_A - \zeta_0(1 - \zeta_0 + \zeta_A)}{\zeta_A - \zeta_U(1 - \zeta_0 + \zeta_A)}. \tag{248}$$

Am Eintritt der Frischluft in das Brennstoffbett hat diese den Frischzustand E, welcher hier den Grenzzustand U in der Trennfläche laminarturbulent aufprägt, $E \equiv U$. Hier ist $\zeta_U = 0$, und damit aus Gl. (248)

$$\left(\frac{\delta_F}{\delta}\right)_E = 1 - \frac{\zeta_0}{\zeta_A}(1 - \zeta_0 + \zeta_A). \tag{249}$$

Es ist z. B. bei trockener, gewöhnlicher Luft mit $r = 0,21$ und $\psi = 0$ die Reaktionstemperatur t_A recht hoch ($\sim 1650°$ C) und deswegen $[CO_2]_A \approx 0$, d. h. $\zeta_A \approx \zeta_\infty = 0,42$. Wegen $\zeta_0 = 0,21$ ist dann am Eintritt in das Brennstoffbett, bei trockener Luft,

$$\left(\frac{\delta_F}{\delta}\right)_E = 0,395 \quad \text{(für trockene Luft } r = 0,21, \ \psi = 0), \tag{250}$$

so daß am Eintritt die Flammenfront in die brennstoffseitige Hälfte der Grenzschicht zu liegen kommt, siehe Bild 61a.

In höher liegenden Brennstoffschichten wird der Sauerstoff der Luft allmählich verbraucht. Dort, wo die Luft ganz verbraucht ist (Zonengrenze), d. h. wo $\zeta_U = \zeta_0$ ist, wird nach Gl. (248)

$$\left(\frac{\delta_F}{\delta}\right)_Z = 1 \quad \text{(in Zonengrenze für beliebige } r \text{ und } \psi), \tag{251}$$

ohne Rücksicht auf die Luftzusammensetzung und Feuchte. Beim fortschreitenden Verbrauch von Sauerstoff im Brennstoffbett verlagert sich also die Flammenfront immer mehr gegen die äußere Berandung U der laminaren Grenzschicht.

Eine Ausnahme davon weist die Verbrennung mit reinem Sauerstoff auf, wenn also $r = 1$, $\psi = 0$, $\zeta_0 = 1$, $\zeta_\infty = 2$ sind. Hier ist im Bereich, wo $\zeta_U < \zeta_0$

ist, d. h. innerhalb der ganzen Brennzone, nach Gl. (248)

$$\frac{\delta_F}{\delta} = 0 \quad \text{(für trockenen Sauerstoff)} . \tag{252}$$

Beim Sauerstoffbetrieb müßte somit die sehr heiße Flammenfront in der Brennzone am Brennstoff selbst anliegen. Nur für die Zonengrenze, d. h. für $\zeta_U = \zeta_0$ bekommt man einen Unstetigkeitspunkt, in dem die Flammenfront in die Berandung U der laminaren Grenzschicht überspringen würde.

Das Anliegen der Flammenfront am Brennstoff bei trockenem Sauerstoffbetrieb hat aber zur Folge, daß man das Nebeneinanderbestehen verschiedener lokaler Gleichgewichte in einer unendlich dünnen Schicht, $\delta_F = 0$, nicht mehr vertreten kann und das Vorhandensein einer Flammenfront im obigen Sinne hier aufgeben muß. Der Sauerstoff wird vielmehr durch die laminare Grenzschicht bis zur Brennstoffoberfläche vordringen, um den festen Kohlenstoff auch unmittelbar, ohne Zwischenschaltung von CO bzw. CO_2, zu oxydieren. Sobald jedoch Stickstoff oder ein anderes Gas in merklichen Mengen anwesend ist, nimmt die Schichtdicke δ_F zu. Je dicker diese ist, um so begründeter dürfte die getroffene Annahme von lokalen Gleichgewichten und um so treffender auch die Vorstellung eines Flammengürtels sein. Bei reinem Sauerstoffbetrieb träten übrigens am Brennstoff so hohe Reaktionstemperaturen auf, daß die obige vereinfachte Betrachtungsweise infolge der zusätzlichen Dissoziation des Sauerstoffes sowieso nicht mehr angebracht wäre.

Versetzt man die Verbrennungsluft oder Sauerstoff mit Wasserdampf, so wird nach Gl. (248) der Abstand der Flammenfront von der Brennstoffoberfläche mit zunehmender Feuchte ψ immer größer, um bei reinem Wassergasbetrieb, $\psi = 1$, dem Wert $\frac{\delta_F}{\delta} = 1$ zuzustreben.

Die Verbrennungstemperatur. Die Verbrennungstemperatur t_V in den Gasen einer Feuerung unterscheidet sich beim Verlassen des Brennstoffbettes insofern von der Temperatur des Flammengürtels t_F, als wir bei dieser eine rein adiabate Oberflächenreaktion angenommen haben, was einen auf t_A bereits durchgewärmten Brennstoff voraussetzt. Bei absteigender Vergasung ist das zutreffend, da der Brennstoff in der Vergasungszone vorgewärmt wird. In einer Feuerung dagegen, wo der Brennstoff kalt aufgeworfen wird, $i_C \approx 0$, muß der Zustandspunkt V der Verbrennungsgase (wenn die Strahlung zunächst nicht berücksichtigt wird) auf der Linie $\frac{\partial i}{\partial \zeta} = i_C \approx 0$, d. h. auf $i_E =$ konst liegen, siehe Bild 60. Punkt V liegt bei $\zeta = \zeta_0$ wie im Bild, wenn mit theoretischer Luftmenge $\lambda = 1$ verbrannt wird; links davon, wenn $\lambda > 1$ und rechts davon, wenn $\lambda < 1$ ist. Aber auch in einer solchen Feuerung können örtlich oder zeitlich Temperaturen im Flammengürtel auftreten, die dem Punkt F entsprechen, was davon abhängt, wie man den Brennstoff zuführt, ob kontinuierlich von oben oder von unten, oder diskontinuierlich wie bei Handbeschickung u. dgl. Jedenfalls muß der örtliche und zeitliche Mittelwert der Enthalpie der abziehenden Verbrennungsgase einer mit kaltem Brennstoff beschickten Feuerung dem Punkt V entsprechen, während der Durchschnittszustand der Brennstoffoberfläche dem Punkt A_K entsprechen wird. Bei dem erwähnten Beispiel der Verbrennung des Kokses (reiner Kohlenstoff) mit kalter trockener Luft ($\psi = 0$) wird bei theoretischer Luftmenge die Verbrennungstemperatur $t_V = 2060°$ C, wogegen die Flammenfronttemperatur $t_F \approx 2200°$ C war, also immerhin ein beachtlicher Unterschied. Für eine eingehendere Untersuchung müßten die der Brennstoffoberfläche örtlich entzogenen Wärmemengen (Strahlung, Brennstoffvorwärmung) berücksichtigt werden, s. auch Ausführungen zu Bild 57.

Temperaturen in einer Kohlenstaubfeuerung. Bei einer Kohlenstaubfeuerung verbrennen die Brennstoffpartikel auf grundsätzlich dieselbe Weise wie vorher beschrieben. Während jedoch im Brennstoffbett ein heißer Flammengürtel sehr dünn ist (unter 1 mm) und demgemäß keine nennenswerte Strahlung der Brennstoffoberfläche übermitteln kann, so ist die Mächtigkeit der Gassäule im Verbrennungsraum einer Kohlenstaubfeuerung in der Größenordnung von Metern und für die Gasstrahlung sehr beachtlich. Ein einzelnes Kohlenstaubteilchen ist nun nicht der bedeutungslosen Strahlung seines eigenen dünnen Flammengürtels allein, sondern der viel wirksameren Strahlung des ganzen erhitzten Gaskörpers ausgesetzt. Damit wird aber die Oberfläche des Kohlenstaubes zusätzlich strahlungsbeheizt und nimmt eine merklich höhere Temperatur als t_A an. Infolgedessen muß die Temperatur des Gases zwischendurch etwas gesenkt werden, aber der Austrittszustand V der Abgase muß bei kaltem Brennstoff wieder auf der Linie $i_E =$ konst liegen, wenn von einer Abstrahlung an die Kesselwandungen zunächst abgesehen wird. In Bild 63 ist der Verlauf der Zustandsänderung eines Brenngemisches aus Verbrennungsluft E und aus kaltzugesetztem Kohlenstaub

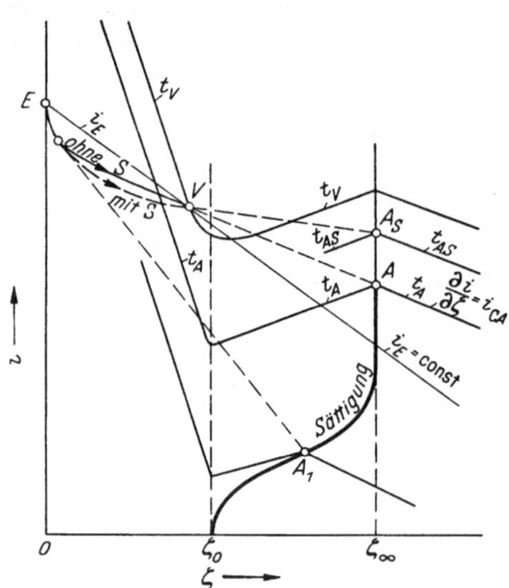

Bild 63. Zustandsverlauf der Gase in adiabater Kohlenstaubfeuerung mit und ohne internem Strahlungsaustausch (S) des Staubes mit der Gasmasse

Kohlenstaub $i_{CK} \approx 0$ dargestellt. Wenn mit Luftüberschuß gefahren wird, müssen Verbrennungsgase V mit $\zeta_V < \zeta_0$ entstehen. Findet keine Wärmeabgabe nach außen statt (adiabate Verbrennung), so liegt V auf der Linie $i_E =$ konst. Die Zustandsänderung $\widehat{EV}$ ist eine krumme Linie, wegen des kalt zugesetzten Kohlenstaubes, dessen ziehender Oberflächenzustand A_1 bei ganz tiefen Temperaturen beginnt, bis sich der Kohlenstaub erwärmt hat (auf Kosten der Gasenthalpie). Dann gleitet A_1 immer höher, um in A zu landen, wobei die Rußisotherme t_A auf Punkt V zielen und die Gerade $\overline{AV}$ außerdem als Tangente an die Zustandsänderungslinie $\widehat{EV}$ in Punkt V verlaufen muß. Das gälte für den Fall, daß kein nennenswerter Strahlungsaustausch zwischen Kohlenstaub und Verbrennungsgasen stattfinden würde. Bei Berücksichtigung dieses internen Strahlungsaustausches ändert sich die Zustandsänderung $\widehat{EV}$ wie gestrichelt (Endzustand V bleibt bei adiabater Verbrennung unverändert!) und der Brennstoffoberflächenpunkt rückt nach A_S zu höheren Temperaturen hin, wobei natürlich $t_A < t_{AS} < t_V$

sein muß. Für den Strahlungsaustausch nach außen ist neben der Gastemperatur t_V noch die Kohlenstaubtemperatur t_{AS} maßgebend und nicht die tiefere t_A, wie das im festen Brennstoffbett der Fall war. Die Wärmeabgabe durch

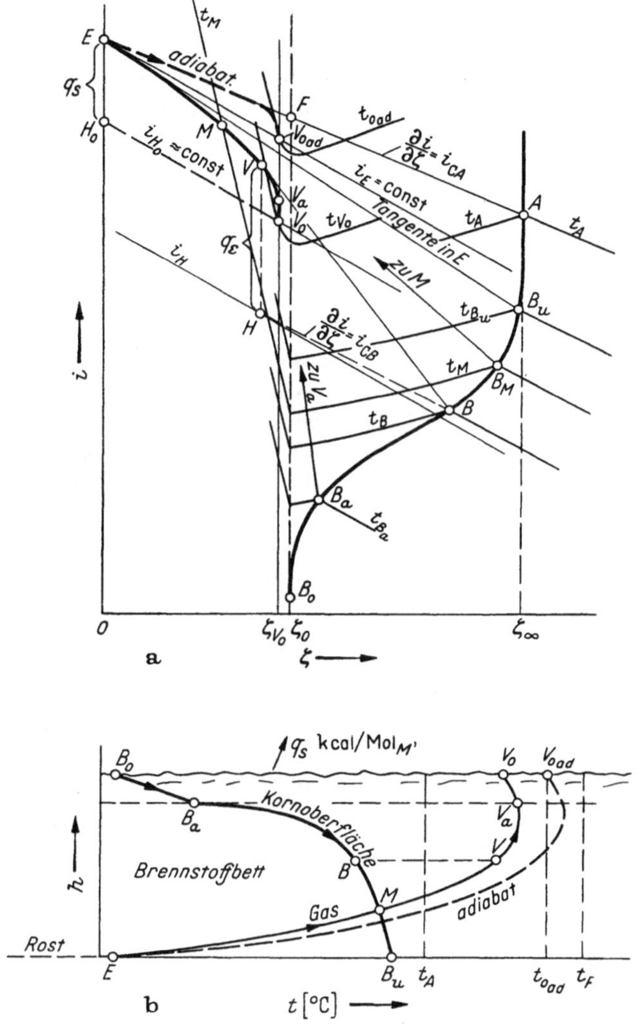

Bild 64 a u. b. Temperaturverteilung in einem von oben kontinuierlich beschickten Brennstoffbett bei Luftüberschuß

Strahlung an kalte Kesselwandung bedingt dann eine entsprechende Verschiebung der Punkte V und A_S nach unten, was in Bild 63 nicht gezeichnet wurde.

Temperaturen im Bett einer Rostfeuerung. Der Temperaturverlauf im Bett einer Rostfeuerung unterscheidet sich insofern von demjenigen in der Brennzone eines Generators, als die Verbrennung hier im allgemeinen nicht adiabat verläuft, sondern die oberste Glutschicht wesentliche Wärmemengen in den Feuerraum abstrahlt. Wir wollen zwei vereinfachte Fälle näher betrachten.

6*

In Bild 64a und b ist die Temperaturverteilung in einem Brennstoffbett dargestellt, wenn der Brennstoff in reinem Gegenstrom zur Verbrennungsluft und gleichmäßig aufgegeben wird, wie das annähernd bei einer Wurffeuerung mit der Luftzufuhr von unten erreicht wird. Die eben aufgeworfene, oben liegende Brennstoffschicht B_o ist noch kalt, Bild 64b. Hier wird der Brennstoff vorgewärmt und erreicht an seiner Oberfläche bald den Anfangszustand der Reaktion (Zündtemperatur). Nun nimmt die Oberflächentemperatur des Kornes rasch zu, über B bis B_u unten am Rost, wo der Brennstoff am heißesten ist. Der Verbrennungsluftzustand ist am Eintritt mit E bezeichnet (kalt) und erhitzt sich beim Durchwandern der Glut über V nach V_a bis V_0 oben am Austritt aus dem Brennstoffbett. In Bild 64a ist derselbe Zustandsverlauf im $i\zeta$-Diagramm eingezeichnet, von wo er übrigens für Bild 64b auch entnommen wurde. Der Frischluftzustand E würde an der Ein-

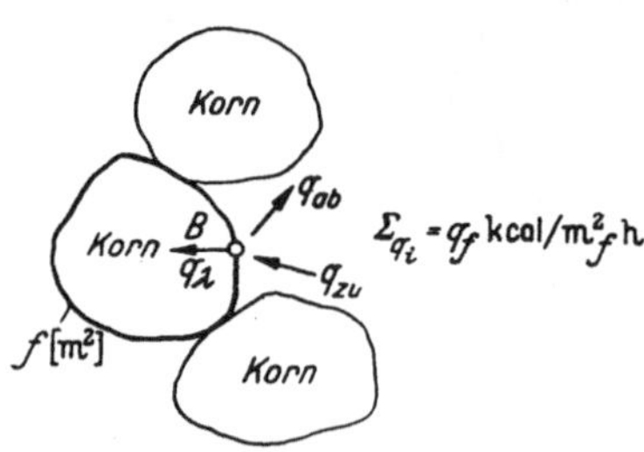

Bild 65. Wärmeaustausch an der Brennstoffoberfläche, q_{zu} durch Zustrahlung aufgenommene, q_{ab} durch Abstrahlung abgegebene Wärme, q_λ durch Leitung zur Erwärmung des Brennstoffinneren abgeführte Wärme

trittsstelle (unmittelbar über dem Rost) im adiabaten Falle eine Brennstofftemperatur t_A (Punkt A) bedingen. Die Reaktion an der Brennstoffoberfläche ist jedoch aus zweifachem Grunde nicht adiabat. Einmal wird das Brennstoffkorn kalt aufgeworfen, und sein Inneres muß von der Brennstoffoberfläche her erwärmt werden. Dann strahlt aber das Brennstoffbett auch als Ganzes in den darüberliegenden Feuerraum, wodurch dem Reaktionsvorgang Wärme entzogen wird. Die durch Strahlung des Bettes[1] im ganzen abgegebene Wärme sei Q_s kcal/h, oder bezogen auf das Vergasungsmittel $q_s = \dfrac{Q_s}{M'}$ kcal/Mol$_{M'}$. Wird kalter Kohlenstoff (Brennstoff) zugegeben, $i_{C_o} \approx 0$, so muß die Enthalpie der erzeugten Verbrennungsgase V_0 unmittelbar beim Verlassen des Brennstoffbettes sein

$$i_{V_0} = i_E - q_s = i_{H_o},\tag{253}$$

siehe Bild 64a. Wenn mit Luftüberschuß verbrannt wird, muß Punkt V_0 links von der Ordinate ζ_0 liegen. Der Brennstoffkornoberfläche an der Stelle B, Bild 64a und b und Bild 65, wird Wärme zur Durchwärmung des Brennstoffkornes und durch Abstrahlung an die höher liegenden, etwas kälteren Schichten entzogen. Bei der Strahlungswärme der Kornoberfläche muß man natürlich sowohl die Zustrahlung q_{zu} aus den wärmeren Schichten als auch die Abstrahlung q_{ab} an kältere Schichten berücksichtigen, Bild 65. Die nichtadiabate Reaktion an der Stelle B verläuft insgesamt mit einem Wärmeentzug q_f kcal/m²h je m² Oberfläche des Brennstoffkornes. Mit Gl. (237), wonach

$$q_\varepsilon = \frac{C_p'}{\alpha_f} q_f\tag{254}$$

ist, könnte man bei Kenntnis der veränderlichen Größe q_f den zum Zustand V der Verbrennungsluft gehörigen Zustand B an der Brennstoffoberfläche finden.

---

[1] Für diese Abstrahlung ist natürlich nicht die Temperatur des kalt aufgeworfenen Brennstoffes, sondern die mittlere Temperatur der beschickten Oberfläche des Brennstoffbettes maßgebend, und zwar entsprechend der zwischen dem aufgeworfenen kalten Brennstoffkorn hindurchstrahlenden Glut.

Das erfolgt im $i\zeta$-Diagramm durch Abtragen der Wärme q_ε bis Punkt H und Verlegen der Geraden $\overline{HB}$ mit der Neigung $\dfrac{\partial i}{\partial \zeta} = i_{CB}$, wie das bereits in Bild 57 dargelegt wurde. Die zahlenmäßige Durchführung dieser Ermittlung dürfte meist

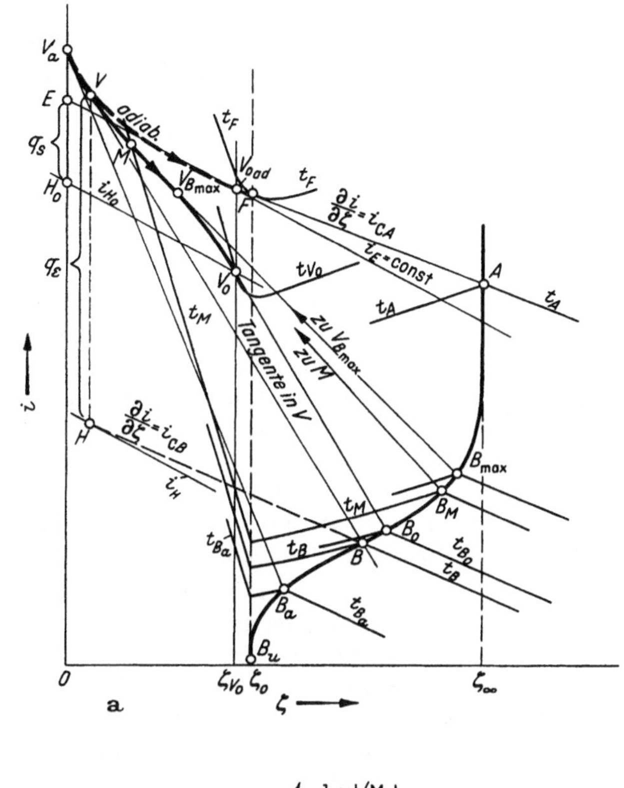

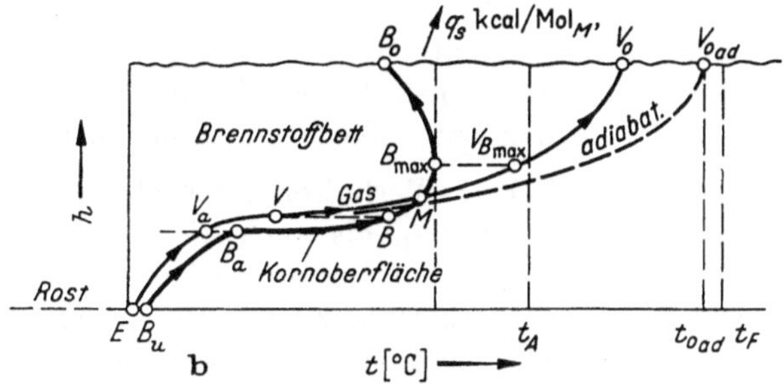

Bild 66 a u. b. Temperaturverteilung in einem von unten kontinuierlich beschickten Brennstoffbett (in der Art einer Unterschubfeuerung) bei Luftüberschuß

wegen ungenügender Kenntnis der inneren Wärmeleit- und Strahlungsverhältnisse des Brennstoffbettes scheitern, aber es ist wertvoll, auch nur rein qualitativ die Temperaturverhältnisse im Brennstoffbett zu verfolgen.

In Bild 66a und b sind die Verhältnisse für eine reine Gleichstrombeschickung dargestellt, also für eine Art Unterschubfeuerung, wenn sowohl die Luft E als auch der Brennstoff B_u von unten, gleichmäßig über den Rost verteilt, in das

Brennstoffbett eintreten. Durch Wärmeleitung und Strahlung aus den höheren heißeren Brennstoffschichten wird der Brennstoff B_u vorgewärmt, Bild 66b, bis in B_a der Anfang der Oberflächenreaktion (Zündung) einsetzt. Jetzt schnellt die Oberflächentemperatur infolge Verbrennung hoch, um über B und B_{max} den Zustand B_0 an der Oberfläche des Brennstoffbettes zu erreichen. Die kalte Verbrennungsluft E würde sich zunächst am nicht reagierenden Brennstoff etwas vorwärmen bis V_a. Hier setzt die Reaktion mit dem Brennstoff B_a ein, und die Temperatur der Verbrennungsluft nimmt rasch über V, V_{Bmax} bis V_0 am oberen Austritt aus dem Brennstoffbett zu. Auch dieser Verlauf ist aus dem $i\zeta$-Diagramm Bild 66a gewonnen. Hier wird die Luft E bis V_a erwärmt, ohne zu reagieren. Dann setzt die Reaktion mit B_a ein, welche die Zustandsänderungsrichtung $\overline{V_a B_a}$ vorschreibt. Die Zustandsänderung $E V_a V V_{Bmax} V_0$ ist im $i\zeta$-Diagramm durch die lokalen Wärmemengen q_ε (bzw. q_f) bedingt, die örtlich der reagierenden Brennstoffoberfläche zur Durchwärmung des Brennstoffkornes und zur inneren Abstrahlung entzogen wird. Hier ist wieder $q_s = \overline{E H_0}$ kcal/Mol$_{M'}$ die Strahlungswärme, die vom Brennstoffbett in den kälteren Feuerraum ausgestrahlt wird. Würde eine solche Abstrahlung nicht stattfinden (adiabates Brennstoffbett), so verliefe die adiabate Zustandsänderung etwa nach der gestrichelten Linie von V_a bis V_0, wobei $V_{0\,ad}$ genau auf der Linie $i_E = $ konst liegen muß und die theoretische Verbrennungstemperatur $t_{V0\,ad}$ festlegt (bei kalt zugesetztem Brennstoff, $i_{Cu} \approx 0$). Bei adiabatem Brennstoffbett ist die höchste auftretende Temperatur t_A. Bei nichtadiabatem, abstrahlendem Brennstoffbett ist sie dagegen nur t_{Bmax}, welche durch Punkt B_{max} bestimmt ist. Dabei ist $\overline{V_{B\,max} B_{max}}$ eine Tangente auf die Zustandsänderungslinie im Wendepunkt V_{Bmax}. Für das Verhalten der Asche (Verschlackungsgefahr) ist in erster Linie die Brennstofftemperatur $t_{B\,max}$ maßgebend, und man erkennt, daß diese merklich unter der adiabaten Brennstofftemperatur t_A liegen kann. Je niedriger das Brennstoffbett und je geringer die Belastung (bei kleinerem M' und gleichem Q_s wird q_s im $i\zeta$-Diagramm größer!), um so kleiner wird $t_{B\,max}$, um so geringer wird hier die Verschlackungsgefahr.

Es ist beachtenswert, daß die adiabate Brennstofftemperatur t_A beim Gleichstromvorgang tiefer liegt, d. h. der Brennstoff kälter bleibt als beim Gegenstromvorgang, wie man das aus Bild 64a bzw. 66a leicht erkennen kann.

Die Schlackentemperaturen. Für das Verhalten der Asche bzw. der Schlacke kann sowohl die Brennstofftemperatur t_B als auch die Temperatur der Verbrennungsgase t_V von Bedeutung sein. Solange noch die Asche von der brennbaren Substanz des Brennstoffes umschlossen wird, kann sie nur deren höchste Temperatur t_{Bmax} annehmen, welche im äußersten Falle die adiabate Brennstofftemperatur t_A erreichen kann, $t_{Bmax} \leqq t_A$. Wird jedoch die Asche durch den Abbrand allmählich freigelegt, so wird sie der örtlichen Temperatur t_U der Verbrennungsgase ausgesetzt, Bild 61 für adiabaten Fall und Bild 64 und 66 für nichtadiabaten Fall. Diese Temperatur t_U kann sehr verschieden sein, je nachdem, in welcher Brennstoffschicht die Umspülung der freigelegten Asche durch die Verbrennungsgase erfolgt. Beim Lufteintritt, Bild 61a und 64 und 66, ist t_U noch niedrig, $t_U < t_B$, und die heiße Schlacke von der Temperatur t_B wird durch die kälteren Verbrennungsgase gekühlt. Beim Austritt der Verbrennungsgase aus dem Brennstoffbett sind dagegen die Gase heißer, $t_U = t_{V0} > t_B$, und die Asche wird durch die Gase weiter erhitzt und vermutlich eingeschmolzen, da die Flammentemperatur t_F gewöhnlich weit über der Schmelztemperatur liegt.

Bei trockener und nicht vorgewärmter Luft liegt die adiabate Brennstofftemperatur bei etwa $t_A \approx 1600°$ C, s. Bild 60, was meist beträchtlich über der Schmelztemperatur liegt. In einem Generator wird die *adiabate* Brennstofftemperatur nahezu erreicht, weil dem Generator keine Wärme für anderweitige Zwecke entnommen wird, im Gegensatz zu einer Feuerung. Beim Generator wird aber durch reichlichen Wasserdampfzusatz ψ die Brennstofftemperatur empfindlich gesenkt, so z. B. bei $\psi = 0{,}2$ auf etwa $t_A \approx 800°$ C, was bereits bedeutend unter den Schmelztemperaturen liegt.

In einer Feuerung wird dagegen nur selten mit Dampfzusatz gekühlt, aber es werden wegen der Abstrahlung des Brennstoffbettes kaum adiabate Temperaturen erreicht. In Bild 64 bzw. 66 liegt $t_{B\max}$ merklich unter der adiabaten t_A, $t_{B\max} < t_A$, und es hängt von den Abstrahlungsverhältnissen der Brennstoffschicht (ob ein rückstrahlendes Zündgewölbe vorhanden oder nicht usw.), dann von der Dicke der Brennstoffschicht, von der stündlichen Rostbelastung (Verbrennungsluftmenge) und von der Beschickungsart ab, wie hoch sich die höchste Brennstofftemperatur $t_{B\max}$ einstellen wird.

Die adiabate Brennstofftemperatur t_A kann also nur als ein grober Richtwert dienen und kann nicht für das Schlackenverhalten allgemein maßgebend sein.

Ein kennzeichnender Punkt beim Schlackeverhalten in einem Gegenstrombett (Wurffeuerung) dürfte Punkt M in Bild 64 sein. Er kennzeichnet die Brennstoffschicht, in welcher die Temperatur der Verbrennungsgase und der Brennstoffoberfläche gerade gleich sind, $t_{VM} = t_{BM}$. Bis zu diesem Punkt ist bereits ζ_M Kohlenstoff verbrannt und $(\zeta_{V0} - \zeta_M)$ Kohlenstoff noch als fester Brennstoff vorhanden. Etwa im gleichen Verhältnis dürfte sich die bis zu dieser Brennstoffschicht freigelegte Aschemenge zu der noch eingeschlossenen verhalten, wenn man vom groben Erdreich im Brennstoff absieht. Für die Aschemenge, die erst nach dem Punkt M durch den Abbrand freigelegt wird, kann als höchste Temperatur nur die höchste Brennstofftemperatur $t_{B\max}$ in Frage kommen, da die Temperatur der Verbrennungsgase unterhalb des Punktes M durchweg kleiner als t_B ist, $t_V < t_B$, siehe Bild 64. Die Aschemengen dagegen, die durch den Abbrand schon vor dem Punkt M freigelegt wurden, werden von Verbrennungsgasen bestrichen, die oberhalb M heißer als t_B sind, $t_V > t_B$, und für diese Schlackenmengen stellt $t_{B\max}$ nicht mehr die höchste Temperatur dar. Es ist einleuchtend, daß neben der Höhe der Temperatur auch die Menge der Schlacke wichtig ist, die über die Schmelztemperatur gebracht und so dem Schmelz- bzw. Sintervorgang ausgesetzt wird, weil von dieser Menge auch die Größe der sich etwa bildenden Schlackenkuchen abhängen wird. Setzt man die freigelegte Aschemenge dem Abbrand ζ des Kohlenstoffes etwa verhältnisgleich, so kann der Anteil der bis zur Brennstoffschicht M freigelegten Aschemenge aus dem $i\zeta$-Diagramm zu $\dfrac{\zeta_M}{\zeta_{V0}}$ abgelesen werden. Dazu wäre allerdings der Verlauf der Zustandsänderungslinie $E\,V\,M\,V_0$ im $i\zeta$-Diagramm erforderlich. Auf dieselbe Weise könnte man den Anteil derjenigen Aschemenge schätzen, die bis zu irgendeiner anderen Schicht mit vorgegebener Temperatur der Verbrennungsgase oder des Brennstoffes freigelegt wurde.

Etwas anders liegen die Verhältnisse bei der Unterschubfeuerung, Bild 66. Die Asche, die hier in dem von unten nachgespeisten Brennstoff bis M freigelegt wurde, wurde nur von kälteren Gasen $t_V < t_M < t_{B\mathrm{max}}$ umspült. Würde man diese Aschemenge absondern können, so würde sie keiner höheren Temperatur als der Temperatur des Brennstoffes ausgesetzt worden sein. Infolge der Nachschubbewegung des Brennstoffes wird jedoch diese Asche vermutlich in die Schichten gebracht, die oberhalb M liegen und wo auch höhere Temperaturen der Verbrennungsgase herrschen, $t_{V0} > t_{B\mathrm{max}}$. Ein Schmelzen der ganzen Schlacke scheint hier unabwendbar zu sein.

Falls bereits die Brennstofftemperatur $t_{B\mathrm{max}}$ höher als die Schmelztemperatur t_s liegt, $t_{B\mathrm{max}} > t_s$, so ist im betreffenden Bereich des Brennstoffbettes ein Schmelzen der Asche aus dem Brennstoffinneren heraus zu erwarten, der Brennstoff „schwitzt". Die so gebildete flüssige Schlacke kann in das Gebiet niedrigerer Temperaturen der Verbrennungsgase ablaufen, wo sie von den kälteren Gasen gekühlt und zum Erstarren gebracht wird. Die Art und Größe des entstehenden Schlackengebildes dürfte wohl auch vom Anteil der so betroffenen Aschemengen abhängen, was aber hier nicht weiter verfolgt werden mag.

Man erkennt, daß die adiabate Brennstofftemperatur t_A oder schon gar die theoretische Verbrennungstemperatur $t_{V0\,\mathrm{ad}}$ nur als dürftige Anhaltspunkte für die Abschätzung einer Verschlackungsgefahr dienen können, da diese mit einem verwickelteren Gang der Temperaturen im Brennstoffbett verknüpft ist. Diesen Temperaturgang, der von der Betriebsart der Feuerung abhängt, kann man jedoch grundsätzlich in einem $i\zeta$-Diagramm verfolgen.

d) Stoff- und Wärmeaustausch im $i\zeta$-Diagramm

Die reagierenden Gase streben einem heterogenen Gleichgewicht mit der Oberfläche des Brennstoffes zu. Aus der Verbrennungszone kommt in die Vergasungszone ein Gas an, dessen Temperatur höher als die der heterogenen Reaktion am Brennstoff ist. Dieses Gas reagiert mit dem Brennstoff durch eine laminare Grenzschicht hindurch, deren Dicke von den Strömungsverhältnissen abhängt und um ein Brennstoffkorn herum keinesfalls gleichmäßig ist.

Die Grenzschicht verschluckt den größten Teil des Temperatur- und Konzentrationsgefälles zwischen den Gasteilchen an der Phasengrenze und jenen im Kern der Gasströmung. Der Verlauf der Temperaturen und einiger Konzentrationen in der Grenzschicht ist schematisch in Bild 67 in Abhängigkeit von der Entfernung von der Brennstoffoberfläche dargestellt. Durch diese Grenzschicht muß der große Wärmebedarf der Oberflächenreaktion nachgeliefert werden, was eine Abkühlung der Kernströmung zur Folge hat. Durch konvektive Mischbewegung und durch Wärmeleitung und Diffusion ändert sich der Zustand der Kernströmung in der Richtung des Zustandes der Phasengrenze hin. Allmählich wird sich der zunächst die Phasengrenze kennzeichnende Zustand über den ganzen Strömungsquerschnitt verbreitern.

Neben den heterogenen Reaktionen in der Phasengrenze darf man auch die homogenen Reaktionen in der Gasphase nicht außer acht lassen. Im Kern der Strömung, also in der Gasphase, können homogene Reaktionen ablaufen, die einem lokalen Wassergleichgewicht zustreben. Im Stromfaden zwischen zwei Brennstoffstücken sind weder die Temperatur noch der Kohlenstoffgehalt ζ

gleichmäßig, so daß auch die angestrebten Wassergasgleichgewichte in einzelnen Punkten dieses Stromfadens in bezug auf Gaszusammensetzung recht verschieden sein können.

Stellen sich die Gleichgewichte sowohl in der Phasengrenze als auch im Gasinneren sehr schnell ein, so kann man den folgenden Satz als den einen möglichen Grenzfall aufstellen:

Erster Grenzfall: In jedem genügend kleinen Gasteilchen herrscht laufend örtliches chemisches Gleichgewicht.

Bei höheren Temperaturen dürfte dieser Satz genügend genau zutreffen. Davon haben wir im Abschnitt „Temperaturen in der Brennzone" ausgiebig Gebrauch gemacht. Bei tieferen Temperaturen, wie sie im Austritt des Generators vorkommen, scheint das nicht der Fall zu sein. Nach Beobachtungen von NEUMANN spielen sich nämlich im Gas beim Verlassen des Brennstoffbettes keine Nachreaktionen ab, auch wenn dabei die Gastemperatur verändert wird.

Deswegen verdient auch der andere Grenzfall besondere Beachtung, den wir folgendermaßen postulieren:

Zweiter Grenzfall: Überall an der Phasengrenze herrscht örtliches, heterogenes chemisches Gleichgewicht, während im Gasinneren die Einstellung des homogenen Gasgleichgewichtes nur sehr langsam erfolgt.

In diesem Fall ändert sich die Zusammensetzung des Gasstromes nur infolge Beimischung aus der Grenzschicht, wogegen Änderungen durch homogene Gasreaktionen unmerklich bleiben. An der Phasengrenze selbst wird die Reaktionsgeschwindigkeit wiederum als sehr groß angenommen, was bei der Reaktionsfreudigkeit des Brennstoffes und der katalytischen Wirkung seiner Oberfläche bei einigermaßen

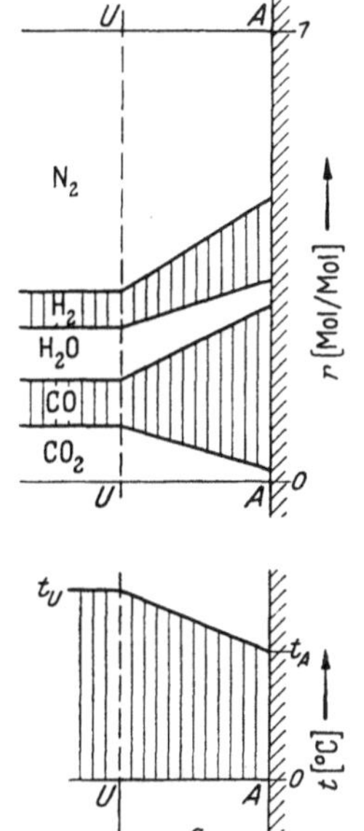

Bild 67. Temperatur- und Zusammensetzungsprofile im Gasfilm am Brennstoff in der Vergasungszone, schematisch

erhöhten Temperaturen vernünftig erscheint. Die zögernde Gleichgewichtseinstellung bei tieferen Temperaturen wollen wir später streifen.

Es sei bemerkt, daß im $i\zeta$-Diagramm die beiden Grenzfälle gleich gut berücksichtigt werden können, jedoch kann das Diagramm keine Aussagen darüber machen, wann der eine und wann der andere Grenzfall eintreten wird. In Wirklichkeit werden sich weder an der Phasengrenze noch im Gaskern die Gleichgewichte augenblicklich einstellen. Auch diesen Fall könnte man im $i\zeta$-Diagramm verfolgen.

Der turbulente Austausch. Um die Zustandsänderung des Gases längs des Generators zu erhalten, gehen wir vor, als ob sich der turbulente Austausch fast bis an die Brennstoffoberfläche erstrecken würde. Wieweit die Folgerungen aus dieser Annahme beim wirklichen Prozeß zu berichtigen sind, soll in einem der nächsten Abschnitte besprochen werden. Dicht an der Phasengrenze herrscht der Voraussetzung nach das heterogene Gleichgewicht. Die am Brennstoff anliegenden

Gasteilchen haben den Gleichgewichtszustand A, Bild 68, entsprechend der lokalen Temperatur der Brennstoffoberfläche t_A. Frische Teilchen, die aus dem Kern der Gasströmung anfliegen, nehmen dicht am Brennstoff augenblicklich diesen Gleichgewichtszustand an. Das Gas im Kernstrom habe einen Durchschnittszustand, der sich in Richtung der Gasströmung von Generatorquerschnitt zu Generatorquerschnitt ändert. Im Querschnitt 1, Bild 69, sei dieser Zustand 1, im nahen Querschnitt 2 sei der Gaszustand 2. Die Änderung von 1 zu 2 ist eine Folge des Austausches zwischen Kernstrom 1 und Grenzschicht A. Da es sich nach Voraussetzung um einen Mischvorgang von Teilchen handelt, der ohne äußere Wärmezufuhr erfolgt, so ist der entstehende Zustand 2 der

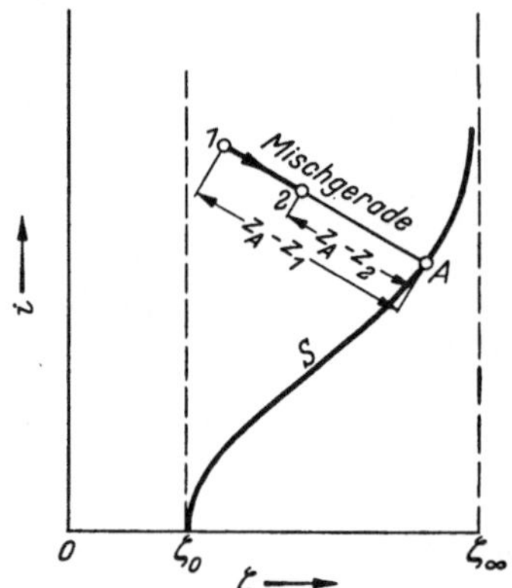

Bild 68. Austauschvorgang zwischen Gasfilm A an der Brennstoffoberfläche und Kerngas 1 mit Zustandsabständen $(z_A - z_1)$ und $(z_A - z_2)$

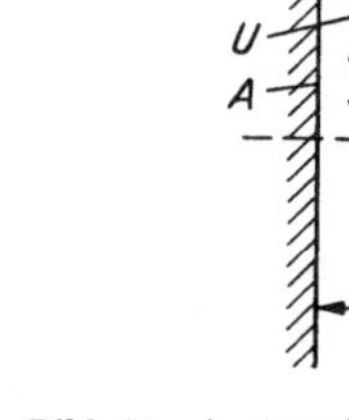

Bild 69. Austauschvorgang im Gaskanal zwischen zwei Brennstoffoberflächen

Kernströmung auf der Mischgeraden $\overline{1A}$, Bild 68, aufzusuchen. Das gilt allgemein, ohne Rücksicht darauf, ob sich gleichzeitig auch das homogene Gleichgewicht im Gaskern einstellt oder nicht. Man erhält in beiden Fällen denselben Diagrammpunkt 2, jedoch sind die zugehörigen Werte der Temperatur t_2 und des Zersetzungsgrades χ_2 jeweils nach den herrschenden Bedingungen zu ermitteln, vgl. Bild 48 bzw. 49 mit dazugehörigem Text. Es bedeute wieder F m² den Schachtquerschnitt, f m² die Fläche der Phasengrenze (Brennstoffoberfläche), M_F' Mol/m²$_F$ h die Molmenge des Vergasungsmittels, die zur Erzeugung des durch 1 m² des Querschnittes F stündlich strömenden Gases aufgewendet wurde, M_f' Mol/m²$_f$ h diejenige, die zur Erzeugung der Gasmenge aufgewendet wurde, welche zwischen den Querschnitten 1 und 2 an 1 m² der Phasengrenze gebracht und dort verarbeitet wird. Außerdem kennzeichne z den Zustand des betrachteten Gasteilchens, welcher durch zugehöriges i und ζ beschrieben wird. Die Bezeichnung z führen wir ein, um die nachfolgenden Gleichungen nicht gesondert für i und für ζ aufschreiben zu müssen. In die nachfolgenden Gleichungen kann für z jeweils wahlweise entweder i oder ζ eingesetzt werden. Dann ist nach der Mischungsregel (Hebelgesetz)

$$F\, M_F'(z_2 - z_1) = f\, M_f'(z_A - z_1). \tag{255}$$

Wenn die beiden Querschnitte 1 und 2 sehr nahe liegen, wird f zu df und $z_2 - z_1 = dz$ und man bekommt unter Fortlassung der Indizes

$$F\,M_F'\,dz = (z_A - z)\,M_f'\,df \tag{256}$$

oder

$$\frac{dz}{z_A - z} = \frac{M_f}{M_F}\,\frac{df}{F}\,. \tag{257}$$

Zwei nahe liegende Querschnitte mit dem Höhenabstand dh schließen ein Schachtvolumen dV ein

$$dV = F\,dh\,, \tag{258}$$

innerhalb dessen die Brennstoffoberfläche df untergebracht ist

$$df = \frac{dV}{v_f} = \frac{F\,dh}{v_f}\,. \tag{259}$$

Hier ist v_f m³/m²$_f$ das Flächeneinheitsvolumen der Schüttung, welches gerade 1 m²$_f$ Brennstoffoberfläche f umschließt. v_f hängt von der Korngröße und von der Art der Schüttung ab und ist ein Erfahrungswert.

Aus Gl. (257) folgt mit Gl. (224)

$$\frac{dz}{z_A - z} = \frac{\varepsilon}{v_f\,F}\,dV = \frac{\varepsilon}{v_f}\,dh\,. \tag{260}$$

Bei Hinzuziehung von Gl. (225) und Gl. (239) folgt

$$\frac{dz}{z_A - z} = \frac{\alpha_v}{C_p'\,M'}\,dV = \frac{\alpha_v}{C_p'\,M_F'}\,dh\,. \tag{261}$$

Darf man innerhalb der betrachteten Schichthöhe h mit vernünftigen Durchschnittswerten für α_v, C_p' und M_F' rechnen, so wird durch Integration aus Gl. (261) mit

$$h = h_1 - h_2, \tag{262}$$

$$\frac{\alpha_v}{C_p'\,M_F'}\,h = \int_1^2 \frac{dz}{z_A - z}\,. \tag{263}$$

Grenzschichtzustand A unveränderlich. Besonders einfache Verhältnisse trifft man an, wenn innerhalb der betrachteten Schicht $z_A = $ konst ist, d. h. wenn der Zustand A an der Brennstoffoberfläche zwischen h_1 und h_2 überall gleich ist. Dann wird Gl. (263), wenn für $z_2 = z$ geschrieben wird,

$$\frac{\alpha_v}{C_p'\,M_F'}\,h = \ln\frac{z_A - z_1}{z_A - z}\,. \tag{264}$$

Hier ist z_1 der Ausgangszustand des Gases im Querschnitt 1 und z der nach Durchwanderung der zusätzlichen Brennstoffschicht h erreichte Gaszustand. Da in Gl. (264) für z einmal i und dann ζ einzusetzen ist, so stellt der Bruch auf der rechten Seite im $i\zeta$-Diagramm, Bild 68, das Verhältnis zweier Strecken dar

$$\frac{z_A - z_1}{z_A - z} = \frac{\overline{A\,1}}{\overline{A\,2}}\,. \tag{265}$$

Den Kehrwert davon wollen wir als den Gleichgewichtabstandgrad des Reaktionsablaufes oder kürzer Abstandgrad x benennen

$$x = \frac{z_A - z}{z_A - z_1} = \frac{\overline{A\,2}}{\overline{A\,1}}\,. \tag{266}$$

Diese Zahl x ist ein Maß dafür, wie weit der Gleichgewichtabstand des Ausgangszustandes *1* von dem Grenzschichtzustand A innerhalb der betrachteten Brennstoffschicht verringert werden konnte. Ähnlich kann man die Zahl

$$y = 1 - x = \frac{z - z_1}{z_A - z_1} \qquad (267)$$

als den Angleichungsgrad des Reaktionsergebnisses innerhalb der Schichthöhe h bezeichnen. Diese Zahl ist ein Maß dafür, wie weit die Angleichung des Ursprungszustandes *1* des Gases an den Grenzgleichgewichtzustand A innerhalb der Schichthöhe h fortgeschritten ist. Es ist Geschmacksache, welche Zahl man bei Vergleichen vorzieht. Die Zahl x liefert etwas einfachere Beziehungen. Aus Gln. (264), (266) und (267) folgt

$$\frac{\alpha_v h}{C_p' M_F'} = \ln \frac{1}{x}, \qquad (268)$$

worin x aus dem $i\zeta$-Diagramm, Bild 70, abzulesen ist wenn der Abstand $\overline{1\,A} = 1$ gesetzt wird. Es ist x durch das Streckenverhältnis festgelegt

$$x_2 = \frac{\overline{A\,2}}{\overline{A\,1}}. \qquad (269)$$

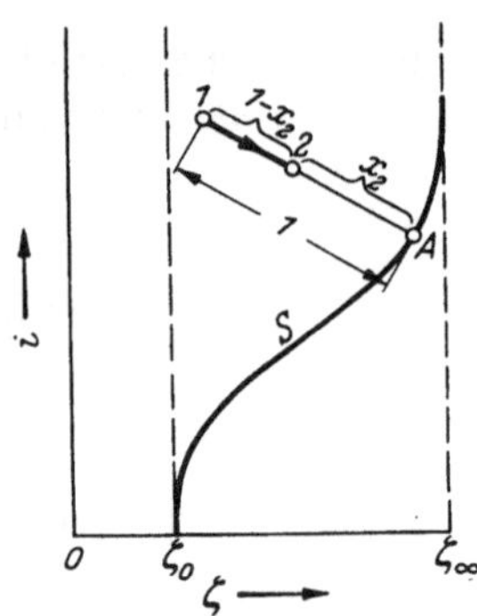

Bild 70. Gleichgewichtsabstandsgrad x_2 bei einer Oberflächenreaktion

Der Abstandgrad $x = 1$ besagt, daß noch keine Änderung des Gaszustandes eingetreten ist; $x = 0{,}5$ bedeutet, daß der ursprüngliche Gleichgewichtabstand auf die Hälfte verringert worden ist. Aus Gl. (268) folgt übrigens, daß $x = 0$ nur bei $h = \infty$ erreicht werden könnte, d. h., für die Einstellung des vollkommenen Gleichgewichtes zwischen Gas und Brennstoff wäre ein sehr großer Generator erforderlich.

Einheithöhe und Halbwerthöhe. In diesem Zusammenhang kommt noch den folgenden Begriffen besondere Bedeutung zu. Setzt man in Gl. (268)

$$\ln \frac{1}{x} = 1, \quad \text{d. h.} \quad x = e^{-1} = 0{,}368 \qquad (270)$$

und bezeichnet die nach Gl. (268) zugehörige Schichthöhe als die Einheithöhe h_e, so wird

$$h_e = \frac{C_p' M_F'}{\alpha_v} \qquad (271)$$

oder mit Gl. (239)

$$h_e = \frac{v_f}{\varepsilon}. \qquad (272)$$

Das ist eine Größe — sonst unter dem Namen der Höhe einer Austauscheinheit (Height of a Transfer Unit, H. T. U.) bekannt —, die nur von der Querschnittsbelastung des Generators, d. h. vom Wasserwert des Gases $C_p' M_F' = C_p M_F$ kcal/m²hgrd und von der dadurch und durch die Art der Schüttung bedingten Wärmeübergangszahl α_v abhängt. Sieht man von der mäßigen Veränderlichkeit der molaren Wärme C_p' ab, so ist nach Gl. (271) die Einheithöhe h_e dem Bruch $\frac{M_F'}{\alpha_v}$ verhältnisgleich. Vergrößerung von M_F' bedingt, unter sonst gleichen Bedingungen, auch eine Zunahme von α_v, und zwar mit etwa der 0,7-ten Potenz von M'_F (Geschwindigkeitseinfluß). Die Einheithöhe h_e einer gegebenen Schüttung nimmt somit nur mit der 0,3-ten Potenz von M'_F zu und kann nur mäßig durch Änderung der Generatorbelastung M'_F beeinflußt werden.

Dagegen kann die Änderung der Korngröße in den tiefer liegenden Brennstoffschichten (infolge des Vergasungs- und Verbrennungsvorganges) merklich die Art der Schüttung und somit auch α_v beeinflussen. Insbesondere beim Zusammenbacken des Brennstoffes oder bei Kanalbildung wird v_f m³/m²$_f$ wesentlich größer und der Quertransport s kleiner, so daß h_e in diesem Falle gemäß Gl. (272) rasch zunimmt.

Begrifflich stellt h_e diejenige Höhe der betreffenden Brennstoffschüttung dar, innerhalb deren der turbulente Austauschstrom zur Brennstoffoberfläche hin zahlenmäßig der Generatorbelastung M'_F gleichkommt. Mit anderen Worten, innerhalb der Einheithöhe ist der Längsumsatz der Stoffe gleich dem Querumsatz zur Brennstoffoberfläche hin.

Innerhalb einer solchen Einheithöhe h_e wird ohne Rücksicht auf die sonstige Art des Prozesses (ob Luftgasprozeß oder Mischgasprozeß) immer der Abstandgrad $x_e = 0{,}368$ erreicht.

Mit Gl. (271) wird Gl. (268)

$$\frac{h}{h_e} = \ln\frac{1}{x} \tag{273}$$

und

$$x = e^{-\frac{h}{h_e}} = e^{-n} \quad \text{und} \quad n = \ln\frac{1}{x}, \tag{274}$$

wenn mit

$$n = \frac{h}{h_e} \tag{275}$$

die Anzahl der Einheithöhen bezeichnet wird, die in der betrachteten Schichthöhe h enthalten sind. Um also einen Abstandgrad von z. B. $x = 0{,}5$ zu erhalten, d. h. um den Gleichgewichtabstand auf die Hälfte zu verringern, braucht man

$$n_{1/2} = \ln\frac{1}{0{,}5} = 0{,}693 \tag{276}$$

Einheithöhen, d. h., es genügt hierfür eine Schichthöhe von nur 0,692 Einheithöhen. Für $x = 0{,}1$ ist eine Schichthöhe von $n_{0,1} = 2{,}30$, bei $x = 0{,}01$ eine solche von $n_{0,01} = 4{,}60$ Einheithöhen erforderlich.

Die Schichthöhe h kann ebensogut vom Rost an (durch die Brennzone hindurch) gemessen werden, weil die Vorgänge in der Brennzone derselben Betrachtungsweise unterliegen.

Bei den üblichen Werten von M'_F und α_v liegt der Wert für die Einheithöhe für Schachtgeneratoren in der Größenordnung von $h_e \approx 0{,}1$ m, so daß bereits bei einer Schichthöhe von 0,5 m der Vergasungszone der Abstandgrad von weniger als $x = 0{,}01$ erreicht wird, d. h., daß der Gleichgewichtabstand auf weniger als 1% des ursprünglichen verringert wird. Man kann also praktisch von vollkommener Erreichung des heterogenen Gleichgewichtes sprechen, dies um so mehr, als die Vergasungsschicht gewöhnlich höher als 0,5 m gewählt wird.

Die zu dem Abstandgrad $x = 0{,}5$ gehörige Schichthöhe $h_{1/2}$ ist nach Gln. (275) und (276)

$$h_{1/2} = 0{,}692\, h_e = 0{,}693\,\frac{C'_p\, M'_F}{\alpha_v}. \tag{277}$$

Man kann $h_{1/2}$ als die Halbwerthöhe einer Schüttung bezeichnen, weil in ihr der Gleichgewichtabstand auf die Hälfte verringert wird.

Aus Gl. (277) und Gl. (268) folgt

$$\frac{h}{h_{1/2}} = 1{,}443 \ln \frac{1}{x} \, . \tag{278}$$

Bezeichnet man mit

$$n' = \frac{h}{h_{1/2}} \tag{279}$$

die Anzahl der Halbwerthöhen, die in die betrachtete Schichthöhe h eingehen, so wird

$$x = e^{-0{,}693\,n'}; \quad n' = 1{,}443 \ln \frac{1}{x} \, . \tag{280}$$

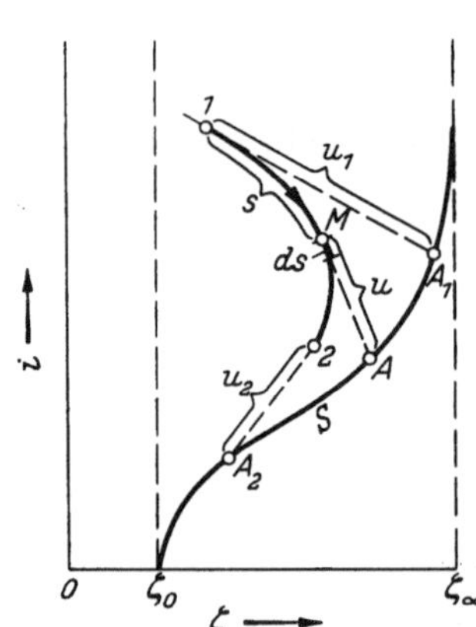

Bild 71. Zustandsabstand u im $i\zeta$-Diagramm zur Ermittlung der Anzahl der Übertragungseinheiten Gl. (283) bei veränderlichem Oberflächenzustand A

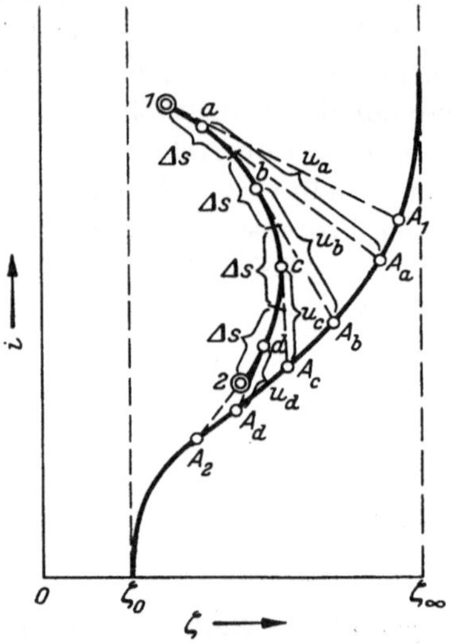

Bild 72. Zur Ermittlung des Integrals in Gl. (283) bei veränderlichem Oberflächenzustand A

Die Zahl n' der erforderlichen Halbwerthöhen $h_{1/2}$, die in einer Brennstoffschicht enthalten sein müssen, ist also nach Gl. (280) allein durch den vorgegebenen Abstandgrad x eindeutig festgelegt und vom herrschenden Gaszustand unabhängig. Die Halbwerthöhe $h_{1/2}$ ist begrifflich zugänglicher als die Einheithöhe h_e, die letztere bietet wiederum einen einfacheren Berechnungsgang. Bei der zeichnerischen Behandlung der Zustandsänderungen ist $h_{1/2}$ vorteilhafter als h_e, wie das aus der Anwendung in Bild 74, 97 und 98 zu sehen ist.

Ebensogut kann man auch eine Zehntelwerthöhe $h_{0,1}$ ($x = 0{,}1$) oder Neunzehntelwerthöhe $h_{0,9}$ ($x = 0{,}9$) usw. definieren

$$h_{0,1} = 2{,}30 \frac{C'_p M'_F}{\alpha_v}; \quad h_{0,9} = 0{,}153 \frac{C'_p M'_F}{\alpha_v} \, . \tag{281}$$

Grenzschichtzustand A veränderlich. Es wurde früher, z. B. an Hand von Bild 64, gezeigt, daß sich der Grenzschichtzustand A unter gewissen Bedingungen verlagern kann, so daß die in Gl. (264) getroffene Voraussetzung eines unveränderlichen Zustandspunktes A nicht mehr erfüllt ist. Für diesen Fall gilt nach Gl. (263)

$$h = \frac{C'_p M'_F}{\alpha_v} \int_1^2 \frac{dz}{z_A - z} = h_e \int_1^2 \frac{dz}{z_A - z} = 1{,}443\, h_{1/2} \int_1^2 \frac{dz}{z_A - z} \, , \tag{282}$$

worin h_e bzw. $h_{1/2}$ dieselbe Bedeutung haben wie in Gl. (271) bzw. in Gl. (277). — Bei vorgegebener Zustandsänderungslinie $\widehat{1M2}$, Bild 71, kann man das Integral in Gl. (282) zeichnerisch ermitteln. Die elementare Zustandsänderung dz eines Zustandes M kommt im Diagramm durch die entsprechende Länge des Bogendifferentials ds zum Ausdruck. Der Zustandsabstand $(z_A - z)$ wird im Diagramm durch die Strecke $u = \overline{AM}$ dargestellt, wobei sich u der Größe und Richtung nach beim Durchlaufen des Bogens $\widehat{1M2}$ ändert, so daß es eine Funktion der Bogenlänge s ist, $u = u\,(s)$. Es ist also

$$\int\limits_{1}^{2} \frac{dz}{z_A - z} = \int\limits_{1}^{2} \frac{1}{u}\, d s. \tag{283}$$

Die numerische Auswertung erfolgt so, daß man über die Bogenlänge s die zu-

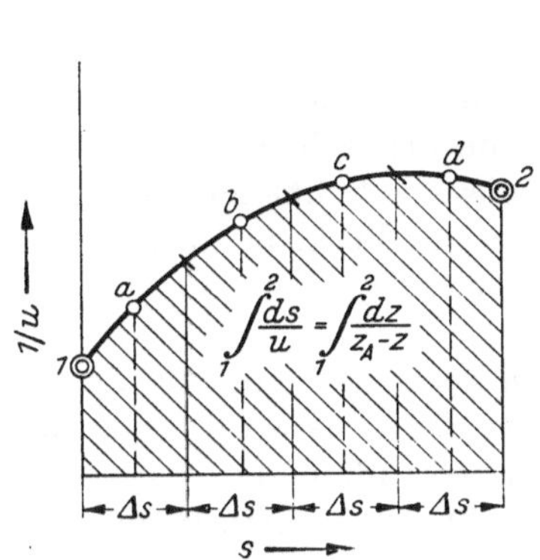

Bild 73. Integralwert von Gl. (283) über der Bogenlänge s der Zustandsänderung $\widehat{12}$ aus Bild 71

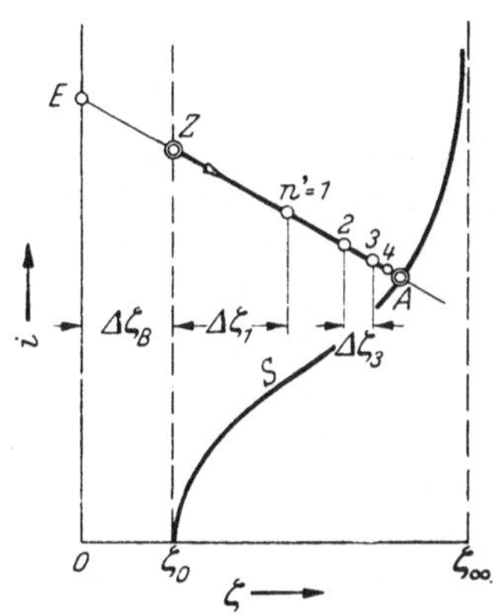

Bild 74. Ermittlung der erforderlichen Anzahl n' von Halbwerthöhen $h_{1/2}$. Punkte *1, 2, 3* usw. halbieren jeweils die vorhergehende Entfernung bis A. So z. B. halbiert Punkt *2* die Entfernung $\overline{1A}$

gehörigen Werte $\dfrac{1}{u}$ aufträgt. Nach Bild 72 trägt man auf die Zustandsänderungslinie $\widehat{12}$ die, am besten, gleichgroßen Bogenstücke $\varDelta s$ auf. Tangenten auf einzelne Teilbögen in Punkt a, b, c usw. liefern die lokalen Grenzschichtzustände A_a, A_b, A_c usw. und zugleich die Entfernungen u_a, u_b usw. In Bild 73 sind die Bogenlängen s als Abszissen und die zugehörigen Werte $\dfrac{1}{u_a}$, $\dfrac{1}{u_b}$ usw. in den entsprechenden Punkten als Ordinaten aufgetragen. Der Flächeninhalt unterhalb des Linienzuges $\widehat{12}$ liefert das gesuchte Integral. Der gewählte Maßstab ist gleichgültig, nur muß er für die Bogenlängen $\varDelta s$ und für die Entfernungen u der gleiche sein.

Diese an sich leicht durchzuführende graphische Ermittlung des Integralwertes in Gl. (282) verliert leider insofern an Bedeutung, als der Zustandsverlauf $\widehat{12}$ wohl nur in den seltensten Fällen vorgegeben sein wird. Man wird eher, wenn überhaupt, aus sonstigen Angaben über α_v, M_F' und allenfalls über die Wärmeableitung q_f den sich einstellenden Zustandsverlauf $\widehat{12}$ schrittweise ermitteln wollen, wobei die Schichthöhen $\varDelta h$, z. B. als Halbwerthöhen oder bei feinerer

Unterteilung als Neunzehntelwert-Höhen, schon vorauszusetzen, also bekannt sein werden, so daß eine Ermittlung des $\int\limits_{1}^{2} \dfrac{dz}{z_A - z}$ kaum erforderlich sein wird. Immerhin wurde hier der Vollständigkeit wegen auch auf diese Möglichkeit hingewiesen.

Es sei hinzugefügt, daß der Begriff des Abstandgrades x nach Gl. (267) bei stark veränderlichem Grenzschichtzustand A hinfällig wird, da sich ja der Gleichgewichtabstand des Ausgangspunktes 1 vom Grenzschichtpunkt A durch Verschiebung des letzteren laufend verändert, und zwar durch Einflüsse, die nicht vom Austauschmechanismus auf der Gasseite abhängen, sondern durch davon unabhängige Ursachen bedingt sind, wie z. B. durch Größe der Wärmeverluste nach außen oder durch die Erwärmung des kälteren Brennstoffinneren. Bei mäßiger Verlagerung von A, d. h. bei genügend klein gewählten Schritten auf einer gekrümmten Zustandsänderungslinie $\overparen{1\,M\,2}$ behält der Begriff des Abstandsgrades x auch weiterhin seine Bedeutung bei.

Adiabater Vergasungsverlauf mit der Höhe. Als Beispiel betrachten wir den adiabaten Vergasungsverlauf in Abhängigkeit von der Schichthöhe des Brennstoffbettes. In der Vergasungszone soll überall dieselbe Schüttung vorliegen, obwohl das wegen der fortschreitenden Vergasung und Verkleinerung des Brennstoffkornes nicht ganz zutreffen wird. Die Einheithöhe h_e sei also in der Vergasungszone überall gleich.

In die Vergasungszone tritt das Gas mit dem Zustand Z ein, Bild 74. Die Ermittlung der Lage der Zustandsänderungslinie EZA haben wir bereits bei Bild 58 besprochen. Unter Voraussetzung des rein adiabaten Vergasungsvorganges und damit auch des unveränderlichen Grenzschichtzustandes A wird dann in der Schicht, die um eine Halbwerthöhe $h_{1/2}$, $n' = 1$, oberhalb der Zonengrenze liegt, der Gaszustand 1 auf dem halben Wege zwischen Z und A angetroffen. Nach einer weiteren Halbwerthöhe $n' = 2$ wird der Zustand 2 halbwegs zwischen 1 und A, bei $n' = 3$ der Zustand 3 vorgefunden, usw. Der zugehörige Abstandgrad ist dabei

$$x = (0{,}5)^{n'}.$$

n'	1	2	3	4	5	6	7	8	9	10
x	0,5	0,25	0,125	0,0625	0,031	0,0156	0,0078	0,0039	0,002	0,001

In einem Brennstoffbett, welches z. B. 7 Halbwerthöhen hoch ist, würde sich der Gleichgewichtabstand auf weniger als 1% seines ursprünglichen Wertes verringert haben. Den Verbrauch an Brennstoff in verschiedenen Schichten kann man aus den ζ-Werten des Diagramms ablesen. In der untersten Vergasungsschicht würde er $\dfrac{0{,}5}{0{,}0078} = 64$ mal so groß sein als in der obersten (bei $n' = 7$). Das ist nicht etwa auf verschieden große Reaktionsfreudigkeit des Brennstoffes oben und unten zurückzuführen, denn wir haben diese überall gleich und sogar unendlich groß angenommen, sobald wir von einem Gleichgewichtzustand A an der Brennstoffoberfläche ausgegangen sind. Auch der Austauschmechanismus im Gas ist oben und unten bei gleich groß angenommenen Halbwerthöhen $h_{1/2}$ unverändert geblieben. Der Grund für eine so verschieden starke Kohlenstoffaufnahme in verschiedenen Brennstoffschichten ist vielmehr auf Ausgleichvorgänge mit ihrem exponentiell abklingenden Charakter zurückzuführen, d. h. in dem mit der Höhe immer geringer werdenden Gleichgewichtabstand x.

In Bild 75 und 76 ist der Verlauf der Temperatur und Zusammensetzung des Gases über der Anzahl n' der oberhalb der Zonengrenze Z durchgewanderten Halbwerthöhen aufgetragen, und zwar für den Betrieb mit $r_L = 0{,}21$, $\psi = 0{,}2$, Vorwärmung des Vergasungsmittels $t' = 100°\,\mathrm{C}$ und des Kokses $t'_C = 0°\,\mathrm{C}$. Der Verlauf gilt für den Fall, daß sich in jedem Gasteilchen augenblicklich das örtliche Wassergasgleichgewicht und an der Brennstoffoberfläche zusätzlich noch das lokale heterogene BOUDOUARD-

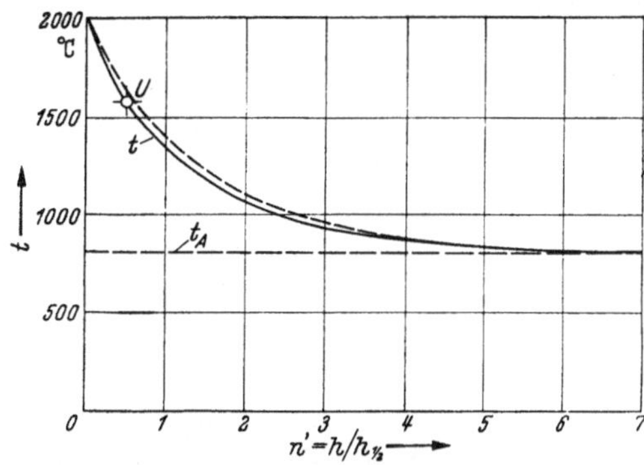

Bild 75. Temperaturänderung des Gases mit der Schichthöhe h, gemessen durch die Anzahl n' der Halbwerthöhen $h_{1/2}$ oberhalb der Zonengrenze. Volle Linie bei sofortiger lokaler Einstellung des homogenen Wassergasgleichgewichtes. Gestrichelt ohne Einstellung homogenen Gleichgewichtes im Gas, wohl aber des heterogenen an der Brennstoffoberfläche. $r_L = 0{,}21$, $\psi = 0{,}2$, $t' = 100°$ C, $t_C' = 0°$C

Gleichgewicht einstellt. Der Temperaturverlauf ähnelt sehr dem exponentiellen Gang der Abkühlung eines Gases längs einer gekühlten Wand konstanter Wandtemperatur. Die Abweichungen sind durch die Reaktionswärmen bei der lokalen Einstellung des Wassergasgleichgewichtes bedingt, sind aber nur geringfügig. Beachtenswert ist es, daß der H_2O-Gehalt schneller abnimmt als der CO_2-Gehalt.

e) Berücksichtigung der laminaren Grenzschicht

Nun wollen wir die bisherige Annahme fallenlassen, nach welcher sich die turbulente Mischbewegung bis an die Brennstoffoberfläche selbst erstrecken sollte. Bei wirklichen Strömungen bildet sich immer eine laminare Grenzschicht an der Brennstoffoberfläche aus, die zwar um so dünner ist, je größer die Rey-

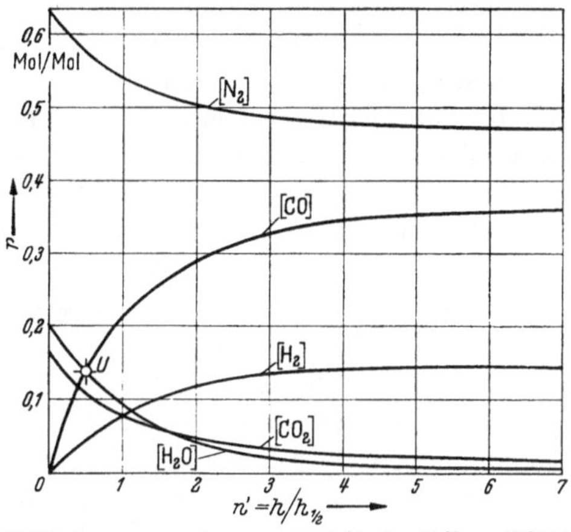

Bild 76. Zusammensetzungsverlauf für den Fall von Bild 75

noldssche Zahl ist, die aber dessenungeachtet einen wesentlichen, ja sogar den überwiegenden Anteil am Gesamtwiderstand des Stoff- und Wärmeaustausches liefert. Das Vorhandensein an sich einer solchen Grenzschicht würde unsere bisherigen Betrachtungen nicht berühren, falls die Diffusionskoeffizienten D m²/h der beförderten Stoffe im Gemisch untereinander gleich groß wären, und zwar so, daß die Schmidtsche Kennziffer $Sc = \dfrac{v}{D}$ der einzelnen Stoffe und die

Prandtlsche Kennziffer $Pr = \dfrac{\nu}{a}$ des Gasgemisches gleiche Zahlenwerte hätten,

$$Sc = Pr. \tag{285}$$

Darin bezeichnen ν m²/h bzw. a m²/h die kinematische Zähigkeit bzw. die Temperaturleitzahl des Gasgemisches. Das ist nun für das in Frage kommende Gasgemisch

$$[CO_2] + [CO] + [H_2] + [H_2O] + [N_2] = 1 \tag{286}$$

auch nicht annähernd der Fall. Die Diffusionsgeschwindigkeiten von z. B. H_2 und H_2O durch den Stickstoff hindurch sind voneinander sehr verschieden. Die entsprechenden Diffusionskoeffizienten unterscheiden sich hier um den Faktor 3 voneinander. Wasserstoff diffundiert viel leichter als Wasserdampf. Gegenüber Kohlendioxyd ist dieser Faktor sogar etwa 4. Die Folge davon wird sein, daß der an der Oberfläche durch heterogene Reaktion gebildete Wasserstoff H_2 leichter durch die Grenzschicht entweicht, als der zur Bildung von H_2 benötigte Wasserdampf H_2O an die Oberfläche herankommen kann. Dadurch wird an der Oberfläche ein merkliches Absinken der Teildrücke des Wasserstoffes und des Wasserdampfes eintreten, und zwar derart, daß die neugeschaffenen Konzentrationsgefälle in der Grenzschicht für gleiche Molmengen des zuströmenden Wasserdampfes und des abströmenden Wasserstoffes sorgen. Ähnliche Überlegungen gelten für das zuströmende CO_2 und das abströmende CO, allerdings mit dem Hinweis, daß hier einmal die Unterschiede nicht so kraß sind, und zum anderen, daß das entstehende CO nur zum Teil aus dem zuströmenden CO_2 stammt, zum anderen Teil jedoch seinen Sauerstoff aus dem zersetzten H_2O entnimmt. Diese Erscheinungen bewirken, daß das früher vorausgesetzte Lewissche Gesetz, Gl. (232), seine Gültigkeit einbüßt und sich der Oberflächenzustand A nicht mehr nach der in Bild 56 angewendeten Mischungsregel ermitteln läßt.

Darüber hinaus tritt aber, infolge der verschiedenen Diffusionsgeschwindigkeiten, eine merkliche Verschiebung der Mengenanteile der einzelnen Elemente im Gasfilm an der Brennstoffoberfläche ein. Die Verarmung an Wasserstoff und Anreicherung an gebundenem Sauerstoff bedingt eine Gaszusammensetzung, die nicht mehr dem ursprünglichen Vergasungsmittel M' mit r_L und ψ ($r_L =$ Sauerstoffgehalt der Luft, z. B. 0,21) zugeordnet werden kann. Sie ist vielmehr auf einem in seiner Zusammensetzung verschobenen Vergasungsmittel M'_B mit r_B, ψ_B (Index B für die Nähe der Brennstoffoberfläche) aufgebaut. Das bedeutet aber, daß das vorliegende $i\zeta$-Diagramm, welches für $r_L =$ konst, $\psi =$ konst gilt, für die Verhältnisse an der Brennstoffoberfläche nicht mehr ganz maßgebend ist, sondern man müßte hier ein neues $i\zeta$-Diagramm für ψ_B und r_B zur Verfügung haben. Darüber hinaus sind aber r_B und ψ_B zunächst noch unbekannt. Außerdem ändern sich längs des Brennstoffbettes mit fortschreitender Vergasung die Werte von r_B und ψ_B laufend von Ort zu Ort, was eine Berücksichtigung mit Hilfe verschiedener $i\zeta$-Diagramme schwierig macht[1].

Trotzdem kann man mit einem einzigen $i\zeta$-Diagramm (für r_L und ψ) unter Zuhilfenahme einiger Rechnungen den Grenzzustand r_B, ψ_B, ζ_B, i_B, t_B ermitteln und vor allem auch die wichtige Oberflächentemperatur t_B finden. Diese Frage mag bei Vergasungsvorgängen von untergeordneter Bedeutung sein, sie

---

[1] Auch räumliche $i\zeta$-Diagramme kämen nicht in Frage, da man wegen der vier Veränderlichen r, ψ, ζ, i einen vierdimensionalen Diagrammraum beanspruchen würde.

kann aber bei anderen chemischen Prozessen, wo es sehr auf die eigentliche Reaktionstemperatur an den Kontakten ankommt, von Interesse sein.

Ausgangspunkte bei Berücksichtigung der Grenzschicht. Auch bei der Berücksichtigung der Grenzschicht müssen Bedingungen der Stoff- und Wärmebilanz des Gesamtvorganges erfüllt werden, ohne Rücksicht darauf, was sich an der Brennstoffoberfläche selbst abspielt. Es müssen folgende Bedingungen erfüllt werden:

1. In jedem beliebigen Querschnitt des Generators muß der Hauptstrom eine Bruttozusammensetzung haben, die auf das Ausgangsvergasungsmittel M' zurückführt, weil keiner der Stoffe, Stickstoff, Sauerstoff und Wasserstoff, im Laufe der Vergasung verlorengeht oder zugesetzt wird. Es müssen also in jedem Querschnitt die Bruttowerte $r_L = $ konst und $\psi = $ konst gewahrt sein. In allen Generatorquerschnitten gilt also für die Hauptströmung dasselbe $i\,\zeta$-Diagramm für $r_L = $ konst und $\psi = $ konst.

2. Für jeden beliebigen Querschnitt muß die Wärmebilanz [Gl. (217)] erfüllt sein, ohne Rücksicht darauf, was sich in der Grenzschicht und am Brennstoff abspielt. Das bedeutet aber, daß der Gaszustandspunkt M_q des Hauptstromes im betrachteten Querschnitt jeweils nach Maßgabe des Bildes 52 aufzusuchen ist. Im besonderen Falle der adiabaten Vergasung verläuft also die Zustandsänderung nach der Linie $\overline{Z\,1}$, Bild 56, d. h. in der Richtung $\dfrac{\partial i}{\partial \zeta} = i_{CA}$ ohne Rücksicht auf die Einwirkungen der Grenzschicht. Diese Richtung kann bei veränderter Temperatur der Brennstoffoberfläche t_B, wegen der etwas verschiedenen zugehörigen Enthalpie des Kohlenstoffes i_{CA} der Brennstoffoberfläche, zwar geringfügige Unterschiede zeigen. Da jedoch der Einfluß von i_{CA} auf die Zustandsänderungsrichtung für den in Frage kommenden Bereich nur gering ist, so wird der Zustandsänderungsverlauf $Z\,BCA$ in Bild 58 bis auf Abweichungen zweiter Ordnung derselbe bleiben. Jedenfalls kann man die veränderliche Brennstofftemperatur, falls gewünscht, durch Einsetzen des richtigen i_{CB}-Wertes jeweils genau berücksichtigen. Der Austrittszustand G, Bild 58, des Gases muß auch hier bei kalt eingeführtem Kohlenstoff und adiabater Vergasung unbedingt auf der Linie $i_E = $ konst liegen.

Man erkennt, daß das Gas im Generator bezüglich seiner Bruttozustände dieselben Zustandsänderungen (bis auf Abweichungen zweiter Ordnung) durchläuft, mag die Einwirkung der Grenzschicht berücksichtigt werden oder nicht. Allerdings werden in beiden Fällen die gleichen Bruttozustände nicht in gleichen Schichthöhen zu erwarten sein. Diese Erkenntnis ist für die weiteren Betrachtungen wertvoll, weil wir irgendeinen Bruttozustand des Gases nach der einfachen Methode des Bildes 56 ermitteln können, ohne erst die Vorgänge in der Grenzschicht durch langwieriges Integrieren über den stattgefundenen Vergasungsablauf berücksichtigen zu müssen.

Neben diesen sowohl für turbulente als auch für laminare Strömung unbedingt einzuhaltenden Bedingungen machen wir für die weiteren Betrachtungen noch folgende zusätzlichen Annahmen:

a) Der Mengenstrom der laminaren Grenzschicht sei gegenüber der gesamt durch einen Querschnitt strömenden Gasmenge zu vernachlässigen. Dann ist für den Bruttozustand des Gasstromes nur der Durchschnittszustand seines turbulenten Kernes in einem Querschnitt maßgebend.

b) Das Wechselspiel des Stoff- und Wärmeaustausches vereinfachen wir gedanklich derart, als ob es in der Strömung einen ausgesprochen turbulenten Kern mit strenger Befolgung der Mischungsregel der sich mischenden Turbulenzballen gäbe, und eine davon scharf getrennte laminare Grenzschicht von der Dicke δ, in welcher der Stoffaustausch nur durch Wärmeleitung erfolgt. Diese Annahme setzt in Verbindung mit der Bedingung 1 voraus, daß der Gaszustand eines jeden Teilchens innerhalb der turbulenten Schicht überall auf das Ausgangsvergasungsmittel M', d. h. auf $r_L = $ konst, $\psi = $ konst zurückzuführen ist. Wäre das für Teilchen, z.B. in der Nähe der laminaren Schicht, nicht der Fall, so müßte sich durch Beimischung solcher Teilchen der Gesamtzustand der Hauptströmung infolge der Mischungsregel von den ursprünglichen r_L- und ψ-Werten allmählich entfernen, was ja nach 1 verboten ist.

c) Am Brennstoff selbst herrsche heterogenes Gleichgewicht, entsprechend der dort herrschenden, wenn auch noch unbekannten Temperatur t_B und den lokalen Werten für r_B und ψ_B.

d) Die Wärmeleitung in der Grenzschicht finde nach Maßgabe des Temperaturabfalles $\varDelta t$ in der Grenzschicht statt, als ob es keine Durchbiegung des Temperaturgefälles infolge der ablaufenden Reaktionen innerhalb der Grenzschicht gäbe. Die gesamte Reaktionswärme werde an der Brennstoffoberfläche beglichen. Dadurch würde man ein etwas zu großes $\varDelta t$ berechnen, siehe aber Punkt e).

e) Der Wärmetransport durch den Wasserwert der diffundierenden Gase werde vernachlässigt. Da von der Oberfläche aus stöchiometrischen Gründen doppelt soviel Mole $(H_2 + CO)$ wegdiffundieren müssen als Mole $(H_2O + CO_2)$ herandiffundieren, so hätte diese Vernachlässigung ein zu klein berechnetes $\varDelta t$ zur Folge. Die Vernachlässigungen unter d) und e) wirken sich also entgegen, so daß der richtige Wert von $\varDelta t$ weniger betroffen wird.

f) Der Anteil des Austauschwiderstandes der laminaren Grenzschicht am Gesamtwiderstand des Stoffaustausches eines jeden Bestandteiles sei bekannt. Er kann aus der Korrelation nach COLBURN für den Stoff- und Wärmeaustausch geschätzt werden. Diese Anteile betragen etwa 50 bis 90% des Gesamtwiderstandes. Die Kenntnis dieses Anteils erlaubt uns, bei bekanntem Zustand des Hauptstromes jeweils auch den wichtigen Zustand (Zusammensetzung) der Teilchen an der Grenze U zwischen der turbulenten und der laminaren Schicht zu ermitteln.

Austauschwiderstand der Grenzschicht. Durch Vergleich der Wärmeleitung und Diffusion durch die laminare Grenzschicht mit dem gesamten Wärme- und Stoffaustausch einer turbulenten aufgezwungenen Strömung und unter Heranziehung der COLBURNschen Analogie in erweiterter Form

$$Nu = \frac{\alpha\,d}{\lambda} = 2{,}0 + 0{,}6\,(Re_k)^{1/2}\,Pr^{1/3}, \tag{287}$$

$$Nu' = \frac{\beta_x\,d\,v}{D_x} = 2{,}0 + 0{,}6\,(Re_k)^{1/2}\,Sc^{1/3} \tag{288}$$

kann man zeigen, daß für den x-ten Bestandteil des Gasgemisches der Anteil seines Stoffaustauschwiderstandes W_{xl} in der laminaren Schicht gegenüber seinem gesamten Stoffaustauschwiderstand W_x (einschließlich der turbulenten Schicht) ausgedrückt werden kann durch

$$\frac{W_{xl}}{W_x} = \frac{\Delta P_{xl}}{\Delta P_x} = 1 - \frac{1 - \left(\frac{a}{D_x}\right)^{\frac{1}{3}}}{\left(1 - \frac{a}{D_x}\right)\left(1 + \frac{3,33}{Re_k^{\frac{1}{2}} Pr^{\frac{1}{3}}}\right)}, \tag{289}$$

wo der Index x auf die betrachtete x-te Komponente im Gasgemisch hinweist, Index l auf die laminare Grenzschicht, während ΔP_x den treibenden Partial-druckunterschied, D_x m²/h den Diffusionskoeffizienten, β_x Mol/ m² h die Stoffaustauschzahl, $Sc_x = \frac{v}{D_x}$ die Schmidtsche Kennzahl des x-ten Bestandteiles im Ge-misch, v m²/h die kinematische Zähigkeit des Gemisches, λ kcal/ m h grd bzw. a m²/h die Wärme-leitzahl bzw. Temperaturleitzahl und $Pr = \frac{v}{a}$ die Prandtlsche Kennzahl des Gemisches, α kcal/ m² h grd die Wärmeübergangszahl und v m³/Mol das Molvolum des Gemisches bedeuten. Re_k ist die Reynoldssche Zahl der Strömung, bezogen auf den Kugeldurch-messer (Partikeldurchmesser) der Schüttung. Statt der Reynolds-schen Zahl Re_k der Einzelkugel kann man auch die des Bettes

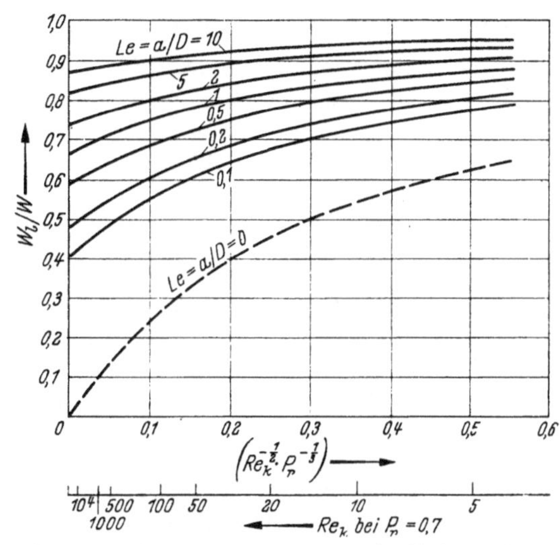

Bild 77. Anteil des Austauschwiderstandes W_l der laminaren Grenzschicht am Gesamtwiderstand W in Abhängigkeit von Re, Pr und Le

$$Re_b = \frac{w}{w_F} Re_k \tag{290}$$

einführen, wobei $\frac{w}{w_F}$ das Verhältnis der wirklichen mittleren Strömungsgeschwin-digkeit w in den freien Zwischenräumen der Packung zu der Geschwindigkeit, die bei gleichem Mengenstrom herrschen würde, wenn man alle Kugeln entfernte. Bei dichtester Kugelpackung ist z. B. $\frac{w}{w_F} = 10,73$.

Der Anteil des Austauschwiderstandes W_t in der turbulenten Schicht ist ent-sprechend

$$\frac{W_{xt}}{W_x} = 1 - \frac{W_{xl}}{W_x}. \tag{291}$$

In Bild 77 ist nach Gl. (289) und in Abhängigkeit von der dimensionslosen Zahl $Re_k^{-1/2} Pr^{-1/3}$ der laminare Widerstandsanteil $\frac{W_{xl}}{W_x}$ des x-ten Bestandteiles im Gemisch für verschiedene Werte $\left(\frac{a}{D_x}\right)$ eingetragen. Bei $\frac{a}{D_x} \approx \infty$ ist durchweg $\frac{W_{xl}}{W_x} \approx 1$, d. h., in diesem Falle ist die Grenzschicht bei allen Reynoldszahlen für den ganzen Stoffaustauschwiderstand verantwortlich. Bei $\frac{a}{D_x} \approx 0$ dagegen behält

$\dfrac{W_{xl}}{W_x}$ endliche und beachtliche Werte, außer bei sehr hohen Reynoldsschen Zahlen, wo es zu Null wird. Das bedeutet, daß bei Diffusion eines sehr schweren Gases in ein leichtes (z. B. ein hochmolekulares Gas in Wasserstoff oder ein gewöhnliches Gas in Elektronengas), $\dfrac{a}{D_x} \approx \infty$, die laminare Grenzschicht immer das ganze Gefälle verschluckt und im turbulenten Kern kein Austauschwiderstand herrscht. Umgekehrt jedoch, bei Diffusion eines leichten Gases in ein sehr schweres (z. B. Wasserstoff in ein hochmolekulares, oder Elektronengas in ein gewöhnliches Gas), $\dfrac{a}{D_x} \approx 0$, verschwindet der Anteil des laminaren Austauschwiderstandes durchaus nicht, trotz der Wendigkeit der diffundierenden Molekel, sondern behält je nach der Größe der Reynoldsschen Zahl beachtliche Werte.

Allerdings muß hervorgehoben werden, daß die Beziehungen Gln. (287) und (288) nur im Bereich der Schmidtschen Zahl $0{,}6 < Sc < 5$ experimentell bestätigt wurden, so daß die Extrapolation der Gl. (289) auf $\dfrac{a}{D_x} = 0$ bzw. auf $\dfrac{a}{D_x} \approx \infty$ zunächst nur einen hypothetischen Charakter hat und erst durch weitere Versuche überprüft werden müßte.

Die Beziehung Gl. (289) und Bild 77 gilt zunächst nur für geringe Molanteile des diffundierenden Stoffes im Gemisch. Sie kann aber auch für große Molanteile bzw. große Gefälle des Partialdruckes ΔP angewendet werden, wenn an Stelle des wahren Diffusionskoeffizienten D_x jeweils der scheinbare D_x' eingesetzt wird, der sich aus dem wahren über den logarithmischen Mittelwert $\left(1 - \dfrac{P_x}{P}\right)_{\log}$ zwischen Eintritt und Austritt aus der Grenzschicht berechnet zu

$$D_x' = \frac{D_x}{\left(1 - \dfrac{P_x}{P}\right)_{\log}} \cdot \tag{292}$$

Zu diesem Zwecke müßte man allerdings jeweils den sich einstellenden Konzentrationsverlauf zunächst abschätzen.

Bedenklicher ist allerdings der Einwand, wonach die genannten Beziehungen nur für äquimolare und nahezu isotherme Diffusion gelten, welche Bedingung in der Grenzschicht der Vergasung nicht erfüllt ist. Deswegen können die folgenden Ergebnisse nur als eine Näherung benutzt werden.

Anwendung an die Vergasung. In einem Generatorquerschnitt mag die Hauptströmung den Zustand *1*, Bild 56, aufweisen. Wäre bei adiabater Vergasung die laminare Grenzschicht nicht vorhanden, so würde sich am Brennstoff ein Gleichgewichtzustand A einstellen, welcher innerhalb der Vergasungszone überall gleichbleibt. (Wir sehen hier von den früher besprochenen Erscheinungen in der Vorwärmzone des Brennstoffes ab.) Zustandspunkt A bestimmt im Gleichgewicht die Temperatur T_A, ζ_A, χ_A und somit die gesamte Zusammensetzung der Gasteilchen A hart am Brennstoff. Infolge der Diffusionsvorgänge in der Grenzschicht tritt jedoch bei gleichem Hauptstromzustand *1* eine Verschiebung der Gaszusammensetzung an der Brennstoffoberfläche ein und es mag sich hier nun der Zustand B mit der Temperatur T_B, und den neuen Werten ζ_B, χ_B, i_B, r_B, ψ_B der Gasteilchen einstellen. Den Punkt B wollen wir nicht in das vorliegende $i\zeta$-Diagramm, Bild 56, eintragen, da dieses für r_L, ψ und nicht für r_B, ψ_B gilt.

Um den Zustand B, und vor allem die neue Brennstofftemperatur T_B, zu ermitteln, gehen wir folgendermaßen vor.

Diffusion in der laminaren Schicht. Der Strom der durch die laminare Grenzschicht diffundierenden Stoffe muß folgende Bedingungen erfüllen:

a) An der Trennfläche turbulent-laminar muß die Zusammensetzung des Gases eine solche sein, daß sie dem Vergasungsmittel M' entspricht. Die Gasteilchen haben hier einen Zustand, dessen Zustandspunkt irgendwo an der Mischgeraden $\overline{ZA}$, Bild 56, liegt.

b) Die zur Brennstoffoberfläche diffundierenden und dort umgesetzten Mengen an H_2O und CO_2 müssen so sein, daß die darin enthaltenen Wasserstoff- und Sauerstoffmengen in demselben Verhältnis stehen wie im Vergasungsmittel M'.

c) Die von der Brennstoffoberfläche zurückdiffundierenden Mengen an H_2 und CO müssen ebenfalls so viel Wasserstoff und Sauerstoff führen, wie das dem entsprechenden Verhältnis im Vergasungsmittel M' entspricht.

d) Zur Brennstoffoberfläche hin muß dieselbe Anzahl Mole H_2O wie von der Oberfläche H_2 zurückdiffundieren (Wasserstoffbilanz).

e) Zur Brennstoffoberfläche hin muß in CO_2 und H_2O dieselbe Menge Sauerstoff übertragen werden, wie von der Oberfläche in CO weggeschafft wird.

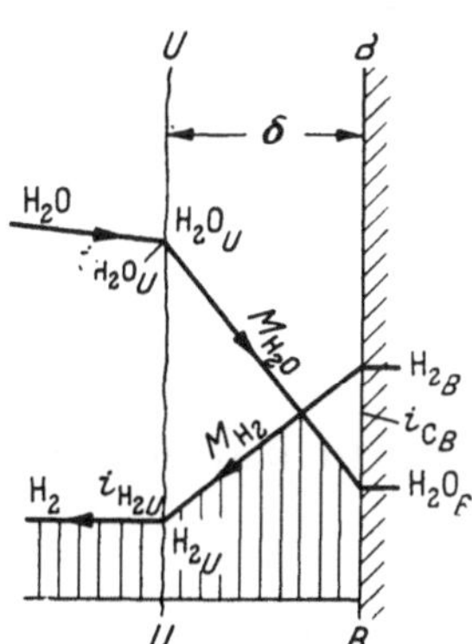

Bild 78. Stofftransport durch die laminare Grenzschicht

f) An der Brennstoffoberfläche herrsche das heterogene Gleichgewicht mit dem festen Kohlenstoff.

g) An jedem Ort der Grenzschicht muß die Zusammensetzungsbedingung erfüllt sein

$$[H_2] + [CO] + [CO_2] + [H_2O] + [N_2] = 1. \tag{293}$$

Die Gleichgewichtseinstellung an der Brennstoffoberfläche wird durch die beiden Reaktionen gesteuert

$$CO_2 + C_{fest} = 2\,CO \quad \text{(BOUDOUARD)}, \tag{294}$$

$$H_2O + C_{fest} = H_2 + CO \quad \text{(heterogene Wassergasreaktion)}. \tag{295}$$

Die nach diesen Reaktionen am Brennstoff umgesetzten Molmengen seien M_{CO_2}, M_{CO}, M_{H_2}, M_{H_2O}. Deren Transport durch die laminare Grenzschicht ist für H_2 und H_2O in Bild 78 dargestellt. Für CO_2 und CO gilt ein ähnliches Bild.

Dann lautet die Wasserstoffbilanz

$$M_{H_2O} = M_{H_2} \tag{296}$$

und die Sauerstoffbilanz

$$M_{H_2O} + 2\,M_{CO_2} = M_{CO}. \tag{297}$$

Nach b) gilt

$$\frac{M_{H_2O}}{\tfrac{1}{2}\,M_{H_2O} + M_{CO_2}} = \frac{\psi}{\tfrac{1}{2}\,\psi + (1 - \psi)\,r_L}; \tag{298}$$

nach c) gilt analog

$$\frac{M_{H_2}}{\tfrac{1}{2}\,M_{CO}} = \frac{\psi}{\tfrac{1}{2}\,\psi + (1 - \psi)\,r_L}. \tag{299}$$

Bezeichnet man mit D_x den Diffusionskoeffizienten des betreffenden Gases im Gemisch, mit Index B den Zustand an der Brennstoffoberfläche, ohne Index den Gaszustand an der Trennfläche laminar-turbulent, mit δ die Dicke der laminaren Schicht, so muß für einen Bestandteil des Gases mit dem Molanteil x sein

$$M_x = \frac{D_x P}{R T \delta} \ln \frac{1 - x_B}{1 - x} \, . \tag{300}$$

Die logarithmischen Glieder berücksichtigen hier die Diffusion bei beträchtlichen Konzentrationsunterschieden. Eine Strömung in Richtung zur Oberfläche ($M_x > 0$) findet statt, wenn $x > x_B$ und umgekehrt.

Wendet man Gl. (300) sinngemäß auf Gl. (296) an, so folgt

$$\frac{D_{H_2O} \ln \dfrac{1 - [H_2O]_B}{1 - [H_2O]}}{D_{H_2} \ln \dfrac{1 - [H_2]}{1 - [H_2]_B}} = 1 \tag{301}$$

und damit

$$\frac{1 - [H_2]_B}{1 - [H_2]} = \left(\frac{1 - [H_2O]}{1 - [H_2O]_B} \right)^{\frac{D_{H_2O}}{D_{H_2}}} . \tag{302}$$

Aus Gl. (297) folgt analog

$$\frac{1 - [CO]_B}{1 - [CO]} = \left(\frac{1 - [H_2O]}{1 - [H_2O]_B} \right)^{\frac{D_{H_2O}}{D_{CO}}} \left(\frac{1 - [CO_2]}{1 - [CO_2]_B} \right)^{\frac{2 D_{CO_2}}{D_{CO}}} . \tag{303}$$

Man sieht, daß hier nur die Verhältnisse und nicht die Absolutwerte der einzelnen Diffusionskoeffizienten eingehen. Das ist insofern günstig, als die Verhältnisse der Diffusionszahlen nur wenig von der Temperatur abhängen im Gegensatz zu den Diffusionszahlen selbst.

Zur Ermittlung der Gehalte $[H_2]_B$ und $[CO]_B$ an der Brennstoffoberfläche sind neben der Gaszusammensetzung außerhalb der Grenzschicht ($[H_2O]$, $[H_2]$, $[CO]$, $[CO_2]$) auch noch die Angaben über $[H_2O]_B$ und $[CO_2]_B$ an der Oberfläche erforderlich. Diese werden durch die zwei Gleichgewichtsbedingungen für Gln.(294) und (295)

$$K_B = \frac{[CO]_B^2}{[CO_2]_B} \, ; \tag{304}$$

$$K_{WC} = \frac{[H_2]_B \cdot [CO]_B}{[H_2O]_B} \tag{305}$$

bei der Brennstofftemperatur bestimmt. Man kann aus diesen Gleichungen durch Elimination z.B. für die Ermittlung von $[H_2]_B$ die Beziehung erhalten

$$\frac{1 - [H_2]_B}{1 - [H_2]} = \frac{\left\{ 1 - \dfrac{K_{WC}^2}{K_B} \dfrac{\left[\dfrac{1 - (1 - [H_2O]) \left(\dfrac{1 - [H_2]}{1 - [H_2]_B} \right)^{\frac{D_{H_2}}{D_{H_2O}}}}{[H_2]_B} \right]^2 \dfrac{1 - [CO_2]}{1 - [CO]}}{} \right\}^{\frac{2 D_{CO_2}}{D_{H_2}}}}{\left\{ 1 - K_{WC} \dfrac{1 - (1 - [H_2O]) \left(\dfrac{1 - [H_2]}{1 - [H_2]_B} \right)^{\frac{D_{H_2}}{D_{H_2O}}}}{[H_2]_B} \right\}^{\frac{D_{CO}}{D_{H_2}}}} \, , \tag{306}$$

worin neben den bekannten Gleichgewichtskonstanten und Diffusionszahlverhältnissen nur noch die Zusammensetzungsangaben außerhalb der Grenzschicht

($[H_2]$, $[CO]$, $[H_2O]$, $[CO_2]$) und das unbekannte $[H_2]_B$ auftreten. Man kann also $[H_2]_B$ grundsätzlich berechnen, falls die Gaszusammensetzung außerhalb der Grenzschicht bekannt ist, allerdings nur durch umständliches Probieren. Damit ist in Gl. (302) auch $[H_2O]_B$ festgelegt, wodurch $[CO]_B$ aus Gl. (303) unter Berücksichtigung von Gl. (304) ermittelt werden kann. $[CO_2]_B$ folgt dann aus Gl. (304).

Dieser Weg ist jedoch sehr umständlich und man kann ihn umgehen, wenn man $[H_2O]_B$ und $[CO_2]_B$ an der Brennstoffoberfläche einfach schätzt. Dann folgt $[H_2]_B$ sofort aus Gl. (302), und $[CO]_B$ aus Gl. (303). Bei den hohen Brennstofftemperaturen werden sowohl $[H_2O]_B$ als auch $[CO_2]_B$ sehr klein sein (in der Größenordnung von 1%), so daß geringfügige Fehlschätzungen dieser Größen praktisch ohne Einfluß auf die Ergebnisse nach Gln. (302) und (303) sind. Die Befriedigung von Gln. (304) und (305) kann immer erreicht werden durch geringfügige Änderung der geschätzten Werte $[CO_2]_B$ und $[H_2O]_B$, ohne daß diese Änderung merklich auf Gln. (302) und (303) zurückwirkt. Man wird das aber immer unterlassen, da es nie auf eine solche Genauigkeit ankommen wird.

Für die Diffusionskonstanten können in der ersten Näherung die Werte gegen Luft (Stickstoff) eingesetzt werden. Damit ergibt sich bei Umgebungstemperatur etwa

$$\left. \begin{aligned} \frac{D_{H_2O}}{D_{H_2}} &= \frac{0{,}216}{0{,}611} = 0{,}354 \,, \\[2mm] \frac{D_{H_2O}}{D_{CO}} &= \frac{0{,}216}{0{,}180} = 1{,}20 \,, \\[2mm] \frac{D_{CO_2}}{D_{CO}} &= \frac{0{,}140}{0{,}180} = 0{,}78 \,. \end{aligned} \right\} \tag{307}$$

Die Diffusionszahlen nehmen mit der Temperatur merklich zu, so daß bei Vergasungstemperaturen wesentlich höhere Werte als bei Umgebungstemperatur gelten. Da jedoch der Temperatureinfluß bei idealen Gasen nach der kinetischen Gastheorie gleich groß sein sollte, so dürfte das Verhältnis der Diffusionskoeffizienten zweier Gase in demselben Trägergas bei verschiedenen Temperaturen ungefähr gleichbleiben.

An einem Zahlenbeispiel soll der Einfluß der Diffusion in der Grenzschicht auf die Gleichgewichtszusammensetzung am Brennstoff abgeschätzt werden. Wir greifen zum Zahlenbeispiel der Zustandsänderung in Bild 75 und 76 zurück und betrachten die Grenzschicht etwas oberhalb der Zonengrenze zwischen Brennzone und Vergasungszone. Hier hat der Gaskern noch eine Zusammensetzung wie am Austritt aus der Brennzone, die an der linken Ordinate bei $n' = 0$, Bild 76, abgelesen werden kann. Zur Brennstoffoberfläche hin trifft man Teilchen an, die eine davon um so mehr abweichende Zusammensetzung haben, je mehr man sich der Oberfläche nähert. Nach den Ausführungen im Abschnitt ,,Austauschwiderstand der Grenzschicht'' verschluckt diese etwa $^2/_3$ des gesamten Konzentrationsgefälles. Der genauere Wert hängt von der Reynoldsschen und der Lewisschen Zahl $\frac{a}{D}$ ab und kann dem Bild 77 entnommen werden. So ist z. B. für Wasserdampf in Luft (oder in Stickstoff) der Wert $Le = \frac{a}{D} \approx 0{,}87$, so daß sich bei $Re_k \approx 1000$ der Widerstandsanteil der laminaren Schicht für Wasser-

dampfaustausch zu etwa $\dfrac{W_l}{W} = 0{,}69$ ergibt. Nach Bild 76 ist der Wasserdampfgehalt beim Eintritt in die Vergasungszone $[H_2O]_Z = \psi = 0{,}2$, so daß am Außen-
rand U der laminaren Schicht, Bild 77, mit einem Wasserdampfgehalt $[H_2O]$
$= \dfrac{W_l}{W} [H_2O]_Z = 0{,}69 \cdot 0{,}2 = 0{,}138$ zu rechnen ist. Das entspricht in Bild 76 dem
Punkt U auf der $[H_2O]$-Linie (bei $n' = 0{,}5$). Die Zusammensetzung des Gases
an diesem Ort ist dann durch die Ordinate durch U festgelegt und lautet

$$\left.\begin{array}{l} [H_2O] = 0{,}138 \, , \\[2pt] [CO_2] = 0{,}110 \, , \\[2pt] [CO] = 0{,}140 \, , \\[2pt] [H_2] = 0{,}045 \, . \end{array}\right\} \tag{308}$$

Um die Zusammensetzung des Gases an der Brennstoffoberfläche zu ermitteln,
nehmen wir zunächst wahr, daß bei Abwesenheit einer laminaren Grenzschicht
sich nach Bild 76 (für $n' = \infty$) die Gehalte $[CO_2]_A = 0{,}015$, $[H_2O]_A = 0{,}0063$ einstellen würden. Wegen der Diffusionserscheinungen tritt eine Verschiebung zum Oberflächenzustand B
ein, wobei sich jedoch $[CO_2]_B$ und $[H_2O]_B$ wegen ihrer Kleinheit nur unwesentlich von $[CO_2]_A$ und
$[H_2O]_A$ unterscheiden können

$$\left.\begin{array}{l} [CO_2]_A \approx [CO_2]_B \approx 0{,}015 \, , \\[2pt] [H_2O]_A \approx [H_2O]_B \approx 0{,}006 \, . \end{array}\right\} \tag{309}$$

Zahlentafel. *Einfluß der Diffusion in der Grenzschicht, Fall B, auf die Zusammensetzung der Oberflächenschicht*

	Fall A	Fall B
$[CO_2]$	0,015	0,015
$[H_2O]$	0,0063	0,006
$[H_2]$	0,143	0,091
$[CO]$	0,365	0,372
r	0,21	0,231
ψ	0,20	0,126
ζ	0,507	0,504

Mit diesen geschätzten Werten und zuzüglich der Diffusionszahlenverhältnisse Gl. (307) und
der Angabe der Zusammensetzung außerhalb der Grenzschicht Gl. (308) berechnet man nach Gl. (302) bzw. (303)

$$[H_2]_B = 0{,}091 ; \qquad [CO]_B = 0{,}372 . \tag{310}$$

In der vorstehenden Zahlentafel sind die Zusammensetzungen der Gasteilchen
an der Brennstoffoberfläche eingetragen, wie sie sich bei Abwesenheit einer
Grenzschicht (Fall A) und anderseits unter Berücksichtigung der Diffusions-
vorgänge in der Grenzschicht (Fall B) einstellen würden, und zwar in einem
Generatorquerschnitt unmittelbar oberhalb der Zonengrenze zwischen Brenn- und
Vergasungszone, für einen Betrieb $r_L = 0{,}21$, $\psi = 0{,}2$. (Für einen anderen
Generatorquerschnitt müßte man sinngemäß von der dort herrschenden lokalen
Zusammensetzung des Kerngases, z. B. Punkt *2* in Bild 74, ausgehen.) Man erkennt, daß durch Diffusionserscheinungen lediglich der Wasserstoffanteil $[H_2]_B$
$= 0{,}091$ merklich gegenüber $[H_2]_A = 0{,}143$ verschoben wurde, während die
anderen Gasanteile ungefähr gleichgeblieben sind. In anderen Generatorquerschnitten sind die Unterschiede geringer, und der Fall B gleicht sich mit Fall A
um so vollkommener aus, je weiter sich das Gas dem Gleichgewichtzustand mit
dem Brennstoff, d. h. dem Austritt aus dem Brennstoffbett, nähert.

In derselben Zahlentafel sind auch die Charakteristiken r, ψ des Vergasungsmittels eingetragen. $r_A = 0{,}21$ und $\psi_A = 0{,}20$ entsprechen dem verwendeten Vergasungsmittel M', während $r_B = 0{,}231$ und $\psi_B = 0{,}126$ angeben, wie sich infolge

der Diffusionserscheinungen die Zusammensetzung der Oberflächenschicht in bezug auf das ihr zukommende Vergasungsmittel M'_B geändert hat. Man erkennt, daß in der Oberflächenschicht eine merkliche Verarmung an Wasserstoff ($\psi_B = 0{,}126$ gegenüber $\psi_A = 0{,}2$) herrscht. Auch r_B ist gegenüber r_A verändert, so daß das benutzte und für A-Werte gültige $i\zeta$-Diagramm den Zustand B gar nicht mehr richtig wiedergeben kann. Dagegen ist ζ_B nahezu unverändert geblieben.

Die Größen r, ψ, ζ kann man aus der jeweiligen Gaszusammensetzung nach den Beziehungen ermitteln

$$r = \frac{2\,[CO_2] + [CO] - [H_2]}{2 - 3\,[H_2] - 2\,[H_2O] - [CO]}, \tag{311}$$

$$\psi = \frac{1 - r}{1 - ([CO_2] + [CO]) - r\,([H_2O] + [H_2])}\,([H_2O] + [H_2]), \tag{312}$$

$$\zeta = \frac{1 - r}{1 - ([CO_2] + [CO]) - r\,([H_2O] + [H_2])}\,([CO_2] + [CO]). \tag{313}$$

Verlagerung der Oberflächentemperatur durch Diffusion. Die immerhin beachtliche Verschiebung der Gaszusammensetzung an der Oberfläche bei Berücksichtigung der laminaren Grenzschicht, Fall B, gegenüber Fall A mit durchschlagender Turbulenz läßt vermuten, daß auch eine Verlagerung der Reaktionstemperatur t_B der Oberfläche zu erwarten ist. Durch Diffusionsvorgänge wird ja der Oberflächenschicht eine andere Gleichgewichtszusammensetzung aufgezwungen, als sie sich im Falle A ohne Diffusionserscheinungen bei t_A einstellen würde.

Es konnte oben auf Grund von Stoff- und Wärmebilanzbetrachtungen gezeigt werden, daß die Änderung des Kerngases nahezu dieselben Zustände durchläuft, was immer in der Grenzschicht und insbesondere an der Brennstoffoberfläche geschieht. Danach muß $\dfrac{di}{d\zeta}$ der Zustandsänderungslinie des Gases im $i\zeta$-Diagramm nahezu unabhängig von den Diffusionskoeffizienten in der laminaren Schicht sein. Diese Zustandsänderung kommt dadurch zustande, daß zwischen der Außenfläche der Grenzschicht und dem Kerngas Gasteilchen durch einen Mischvorgang ausgetauscht werden, die an die Berandung der Grenzschicht durch Diffusion gebracht worden sind. Die Verarbeitung dieser Teilchen ist letzten Endes auf chemische Umwandlungen an der Brennstoffoberfläche unter Zuhilfenahme des Diffusionsvorganges in der Grenzschicht zurückzuführen. Die chemische Umwandlung ist endotherm und benötigt Wärme, die von der Wärmeleitung durch die Grenzschicht bestritten werden muß. Dazu ist in der Grenzschicht von der Dicke δ ein Temperaturgefälle Δt_B erforderlich. Die erforderliche Reaktionswärme ergibt sich als die Enthalpiedifferenz der aus der Grenzschicht heraus und in die Grenzschicht hinein diffundierenden Einzelgasmengen, abzüglich der durch den aufgebrauchten festen Kohlenstoff mitgebrachten Enthalpie i_{CB}. Es gilt also

$$\frac{\lambda\,\Delta t_B}{\delta} = \sum \frac{D_x\,P}{\delta\,RT}\,i_x \ln\frac{1 - x_B}{1 - x} + i_{CB}\left(\frac{D_{CO}\,P}{\delta\,RT}\ln\frac{1 - [CO]}{1 - [CO]_B} - \frac{D_{CO_2}\,P}{\delta\,RT}\ln\frac{1 - [CO_2]_B}{1 - [CO_2]}\right). \tag{314}$$

Hier sind D_x die Diffusionskoeffizienten der einzelnen Gase H_2, H_2O, CO_2, CO im Gasgemisch, x bzw. x_B die Molanteile dieser Gase im Gemisch an der äußeren

Berandung der Grenzschicht bzw. an der Brennstoffoberfläche, i_x die Enthalpien dieser Gase an der äußeren Berandung der Grenzschicht (also an der Grenze mit der turbulenten Schicht). Der Stickstoff als neutrales Trägergas verschwindet aus dieser Gleichung, obwohl ein Gefälle zwischen x_{N_2} und x_{N_2B} besteht. Der diesbezügliche Diffusionsstrom des Stickstoffes wird aber durch eine entgegengerichtete Massenbewegung gerade kompensiert, was bereits durch die logarithmischen Glieder berücksichtigt ist. Das erste Glied der rechten Seite berücksichtigt die algebraische Summe der Enthalpien der aus- und eintretenden Einzelgasmengen der Grenzschicht. Die Vorzeichen werden im logarithmischen Faktor berücksichtigt und hängen davon ab, ob $x_B < x$ oder $x_B > x$ ist. Im zweiten Glied rechts ist die Enthalpie des vom Brennstoff gelieferten Kohlenstoffs berücksichtigt, der zur Bildung von CO (aus CO_2 und aus H_2O) benötigt wird. Man kann das zweite Glied mit dem ersten zusammenziehen, wenn man an Stelle von i_x die Werte i'_{xB} einführt, und zwar

$$\left.\begin{aligned}
i''_{H_2} &= i_{H_2}, \\
i''_{H_2O} &= i_{H_2O}, \\
i''_{CO_2} &= i_{CO_2} - i_{CB}, \\
i''_{CO} &= i_{CO} - i_{CB}.
\end{aligned}\right\} \tag{315}$$

Berücksichtigt man noch, daß $\dfrac{P}{RT} = \dfrac{1}{v}$ ist, und multipliziert man Gl. (314) mit C_p des Gasgemisches, so folgt

$$C_p \, \Delta t_B = \sum \frac{D_x}{a} i'_{xB} \ln \frac{1 - x_B}{1 - x}, \tag{316}$$

wo $a = \dfrac{\lambda v}{C_p}$ m²/h die mittlere Temperaturleitzahl des Gasgemisches der Grenzschicht ist. Es handelt sich hier um einen ausgesprochenen Durchschnittswert, da ja die Zusammensetzung und die Temperatur des Gases in der Grenzschicht sehr mit dem Oberflächenabstand wechselt. Für i_x ist die Temperatur an der Grenzfläche turbulent-laminar maßgebend, für i_{CB} dagegen diejenige aus der Brennstoffoberfläche.

Es empfiehlt sich nicht, Gl. (316) zur unmittelbaren Berechnung von Δt_B zu verwenden. Wegen Vernachlässigung der etwaigen homogenen Reaktionen liefert Gl. (316) nur einen Anhaltswert für Δt_B.

Nun stellen wir uns den hypothetischen Fall vor, daß die durch die laminare Grenzschicht diffundierenden Stoffe sämtlich gleich große Diffusionskoeffizienten hätten, und zwar insbesondere, daß

$$\frac{D_x}{a} = 1 \tag{317}$$

wäre. In diesem Falle wäre wegen

$$Sc = \frac{v}{D_x} \quad \text{und} \quad Pr = \frac{v}{a} \tag{318}$$

auch

$$Sc = Pr. \tag{319}$$

Damit wird nach Gl. (287) und (288)

$$Nu = Nu'_x \tag{320}$$

oder

$$\alpha = \frac{\lambda \beta_x v}{D_x} = \frac{C_p}{C_p} \frac{\lambda \beta_x v}{D_x} = C_p \frac{a \beta_x}{D_x} \qquad (321)$$

und mit Gl. (317)

$$\alpha = C_p \beta_x \quad \left(\text{für } \frac{D_x}{a} = 1\right) \qquad (322)$$

als die Beziehung nach LEWIS. Die Erfüllung der Beziehung Gl. (322) war aber die notwendige und ausreichende Bedingung dafür, daß sich an der Brennstoffoberfläche ein Zustand A auf der Verlängerung der Linie $\frac{di}{d\zeta} = i_A$ einstellte, Bild 56. Ist darüber hinaus z. B. noch bekannt, daß Zustand A im Gleichgewicht mit der Oberfläche stehen soll, so liegt A auch auf der heterogenen Gleichgewichtslinie (Sättigungslinie), wie in Bild 56, und kann leicht ermittelt werden.

Geht man bei dem angenommenen hypothetischen Fall $\left(\frac{D_x}{a} = 1\right)$ vom gleichen Zustand U an der Grenze laminar-turbulent aus, wie im wirklichen Fall $\left(\frac{D_x}{a} \neq 1\right)$, so müßte bei $\frac{D_x}{a} = 1$ in der laminaren Grenzschicht ein Temperaturabfall herrschen, analog Gl. (316), d. h.

$$C_p \, \Delta t_A = \sum i''_{xA} \ln \frac{1-x_A}{1-x} \quad \text{für} \quad \frac{D_x}{a} = 1 \, , \qquad (323)$$

worin für i'_{xA} dieselben Beziehungen wie in Gl. (315) gelten, nur mit dem Unterschied, daß statt i_{CB} hier i_{CA} für die Temperatur t_A des Punktes A einzusetzen ist. Aus Gl. (323) und (316) folgt dann sofort der Unterschied der Temperaturgefälle in der laminaren Grenzschicht im wirklichen (B)- und hypothetischen (A)-Falle zu

$$C_p \, (\Delta t_B - \Delta t_A) = C_p \, (t_A - t_B) = \sum \frac{D_x}{a} i'_{xB} \ln \frac{1-x_B}{1-x} - \sum i''_{xA} \ln \frac{1-x_A}{1-x} \qquad (324)$$

und angenähert, bei nicht allzu großen Unterschieden zwischen t_A und t_B, wenn also $i'_B \approx i'_A$ gesetzt werden kann

$$t_A - t_B \approx \frac{1}{C_p} \sum i'_x \left[(x - x_A) - \frac{D_x}{a}(x - x_B)\right]. \qquad (325)$$

Das ist der gesuchte Ausdruck für die durch Diffusionsvorgänge bedingte Verschiebung der wirklichen Oberflächentemperatur t_B gegenüber der LEWISschen t_A. Hier wurden die logarithmischen Glieder in Gl. (324) durch erste Näherung $(x - x_A)$ bzw. $(x - x_B)$ ersetzt. Es ist für i'_x der Reihe nach einzusetzen

$$i''_{H_2} = i_{H_2}; \quad i''_{H_2O} = i_{H_2O}; \quad i''_{CO_2} = i_{CO_2} - i_{CA}; \quad i''_{CO} = i_{CO} - i_{CA}, \qquad (326)$$

worin sich die Enthalpien der Gase auf den Gaszustand U an der Grenze laminar-turbulent beziehen, und für i_{CA} die Kohlenstoffenthalpie für die leicht zu ermittelnde Lewissche Temperatur t_A in Bild 56 einzusetzen ist. Die wirkliche Brennstoffoberflächentemperatur t_B wird sich um so mehr von der Lewisschen Temperatur t_A unterscheiden, je größer die Unterschiede zwischen den wirklichen Raumanteilen x_B an der Brennstoffoberfläche gegenüber den Lewisschen x_A sind.

Für das Zahlenbeispiel auf S. 106, welches sich auf den Generatorquerschnitt gleich oberhalb der Zonengrenze bezieht und für einen Betrieb mit $r_L = 0{,}21$ und $\psi = 0{,}2$ durchgerechnet wurde, gelten folgende Angaben (s. auch Bild 75): $t_A = 805°$ C, $t_U = 1580°$ C. Für $1580°$ C sind die Enthalpien $i_{H_2} = 69372$;

$i_{H_2O} = 15823$; $i_{CO_2} = -77205$ und $i_{CO} = -17127$ kcal/Mol; und für 805° C ist $i_{CA} \approx 3500$ kcal/Mol$_C$. Mit $C_p \approx 9{,}6$ kcal/Mol °C des Gasgemisches bei 1580° C wird dann nach Gl. (325)

$$t_A - t_B = 158° . \tag{327}$$

Die genauere Gl. (324) ergäbe 165°, also einen nur wenig verschiedenen Wert. Infolge der Abweichung der wirklichen Diffusionskoeffizienten D_x vom Wert a stellt sich somit im vorliegenden Beispiel eine um etwa 160° tiefere Oberflächentemperatur des Brennstoffes ein, als es die Lewissche Temperatur t_A (bei $D_x = a$) wäre, d. h. statt $t_A = 805°$ C eine Temperatur $t_B \approx 650°$ C. Das kann natürlich einen wesentlichen Einfluß auf die Reaktionsgeschwindigkeit ausüben. Je weiter jedoch das Gas im Generator hochsteigt, um so kleiner werden die Unterschiede $(x - x_A)$ und $(x_A - x_B)$ und um so kleiner auch $(t_A - t_B)$, so daß am Austritt aus dem Generator der Unterschied $(t_A - t_B)$ verschwindet. Die Temperaturverteilung längs des Generators nimmt bei Berücksichtigung der Diffusionserscheinungen einen etwas merkwürdigen Verlauf nach Bild 79 an. Danach müßte die Temperatur des Brennstoffes in der Brennzone sogar tiefer als in der Vergasungszone sein, wenn auch nur beim Zusatz von Wasserdampf, da eine Verlagerung der Oberflächentemperatur nur bei Anwesenheit von Wasserstoff zu erwarten ist.

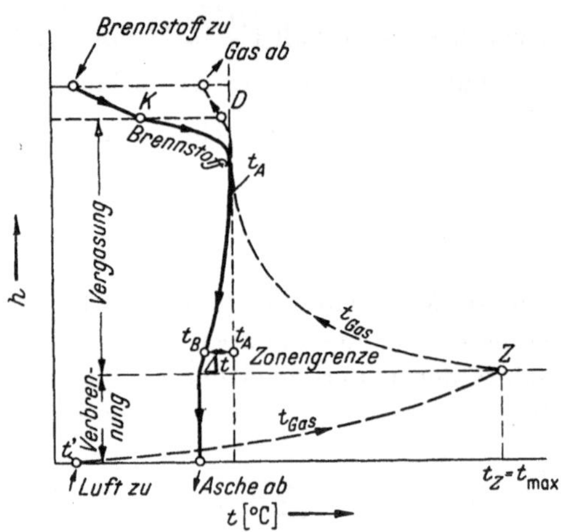

Bild 79. Theoretischer Temperaturverlauf längs des Generators bei Berücksichtigung der Diffusionserscheinungen in der laminaren Schicht

Es ist jedoch zu beachten, daß diese Verlagerung der Oberflächentemperatur von t_A zu t_B keinen Einfluß auf den Verlauf der Zustandsänderungslinie des Gases in Bild 56 oder 68 usw. haben kann, denn dieser Verlauf ist durch Stoff- und Wärmebilanzen festgelegt, ohne Rücksicht auf die Vorgänge in der Grenzschicht.

Die einzige geringfügige Korrektur ergibt sich dadurch, daß für die Richtung $\frac{\partial i}{\partial \zeta}$ nun nicht mehr die Enthalpie i_{CA}, sondern i_{CB} maßgebend wird. Wegen der verhältnismäßig niedrigen Werte von i_{CB} und i_{CA} bedeutet dies nur eine geringfügige Verlagerung der Zustandsänderungsrichtung $\frac{\partial i}{\partial \zeta}$. Auch dieses nur in demjenigen Teil des Generators, wo ein großer Gleichgewichtabstand zwischen Gas und Brennstoffoberfläche herrscht, also nur in der Nähe der Zonengrenze Z und in der Brennzone.

Aus allen bisherigen Beziehungen fiel die Dicke der laminaren Grenzschicht δ heraus, so daß die Ergebnisse auch zahlenmäßig für alle Grenzschichtdicken dieselben bleiben, solange nur die Beziehungen Gln. (287) und (288) gelten. Die Grenzschichtdicke δ hat dagegen auf die Geschwindigkeit des Austausches einen wesentlichen Einfluß, weil durch deren Dicke die Zahlenwerte von α bzw. β_x maßgebend beeinflußt werden. Mit anderen Worten, die Grenzschichtdicke δ hat wohl einen maßgebenden Einfluß auf den Zahlenwert der Halbwerthöhe $h_{1/2}$ (oder der Einheithöhe h_e), nicht aber auf die Qualität des Gases nach einer gegebenen Anzahl n' der Halbwerthöhen.

f) Gehemmte Einstellung des Gleichgewichtes

Bisher haben wir angenommen, daß an der Brennstoffoberfläche alle herangebrachten Gasteilchen augenblicklich umgewandelt und in den simultanen Gleichgewichtzustand A bei der Oberflächentemperatur t_A gebracht wurden. Wenn die Diffusionskoeffizienten der einzelnen Gase untereinander gleich und gleich der Temperaturleitzahl des Gemisches wären, $D_x = a$, so würde bei adiabatem Vorgang die Temperatur t_A der sog. Lewisschen Temperatur des Zustandspunktes A in Bild 56 gleich sein.

Wenn jedoch die Oberfläche nicht alle Gasteilchen augenblicklich bis zum Gleichgewicht verarbeiten kann, so muß sich am Brennstoff beim Dauerumsatz ein Durchschnittszustand des Gasfilmes einstellen, der vom simultanen heterogenen Gleichgewichtzustand mehr oder weniger stark abweicht. Es stellt sich auch eine andere Oberflächentemperatur ein, weil andere Reaktionswärmen umgesetzt werden, zu deren Heranschaffung durch Wärmeleitung ein anderes Temperaturgefälle innerhalb derselben laminaren Grenzschicht des Gases erforderlich ist. Diese wirkliche Oberflächentemperatur verdient unser besonderes Interesse, weil ja die Brennstoffoberfläche der eigentliche Reaktionsort ist, der für die Reaktionsgeschwindigkeiten, Katalyse, gegebenenfalls selektive Katalyse usw. maßgebend ist. Das gilt allgemein für Oberflächenreaktionen, also nicht nur für unseren Vergasungsvorgang.

Abweichend von den früheren Auslegungen wollen wir annehmen, daß der Ablauf der homogenen Wassergasreaktion [Gln. (27) und (29)] im Inneren des Gases zu vernachlässigen ist. Die chemische Umwandlung finde vornehmlich an der Brennstoffoberfläche über zwei heterogene Reaktionen, und zwar die BOUDOUARD-Reaktion

$$CO_2 + C_{fest} = 2\,CO \quad \text{mit} \quad K_B = \frac{[CO]^2}{[CO_2]} \tag{328}$$

und die heterogene Wassergasreaktion

$$H_2O + C_{fest} = H_2 + CO \quad \text{mit} \quad K_{WC} = \frac{[H_2]\,[CO]}{[H_2O]} \tag{329}$$

statt. Die simultane (gleichzeitige) Erfüllung der Teilgleichgewichte [Gln. (328) und (329)] hat zwangsläufig auch die Erfüllung des homogenen Wassergasgleichgewichtes, Gl. (27), in der unmittelbaren Nähe der Brennstoffoberfläche zur Folge und führt zu dem simultanen heterogenen Gleichgewichtzustand S des anliegenden Gasfilmes an der Sättigungslinie, s. z. B. Bild 42.

Für die weiteren Betrachtungen nehmen wir an, daß der Wärmetransport zur Oberfläche ausschließlich durch Wärmeleitung, der Stofftransport ausschließlich durch Diffusion durch die laminare Grenzschicht hindurch stattfinde. In der Übergangszone zwischen turbulentem und laminarem Gebiet herrsche der aufgezwungene Gasteilchenzustand U. Der Einfachheit halber rechnen wir mit konstanten und untereinander gleichen Diffusionskoeffizienten aller Bestandteile, die außerdem der Temperaturleitzahl des Gasgemisches gleich seien, $D_x = a$. Das entspricht zwar nicht den Tatsachen, aber es erleichtert etwas die sowieso verwickelten Verhältnisse. Der dadurch begangene Fehler kann dann immer noch abgeschätzt werden.

Gehemmtes simultanes Gleichgewicht. Als erster Schritt soll der Fall betrachtet werden, daß an der Oberfläche ein Gasfilm anliegt, der infolge von Hemmungen merklich vom simultanen Gleichgewicht S abweicht. Die Zusammensetzung bzw. der Zustand dieses Gasfilmes sei jedoch so beschaffen, als ob er aus Gasteilchen zweierlei Art vermischt wäre. Die einen Teilchen mögen aus dem Zustand U (der Gasteilchen außerhalb der laminaren Schicht) durch chemische Umwandlung bis zum vollen simultanen Gleichgewicht R bei der Brennstoffoberflächentemperatur t_B entstanden sein (z. B. an den aktiven Zentren der Oberfläche). Die anderen anliegenden Teilchen N mögen überhaupt nicht reagiert haben, sondern eine Zusammensetzung wie im ursprünglichen Zustand U beibehalten, sich jedoch ebenfalls auf die Oberflächentemperatur t_B abgekühlt haben (z. B. Teilchen an inaktiven Inseln der Oberfläche). Das Gemenge der beiden Teilchenarten R und N ergibt dann den herrschenden Durchschnittszustand B des anliegenden Gasfilmes, welcher für den abziehenden Diffusionsstrom durch die laminare Schicht maßgebend ist. Das Mengenverhältnis der beiden anliegenden Teilchenarten, gemessen in Molmengen M'_R bzw. M'_N der zugehörigen Vergasungsmittelmengen, sei durch den Umwandlungsanteil erfaßt

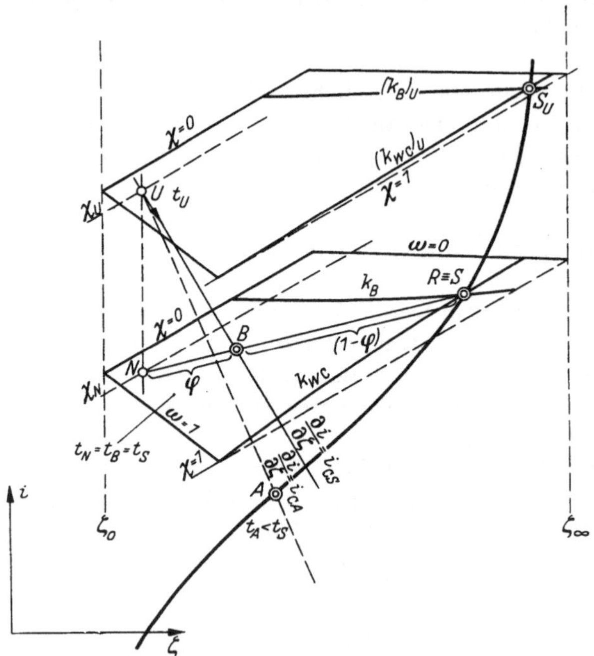

Bild 80. Gehemmte Gleichgewichtseinstellung an der Brennstoffoberfläche.
S die abreagierten, N die nichtabreagierten Gasteilchen, B der Gesamtzustand der Gasteilchen, alles für die Brennstoffoberfläche, U Zustand an der Grenze turbulent-laminar

$$\varphi = \frac{M'_R}{M'_R + M'_N}\ ;\quad 1 - \varphi = \frac{M'_N}{M'_R + M'_N}, \tag{330}$$

Bei $\varphi = 1$ wären alle Teilchen bis zum Gleichgewicht abreagiert, was den früher betrachteten Fällen entspricht. Bei $\varphi = 0$ fände überhaupt keine Reaktion statt, die Oberfläche verhielte sich wie eine chemisch indifferente Wand (z. B. Schlacke). Unter der getroffenen Annahme, daß die Diffusionskoeffizienten der einzelnen Teilnehmer untereinander und mit der Temperaturleitzahl gleich wären, $D_x = a$, muß im $i\zeta$-Diagramm der Zustandspunkt U nach der Regel der Mischgeraden in der Richtung zu B hin gezogen und geändert werden, d. h., als ob die Oberflächenteilchen vom Durchschnittszustand B mit den Teilchen U der Übergangszone konvektiv ohne Wärmezufuhr vermischt werden würden (Bild 80). Außerdem kann sich aber der Zustandspunkt U nach den früher erläuterten Regeln bei adiabatem Vorgang nur längs der Linie $\frac{\partial i}{\partial \zeta} = i_{CB}$ verändern, so daß der Durchschnittszustand B der Oberflächenteilchen auf diese Linie fallen muß.

In Bild 80 sind die Verhältnisse näher wiedergegeben. Der Zustand U der Teilchen aus der Übergangszone turbulent-laminar, mit der Temperatur t_u, ist durch den Zustandspunkt U des Isothermentrapezes für t_u eingezeichnet. Am Brennstoff herrscht der Durchschnittszustand B des Gasfilmes, welcher sich nach dem Dargelegten aus den abreagierten Teilchen R und nichtabreagierten Teilchen N gleicher Temperatur $t_B = t_R = t_N$ zusammensetzt. B liegt also auf der Mischgeraden $\overline{NR}$ und teilt diese im Mengenverhältnis φ der Teilchen R zu $(1 - \varphi)$ der Teilchen N

$$\varphi = \frac{\overline{NB}}{\overline{NR}}. \tag{331}$$

Punkt B ist außerdem der Schnittpunkt der Mischgeraden $\overline{NR}$ mit der Linie $\frac{\partial i}{\partial \zeta} = i_{CB}$, die durch Punkt U läuft. Punkt R stellt nach Voraussetzung den abreagierten Gleichgewichtzustand bei der Oberflächentemperatur $t_B = t_S$ dar, so daß $R \equiv S$ auf der simultanen heterogenen Gleichgewichtslinie bei $t_S = t_B$ liegt. Gasteilchen N sind nach Voraussetzung gar nicht abreagiert, so daß $\zeta_N = \zeta_U$ und $\chi_N = \chi_U$ wie bei U geblieben ist und sich nur die Temperatur zu $t_N = t_B = t_S$ geändert hat. Kennt man U und die Oberflächentemperatur $t_B = t_S$, so kann man durch Aufsuchen der Punkte N und $R \equiv S$ im Isothermentrapez für t_B sofort den Umwandlungsanteil φ an der Oberfläche ermitteln. Ist umgekehrt bei bekanntem Gaszustand $U*$ der Umwandlungsanteil φ bekannt, so kann man durch Probieren diejenige Oberflächentemperatur finden, deren Isothermentrapez nach Bild 80 den gewünschten Wert φ liefert.

Ist die Teilchenverarbeitung (Gleichgewichtseinstellung) an der Oberfläche gut, $\varphi \approx 1$, so sieht man aus Bild 80, daß Punkt B (und R) mit dem von früher bekannten Punkt A zusammenfallen, und es wird $t_B \approx t_A$. Ist sie dagegen schlecht, $\varphi \approx 0$, so verrückt sich der Punkt B immer mehr zu U hin und R zu einer Temperatur $t_R \approx t_U > t_A$ hin. Die Temperatur t_B der Oberfläche nimmt also beträchtlich zu!

Die „ziehende" Entfernung $\overline{UB}$ im $i\zeta$-Diagramm bestimmt die Austauschgeschwindigkeit bei sonst gleichen Strömungsbedingungen. Die Entfernung $\overline{UB}$ wird um so kleiner, je schlechter φ ist. Auch sieht man, daß bei endothermen Reaktionen jede Gleichgewichtshemmung ($\varphi < 1$) zwangsläufig die Reaktionstemperatur der Oberfläche erhöhen muß, denn es ist $t_B > t_A$.

Selektiv gehemmte Gleichgewichteinstellung. Ein weiterer Schritt führt dazu, den Ablauf der beiden heterogenen Reaktionen Gln. (328) und (329) an der Oberfläche als unabhängig voneinander zu betrachten. Es könnte doch so sein, daß gewisse Keimstellen der Oberfläche (aktive Zentren) selektiv nur die Reaktion

---

* Über Abschätzung dieses Zustandes U siehe Ausführungen im Abschnitt „Austauschwiderstand der Grenzschicht", Bild 77.

Gl. (328) auslösen, während andere Keimstellen selektiv nur die Reaktion Gl. (329) fördern. Je nachdem, auf welche Keimstelle ein Gasteilchen zufällig trifft, wird es eine entsprechende Umwandlung bis zum betreffenden Teilgleichgewicht nach Gl. (328) bzw. (329) erfahren. Oder aber es wird gar nicht chemisch umgewandelt, falls es nur mit einer inaktiven Stelle der Oberfläche in Austausch kam. Wir wollen jedoch unsere weiteren Ausführungen nicht auf irgendeiner richtigen oder unrichtigen Vorstellung über die Wirkungsweise von aktiven Zentren aufbauen. Wodurch auch immer eine solche Hemmung bedingt sein mag, ihre Folgen mögen sich zunächst so äußern, daß an der Oberfläche ein Gasfilm B anliegt, dessen Zusammensetzung so beschaffen sei, als ob ein Bruchteil φ_B seiner Teilchen selektiv nur die BOUDOUARDsche Reaktion Gl. (328) und ein anderer Bruchteil φ_{WC} selektiv nur die heterogene Wassergasreaktion Gl. (329) bis zum betreffenden Gleichgewicht durchgemacht hat, während dem Bruchteil φ_N der Teilchen jegliche chemische Umwandlung versagt war.

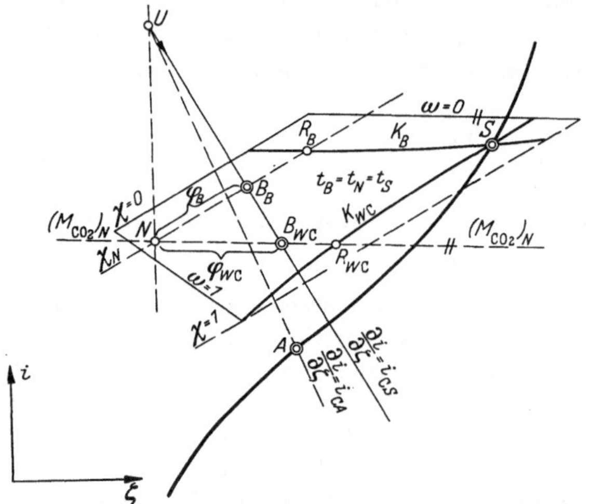

Bild 81. Selektive Einstellung der Gleichgewichte an der Brennstoffoberfläche
N nichtabreagierte Gasteilchen, R_B selektiv bis zum BOUDOUARD-Gleichgewicht abreagierte, R_{WC} selektiv bis zum heterogenen Wassergasgleichgewicht abreagierte Teilchen, S das nicht erreichte simultane Gleichgewicht

Zunächst betrachten wir den vereinfachten Grenzfall, daß von den beiden Reaktionen die eine ganz unterdrückt wird, indem die Oberfläche selektiv nur die andere Reaktion fördert. So sei zunächst $\varphi_B > 0$, $\varphi_{WC} = 0$ angenommen, wobei an der Oberfläche nur die BOUDOUARDsche Reaktion Gl. (328) ablaufen würde. Der andere Grenzfall wäre $\varphi_B = 0$, $\varphi_{WC} > 0$. Diese beiden Grenzfälle sind in Bild 81 dargestellt.

Der Fall $\varphi_B > 0$, $\varphi_{WC} = 0$. Wenn die Brennstoffoberfläche selektiv nur die BOUDOUARDsche Reaktion Gl. (328) fördert ($\varphi_B > 0$) und eine Zersetzung des Wasserdampfes nach Gl. (329) gar nicht stattfindet ($\varphi_{WC} = 0$), so bleibt die Menge des Wasserstoffes und Wasserdampfes im Gas unberührt, so daß vor und nach der Reaktion $\chi = $ konst bleiben muß. In Bild 81 sei wieder U der Zustandspunkt der Gasteilchen in der Übergangszone turbulent-laminar, und die Temperatur der Oberfläche sei t_B. Dann gilt für die Gasteilchen an der Oberfläche das eingezeichnete Isothermentrapez $t_B = t_N = t_S$, innerhalb dessen jeder überhaupt mögliche Gaszustand von der Temperatur t_B liegen muß. Punkt N der nichtabreagierten Teilchen liegt unterhalb U bei $\zeta_N = \zeta_U$ und $\chi_N = \chi_U$, weil die N-Teilchen weder Kohlenstoff aufgenommen noch deren Wasserdampfgehalt geändert haben. Die abreagierten Teilchen R_B sind bis zum BOUDOUARDschen Teilgleichgewichtzustand R_B umgewandelt, und dieser muß auf der Linie $K_B = $ konst liegen. Außerdem ist $\chi_{RB} = \chi_N = \chi_U$, weil nach Voraussetzung keine Wasserdampfzersetzung der Teilchen stattgefunden hat, so daß die Linie $\overline{NR_B}$ parallel zur Linie $\chi = 0$ liegt. Aus N und R_B resultiert nach der Mischregel der Durchschnittszustand B_B des anliegenden Gasfilmes. Punkt B_B liegt auf der Mischgeraden $\overline{NR_B}$, dann aber wegen der adiabaten Zustandsänderung auch auf der Linie, die durch Punkt U mit der Neigung $\dfrac{\partial i}{\partial \zeta} = i_{CS}$ verläuft. Bei nichtadiabatem Verlauf, z. B. bei einer Kühlung der Oberfläche, müßte man die maßgebende Neigung $\dfrac{\partial i}{\partial \zeta}$ nach den früher besprochenen Regeln ermitteln. Punkt B_B teilt die Mischgerade $\overline{NR_B}$ im Verhältnis

$$\varphi_B = \frac{\overline{NB_B}}{\overline{NR_B}}; \quad \varphi_N = \frac{\overline{B_B R_B}}{\overline{N R_B}}, \tag{332}$$

wenn

$$\varphi_N + \varphi_B = 1. \tag{333}$$

Wenn φ_B bekannt sein sollte, so muß man diejenige Temperatur der Oberfläche $t_B = t_S$ aufsuchen, deren Isothermentrapez bei gegebenem Zustand U den geforderten φ_B-Wert befriedigt. Bei $\varphi_B = 1$ (aber $\varphi_{WC} = 0$) fallen B_B und R_B ineinander, bleiben jedoch weit vom Punkt S des simultanen heterogenen Gleichgewichtes entfernt. Für alle Werte von $0 \leqq \varphi_B \leqq 1$ (bei $\varphi_{WC} = 0$) muß $t_B > t_A$ sein, d. h., der Brennstoff ist bei adiabater Vergasung heißer als im Falle der ungehemmten simultanen Gleichgewichtseinstellung, Punkt A ($\varphi_{BA} = 1$, $\varphi_{WCA} = 1$).

Der Fall $\varphi_B = 0$, $\varphi_{WC} > 0$. Eine solche Oberfläche fördert nur die heterogene Wassergasreaktion, während die BOUDOUARDsche ganz unterdrückt ist. Hier gelten ähnliche Betrachtungen wie vorher mit dem Unterschied, daß nun wegen Ausfall der BOUDOUARDschen Reaktion, Gl. (328), die CO_2-Menge in den Gasteilchen unberührt bliebe $(M_{CO_2})_U = (M_{CO_2})_N = (M_{CO_2})_{RWC}$, dagegen χ verändert wird. Der Zustandspunkt der an der Oberfläche nicht abreagierten Teilchen ist N, und derjenige der bis zum heterogenen Wassergasgleichgewicht abreagierten Teilchen ist R_{WC}, s. Bild 81. Dieser liegt an der selektiven Gleichgewichtslinie K_{WC}. Wegen $(M_{CO_2})_{RWC} = (M_{CO_2})_N$ verläuft die Gerade $\overline{NR_{WC}}$ parallel mit der Linie $\omega = 0$. Der resultierende Gemischpunkt B_{WC} an der Brennstoffoberfläche liegt wieder im Schnittpunkt der Mischgeraden $\overline{NR_{WC}}$ mit der Linie $\dfrac{\partial i}{\partial \zeta} = i_{CS}$, die vom Punkt U ausgeht. Es ist außerdem

$$\varphi_{WC} = \frac{\overline{NB_{WC}}}{\overline{NR_{WC}}}; \quad \varphi_N = \frac{\overline{B_{WC} R_{WC}}}{\overline{NR_{WC}}}, \tag{334}$$

wenn

$$\varphi_N + \varphi_{WC} = 1 \tag{335}$$

ist. Man muß jenes Isothermenviereck, d. h. jene Oberflächentemperatur $t_B = t_S$ aufsuchen, für welche der geforderte Wert φ_{WC} befriedigt wird. Auch hier muß immer $t_B > t_A$ sein, wenn adiabat vergast wird.

Der Fall $\varphi_B > 0$, $\varphi_{WC} > 0$. Die Oberfläche möge beide heterogenen Reaktionen Gln. (328) und (329) fördern, jedoch zunächst so, daß in keinem der Gasteilchen beide Reaktionen zugleich auftreten. In diesem Fall muß

$$\varphi_W + \varphi_B + \varphi_{WC} = 1 \tag{336}$$

sein. Dann wird nach Bild 82 an der Brennstoffoberfläche ein Gemenge der nicht-abreagierten Teilchen N und der abreagierten R_B bzw. R_{WC} anliegen. Der resultierende Oberflächenzustandspunkt B stellt den Schwerpunkt der in den Punkten N, R_B und R_{WC} gedachten Massen φ_N, φ_B und φ_{WC}. Die Punkte R_B bzw. R_{WC} liegen auf den Linien $\chi_N = \chi_{RB}$ bzw. auf $(M_{CO_2})_N = (M_{CO_2})_{RWC}$, die parallel zu den Linien $\chi = 0$ bzw. $\omega = 0$ verlaufen. Punkt R liegt auf der Mischgeraden $\overline{R_B R_{WC}}$ und teilt diese im Verhältnis

$$\frac{\varphi_B}{\varphi_B + \varphi_{WC}} = \frac{\overline{R_{WC} R}}{\overline{R_{WC} R_B}}. \tag{337}$$

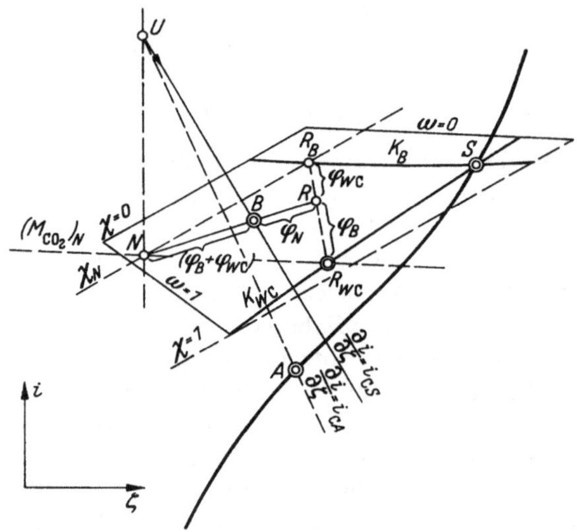

Bild 82. **Wie Bild 81,** aber bei gleichzeitigem Auftreten der selektiven Gleichgewichtseinstellungen R_B, R_{WC} und N. Resultierender Gesamtzustand B der Gasteilchen an der Oberfläche

Punkt R ist Schwerpunkt von R_B und R_{WC}. Der resultierende Punkt B liegt im Schnittpunkt der Mischgeraden $\overline{NR}$ mit der Linie $\frac{\partial i}{\partial \zeta} = i_{CS}$, die durch U geht. Punkt B ist Schwerpunkt von N und R und teilt zugleich die Mischgerade $\overline{NR}$ im Verhältnis

$$\frac{\varphi_B + \varphi_{WC}}{\varphi_N + \varphi_B + \varphi_{WC}} = \varphi_B + \varphi_{WC} = \frac{\overline{NB}}{\overline{NR}} \quad \text{bzw.} \quad \varphi_N = \frac{\overline{BR}}{\overline{NR}}. \tag{338}$$

Nur diejenige Temperatur $t_B = t_S$, dessen Isothermenfeld bei vorgegebenen Werten φ_B und φ_{WC} die obigen Bedingungen erfüllt, ist richtig. Auch hier ist im adiabaten Falle $t_B > t_A$, auch für den Fall, daß $\varphi_N = 0$, d. h. auch dann, wenn alle Teilchen an der Oberfläche reagieren — allerdings jedes nur selektiv entweder nach Gl. (328) oder nach Gl. (329).

Der Fall $\varphi_B > 0$, $\varphi_{WC} > 0$, $\varphi_S > 0$. Nun möge an der Oberfläche die Reaktion so verlaufen, daß die einen Teilchen (φ_B) selektiv nur nach Gl. (328), die anderen (φ_{WC}) selektiv nur nach Gl. (329), die dritten (φ_S) jedoch simultan sowohl nach Gl. (328) als auch nach Gl. (329) abreagieren, während der Rest (φ_N) nicht reagiert. Die Verhältnisse sind in Bild 83 wiedergegeben. Die selektiven Gleichgewichte sind nach Gl. (328) durch R_B, nach Gl. (329) durch R_{WC} gekennzeichnet, während das simultane Gleichgewicht von Gln. (328) und (329) durch S wiedergegeben wird. Es ist

$$\varphi_N + \varphi_B + \varphi_{WC} + \varphi_S = 1. \tag{339}$$

Es ist R' der Schwerpunkt von R_B und S, während R'' derjenige von R_{WC} und S ist. Punkt R ist der Schwerpunkt von R_B, R_{WC} und S oder, was dasselbe ist, von R_B und R''. Der resultierende Zustandspunkt B des an der Oberfläche anliegenden Gasfilmes ist ein Schwerpunkt von N, R_B, R_{WC} und S oder, was das-

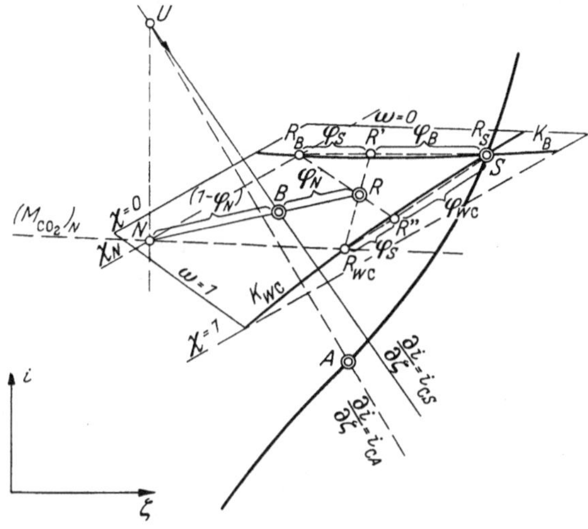

Bild 83. Wie Bild 82, wenn es darüber hinaus Teilchen gibt, die bis zum simultanen Gleichgewicht S abreagieren

selbe bedeutet, von N und R. Die einzelnen Mischgeraden werden durch die entsprechenden Mischpunkte geteilt im Verhältnis

$$\frac{\overline{SR'}}{\overline{SR_B}} = \frac{\varphi_B}{\varphi_B + \varphi_S} \; ; \quad \frac{\overline{SR''}}{\overline{SR_{WC}}} = \frac{\varphi_{WC}}{\varphi_{WC} + \varphi_S}. \tag{340}$$

Punkt R liegt im Schnittpunkt der Geraden $\overline{R_B R''}$ und $\overline{R_{WC} R'}$. Außerdem ist

$$\frac{\overline{NB}}{\overline{NR}} = \frac{\varphi_B + \varphi_{WC} + \varphi_S}{\varphi_N + \varphi_B + \varphi_{WC} + \varphi_S} = \varphi_B + \varphi_{WC} + \varphi_S = 1 - \varphi_N. \tag{341}$$

Punkt B liegt wieder im Schnittpunkt der Mischgeraden $\overline{NR}$ mit der Linie $\dfrac{\partial i}{\partial \zeta} = i_{CS}$, die durch Punkt U läuft.

Homogene Wassergasreaktion an der Brennstoffoberfläche. Der Fall $\varphi_W > 0$. Wenn die homogene Wassergasreaktion Gl. (27) im Inneren des Gases zu vernachlässigen ist, jedoch durch katalytische Wirkung etwa der Ascheteilchen hart an der Brennstoffoberfläche ausgelöst wird, so ist zu bedenken, daß sie bei $\zeta = $ konst verlaufen muß, da ja dabei kein zusätzlicher Kohlenstoff aufgenommen wird. Findet die Reaktion isotherm statt, wenn z. B. die Oberfläche eine aufgezwungene Temperatur hat, so wird ein Teilchen M, Bild 84, durch homogene Wassergasreaktion bis R_W auf der Linie K_W umgewandelt, falls die Reaktion bis zum Gleichgewicht abläuft. Es ist $\zeta_{RW} = \zeta_M$. Wird von den Teilchen M nur der Mengenanteil φ_W auf R_W verarbeitet, der Rest $(1 - \varphi_W)$ dagegen bleibt unberührt, so folgt der resultierende Gemengezustandspunkt B_W als Schwerpunkt von M und R_W. Da nun in Bild 83 von jeder Art der Teilchen N, R_B, R_S, R_{WC} usw. jeweils ein Teil durch katalytische Einflüsse der Oberfläche noch nachträglich einer homogenen Wassergasreaktion ausgesetzt werden kann, so können weitere Umwandlungen dieser Teilchen nach der Art des Bildes 84 auftreten und die Verhältnisse werden noch verwickelter als in Bild 83. Würde man über Angaben für die Werte von φ_B, φ_{WC}, φ_S, φ_W usw. verfügen, wäre die Aufgabe im $i\zeta$-Diagramm zeichnerisch einfach zu lösen. Es ist jedoch wenig Hoffnung, daß man über diese Einzelgrößen jemals zutreffende Voraussagen wird machen können.

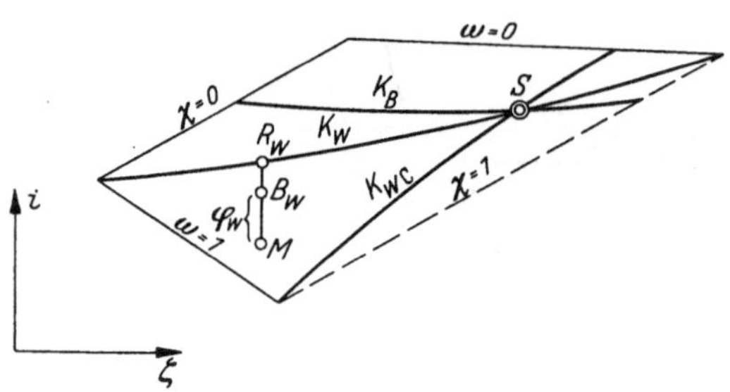

Bild 84. Katalytisch ausgelöste teilweise Einstellung des homogenen Wassergasgleichgewichtes R_W von Gasteilchen M an der Brennstoffoberfläche

Vereinfachte Hemmungsbetrachtung. Da vorläufig alle Angaben über einzelne φ-Werte fehlen, müssen wir uns mit einschneidenden Vereinfachungen begnügen.

Betrachtet man Bild 83, so sieht man, daß der Punkt R als Resultante aller abreagierten Teilchen irgendwo zwischen den Linien K_B und K_{WC} zu liegen kommt. Er wird also nicht weit von der Linie $K_W = $ konst des homogenen Wassergasgleichgewichtes liegen, und man würde keinen großen Fehler machen, wenn man R als auf K_W liegend annähme. Den maßgebenden Oberflächenzustandspunkt B kann man aber erhalten, wenn man N mit irgendeinem Zustandspunkt auf der Verlängerung von $\overline{NB}$ vermischt und nur für entsprechendes verändertes Mengenverhältnis sorgt. Der simultane Gleichgewichtspunkt S liegt so ungefähr in der Verlängerung von $\overline{NB}$, und man könnte B erhalten, wenn man den Teilchen N statt viel R beizumischen, etwas weniger S zufügen würde. Das gilt natürlich nur ganz ungefähr, aber es erleichtert uns qualitative Untersuchungen, da wir nun nicht mit vierartigen Gleichgewichten R_B, R_{WC}, B_W und S zu rechnen hätten, sondern nur mit dem einen simultanen Gleichgewicht S; allerdings jetzt mit einem anderen, auf S bezogenen Umwandlungsgrad φ, ähnlich wie in Bild 80. Diesen Umwandlungsgrad φ könnte man durch Messung der wirklichen Oberflächentemperatur t_B festlegen. Wenn der Zustandspunkt U des Gases und die Temperatur t_B bekannt sind, so ist das Isothermentrapez eindeutig festgelegt und man kann φ ermitteln. Umgekehrt kann man bei angenommenem hypothetischen φ-Wert durch Probieren die dazugehörige Brennstofftemperatur t_B finden.

Bei allen bisherigen Betrachtungen wurde stillschweigend angenommen, daß der Sauerstoff der Vergasungsluft überall sofort bis zum örtlichen Gleichgewicht abreagiert und so in der Vergasungszone nicht in merklichen Mengen vorkommt. In der Brennzone dringt Sauerstoff gemäß Bild 62 praktisch nur bis zum Flammengürtel vor. Diese Annahme dürfte in allen technischen Feuerungen genügend genau zutreffen.

Unter besonderen Versuchsbedingungen jedoch, z. B. bei völliger Abwesenheit von Wasserstoff (ganz trockene Luft und besonders gereinigter Kohlenstoff als Brennstoff), kann eine Verzögerung der Gleichgewichtseinstellung zwischen O_2, CO_2 und CO beobachtet werden, wobei Sauerstoff in merklicher Konzentration bis an die Brennstoffoberfläche vordringen würde. Auch diese Art der Hemmung kann im $i\zeta$-Diagramm grundsätzlich berücksichtigt werden. Zu diesem Zwecke müßte allerdings das reale Isothermentrapez $MNRQ$ aus Bild 38 infolge des neu hinzugekommenen weiteren Reaktionspartners O_2 in eine Isothermenpyramide erweitert werden. Wegen der geringen technischen Bedeutung mag jedoch von den entsprechenden Ausführungen hier abgesehen werden.

Gleichgewichtshemmungen und Brennstofftemperatur. Bei gehemmter adiabater Gleichgewichtseinstellung muß in der Vergasungszone die Brennstofftemperatur t_B wegen der endothermen Oberflächenreaktion höher werden. Allgemeiner gesprochen, die Reaktionstemperatur der Oberfläche wird bei Gleichgewichtshemmungen immer zur Gastemperatur hin verschoben.

In Bild 85 ist der Temperaturgang im Generator für Gas und für Brennstoff wiedergegeben, und zwar einmal für den Fall, daß keine Hemmung der

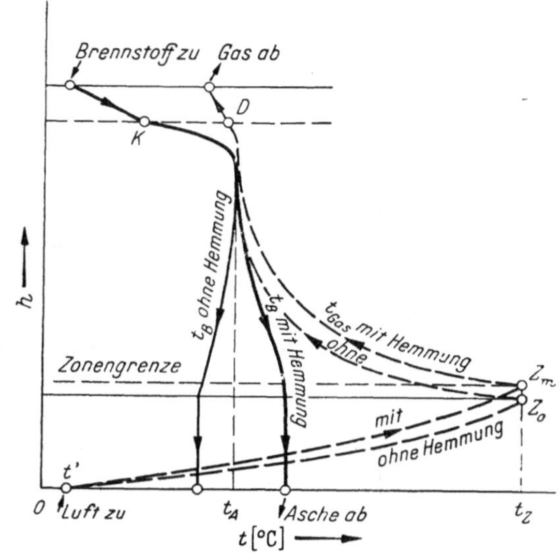

Bild 85. Einfluß der gehemmten Gleichgewichtseinstellung auf den Temperaturgang im Generator

Gleichgewichtseinstellung vorliegt, und dann wiederum für den Fall, daß die Einstellung des simultanen Gleichgewichtes S gehemmt wird, und zwar mit dem Umwandlungsgrad $\varphi < 1$. Außerdem ist auch die sogenannte Lewissche Oberflächentemperatur t_A eingetragen für ungehemmte Gleichgewichte, wenn die starke Turbulenz bis an die Brennstoffoberfläche durchdringen würde und eine laminare Grenzschicht gar nicht vorhanden wäre. Das Bild 85 ist nicht maßstäblich, sondern schematisch gezeichnet, aber man erkennt immerhin folgendes.

Das nach Gl. (325) durch die Diffusionseigenschaft des Wasserstoffes in der Grenzschicht bedingte Absinken der Oberflächentemperatur t_B gegenüber der sogenannten Lewisschen Oberflächentemperatur t_A kann durch Gleichgewichtshemmung zum Teil oder ganz behoben werden oder sogar in das Gegenteil umschlagen, indem nämlich $t_B > t_A$ wird. Der Brennstoff kann wegen der gehemmten Gleichgewichtseinstellung heißer werden, als es der adiabaten Lewisschen Temperatur entspricht, und zwar insbesondere in der Brennzone und an der Zonengrenze. Im oberen Teil des Generators oder richtiger im Gebiet, wo der Gaszustand und der Oberflächenzustand bereits weitgehend ausgeglichen sind, wird auch bei Hemmungen nur die Lewissche Oberflächentemperatur t_A angestrebt.

In Bild 85 sind auch die Linienzüge der Gastemperaturen für die beiden Fälle versetzt gezeichnet, und zwar, weil bei gehemmter Gleichgewichtseinstellung der ziehende Abstand $\overline{UB}$ (Bild 80) geringer ist als $\overline{UA}$ bei ungehemmter Einstellung. Das hat zur Folge, daß für den gleichen Umsatz eine größere Brennstoffoberfläche oder, was dasselbe ist, ein höheres Brennstoffbett erforderlich ist.

Bild 85 gibt die Verhältnisse wieder, falls die Gleichgewichtshemmungen beim Vergasungs- und Verbrennungsvorgang eine Rolle spielen sollten und der Brennstoff nur wenig Asche führt. Es soll jedoch daraus nicht gefolgert werden, daß die Gleichgewichtshemmungen bei solchen Vorgängen die Regel bilden. Es ist sogar eher anzunehmen, daß bei den hohen Brenntemperaturen, die bei Betrieben mit geringem Feuchtegehalt ψ auftreten, die Gleichgewichtshemmungen zu vernachlässigen sein dürften. Im Betrieb mit hohem Feuchtegehalt ψ, insbesondere auch bei reinem Wassergasbetrieb mit den stark absinkenden Temperaturen, könnten die Hemmungen immerhin beachtlich werden.

Brennstofftemperatur bei Anwesenheit von Asche. Wenn der Brennstoff merkliche Aschemengen führt, so wird besonders in der Brennzone, bei bereits ausgebranntem Brennstoff, die Asche einen wesentlichen Teil der Brennstoffoberfläche bilden. Gasteilchen N, die, aus dem Luftstrom U kommend, an diese Aschefläche stoßen, Bild 86, nehmen zwar die Oberflächentemperatur t_N an, können aber nicht heterogen mit Kohlenstoff reagieren.

Zur Schätzung der sich nun einstellenden Brennstoff- und Schlackentemperatur nehmen wir zunächst an, daß die freigelegten Ascheteilchen etwa dieselbe

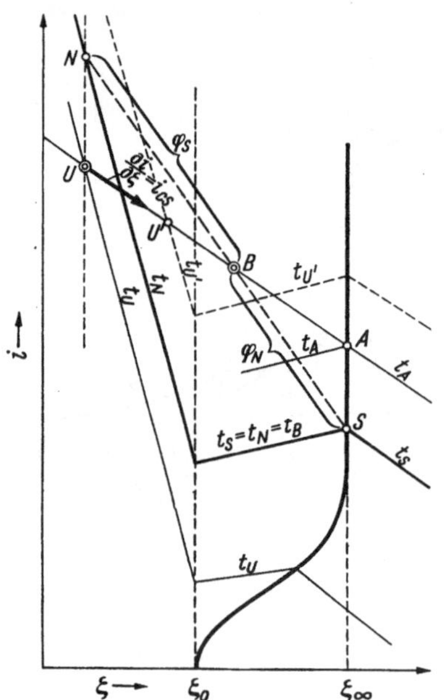

Bild 86. Schlackeneinschlüsse in der Brennstoffoberfläche erschweren heterogene Reaktion (φ_N ist der Anteil nichtabreagierter Gasteilchen) und ändern die ungehemmte Reaktionstemperatur t_A in gehemmte $t_B = t_S$

Temperatur haben mögen wie die benachbarten Brennstoffteilchen, mit denen sie ja in einer mehr oder weniger guten wärmeleitenden Verbindung stehen. Das trifft bestimmt nicht zu, aber für die erste Abschätzung mag es genügen. Des weiteren sei angenommen, daß an den noch frei liegenden Brennstoffteilchen keine Gleichgewichtshemmung herrscht. Gasteilchen S, die an diese Stellen der Oberfläche stoßen, nehmen demnach sofort den Gleichgewichtzustand S ein, Bild 86, wobei nach Voraussetzung $t_S = t_N = t_B$ sein mag.

Der Bruttozustandspunkt B der Gasteilchen an der Oberfläche bildet den Schwerpunkt von Punkt S und N, und zwar nach Maßgabe der anteiligen Mengen $\varphi_N + \varphi_S = 1$. Für die Größen φ_N und φ_S dürfte bei nicht zerklüfteter Oberfläche etwa das Verhältnis der inaktiven Schlackenoberfläche zur aktiven Oberfläche des noch frei liegenden Brennstoffes maßgebend sein, welche Flächen man sich etwa schachbrettartig nebeneinanderliegend vorzustellen hätte. Da die Oberfläche in Wirklichkeit zerklüftet sein wird, so werden die Verhältnisse verwickelter, weswegen auch die obige Voraussetzung $t_N = t_S$ nicht zutrifft.

Unter der getroffenen Voraussetzung sieht man jedoch, daß in Bild 86 die sich einstellende Brennstofftemperatur $t_B = t_S$ an dieser Stelle niedriger als die Temperatur t_A liegt, $t_B < t_A$, wenn t_A die Temperatur des Brennstoffes bei Abwesenheit der Schlacke bedeutet. Das Bild ist für denjenigen Teil der Brennzone gezeichnet, wo die Lufttemperatur t_U noch niedriger als t_A ist, $t_U < t_A$. In höheren Schichten des Brennstoffbettes wird die Luft (richtiger die Verbrennungsgase) immer mehr erhitzt. Wenn $t_{U'} > t_A$, z. B. in Punkt U', so wird dabei eine Brennstofftemperatur $t_{B'} > t_A$ resultieren, wie man sich durch analoge Konstruktion im $i\zeta$-Diagramm des Bildes 86 leicht überzeugen könnte.

Es wird also die gehemmte Brennstoff-

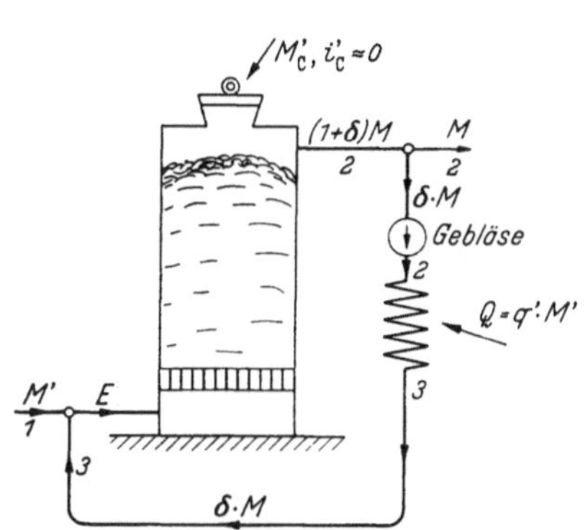

Bild 87. Umwälzverfahren

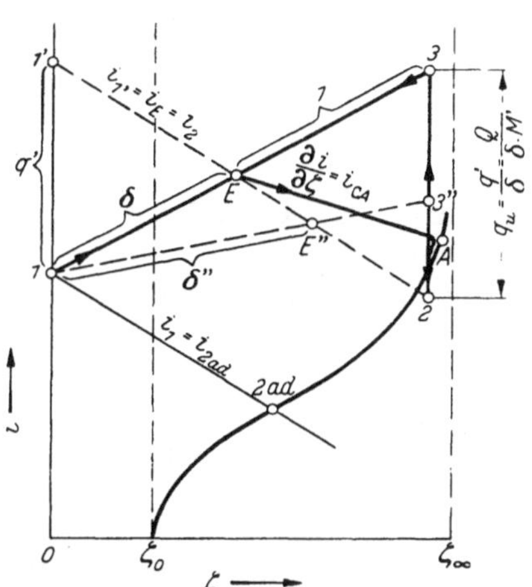

Bild 88. Umwälzverfahren mit Außenheizung

temperatur t_B von der ungehemmten t_A immer in der Richtung zu der dargebotenen Gastemperatur t_U hin abweichen. Diese Abweichung ist um so größer, je größer der Anteil φ_N der auf die Schlackenteilchen anstoßenden und nicht abreagierten Gasteilchen wird. Wird die kalte Luft von der Seite des ausgebrannten Brennstoffes ($\varphi_N = $ groß) zugeführt (z. B. am Rost von unten), so wird der Brennstoff um so kälter, je tiefer er sinkt, allerdings erst von der Stelle an, wo der Temperaturausgleich der Luft mit dem Brennstoff stattgefunden hat, $t_U = t_B$. Oberhalb dieser Stelle ist der Brennstoff heißer, $t_B > t_A$. Siehe jedoch Nachtrag auf S. 146.

In diesem Sinne wäre der unterste Teil des Bildes 85 bei aschetragenden Brennstoffen zu berichtigen.

g) Besondere Vergasungsverfahren im $i\zeta$-Diagramm

Umwälzverfahren. Gelegentlich zweigt man einen Teil des erzeugten Generatorgases ab und führt ihn mit Hilfe eines Umlaufgebläses zurück zum Vergasungsvorgang. Bei der Rückführung kann man die Gase je nach Bedarf erwärmen oder kühlen oder aber auch unverändert dem Vergaser zuführen. Das Schaltschema ist in Bild 87, das Wärmediagramm in Bild 88 dargestellt.

Für jedes Mol des mit Zustand *2* endgültig der Verwendung abgeführten Gases M werden δ Mol umgewälzt. Der Generator muß also $(1 + \delta)$ Mol Gas je 1 Mol endgültig entnommenes Gas liefern, s. Bild 87. Das umgewälzte Gas

wird in einem Wärmetauscher erwärmt von *2* bis *3*, unter Verbrauch von Fremdwärme Q. Bezogen auf 1 Mol Vergasungsmittel M' ist

$$q' = \frac{Q}{M'} \tag{342}$$

und bezogen auf die im Umwälzgas enthaltene Vergasungsmittelmenge $M'_u = \delta M'$

$$q_u = \frac{Q}{M'_u} = \frac{Q}{\delta M'} = \frac{q'}{\delta}. \tag{343}$$

Das Vermischen des Umwälzgases *3* mit dem frischen (vielleicht vorgewärmten)
Vergasungsmittel *1* wird im $i\zeta$-Diagramm durch die Mischgerade $\overline{13}$ dargestellt
und liefert Punkt E als den Eintrittszustand in den Generator. Es ist dabei das
Streckenverhältnis

$$\delta = \frac{\overline{1E}}{\overline{E3}}. \tag{344}$$

Je größer der Umwälzanteil δ ist, um so mehr liegt E nach rechts, s.
z. B. Punkt E''.

Ohne zusätzliche Beheizung würde die Vergasung ein schlechtes Gas 2_{ad}
auf der Linie $i_1 = $ konst liefern. Beim Wassergasprozeß liegt z. B. 2_{ad} bei so
tiefen Temperaturen, daß der Vorgang nicht in Frage kommt. Um das Gas mit
einem vorgegebenen Zustand *2* zu erhalten, muß man dem Prozeß irgendwo die
Wärmemenge q' kcal/Mol$_{M'}$ zuführen, indem (bei $i'_C \approx 0$)

$$i_2 - i_1 = q' \tag{345}$$

sein muß. Wie und wo das am zweckmäßigsten geschieht, entscheiden betrieb-
liche Gesichtspunkte. Man könnte z. B. nur das Vergasungsmittel entsprechend
hoch bis *1'* vorwärmen und erhielte daraus auch ohne Umwälzung den gewünschten Vergasungszustand *2*. Bei Wassergasprozeß müßte aber die erforderliche Vorwärmtemperatur in *1'* so hoch sein, daß sie technisch im Wärmeaustauscher
nicht zu beherrschen wäre. Wendet man das Umwälzverfahren an, so kann man
die höchste Temperatur t_3 im Wärmeaustauscher durch entsprechende große umgewälzte Mengen δ beliebig nahe an t_2, also in den Bereich der beherrschbaren
Temperaturen bringen.

Das Vermischen des Gases *3* mit dem Vergasungsmittel *1* wird wohl zur Zündung und Verbrennung des Gemisches in E führen. Dabei ändert der Zustandspunkt E nicht seine Lage im $i\zeta$-Diagramm, sondern nur seine Temperatur und
Zusammensetzung. Im Grenzfalle wird E den Gleichgewichtzustand des Gases
bei $\zeta = \zeta_E$, $i = i_E$ bedeuten (homogenes Wassergasgleichgewicht). Je größer δ,
um so tiefer ist die Temperatur t_E. Liegt E rechts von der Ordinate ζ_0, so gibt
es im Generator keine Brennzone mehr, sondern nur noch eine Reduktionszone.
Die Brennzone ist in die Mischkammer der Luft und des Gases vorverlegt worden,
wo die Verbrennung ohne Anwesenheit der Schlacke stattfinden kann.

In Bild 89 ist eine Umwälzung des Generatorgases ohne zusätzliche Heizung,
d. h. mit $Q = 0$ dargestellt. Man kann auf diese Weise mit merklich tieferen
Temperaturen im Generator auskommen als ohne Umwälzung. Die höchste Temperatur bei Umwälzung ist jene in E, wobei E durch Vergrößerung von δ noch
weiter nach rechts, also in das Gebiet tieferer Temperaturen verrückt werden

kann. Ohne Umwälzung ergäbe sich als die höchste Temperatur jene in Z und als die Brennstoffoberflächentemperatur jene in A'.

Rückführung der Verbrennungsgase. Gelegentlich werden die Abgase einer Feuerung dem Vergasungsmittel des Generators zugesetzt. Dadurch sollte die fühlbare Wärme der Abgase besser verwertet werden, während das CO_2 aus den Verbrennungsgasen durch seine Reduktion etwa die Rolle des beim Mischgasprozeß eingeblasenen Wasserdampfes übernimmt. Solches wurde auch bei Betrieb von Verbrennungsmotoren (auch Gasturbinen) mit Generatorgas erwogen. Eine solche Maßnahme käme vor allem beim Luftgasprozeß, $\psi = 0$, des Generators in Frage und insbesondere wohl bei mit Sauerstoff angereicherter Vergasungsluft oder bei reinem Sauerstoffbetrieb ohne Wasserdampfzusatz, $\psi = 0$.

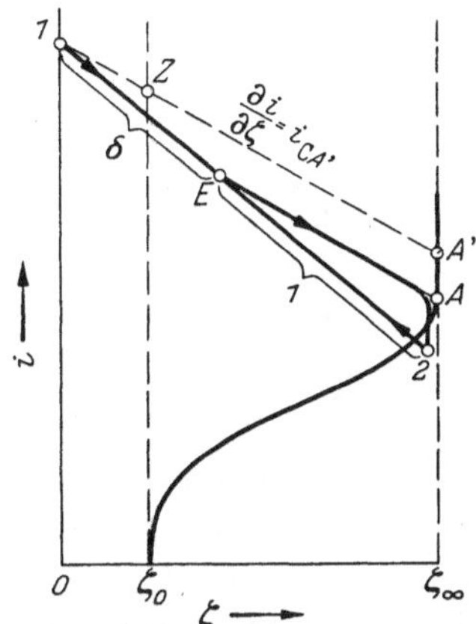

Bild 89. Umwälzverfahren ohne Außenheizung

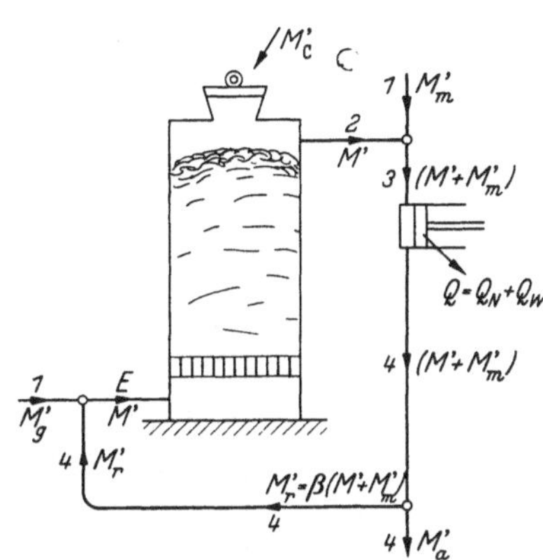

Bild 90. Rückführung von Verbrennungsgasen

In Bild 90 ist das Betriebsschema einer solchen Anlage dargestellt. Im Generator wird M' Mol/h Gas vom Zustand *2* erzeugt. Dieses Gas wird mit M'_m Verbrennungsluft zu $(M' + M'_m)$ Mol/h Brenngemisch vermischt, alles gerechnet in Molen des zugehörigen Vergasungsmittels. Bei der Verbrennung im Motor (oder in einer beliebigen Feuerung) mag dem Gas die Energiemenge Q kcal/h entzogen werden, und zwar teils in Form mechanischer Leistung N kW und teils als Kühlwärme Q_W im Kühlwasser der Maschine

$$Q = 860\,N + Q_W \tag{346}$$

Die Abgase ziehen mit dem Zustand *4* ab, wobei

$$(M' + M'_m)\,(i_3 - i_4) = Q. \tag{347}$$

Von den Abgasen wird M_a Mol/h durch den Auspuff in die Umgebung abgeblasen, während M_r Mol/h der Abgase zurück in den Generator geführt werden mögen. Es sei

$$M'_r = \beta\,(M' + M'_m), \tag{348}$$

wobei β der Rückführungsanteil ist

$$\beta = \frac{M'_r}{M' + M'_m}; \quad 1 - \beta = \frac{M'_a}{M' + M'_m}. \tag{349}$$

Die Rückführungsgase M'_r werden mit der Vergasungsluft M'_g gemischt, wobei das Vergasungsmittel M' mit dem Endzustand E entsteht, s. Bild 90, welches dem Generator zugeführt wird. Im Generator entstehen Vergasungsprodukte vom Zustand 2, die der Vergasungsmittelmenge M' entsprechen.

Bezeichnet man das Verhältnis der Menge der Verbrennungsluft M'_m des Motors zur Menge des Brenngemisches $(M' + M'_m)$ mit δ_m

$$\delta_m = \frac{M'_m}{M' + M'_m} \tag{350}$$

und setzt voraus, daß der Motor und der Generator mit Luft gleicher Ausgangsfeuchte beschickt werden, $\psi_m = \psi_g$, so gelten wegen

$$M'_r + M'_g = M' \tag{351}$$

folgende Beziehungen

$$\frac{M'_m}{M'} = \frac{\delta_m}{1 - \delta_m} \tag{352}$$

$$\frac{M'_r}{M'} = \frac{\beta}{1 - \delta_m} \tag{353}$$

$$\frac{M'_g}{M'} = 1 - \frac{\beta}{1 - \delta_m} . \tag{354}$$

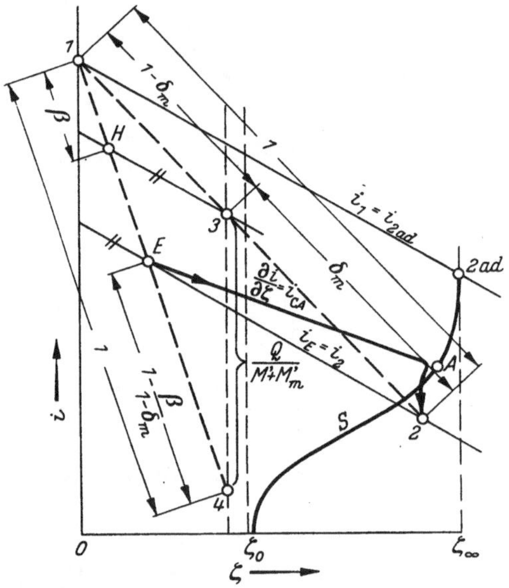

Zustand 3, Bild 90, entsteht durch adiabate Vermischung von M' (Zustand 2) und M'_m (Zustand 1). Im $i\zeta$-Diagramm muß deswegen Punkt 3 auf der Mischgeraden $\overline{12}$ liegen und diese im Verhältnis der Teilmengen M' und M'_m teilen, s. Bild 91,

$$\delta_m = \frac{\overline{32}}{\overline{12}} . \tag{355}$$

Bild 91. Rückführung von Verbrennungsgasen

Nach der Verbrennung mit Arbeitsleistung und Wärmeabgabe im Motor verringert sich die Enthalpie dieses Gemisches gemäß Gl. (347) und es ist

$$i_3 - i_4 = \frac{Q}{M' + M'_m} . \tag{356}$$

Abgase M'_r vom Zustand 4 werden mit Generatorluft M'_g vom Zustand 1 adiabat vermischt, was den Zustand E liefert. Im $i\zeta$-Diagramm gibt das wiederum eine Mischgerade $\overline{14}$. Der Eintrittszustand E des Vergasungsmittels liegt im Schnittpunkt dieser Mischgeraden $\overline{14}$ mit der Linie $i_E = i_2$, weil ja die Vergasung des Vergasungsmittels vom Zustand E adiabat verläuft. Nach der Mischregel teilt Punkt E die Mischgerade $\overline{14}$ im Mengenverhältnis M'_r zu M'_g und es muß z. B. nach Gl. (354) sein

$$\frac{\overline{E4}}{\overline{14}} = 1 - \frac{\beta}{1 - \delta_m} \tag{357}$$

wie in Bild 91 eingetragen. Zieht man überdies durch Punkt 3 eine Parallele $\overline{3H}$

mit der Linie $i_E =$ konst, so teilt der erhaltene Schnittpunkt H die Mischgerade $\overline{14}$ im Verhältnis

$$\beta = \frac{\overline{1H}}{\overline{14}} \tag{358}$$

wie man leicht zeigen kann.

Kennt man also den Luftzustand 1 und den gewünschten Vergasungszustand 2, so ist auch Zustand 3 festgelegt, weil man ja die Verbrennung im Motor (oder

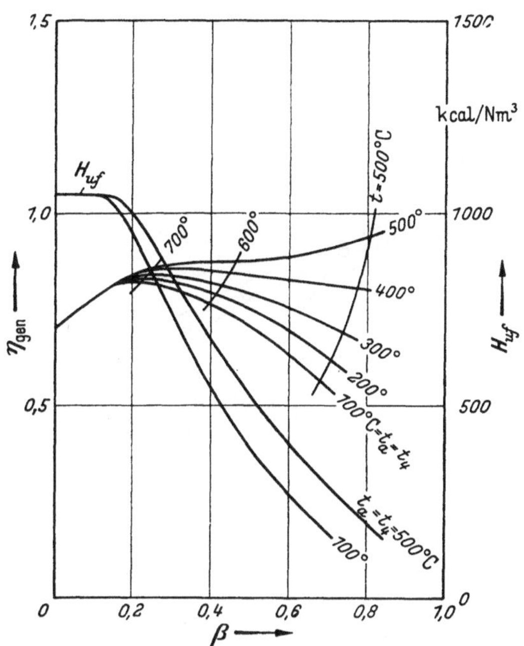

Bild 92. Einfluß des Rückführanteiles β bei $\psi = 0$

Feuerung) möglichst vollkommen wird haben wollen, somit $\zeta_3 \approx \zeta_0$. Durch Leistungsabgabe und Kühlung im Motor ist über Gl. (356) auch der Zustand 4 bekannt. Bei einer Feuerung ohne Leistungsabgabe wird Zustand 4 vielleicht durch die geforderte Abgastemperatur t_4 festgelegt sein. Damit ist. durch die Mischgerade $\overline{14}$ auch Zustand E, Hilfspunkt H und der Rückführungsanteil β festgelegt.

Es ist jedoch hinzuweisen, daß die Rückführung der Auspuffgase nur bei ganz trockenem Betrieb ($\psi \approx 0$) gewissen Erfolg verspricht. In Bild 92 bis 94 sind einige Ergebnisse der Berechnungen von V. BRLEK[1] wiedergegeben. Der Umwandlungsgrad η_{gen} des Generators nimmt bei $\psi = 0$, Bild 92, mit zunehmendem β von 0,7 bis etwa 0,8 zu, und zwar zunächst unabhängig von der Auspufftemperatur t_a! Der untere Gasheizwert H_{uf} bleibt bis etwa $\beta \approx 0,15$ unverändert, um sich dann schnell zu verschlechtern. Bei einigermaßen feuchtem Betrieb

---

[1] BRLEK, V.: Einfluß der Rückführung der Auspuffgase auf den Generatorbetrieb (kroatisch). Teknicki Vjestnik, Zagreb, Bd. 60 (1943) S. 391.

$\psi = 0,1$, Bild 93, oder gar $\psi = 0,2$, Bild 94, ist keine Verbesserung des Generatorwirkungsgrades mehr zu verzeichnen, während sich das Gas bzw. sein Heizwert H_{uf} auch durch geringe Zugabe von Auspuffgasen (geringes β) merklich verschlechtert. Es ist zu bemerken, daß auch die bei $\psi = 0$, Bild 92, beobachtete Verbesserung des Wirkungsgrades von 0,7 auf etwa 0,8 ebensogut auch durch Wasserzusatz zu erreichen gewesen wäre, so daß auch hier die Zweckmäßigkeit einer Rückführung fraglich erscheinen muß.

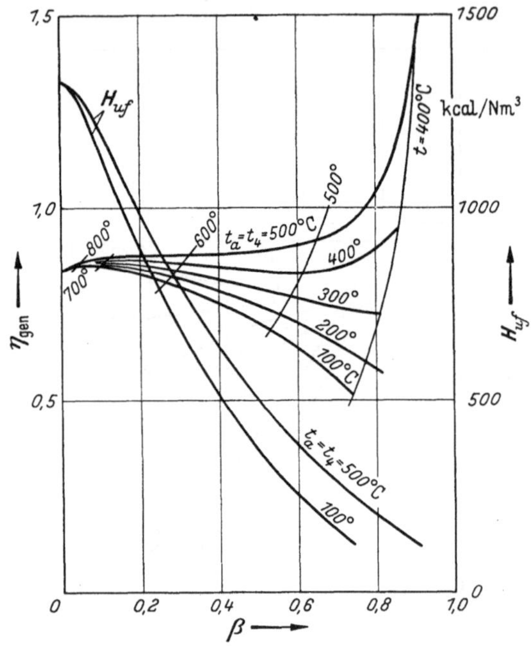

Bild 93. Einfluß des Rückführanteiles β bei $\psi = 0,1$

Zusatz von fremden Abgasen. Auch die Verwertung von Abgasen einer Fremdfeuerung in einem Generator kann im $i\zeta$-Diagramm gut verfolgt werden, vorausgesetzt, daß der Generator mit Luft gleicher Feuchte wie die Fremdfeuerung beschickt wird. Ist der Zustand F der Abgase M_F genügend bekannt (t_F, ζ_F), so stellt sich beim Vermischen der Zustand E ein, Bild 95, und nach der Mischregel teilt im $i\zeta$-Diagramm, Bild 96, der Punkt E die Mischgerade im Verhältnis

$$\varphi = \frac{M'_F}{M'_g + M'_F} = \frac{\overline{1E}}{\overline{1F}}. \tag{359}$$

Ist der geforderte Generatorgaszustand 2 bekannt, so liegt Punkt E auf der Linie i_2, weil ja

$$i_E = i_2 \tag{360}$$

sein muß. Damit ist der zulässige Abgasanteil φ aus $i\zeta$-Diagramm abzulesen. Auf diese Weise kann durch Verwertung der Abgaswärme von F einmal der Generatorprozeß kälter gefahren werden, denn die Generatorgastemperatur t_2 liegt hier merklich tiefer als beim adiabaten Betrieb mit t_{2ad}. Dann aber ist bei ungefähr gleicher Gasqualität der Brennstoffverbrauch geringer, und zwar weil ja Kohlenstoff aus CO_2 der Abgase verwertet wird.

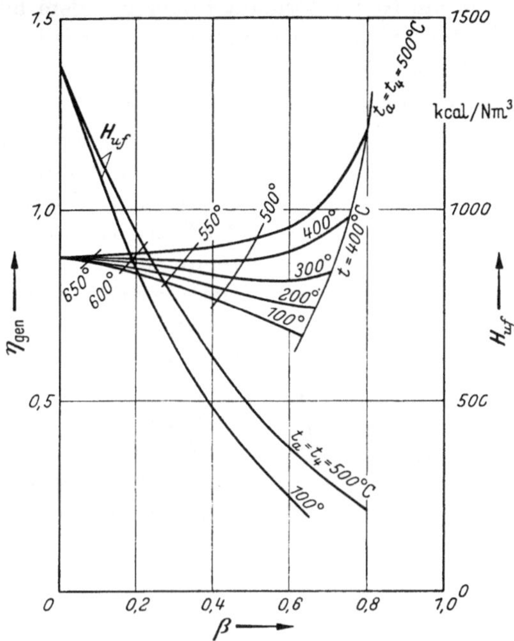

Bild 94. Einfluß des Rückführanteiles β bei $\psi = 0,2$

Vergasung mit Wärmeverlusten. Beim Vergasungsvorgang treten Wärmeverluste Q an die Umgebung auf

$$Q = k\,O\,(t_i - t_u)\ \text{kcal/h}\,.$$

Hier ist t_u die Umgebungstemperatur, t_i die Innentemperatur, O die betrachtete Oberfläche des Generatormantels, k die lokale Wärmedurchgangszahl. Diese Verluste sind in mancher Hinsicht unerwünscht. Einmal ist ein jeder Wärmeverlust

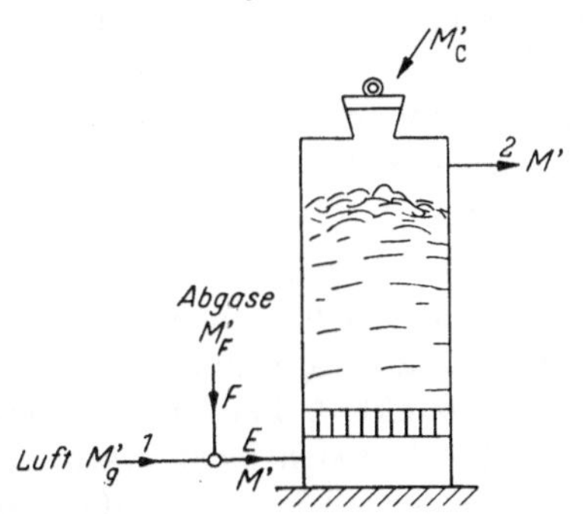

Bild 95. Zusatz von fremden Abgasen

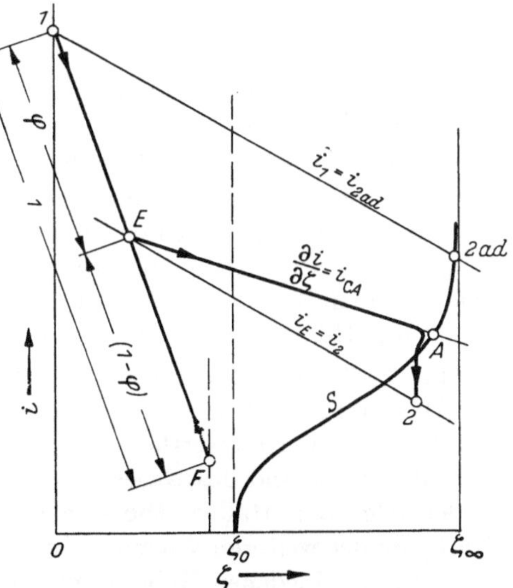

Bild 96. Zusatz von fremden Abgasen

an sich zu vermeiden. Das ist jedoch hier gewöhnlich ohne Bedeutung, denn mit dem Gas geht sowieso viel fühlbare Wärme verloren, und es ist ziemlich gleichgültig, ob Wärme am Generatormantel oder mit dem heißen Gas verlorengeht. Die Wärmeverluste am Generatormantel können jedoch nachteilig für die Gasqualität sein, was besonders bei Kleinanlagen und bei wechselnder Belastung von Bedeutung werden kann.

Die Verteilung der Verluste auf einzelne Zonen wird man von Fall zu Fall abschätzen können. Sie werden vor der Ausführung des Generators und von der Betriebsweise abhängen. Als Innentemperatur t_i dürfte die Gastemperatur und nicht die Brennstofftemperatur maßgebend sein, Bild 59. Die höchste Gastemperatur trifft man an der Zonengrenze Z zwischen Brenn- und Vergasungszone an.

Angenommen, daß die Wärmeverluste längs des Generators irgendwie bekannt sind, so kann man sie auf die Mengeneinheit des durchgesetzten Vergasungsmittels M' beziehen. Es sei

$$q = \frac{Q}{M'}.$$

In der Brennzone mögen diese Verluste q_b betragen, in der Reduktions- oder Vergasungszone q_r kcal/Mol$_{M'}$. Bei einem gut isolierten Generator verläuft die Gaszustandsänderung nach dem Linienzug EZG, Bild 97. Beim nicht iso-

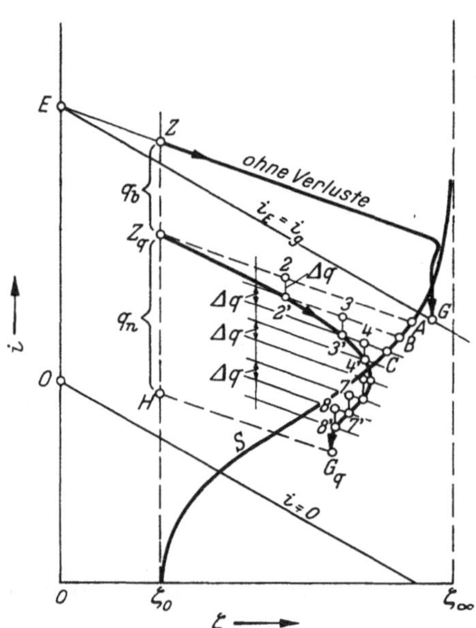

Bild 97. Einfluß der Wärmeverluste auf den Zustandsverlauf des Gases. Δq = Wärmeverlust innerhalb einer Halbwerthöhe $h_{1/2}$

lierten Generator treten bereits in der Brennzone die Verluste q_b kcal/Mol$_{M'}$ auf, und der Zustand des Gases in der Zonengrenze wird durch Z_q dargestellt, welcher Punkt um q_b tiefer liegt als Z. Die Gaszustandsänderung verfolgen wir folgendermaßen: beim Durchwandern einer bestimmten Brennstoffschicht wird sich der ursprüngliche Gleichgewichtabstand $\overline{Z_q A}$ auf die Hälfte verringern (wenn wir zunächst von Wärmeverlusten absehen), und man erhält den Gaszustand 2. Die dazugehörige Schichthöhe des Brennstoffbettes bezeichnen wir als „Halbwerthöhe". Die Halbwerthöhe $h_{1/2}$ ist nach Abschnitt „Einheithöhe und Halbwerthöhe" die Höhe einer Brennstoffschicht, in welcher sich der Gleichgewichtabstand $\overline{Z_q A}$ im $i\zeta$-Zustandsdiagramm auf die Hälfte, d. h. auf $\overline{2A}$, verringert hat. Das Brennstoffbett des Generators ist mehrere Halbwerthöhen hoch. Wenn innerhalb einer Halbwerthöhe die Wärmeverluste Δq nach außen auftreten, so wird der Zustand des Gases $2'$ sein, welcher Punkt um Δq unterhalb 2 liegt. In der folgenden Halbwerthöhe wird der Zustandspunkt 3, bzw. bei Berücksichtigung der weiteren Wärmeverluste Δq der Punkt $3'$ erreicht. Die Halbwerthöhen in verschiedenen Höhenlagen dürften ungefähr denselben Wert aufweisen, solange sich der Strömungszustand, d. h. der Austauschmechanismus, nicht wesentlich ändert. Die zugehörigen Wärmeverluste Δq_2, Δq_3 usw. brauchen jedoch nicht gleich zu sein, da die Gastemperatur nach oben rasch abnimmt. Verfolgt man auf diese Weise die Zustandsänderung des Gases bis in die oberste Schicht, so erhält man etwa die Zustandslinie $Z_q\,2'\,3'\ldots G_q$, in Bild 97. Der Endzustand G_q des Gases kommt tiefer und mehr links zu liegen als der Punkt G beim verlustlosen Generator. Der ζ-Gehalt des Gases wird geringer, der CO_2-Gehalt nimmt zu und der Heizwert wird kleiner. Die Gasqualität hat sich also infolge von Wärmeverlusten verschlechtert. Der Grad der Verschlechterung hängt sehr ab vom spezifischen Wärmeverlust q kcal/Mol$_{M'}$, bezogen auf 1 Mol Vergasungsmittel, und dann vom Verlauf der Sättigungslinie S. Je geringer der Durchsatz und je kleiner der Generator, um so größer wird naturgemäß q sein, um so größer auch der Einfluß der Abkühlung.

Statt mit der Halbwerthöhe hätte man ebensogut mit Dreiviertelwerthöhen oder Neunzehntelwerthöhen operieren können. Man bekäme dann eine noch feinere Unterteilung des Vorganges, doch grundsätzlich bliebe alles dasselbe. Selbstverständlich wurde in diesen Betrachtungen der Vorgang sehr schematisiert. Neben dem vorausgesetzten rein konvektiven Stoff- und Wärmeaustausch haben wir mit einem durchschnittlichen Gaszustand über den ganzen Querschnitt gerechnet, obwohl ja das Randgas am Mantel durch Abkühlung sich vom Mittengas unterscheiden wird. Immerhin

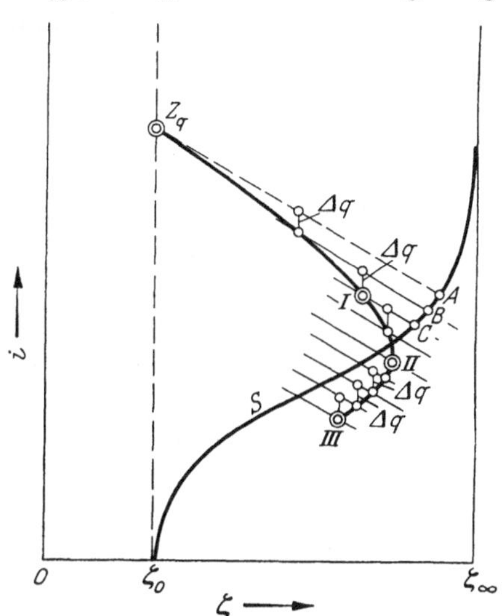

Bild 98. Auswirkung der Höhe h des Brennstoffbettes bei gleichen Verlusten Δq je Halbwerthöhe $h_{1/2}$ Gezeichnet für $h_{III} = 2\,h_{II} = 4\,h_I$

dürften diese Betrachtungen den Gang der Zustandsänderung in den Grundzügen richtig wiedergeben.

Güte des Gases und Höhe des Brennstoffbettes. Bei verlustfreiem Generator wirkt sich jede Vergrößerung der Vergasungshöhe günstig auf die Einstellung des chemischen Gleichgewichtes aus, was meistens mit einer Verbesserung der Güte des Gases gleichbedeutend ist.

Beim Generator mit merklichen Wärmeverlusten kann dagegen eine Vergrößerung der Vergasungshöhe auch ungünstig wirken. In Bild 98 ist ein Vorgang dargestellt, der unter sonst gleichen Bedingungen mit verschiedenen Vergasungshöhen h_I, h_{II} und h_{III} betrieben wird. Versuchsmäßig könnte man das einfach z. B. dadurch bewirken, daß man den Generator mit verschieden hohen Brennstoffschüttungen betreibt. Die Wärmeverluste sind der Höhe h der Vergasungsschicht verhältnisgleich. Die Punkte I, II und III sind für das erzeugte Gas bei Vergasungshöhen h_I, h_{II} und h_{III} maßgebend. Hier ist angenommen, daß die Höhen der Vergasungsschichten ein Vielfaches der Halbwerthöhe $h_{1/2}$ sind, $h_I = 2\,h_{1/2}$, $h_{II} = 4\,h_{1/2}$, $h_{III} = 8\,h_{1/2}$. Im Bereich einer Halbwerthöhe $h_{1/2}$ mögen die Wärmeverluste Δq kcal/Mol je Mol Vergasungsmittel auftreten. Die Vergrößerung der Vergasungshöhe von h_I auf h_{II} verbessert zunächst das Gas;

eine weitere Vergrößerung von h_{II} auf h_{III} verschlechtert wieder das Gas. Man muß also bei Generatoren mit einigermaßen großen spezifischen Wärmeverlusten in der Bemessung der Vergasungshöhe beim Entwurf zurückhaltend sein. Das ist besonders bei Kleinanlagen zu beachten, weil hier die Wärmeverluste viel stärker ins Gewicht fallen, als bei großen Anlagen.

Eine Analogie findet man bei Doppelrohrwärmeaustauschern, wo es bei Wärmeverlusten nach außen einen Höchstwert an Oberfläche gibt, bei dessen Überschreitung die Wärmeverluste den Gewinn an nützlichem Wärmeaustausch übersteigen.

Güte des Gases und die Belastungsänderungen. Der verlustfreie Generator liefert bei Belastungsänderungen ein Gas von nahezu unveränderlicher Qualität. Nur bei starker Überlastung würde der Punkt D des Endgases, Bild 58, merklich von der Sättigungslinie abrücken, weil die Höhe der Vergasungszone für eine Gleichgewichtseinstellung nicht mehr ausreichen würde, und man erhielte ein heizwertärmeres Gas.

Anders verhält sich ein Generator mit Wärmeverlusten. Die totalen Wärmeverluste Q eines Generators hängen außer von seiner Ausführung noch von den Innentemperaturen ab, und diese ändern sich bei Belastungsänderungen nicht wesentlich. So werden auch die Wärmeverluste bei verschiedenen Belastungen so ziemlich gleichbleiben. Dies hat zur Folge, daß bei kleineren Belastungen auf 1 Mol durchgesetztes Vergasungsmittel mehr spezifische Wärmeverluste q entfallen als bei Vollast, was sich auf den Verlauf der Zustandsänderung merklich auswirkt, wie das aus Bild 99 zu ersehen ist.

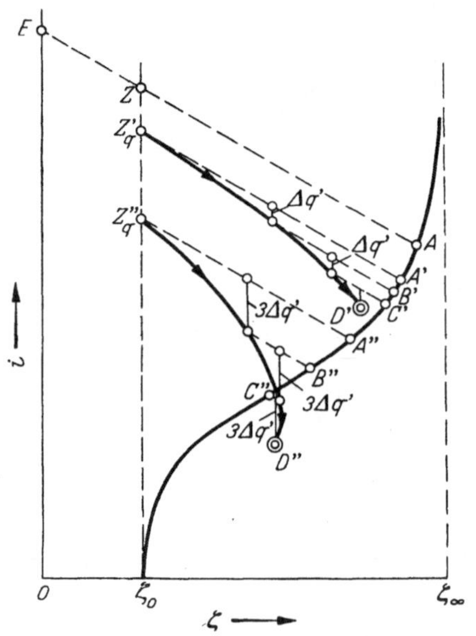

Bild 99. Auswirkung der Verluste bei belastetem (obere Kurve) und entlastetem Generator (untere Kurve)

Bei Vollast mögen die Wärmeverluste den Endzustand D' bedingen. Je Halbwerthöhe sind hier die Verluste $\Delta q'$ angenommen. Bei starker Entlastung des Generators wird weniger Vergasungsmittel durchgesetzt, so daß auf 1 Mol Vergasungsmittel mehr spez. Verluste entfallen, so z. B. bei $^1/_3$ Last ungefähr $\Delta q'' \approx 3\,\Delta q'$. Deswegen wird hier der Endzustand D'' erreicht, der ein wesentlich schlechteres Gas darstellt.

Bei einem Gasmotor braucht sich eine solche Entlastung zunächst nicht nachteilig auszuwirken, denn der Motor saugt über sein Regelorgan so viel von diesem schlechteren Gas an, als er zur Deckung seiner verringerten Leistung benötigt. Wenn aber die Leistung des Motors plötzlich gesteigert werden soll, ergeben sich Betriebsschwierigkeiten folgender Art. Bei längerer Entlastung hat der Brennstoff in der Vergasungsschicht, nach Maßgabe der neuen Zustandslinie $Z''_q D''$ sich abgekühlt. Bei plötzlicher Belastung kann der Brennstoffinhalt des Generators nicht augenblicklich erwärmt werden, so daß zunächst noch eine Weile schlechtes Gas, etwa vom Zustand D'', geliefert wird. Mit diesem schlechteren Gas kann aber der Motor nicht seine volle Leistung hergeben. Erst wenn der Brennstoffinhalt wieder durchgewärmt worden ist, kann die gute Gasqualität wieder erzeugt und damit die volle Motorleistung erreicht werden. Eine Anlage, die längere Zeit schwach belastet war, kann also bei plötzlich eintretender Belastung zum Aussetzen der Maschine Anlaß geben.

Da der Punkt D um so tiefer liegt, je größer die Vergasungshöhe ist, so erkennt man auch hier den nachteiligen Einfluß zu großer Vergasungsräume. Man sollte also bei Kraftgasgeneratoren, die Belastungsschwankungen ausgesetzt sind, den Vergasungsraum nicht größer machen, als es für den Vollastbetrieb unbedingt notwendig ist, worauf schon im vorangehenden Abschnitt hingewiesen wurde.

Zusammenfassend können wir sagen: Zur Erzielung eines guten Kraftgases bei Vollast ist eine Mindestgröße des Vergasungsraumes erforderlich. Eine Überbemessung dieses Raumes ist jedoch für den Betrieb mit wechselnder Belastung nachteilig. Einmal sinkt die Temperatur des Brennstoffbettes bei größeren Vergasungsräumen bei Entlastung tiefer als bei kleineren. Außerdem aber braucht das Brennstoffbett bei größeren Räumen bei nachfolgender Belastung längere Zeit, um wieder aufgewärmt zu werden. Der optimalen Bemessung des Vergasungsraumes wird also besondere Sorgfalt zu widmen sein.

3. Über die Rußbildung

a) Unerwünschte Rußbildung

Bei unvollkommener Verbrennung eines Brennstoffes bilden sich auch brennbare Gase. Nach Erfahrung treten von diesen nur CO, H_2 und CH_4 in merklichen Mengen auf, wogegen der Anteil anderer unverbrannter Kohlenwasserstoffe vernachlässigbar klein ist. Diese bilden sich zwar bei einer etwaigen Entgasung des Brennstoffes, werden aber bei der nachfolgenden Verbrennung praktisch restlos abgebaut, soweit sie überhaupt Gelegenheit hatten, vor der endgültigen Abkühlung mit der Verbrennungsluft in Berührung zu kommen. Ist diese lokale Luftmenge reichlich, so verbrennen die Kohlenwasserstoffe restlos zu CO_2 und H_2O. Ist sie spärlich, so bilden sich neben CO_2 und H_2O noch CO, H_2, CH_4. Unter Umständen wird dabei auch Ruß entstehen, welcher vorwiegend aus amorphem Kohlenstoff besteht. Die angeführten Teilnehmer C, CO_2, H_2O, CO, H_2, CH_4 sind eben diejenigen, die auch bei einem heterogenen Vergasungsvorgang als Endprodukte auftreten. Es ist naheliegend, die Gesetzmäßigkeiten der Vergasung auch beim Studium des Verrußungsvorganges zu verwerten.

Unvollkommen verläuft die Verbrennung an denjenigen Stellen der Feuerung, wo ein örtlicher Sauerstoffmangel herrscht. Dieser lokale Mangel kann entweder infolge ungenügend bemessener Luftmenge oder durch mangelhafte lokale Vermischung der Verbrennungsluft mit den brennbaren Gasteilchen bedingt sein. Brennbare Gasteilchen entstehen entweder durch Verdampfung flüssiger Brennstoffe oder durch Entgasung und Vergasung des festen Brennstoffes. In Gasbrennern ist bereits der Ausgangsbrennstoff gasförmig. Innerhalb einer Feuerung kann das Gebiet der unvollkommenen Verbrennungserscheinungen auch örtlich beschränkt sein, so daß man in einer solchen Feuerung Gebiete mit vollkommener und Gebiete mit unvollkommener Verbrennung antreffen kann. Das Endgas bildet sich erst durch Vermischung dieser beiden Verbrennungsprodukte.

Seiner Entstehungsgeschichte entsprechend wird das Endgas neben CO_2 und H_2O auch unverbrauchten Sauerstoff O_2 als auch unverbrannte Teilnehmer H_2, CO, CH_4 enthalten, gelegentlich auch den Ruß C. Jedoch an Orten des unvollkommenen Verbrennungsvorganges selbst herrscht kein Sauerstoffüberschuß, und dort würde man die Gaszusammensetzung

$$[H_2O] + [H_2] + [CH_4] + [CO] + [CO_2] + [N_2] = 1 \qquad (361)$$

haben. Der ausgefallene Ruß ist fester Kohlenstoff in Form feinster Flocken, die irgendwo abgesetzt werden oder mit dem Rauch durch den Schornstein entweichen.

Kriterium der Rußbildung. Die Reaktion der unvollkommenen Verbrennung wird an Ort und Stelle einem Gleichgewichtzustand zustreben. Findet dabei auch eine Ausscheidung des festen Kohlenstoffes C statt, so kann man gemäß der Reaktionsteilnehmer in Gl. (361) schließen, daß es sich um ein heterogenes Vergasungsgleichgewicht handeln muß. Diese Erkenntnis erlaubt uns, folgendes wichtige Kriterium aufzustellen, wann und unter welchen Bedingungen eine Rußbildung überhaupt eintreten kann. Das Kriterium lautet:

„Ruß kann entstehen nur durch unvollkommene Verbrennung solcher gasförmigen Teilchen, die zum Verbrennungsakt mehr Kohlenstoff mitbringen, als vom entstehenden ‚Generatorgas‘ gasförmig übernommen werden kann."

Das erwähnte Generatorgas entsteht infolge der Reaktion der brennbaren Gasteilchen mit der anwesenden Luft. So werden die Eigenschaften des entstehenden Generatorgases sehr durch den lokalen Luftmangel bedingt werden, d. h. durch den lokalen Luftfaktor λ. Dabei gibt es einen Grenzwert λ_{kr}, bei welchem die unvollkommene Verbrennung gerade noch ohne Rußbildung ablaufen kann, wo aber jede weitere Verkleinerung von λ eine Rußbildung auslösen würde.

Das mit dem Luftfaktor λ_{kr} erhaltene kritische „Generatorgas" beansprucht $\zeta \, Mol_C$ Kohlenstoff für jedes Mol der verbrauchten Luft. Das „Generatorgas" entsteht aus brennbaren Gasteilchen, denen die Sauerstoffcharakteristik σ zukommt. Zur vollkommenen Verbrennung dieser Gasteilchen, also für $\lambda = 1$, wäre eine Sauerstoffmenge $\zeta \, \sigma$ erforderlich gewesen, wovon aber bei dem herrschenden Luftmangel nur die Menge $\lambda_{kr} \, \zeta \, \sigma$ zur Verfügung stand. Diese Sauerstoffmenge stammt aus der Verbrennungsluft, die im allgemeinen feucht gewesen sein kann und dabei die rechnerische Feuchte ψ aufgewiesen haben mag. In 1 Mol feuchter Luft ist $0{,}21 \, (1 - \psi)$ Mol Sauerstoff vorhanden gewesen. Da es sich in beiden Fällen um den gleichen Sauerstoff handelt, so ist

$$0{,}21 \, (1 - \psi) = \lambda_{kr} \, \zeta \, \sigma \qquad (362)$$

und der kritische Luftfaktor der Rußbildung

$$\lambda_{kr} = \frac{0{,}21 \, (1 - \psi)}{\zeta \, \sigma} . \qquad (363)$$

Das ist der analytische Ausdruck des oben ausgesprochenen Kriteriums für die Rußbildung. Bei herrschendem Luftmangel findet bei

$$\lambda < \lambda_{kr} \quad \text{eine Rußbildung} \qquad (364)$$

und bei

$$\lambda > \lambda_{\mathrm{kr}} \qquad \text{keine Rußbildung} \tag{365}$$

statt.

Es sei hervorgehoben, daß die Charakteristik σ den lokalen verbrennenden Gasteilchen zukommt. Der Kohlenstoffbedarf ζ des entstehenden Generatorgases ist durch den hier gasförmigen Brennstoff (σ), durch die rechnerische Luftfeuchte ψ und die lokale Verbrennungs- oder richtiger Vergasungstemperatur t festgelegt, soweit man das Erreichen des Gleichgewichtes voraussetzt.

Wenn das aus M' Mol Vergasungsmittel und aus M'_B Mol gasförmiger Brennstoffteilchen entstehende Generatorgas den gesamten zugebrachten Kohlenstoff M'_C gasförmig übernimmt, so gilt

$$M'_C = M'_B \,(C) = M' \,\zeta \tag{366}$$

wenn (C) $\mathrm{Mol}_C/\mathrm{Mol}_B$ der Kohlenstoffgehalt der gasförmigen Brennstoffteilchen und ζ $\mathrm{Mol}_C/\mathrm{Mol}_{M'}$ wie üblich den Kohlenstoffbedarf der aus 1 Mol Vergasungsmittel erzeugten Gasmenge bedeutet. Das gilt auch noch im kritischen Falle λ_{kr}, und es ist der kritische Vergasungsmittelbedarf je Mol Brennstoff

$$\left(\frac{M'}{M'_B}\right)_{\mathrm{kr}} = \frac{(C)}{\zeta}\,. \tag{367}$$

Wenn bei gegebener Feuchte ψ des verwendeten Vergasungsmittels M' und der Temperatur t der Verbrennung der Wert ζ für das Vergasungsprodukt aus dem betreffenden gasförmigen Brennstoff gilt, so findet bei

$$\frac{M'}{M'_B} < \left(\frac{M'}{M'_B}\right)_{\mathrm{kr}} \qquad \text{eine Rußbildung} \tag{368}$$

und bei

$$\frac{M'}{M'_B} > \left(\frac{M'}{M'_B}\right)_{\mathrm{kr}} \qquad \text{keine Rußbildung} \tag{369}$$

statt. Das ist an und für sich das gleiche Kriterium wie Gln. (364) und (365), nur daß es an Stelle des Luftfaktors λ mit dem Begriff des Vergasungsmittelbedarfes $\dfrac{M'}{M'_B}$ ausgedrückt wird.

Der kritische Luftfaktor λ_{kr} hängt wesentlich von ζ und damit auch von der lokalen Verbrennungstemperatur t ab.

Man kann Gl. (81) umformen in

$$(1 - \psi) = (1 - \psi_L)\,(1 - \zeta\,b) \tag{370}$$

und damit Gl. (363)

$$\lambda_{\mathrm{kr}} = 0{,}21\,\frac{1 - \psi_L}{\sigma}\left(\frac{1}{\zeta} - b\right). \tag{371}$$

Wie ausgeführt, stellt λ_{kr} denjenigen Wert des Luftfaktors beim Luftmangel dar, bei dessen Unterschreitung die Rußbildung einsetzt. Je kleiner λ_{kr}, ein um so größerer Luftmangel ist erforderlich, um eine Rußbildung auszulösen. Für den Fall, daß $\lambda_{\mathrm{kr}} = 0$ wird, kann man auch bei gänzlichem Luftmangel keine Rußbildung bei der betreffenden Temperatur erzwingen. Man beachte aber, daß auch in diesem Falle ($\lambda_{\mathrm{kr}} = 0$) noch immer die Bedingung Gl. (369) erfüllt sein muß, damit keine Rußbildung einsetzt. Wir wollen das gleich erläutern.

In Gl. (371) kann der Fall

$$\lambda_{\mathrm{kr}} = 0 \tag{372}$$

nur dann eintreten, wenn

$$\left.\begin{array}{llll}\text{entweder} & \text{a)} & \sigma = \infty \\[4pt] \text{oder} & \text{b)} & \psi_L = 1 \\[4pt] \text{oder} & \text{c)} & b = \dfrac{1}{\zeta} \quad \text{bzw.} \quad \dfrac{1}{b} = \zeta \end{array}\right\} \qquad (373)$$

ist. Wir wollen die drei Fälle näher besprechen.

Der Fall a) sagt nur eine Selbstverständlichkeit aus, denn $\sigma = \infty$ besagt, daß der Kohlenstoffgehalt des Brennstoffes $(C) = 0$ ist, und ein solcher Brennstoff kann naturgemäß nicht rußen.

Der Fall b) mit $\psi_L = 1$ bedeutet, daß man dem Brennstoff nur Wasserdampf und keine Trockenluft zuführt. Das ist eigentlich keine Verbrennung mehr, sondern eher eine Konvertierung eines Kohlenwasserstoffes mit Wasserdampf. Man sieht, daß diese Konvertierung ohne Verrußung verläuft, falls man für genügend große Wassermenge sorgt, d. h. wenn Gl. (369) befriedigt wird.

Es ist bei $\psi = 1$ die rechnerische Vergasungsmittelmenge

$$M' = M'_{H_2O_L} + M' \zeta b, \qquad (374)$$

worin $M'_{H_2O_L}$ die von außen zugeführte und $M' \zeta b$ die im Brennstoff mitgeführte Wassermenge darstellt. Es wird dann aus Gl. (367), wenn Rußbildung noch vermieden werden soll, mindestens

$$\left(\frac{M'_{H_2O_L}}{M'_B}\right)_{kr} = (C) \left(\frac{1}{\zeta} - b\right) \quad (\text{für } \psi = 1). \qquad (375)$$

Wenn man die je Mol_B Brennstoff zugeführte Dampfmenge mit (H_2O) bezeichnet

$$(H_2O) = \frac{M'_{H_2O_L}}{M'_B}, \qquad (376)$$

so muß

$$\frac{(H_2O)_{kr}}{(C)} = \frac{1}{\zeta} - b \quad (\text{für } \psi = 1) \qquad (377)$$

sein, wenn Verrußung vermieden werden soll.

Der Fall c) mit $\dfrac{1}{\zeta} = b$ kann nach Gl. (370) nur mit $\psi = 1$ verwirklicht werden, also wieder nur bei Beschickung mit reinem Wasserdampf ohne Trockenluft.

Damit ist Fall c) auf einen Sonderfall des Falles b) zurückgeführt. Bei diesem mußte zur Vermeidung der Rußbildung allgemein die Bedingung Gl. (377) erfüllt werden. Wenn im besonderen Falle c) bei einer Temperatur t_A außerdem noch

$$\zeta_A = \frac{1}{b} \quad \text{bzw.} \quad b \zeta_A = 1 \qquad (378)$$

ist, so wird aus Gl. (377)

$$(H_2O)_{kr} = 0 \quad \left(\text{für } \psi = 1 \quad \text{und} \quad \zeta_A = \frac{1}{b}\right), \qquad (379)$$

d. h. der Brennstoff scheidet bei dieser Temperatur t_A keinen Ruß ab, auch wenn kein Wasserdampf zugesetzt wird. Bei dieser Temperatur t_A und bei allen anderen, für welche $\zeta_{\psi=1} \geqq \dfrac{1}{b}$ ist, ist der Brennstoff rußfest. In der Regel werden das höhere Temperaturen sein, $t > t_A$. Zur Auswertung von Gln. (378) und

(379) ist das entsprechende $\zeta\psi$-Diagramm für den vorliegenden Wert σ erforderlich, Bild 100.

In Bild 101 ist für einen Wert σ die Linie $\dfrac{1}{\zeta}$ über t aufgetragen. Ein Brennstoff mit den Charakteristiken b und σ würde bei der Temperatur t_A und darüber ruß-

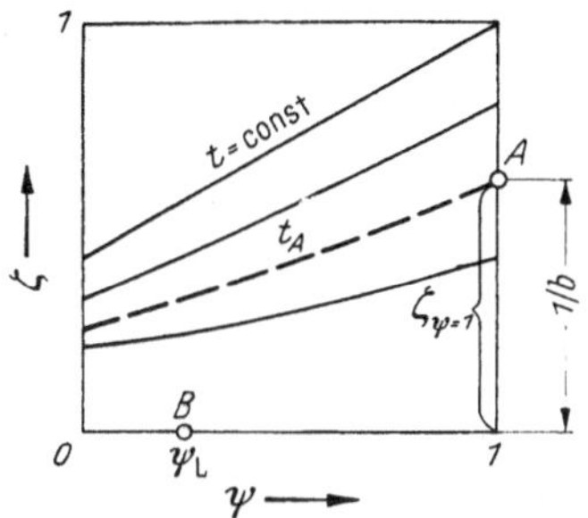

Bild 100. Ermittlung von $\zeta_{\psi=1}$ aus dem $\zeta\psi$-Diagramm

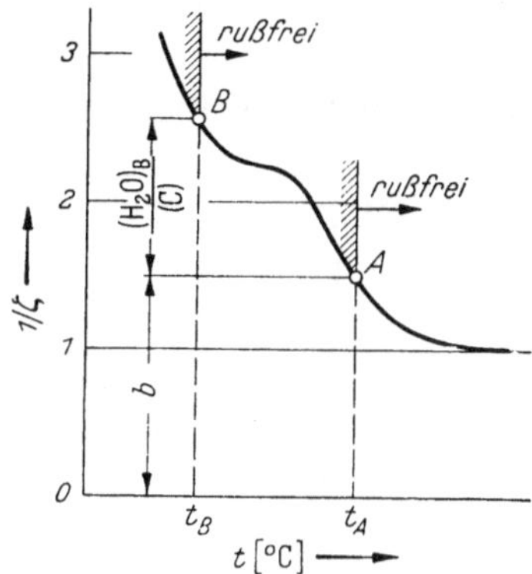

Bild 101. Brennstoff der Charakteristik b ist oberhalb t_A rußfest. Derselbe Brennstoff mit Wasserzusatz $\dfrac{(H_2O)_B}{(C)}$ ist bereits oberhalb t_B rußfest

fest sein. Bei tieferen Temperaturen ist er nicht rußfest, es sei denn, daß man ihm $\dfrac{(H_2O)_B}{(C)}$ Wasserdampf zusetzt, womit dann seine Rußfestigkeit herunter bis zur Temperatur t_B reichen würde. Man kann also durch künstlichen Wasser- oder Wasserdampfzusatz zum Brennstoff seiner Rußneigung entgegenwirken, vorausgesetzt, daß das zugesetzte Wasser am Ort der Verbrennung wirklich zur Verfügung steht. So neigt ein mit Wasser verdünnter Spiritus weniger zum Rußen als ein unverdünnter. Diese Erkenntnis dürfte nicht ohne Interesse für eine rußfreie Verbrennung schwerer Dieselöle in einer Dieselmaschine sein.

Bild 102 ist für einige σ-Werte maßstäblich gezeichnet.

Rußbildung bei extremen Temperaturen. Man kann zwei Grenzfälle der Rußbildung beleuchten, für welche keine besonderen $\zeta\psi$-Diagramme erforderlich sind. Das ist die Rußbildung bei hohen Temperaturen, z. B. 1000° C, und die Rußbildung bei tiefen Temperaturen, z. B. an kalten Flächen des Kessels, an denen die unausgebrannten Gase vorbeistreichen. Um Mißverständnissen vorzubeugen, sei bemerkt, daß die Reaktionstemperatur der Flamme, wo die Ver-

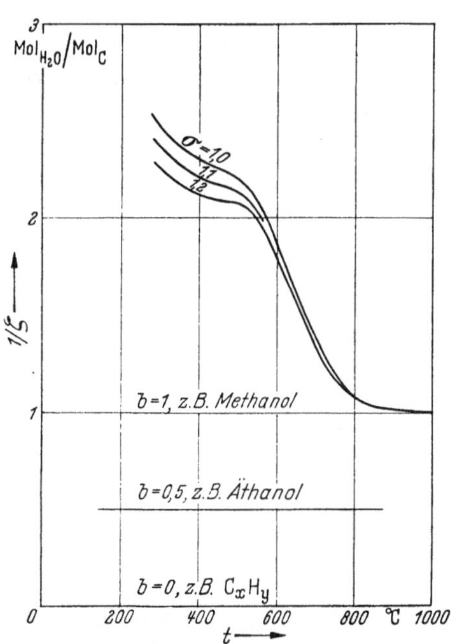

Bild 102. Maßstäbliches $\dfrac{1}{\zeta} - t$-Diagramm aus Bild 101

rußung auftritt, ganz bedeutend niedriger sein wird, als es die theoretische Verbrennungstemperatur ist. Sie wird je nach dem Brennstoff manchmal nur einige hundert Grad betragen, wie das z. B. für Methan später auf S. 144 gezeigt wird. So kommt der Verrußung bei sehr hohen Temperaturen, über 1000° C, mehr die Bedeutung einer Grenzbetrachtung zu, die aber dessenungeachtet interessant ist.

Für sehr hohe Temperaturen, $t = \infty$, folgt aus Gl. (110)

$$\zeta^\infty = \psi^\infty + 0{,}42\,(1 - \psi^\infty). \tag{380}$$

Setzt man Gl. (380) in Gl. (363) ein, so folgt der kritische Luftfaktor $\lambda_{\mathrm{kr}}^\infty$ für sehr hohe Temperaturen

$$\lambda_{\mathrm{kr}}^\infty = \frac{0{,}21\,(1 - \psi^\infty)}{[\psi^\infty + 0{,}42\,(1 - \psi^\infty)]\,\sigma} = \frac{0{,}21\,(1 - \psi_L)\,(1 - b)}{[\psi_L + 0{,}42\,(1 - \psi_L)]\,\sigma}. \tag{381}$$

Bei feuchter Verbrennungsluft mit der tatsächlichen Feuchte ψ_L berechnet man die rechnerische Feuchte ψ^∞ bei sehr hoher Temperatur nach Gln. (81) und (380) zu

$$\psi^\infty = \frac{\psi_L + 0{,}42\,(1 - \psi_L)\,b}{1 - 0{,}58\,(1 - \psi_L)\,b} \tag{382}$$

welcher Wert in Gln. (380) und (381) für ψ^∞ einzusetzen ist. Für trockene Verbrennungsluft ist hier $\psi_L = 0$ zu setzen. Wenn der Luftmangel so groß ist, daß $\lambda < \lambda_{\mathrm{kr}}^\infty$ ist, so wird die Rußbildung schon in der heißen Flamme eintreten. So ist z. B. bei Verbrennung von Methan, CH_4, mit $\sigma = 2$, $b = 0$, im Falle trockener Verbrennungsluft $\psi_L = 0$, nach Gl. (382) $\psi^\infty = 0$ und damit nach Gl. (381) $\lambda_{\mathrm{kr}}^\infty = 0{,}25$. Die Methanflamme wird, auch wenn sie sehr heiß sein sollte, an denjenigen Stellen rußen, wo infolge mangelhafter Vermischung die verfügbare Luftmenge kleiner als ein Viertel der theoretischen Verbrennungsluftmenge ist. Bei Azetylen C_2H_2 mit $\sigma = 1{,}25$, $\frac{(O)}{(C)} = 0$, ist analog $\lambda_{\mathrm{kr}}^\infty = 0{,}4$, so daß eine Azetylenflamme mehr zur Rußbildung neigt als die Methanflamme. Das äußert sich u. a. auch durch die größere Leuchtkraft der Azetylenflamme.

Ist die Verbrennungsluft mit Sauerstoff auf den Sauerstoffgehalt r_L angereichert, so ist überall statt 0,21 der Wert r_L, statt 0,42 der Wert $2\,r_L$ und statt 0,58 der Wert $(1 - 2r_L)$ einzusetzen. Bei Verbrennung mit reinem Sauerstoff und Wasserdampf wird dann

$$\left(\lambda_{\mathrm{kr}}^\infty\right)_{O_2} = \frac{(1 - \psi_L)\,(1 - b)}{[\psi_L + 2\,(1 - \psi_L)]\,\sigma}. \tag{383}$$

Bei $\psi_L > 0$ ist dieser Wert größer als jener in Gl. (381), so daß bei Verbrennung in feuchtem Sauerstoff die Rußung schon bei kleinerem Luftmangel einsetzt als bei Verbrennung in feuchter Luft. Bei trockenem Sauerstoff ($\psi_L = 0$) sind die Werte in Gln. (383) und (381) gleich groß.

Um das Rußungsverhalten des Brennstoffes bei tiefen Temperaturen zu beurteilen, muß man nach Gl. (110) den Wert ζ^0 für tiefe Temperaturen ermitteln. Da die Gleichgewichtskonstanten K_B, K_W und K_M eine Temperaturabhängigkeit von der Art

$$\ln K = m - \frac{n}{T} \tag{384}$$

haben, so kann man zeigen, daß bei tiefen Temperaturen die Werte χ, ω, μ den Grenzwerten

$$\chi^0 = 0; \quad \omega^0 = 1; \quad \mu^0 = 0 \quad \text{(für } T \to 0) \tag{385}$$

zustreben, womit dann nach Gl. (110)

$$\zeta^0 = \frac{0,21\,(1 - \psi^0)}{\sigma} = \frac{0,21\,(1 - \psi_L)}{0,21\,(1 - \psi_L)\,b + \sigma} \tag{386}$$

und damit aus Gl. (363)

$$\lambda_{kr}^0 = 1 \quad (\text{für } T \to 0) \tag{387}$$

wird. Bei tiefen Temperaturen führt also die Verbrennung eines jeden Brennstoffes ohne Rücksicht auf b und σ schon bei geringstem Luftmangel zur Rußbildung. Das gilt sowohl für Verbrennung in trockener ($\psi_L = 0$) und feuchter Luft als auch für Verbrennung in reinem Sauerstoff. Ausgenommen sind nur Brennstoffe ohne Kohlenstoffgehalt $(C) = 0$, weil ja diese sowieso nicht rußen können.

In beiliegender Zahlentafel sind die Werte für σ, b und λ_{kr}^∞ für einige Brennstoffe aufgenommen. Man sieht, daß Azetylen, Benzol und Naphthalin mit $\lambda_{kr}^\infty = 0,4$ am meisten zum Rußen neigen, dann folgt Gasöl und Benzin usw. Wassergas ist bei hoher Temperatur rußfest.

Zahlentafel

	Brennstoff	Symbol	σ	b	λ_{kr}^∞
a	Azetylen	C_2H_2	1,25	0	0,4
b	Benzol	C_6H_6	1,25	0	0,4
c	Naphthalin	$C_{10}H_8$	1,20	0	0,416
d	Gasöl	$\{$ $c = 0,79,\ h = 0,11$ $o = 0,10$ $\}$	1,37	0,1	0,33
e	Benzin	$\{$ $c = 0,55$ $h = 0,15$ $\}$	1,53	0	0,326
f	Methan	CH_4	2,0	0	0,25
g	Äthanol	C_2H_5OH	1,50	0,5	0,167
h	0,333 CH_4 + 0,667 CO		1,0	0,667	0,167
i	Wassergas	0,5 H_2 + 0,5 CO	1,0	1	0
k	Mischgas [1]		1,0	1,244	0

Rußbildung bei mittleren Temperaturen. Der kritische Luftfaktor λ_{kr} ist von der Temperatur abhängig. Zur zahlenmäßigen Bestimmung von λ_{kr} sind hier $\zeta\psi$-Diagramme für entsprechende σ-Werte der Brennstoffe erforderlich. Einige solche Diagramme sind in Tafel 9, 17, 25 usw. wiedergegeben. Die Ergebnisse der kritischen Luftfaktoren sind für einige Brennstoffe in Bild 103 dargestellt. In das Diagramm konnten nur Brennstoffe mit $\sigma = 1$ bis $\sigma = 1,2$ aufgenommen werden, da nur für diese Werte fertige $\zeta\psi$-Diagramme vorliegen. Nach Bild 103 neigen die Brennstoffe bei mittleren Temperaturen viel stärker zur Rußbildung als bei hohen. So wird das Gasgemisch aus 0,333 CH_4 und 0,667 CO, Linie h, bei Temperaturen unter 300° C bereits bei geringem Luftmangel rußen, weil hier $\lambda_{kr} \approx 0,9$ ist. Der Flamme entgegengehaltene kältere Flächen, die sich dabei nur wenig erhitzen, werden demnach besonders stark Anlaß zur Rußbildung geben. Auch Kesselheizflächen, die diesem Temperaturgebiet entsprechen, werden einer Verrußung ausgesetzt sein, wenn die Gase und die Luft bis zum Aufprall auf diese Flächen nicht genügend durchgemischt worden sind.

Feuchtigkeit und Rußbildung. Es wurde schon oben bei Bild 101 darauf hingewiesen, daß ein Zusatz an Wasserdampf die Rußbildung bei gegebener Tem-

---

[1] Mischgas der Zusammensetzung: 0,21 CO + 0,41 H_2 + 0,05 CH_4 + 0,15 CO_2 + 0,18 N_2.

peratur erschweren kann und man mit genügend großem Wasserzusatz $(H_2O)_B$ den Brennstoff oberhalb der Temperatur t_B rußfest machen kann. Es wurde besonders hervorgehoben, daß nur jenes Wasser wirksam ist, welches jeweils

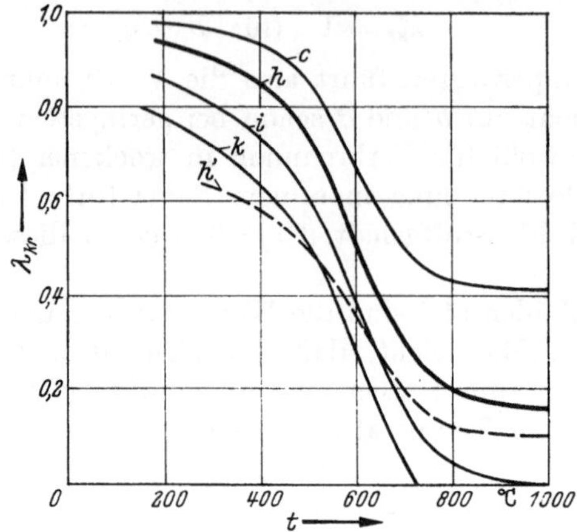

Bild 103. Kritische Luftfaktoren λ_{kr} für einige Brennstoffe abhängig von der Temperatur.
c Naphthalin, h Gemisch $^1/_3$ CH$_4$ + $^2/_3$ CO, h' wie h jedoch bei Verbrennung in feuchter Luft mit $\psi = 0{,}2$, i Wassergas $^1/_2$ H$_2$ + $^1/_2$ CO, k Mischgas aus Zahlentafel auf S. 137

am Ort der Verbrennung zur Verfügung steht. Deswegen wird eine dem flüssigen oder gasförmigen Brennstoff zugesetzte Wassermenge wirksamer sein, als wenn sie der Verbrennungsluft zugesetzt wird. Aber auch die Befeuchtung der Verbrennungsluft ist noch wirksam, was man aus dem Vergleich der Linien h

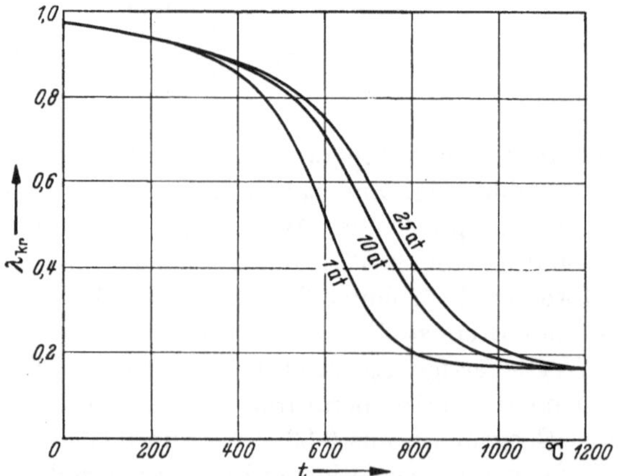

Bild 104. Einfluß des Druckes auf den kritischen Luftfaktor λ_{kr} für den Fall h aus Bild 103

und h' in Bild 103 sieht. Die erste gilt für Verbrennung des betreffenden Gases mit trockener Luft, die zweite für dasselbe Gas bei Verbrennung in feuchter Luft mit $\psi_L = 0{,}2$. Man beachte, daß bei derselben Vergleichstemperatur der Wert λ_{kr} bei h' wesentlich tiefer als bei h liegt. Allerdings wird durch Luftbefeuchtung auch die Verbrennungstemperatur erniedrigt.

Rußbildung bei höheren Drücken. Bei höheren Drücken sind laut Gl. (369) bzw. (373) die kritischen Luftfaktoren λ_{kr}^∞ und λ_{kr}^0 genau so groß wie bei tiefen

Drücken. In mittleren Temperaturlagen jedoch ist

$$(\lambda_{kr})_p > \lambda_{kr}, \tag{388}$$

d. h. der Brennstoff neigt bei höheren Drücken mehr zur Rußbildung, wie man sich durch Einsetzen der ζ-Werte in Gl. (371) für höhere Drücke gleich überzeugen kann. Im Bild 104 sieht man den Einfluß des Druckes auf λ_{kr}, während im Bild 105 der Druckeinfluß auf die Größe $\frac{1}{\zeta}$ gemäß Bild 101 angedeutet ist.

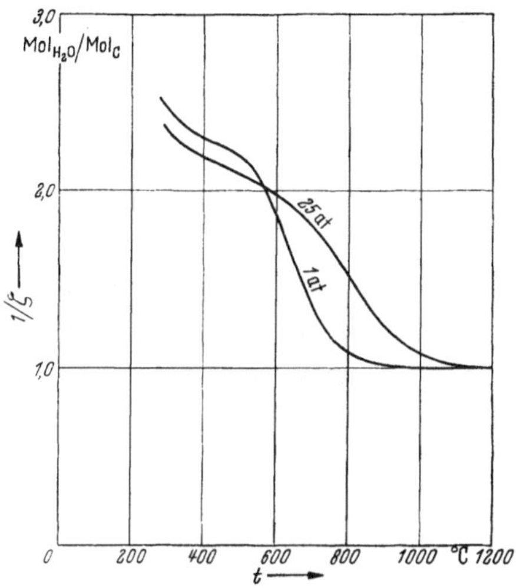

Bild 105. Einfluß des Druckes auf die Linie $\frac{1}{\zeta}$ aus Bild 101, für $\sigma = 1{,}0$

b) Erzeugung von Ruß

Die Rußbildung ist gewöhnlich eine unerwünschte und schädliche Begleiterscheinung der Verbrennung. Es gibt aber Prozesse, welche die Aufgabe haben, Ruß bestimmter Eigenschaften zu erzeugen, da dieser in großen Mengen in der chemischen Industrie, insbesondere auch bei der Kautschukverarbeitung, als ein wesentlicher Aktivator gebraucht wird. So wird Ruß aus Erdgas (Methan), aus Azetylen und aus schweren Ölen in großem Ausmaße hergestellt.

Aus Kohlenwasserstoffen wird Ruß vornehmlich auf zwei Arten erzeugt. Die eine ist die thermische Zersetzung der Kohlenwasserstoffe durch Erhitzung unter Luftabschluß, die andere ist deren unvollkommene Verbrennung unter Luftmangel. Dem in der Flamme bei tieferen Temperaturen gewonnenen Ruß werden günstigere Eigenschaften zugeschrieben als dem Ruß aus thermischer Zersetzung bei hohen Temperaturen, weil amorpher Ruß chemisch aktiver ist als der graphitische. Die reine thermische Zersetzung kann man auch als den Grenzfall der unvollkommenen Verbrennung mit der Luftüberschußzahl Null auffassen.

Rußerzeugung aus Kohlenwasserstoffen vom Typ C_xH_y. Obwohl wir später zahlenmäßig die Rußbildung aus Methan diskutieren wollen, soll hier zunächst der allgemeine Fall behandelt werden, indem als Rohstoff irgendein Kohlenwasserstoff vom Typ C_xH_y gewählt wird. Von technischer Bedeutung ist z. B. die Rußbildung aus Methan CH_4 oder aus Azetylen C_2H_2. 1 Mol solchen Rohstoffes enthalte (C) Mol/Mol Kohlenstoff und (H) Mol/Mol Wasserstoff. Im vorliegenden Falle wäre $(C) = x$, $(H) = \tfrac{1}{2}y$. Dem Prozeß nach Bild 106 führen wir M'_L Mol trockener Luft und M'_m Mol trockenen Kohlenwasserstoffes, z. B. Methan zu. Insgesamt wird zugeführt

$$M' = M'_L + M'_m \text{ Mol}. \tag{389}$$

Eine Befeuchtung des Ausgangsgemisches M' schließen wir aus unseren Betrachtungen aus, da wir von früher wissen, daß Wasserdampf die Rußbildung erschwert.

Den Anteil des Brennstoffes im Ausgangsgemisch M' bezeichnen wir mit

$$\xi = \frac{M'_m}{M'_L + M'_m} = \frac{M'_m}{M'} \text{ Mol/Mol}. \tag{390}$$

Es werden neben Ruß noch M Mol Gas erzeugt, welches aus folgenden Einzelgasen zusammengesetzt sein mag

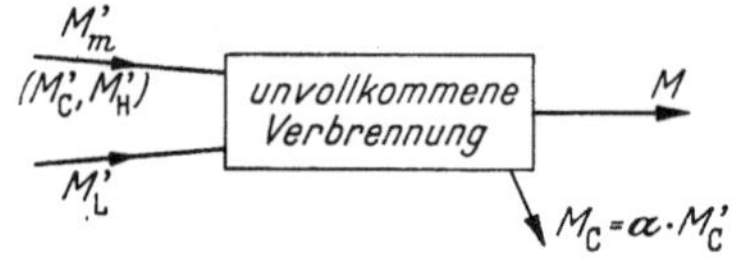

Bild 106. Schema einer unvollkommenen Verbrennung mit Rußbildung

$$M = M_{H_2O} + M_{H_2} + M_{CH_4} +$$
$$+ M_{CO} + M_{CO_2} + M_{N_2} \tag{391}$$

und außerdem noch M_C Mol festen Kohlenstoffes in Form von Ruß enthält. Es wird also vorausgesetzt, daß in den Abgasen keine nennenswerten Kohlenwasserstoffe, z. B. auch kein Azetylen C_2H_2, angetroffen werden.

Die Stoffbilanzen lauten:

Sauerstoffbilanz

$$0,21\, M'_L = \tfrac{1}{2} M_{H_2O} + \tfrac{1}{2} M_{CO} + M_{CO_2}, \tag{392}$$

Wasserstoffbilanz

$$(H)\, M'_m = M_{H_2O} + 2\, M_{CH_4} + M_{H_2}, \tag{393}$$

Kohlenstoffbilanz

$$(C)\, M'_m = M_{CO_2} + M_{CO} + M_{CH_4} + M_C, \tag{394}$$

Stickstoffbilanz

$$0,79\, M'_L = M_{N_2}. \tag{395}$$

Die Zusammensetzung des erzeugten feuchten Gases ist

$$[H_2O] + [H_2] + [CH_4] + [CO] + [CO_2] + [N_2] = 1. \tag{396}$$

Denjenigen Anteil des Gesamtwasserstoffes, den man als M_{H_2} im erzeugten Gas wiederfindet, bezeichnen wir mit χ

$$\chi = \frac{M_{H_2}}{(H)\, M'_m} \tag{397}$$

und denjenigen Anteil, der im Methan M_{CH_4} vorgefunden wird, mit

$$\mu = \frac{2\, M_{CH_4}}{(H)\, M'_m}. \tag{398}$$

Der Sauerstoff verteilt sich auf CO_2 und CO im Verhältnis

$$\omega = \frac{M_{CO_2}}{\tfrac{1}{2} M_{CO} + M_{CO_2}}. \tag{399}$$

Daraus folgen die Beziehungen für die Zusammensetzung des feuchten Gases

$$[\mathrm{H_2O}] = \frac{(1 - \chi - \mu)\,(\mathrm{H})\,\xi}{V_f}\,, \tag{400}$$

$$[\mathrm{H_2}] = \frac{\chi\,(\mathrm{H})\,\xi}{V_f}\,, \tag{401}$$

$$[\mathrm{CH_4}] = \frac{\frac{1}{2}\,\mu\,(\mathrm{H})\,\xi}{V_f}\,, \tag{402}$$

$$[\mathrm{CO}] = \frac{2\,(1 - \omega)\,\{0,21\,(1 - \xi) - \frac{1}{2}\,(1 - \chi - \mu)\,(\mathrm{H})\,\xi\}}{V_f}\,, \tag{403}$$

$$[\mathrm{CO_2}] = \frac{\omega\,\{0,21\,(1 - \xi) - \frac{1}{2}\,(1 - \chi - \mu)\,(\mathrm{H})\,\xi\}}{V_f}\,, \tag{404}$$

$$[\mathrm{N_2}] = \frac{0,79\,(1 - \xi)}{V_f}\,. \tag{405}$$

Hierin ist

$$V_f = \frac{M}{M'} = 0,79\,(1 - \xi) + \left(1 - \frac{1}{2}\,\mu\right)(\mathrm{H})\,\xi + (2 - \omega) \times$$
$$\times \left\{0,21\,(1 - \xi) - \frac{1}{2}\,(1 - \chi - \mu)\,(\mathrm{H})\,\xi\right\}\ \mathrm{Mol/Mol} \tag{406}$$

die Menge des erzeugten feuchten Gases, die aus 1 Mol des Ausgangsgemisches M' entsteht.

Die Zusammensetzung des getrockneten erzeugten Gases ist

$$\mathrm{H_2 + CH_4 + CO + CO_2 + N_2 + H_2O = 1 + H_2O}\,. \tag{407}$$

Die einzelnen Raumanteile $\mathrm{H_2}$, $\mathrm{CH_4}$ usw. bekommt man, wenn in obigen Gleichungen überall V_f mit der Menge der getrockneten Abgase V_tr ersetzt wird, wobei

$$V_\mathrm{tr} = \frac{M - M_\mathrm{H_2O}}{M'} = V_f - (1 - \chi - \mu)\,(\mathrm{H})\,\xi\ \mathrm{Mol/Mol} \tag{408}$$

ist.

Zur Beurteilung der chemischen Ausbeute eignet sich das Verhältnis des ausgeschiedenen Kohlenstoffes zum zugeführten Gesamtkohlenstoff

$$\alpha = \frac{M_C}{(\mathrm{C})\,M'_m} = 1 - \frac{V_\mathrm{tr}\,(\mathrm{CH_4 + CO + CO_2})}{(\mathrm{C})\,\xi}\ \mathrm{Mol/Mol} \tag{409}$$

oder

$$\alpha = 1 - \frac{(2 - \omega)\,\{0,21\,(1 - \xi) - \frac{1}{2}\,(1 - \chi - \mu)\,(\mathrm{H})\,\xi\} + \frac{1}{2}\,\mu\,(\mathrm{H})\,\xi}{(\mathrm{C})\,\xi}\,. \tag{410}$$

Bei $\alpha = 0$ bildet sich kein Ruß, bei $\alpha = 1$ fällt der ganze Kohlenstoff als Ruß aus.

Wenn bei der Verrußung das chemische Gleichgewicht erreicht wird, kann man die Größen χ, μ und ω berechnen, ähnlich wie das bei den Generatorvorgängen getan wurde. Man bekommt die Simultangleichungen, die zugleich befriedigt werden müssen.

$$\xi_I = \frac{0,21}{\dfrac{1 - \chi - \mu}{\mu}\left[\dfrac{2}{K_W}(1 - \chi - \mu) + \chi\right](\mathrm{H})\,\dfrac{K_B}{K_M\,K_W} + \dfrac{1}{2}\,(\mathrm{H})\,(1 - \chi - \mu) + 0,21} \tag{411}$$

und

$$\xi_{II} = \frac{1,21 + \dfrac{2}{K_W}\dfrac{1 - \chi - \mu}{\chi}}{1,21 - \dfrac{(\mathrm{H})}{2}(1 + \chi) + \dfrac{2\,(\mathrm{H})}{K_M}\dfrac{\chi^2}{\mu} + \dfrac{(\mathrm{H})}{K_W}\dfrac{1 - \chi - \mu}{\chi}\left[\dfrac{2}{(\mathrm{H})} - 1 + \left(\dfrac{K_W}{2} - 1\right)\chi + \dfrac{4}{K_M}\dfrac{\chi^2}{\mu}\right]}\,, \tag{412}$$

worin nur diejenigen Lösungen richtig sind, für welche

$$\xi_I = \xi_{II} \tag{413}$$

ist. Dann folgt auch

$$\omega = \frac{1}{1 + \dfrac{1}{2} K_W \dfrac{\chi}{1 - \chi - \mu}} . \tag{414}$$

Von den gefundenen Wurzeln der Gln. (411) bis (414) sind nur diejenigen physikalisch sinnvoll, für welche nach Gl. (410) die Ausbeute $\alpha \geqq 0$ ist, denn nur in diesem Falle wird die Voraussetzung des BOUDOUARDschen Gleichgewichtes erfüllt, daß nämlich fester Kohlenstoff als der eine Gleichgewichtspartner anwesend ist.

Rußerzeugung aus Methan. Methan ist als der Hauptbestandteil des Erdgases ein wichtiger Rohstoff zur Erzeugung von Ruß.

Für Methan sind in Gln. (411) und (412) die Werte

$$(H) = 2, \quad (C) = 1. \tag{415}$$

Die berechneten Werte χ, μ und α sind in Tafel 69 dargestellt. Die damit berechnete Zusammensetzung des getrockneten Abgases ist in Tafel 67 und 68 wiedergegeben. In diesen H_2-CH_4- bzw. H_2-CO-Diagrammen sind u. a. auch die Linien $\xi = $ konst und $t = $ konst eingezeichnet. Bei bekannter Ausgangszusammensetzung ξ und bekannter Reaktionstemperatur t kann man die Zusammensetzung des Abgases ohne Berechnung ablesen. Zwischen der Ausgangszusammensetzung ξ und dem Luftfaktor λ besteht die Beziehung

$$\xi = \frac{1}{\dfrac{2}{0{,}21} \lambda + 1} \tag{416}$$

und

$$\lambda = \frac{0{,}21}{2} \frac{1 - \xi}{\xi} . \tag{417}$$

Wenn im Betrieb der Zustand des Methans und der Luft und der Luftfaktor λ bekannt sind, so ist bei Erreichung des Gleichgewichtes die Reaktionstemperatur und die Zusammensetzung des Abgases eindeutig bestimmt. Die einfache Ermittlung dieser Reaktionstemperatur geschieht mit Hilfe des $i\xi$-Diagrammes.

In Tafel 65 ist die Menge der getrockneten Abgase V_{tr} in Mol/Mol je Mol Ausgangsgemisch M' und der zugehörige Wasserdampfgehalt H_2O, bezogen auf getrocknete Abgase, aufgetragen. Die chemische Ausbeute α kann man dem gleich zu besprechenden $i\xi$-Diagramm entnehmen, wodurch die wichtigsten Größen, die uns von der wärmetechnischen Seite aus bei der Verrußung interessieren, festgelegt sind.

Das $i\xi$-Diagramm. Die Enthalpie i kcal/Mol derjenigen Abgasmenge, die aus 1 Mol Ausgangsgemisch M' entsteht, einschließlich der Enthalpie der ausgefallenen Rußmenge $\dfrac{M_C}{M'}$, ist bei der Gastemperatur t

$$i = (1 - \xi) i_L + \xi (C) i_C + V_f \{[H_2] \boldsymbol{H_{H_2}} + [CO] \boldsymbol{H_{CO}} + [CH_4] \boldsymbol{H_{CH_4}}\} -$$
$$- V_f \{[CO] + [CO_2] + [CH_4]\} \boldsymbol{H_C} + (H) \xi (i_{H_2O} - \tfrac{1}{2} i_{O_2}). \tag{418}$$

Hier sind $\boldsymbol{H_{H_2}}$, $\boldsymbol{H_{CO}}$ kcal/Mol usw. die unteren Heizwerte der entsprechenden Gase bei der Gastemperatur t und i_L, i_{O_2}, i_{N_2}, i_C kcal/Mol die Enthalpien der

Einzelgase bzw. des Kohlenstoffes bei der nämlichen Temperatur. Für Wasserdampf sei hier angenommen

$$i_{H_2O} = [C_{p\,H_2O}]_0^t\, t + i_{H_2O}^0 \quad \text{mit} \quad i_{H_2O}^0 = 10760, \tag{419}$$

worin $i_{H_2O}^0$ die Enthalpie des Wasserdampfes in kcal/Mol bei 0° C bedeutet. Tafel 66 zeigt das maßstäbliche $i\xi$-Diagramm für Methan bei Verbrennung mit trockener Luft. Hier sind über ξ die Enthalpien i des Abgases einschließlich Ruß für einige Reaktionstemperaturen t eingetragen. Außerdem sind Linien gleicher chemischer Ausbeute α verzeichnet.

Wärmeerscheinungen. Beim adiabaten Vorgang nach Bild 107 muß die Enthalpie der zugeführten Stoffe (Methan und Luft) gleich der Enthalpie des erhaltenen rußhaltigen Gases sein, und man bekommt die Beziehung

$$(1 - \xi)\, i_L'' + \xi\, i_m'' = i. \tag{420}$$

Der Ausdruck Gl. (420) erlaubt eine einfache zeichnerische Ermittlung der Enthalpie des erzeugten Gases. Im $i\xi$-Diagramm Bild 108 sucht man bei $\xi = 0$

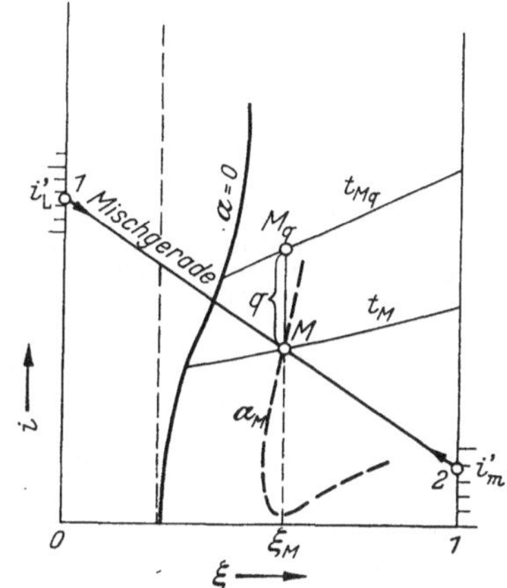

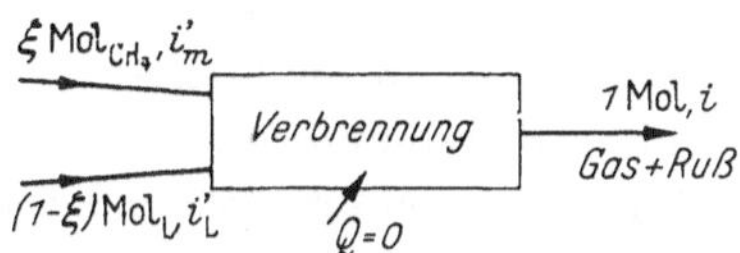

Bild 107. Zur Verbrennung von Methan

Bild 108. Adiabate (M) und nichtadiabate (M_q) Verbrennung von Methan innerhalb des Rußungsgebietes

den Zustandspunkt *1* der Verbrennungsluft auf, und zwar mit Hilfe der hier zu diesem Zweck vorgesehenen Temperaturskala für t_L'. Ähnlich sucht man Punkt *2* für Methan bei der Temperatur t_m' auf der Ordinate $\xi = 1$ auf. Gl. (420) stellt im $i\xi$-Diagramm die Gleichung einer Geraden dar, so daß die Enthalpie i des rußhaltigen Gases M auf der Mischgeraden $\overline{12}$ liegen muß, und zwar bei demjenigen Wert von $\xi = \xi_{M'}$, mit welchem der Prozeß geführt wird. Für Punkt M liest man die Reaktionstemperatur $t = t_M$ ab, und sieht außerdem, ob er innerhalb oder außerhalb des Rußgebietes liegt. Die chemische Ausbeute $\alpha = \alpha_M$ liest man ebenfalls an den entsprechenden Linien ab. Führt man dem Vorgang die Fremdwärme Q zu, so liegt der erreichte Zustandspunkt M_q, Bild 108, um den Betrag

$$q = \frac{Q}{M'} \quad \text{kcal/Mol} \tag{421}$$

über dem adiabaten Zustandspunkt M

$$i_{Mq} = i_M + q. \tag{422}$$

Auch hier kann die Reaktionstemperatur t_{Mq} abgelesen werden. Bei Wärmeentzug liegt Punkt M_q natürlich unterhalb von M.

Einfluß des Luftmangels. Für die Betriebsverhältnisse bei der Rußerzeugung ist der Luftmangel, ausgedrückt mit λ oder ξ, Gln. (416) und (417), entscheidend.

In Bild 109 ist für verschiedene Vorwärmungstemperaturen der Luft und des Methans die zugehörige Reaktionstemperatur t in Abhängigkeit von der Ausgangszusammensetzung ξ dargestellt. Man sieht, daß beim adiabaten Vorgang innerhalb des Verrußungsgebietes die erreichten Temperaturen verhältnismäßig

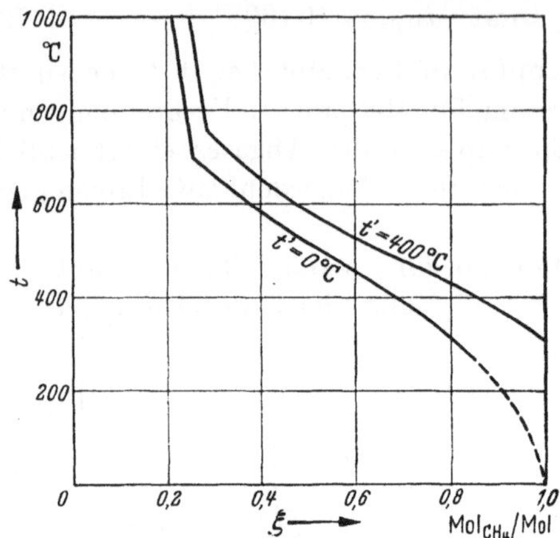

Bild 109. Reaktionstemperatur, abhängig vom Mischungsverhältnis des Methan-Luft-Gemisches und dessen Vorwärmungstemperatur t'

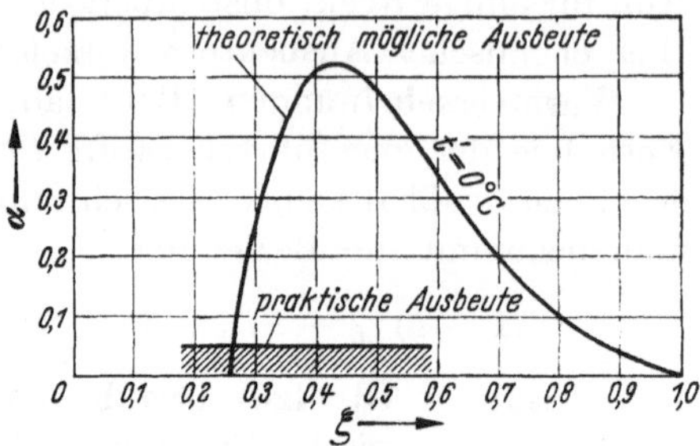

Bild 110. Theoretisch mögliche Ausbeute α an Ruß, abhängig vom Mischungsverhältnis des Methan-Luft-Gemisches

niedrig liegen. Beim Betrieb ohne Vorwärmung $t' = 0°$ C, bleibt die Reaktionstemperatur innerhalb des Verrußungsgebietes durchweg unter 700° C. Im linken Teil der Tafel 66 ist der ungefähre Verlauf der Isothermen im Gebiet der vollkommenen und unvollkommenen Verbrennung ohne Rußbildung angedeutet (gestrichelte Linien). An der Grenze der vollkommenen und unvollkommenen Verbrennung ($\lambda = 1$, $\xi = 0,095$) entsprechen die Knickpunkte der theoretischen Verbrennungstemperatur für die betreffende Mischgerade. In Bild 110 ist über ξ die Ausbeute α an Ruß aufgetragen. Man erkennt, daß die Ausbeute einen ausgesprochenen Höchstwert zeigt. Wollte man den Höchstwert an Ausbeute von etwa $\alpha_{max} = 0,52$ erzielen, so müßte man mit sehr geringen Luftmengen arbeiten, mit etwa $\lambda \approx 0,13$, was bei der Verbrennung Schwierigkeiten machen dürfte. Die Vergrößerung der Luftmenge verkleinert jedoch schnell die Ausbeute, so daß beim adiabaten Betrieb bereits bei $\lambda \geqq 0,3$ keine Ausbeute an Ruß mehr zu gewinnen ist. Die praktischen Verfahren, die

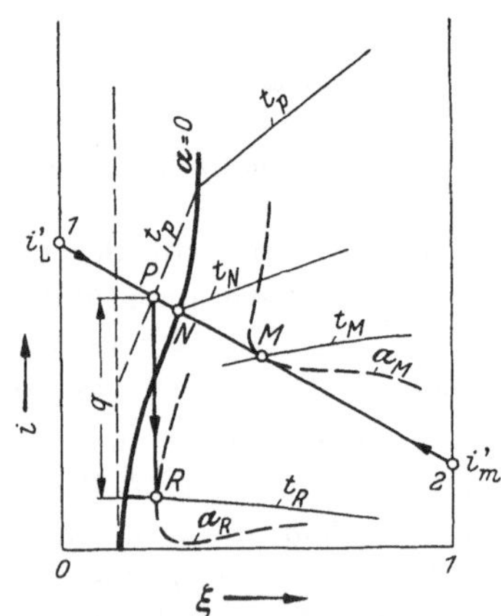

Bild 111. Rußbildung in der Flamme. In M Betrieb mit größter Rußausbeute α_M. Nichtrußende Flamme P rußt bei Abkühlung auf R

mit offener Flamme und mit Abkühlung der Abgase an massigen Eisenplatten arbeiten, weisen eine Ausbeute von weniger als 5% auf, bleiben also weit hinter der nach den Gleichgewichtsgesetzen möglichen Ausbeute von über 50% zurück. Theoretisch besteht also die Möglichkeit einer wesentlichen Verbesserung der Ausbeute.

Im $i\xi$-Diagramm, Tafel 66, kann man auch die rein thermische Zersetzung des Methans auf der Ordinate $\xi = 1$ verfolgen. Durch rein thermische Zersetzung könnte man z. B. bei 600° C eine Ausbeute von $\alpha \approx 0{,}6$ erreichen, also bedeutend mehr als durch den Verbrennungsvorgang bei gleicher Temperatur. Man kann hier jedoch nicht vermeiden, daß örtlich höhere Temperaturen auftreten. Wenn nämlich das Gas durch Beheizung auf etwa 600° C gebracht werden soll, so müssen die Heizflächen eine wesentlich höhere Temperatur haben. Man gewinnt so ein Erzeugnis, das der Menge nach zwar ausgiebiger anfällt, aber infolge des Graphitierungsvorganges bei Temperaturen oberhalb 700° C nicht mehr so wertvoll ist, wie ein Ruß, gewonnen bei tiefen Temperaturen.

In einer offenen Flamme findet man Bereiche mit verschiedenem λ bzw. ξ. Im Innenkegel herrscht Luftmangel, im Außenkegel Luftüberschuß. Der Ruß, der sich im Innenkegel etwa gebildet hat, kann im Außenkegel nachträglich verbrennen. Man kann das verhüten, wenn man die Flamme gegen eine verhältnismäßig kalte Wand, z. B. gegen eine Eisenplatte, brennen läßt. Dann setzt sich an dieser Wand Ruß ab. Hier handelt es sich außerdem um einen Vorgang mit Wärmeentziehung, denn die Eisenplatte leitet beträchtliche Wärmemengen fort. Nach diesem Verfahren müssen auch Flammenbereiche mit größerem Luftfaktor λ, d. h. mit kleinerem ξ, noch Ruß liefern, wie man das in Bild 111 sieht. Hier sind *1* und *2* die Ausgangszustände von Luft und von Methan, Punkt M ist der adiabate Zustand des Erzeugnisses mit der höchstmöglichen Ausbeute $\alpha_M = \alpha_{\max}$. Punkt N ist der adiabate Zustand an der Grenze der Verrußung $\alpha = 0$, während im Zustand P keine Verrußung stattfinden kann, wohl aber eine für die Verbrennung vorteilhafte viel höhere Temperatur t_P herrscht. Kühlt man Zustand P unter Entzug von Wärme q an den Eisenplatten ab, so gelangt man zu R, welcher Zustand wieder im Verrußungsgebiet liegt, so daß man hier trotz größerer Luftmenge doch noch Ruß erhält, wenn auch nur mit geringer Ausbeute α_R.

Nachtrag

**zum Abschnitt „Brennstofftemperatur bei Anwesenheit von Asche" auf
Seite 120.**

Die Ausführungen dieses Abschnittes gelten unter der zusätzlichen Annahme,
daß der Sauerstoff der an den Schlackenflächen anliegenden Gasteilchen nicht
gleich in der Grenzschicht mit dem Kohlenoxyd CO reagiert, der von den frei-
liegenden Brennstoffflächen entweicht, sondern daß diese Oxydation erst im Gaskern erfolgt. Dies dürfte einigermaßen zutreffen, falls die Abmessungen der
Schlackeneinschlüsse in der Oberflächenrichtung groß sind, gegenüber der Dicke
der Grenzschicht. In diesem Fall kann sich über der Oberfläche kein gleichmäßiger Flammengürtel im Sinne des Bildes 60 ausbilden, weil die von frei-
liegenden Brennstoffteilchen gelieferten einzelnen CO-,,Fontänen" zu weit voneinander liegen.

Bei winzigen Ascheeinschlüssen in der Oberfläche wird sich dagegen ein mehr
oder weniger geschlossener Flammengürtel ausbilden. Dieser verhindert es, daß
freier Sauerstoff bis zur Brennstoffoberfläche vordringt. Dann liegt der Zustandspunkt N der an der Oberfläche nicht abreagierten Teilchen irgendwo rechts von
der Ordinate ζ_0, und die gehemmte Brennstofftemperatur $t_B = t_S$ verlagert sich
gegenüber die ungehemmte t_A immer zu der höheren Flammengürteltemperatur t_F
hin, wie man sich durch entsprechende Konstruktion in Bild 86 überzeugen kann.

Schrifttum

Neben den im Text angeführten Quellen sei noch auf folgende Arbeiten verwiesen:

Mollier, R.: Gleichungen und Diagramme zu den Vorgängen im Gasgenerator. Z. VDI Bd. 51 (1907) S. 532/36.

Neumann, K.: Die Vorgänge im Gasgenerator auf Grund des zweiten Hauptsatzes der Thermodynamik. Forsch.-Arb. Ing.-Wes. Heft 140, Berlin 1913; Z. VDI Bd. 57 (1913) S. 291/98 u. 338/42.

Hoffmann, F.: Die volumetrische Konstitution des Generatorgases. J. Gasbeleucht. Bd. 59 (1916) S. 189.

Jüptner, H. v.: Heizgase der Technik. Leipzig 1920.

Busemann, A.: Der Wärme- und Stoffaustausch dargestellt im Mollierschen Zustandsdiagramm für Zweistoffgemische, Berlin, Springer 1933.

Bošnjaković, F.: Neue Wärmediagramme für chemische Vorgänge. Forsch. Ing.-Wes. Bd. 10 (1939) S. 256/69.

Gumz, W.: Grundlagen der Mischgaserzeugung. In: Generatorjahrbuch, Berlin 1942.

— Kurzes Handbuch der Brennstoff- und Feuerungstechnik. Berlin 1953.

Hubendick, E., S. Olsson u. S. Axelson: Gasgenereringens teorie. Tekn. T. 1942 S. 73.

Bošnjaković, F.: Diagrammatische Untersuchung von Vergasungsproblemen (kroatisch). Tehnički Vjestnik, Zagreb Bd. 60 (1943) S. 315.

Hubendick, E., u. J. B. Lundström: Gasgeneratorns teori II. Tekn. T. 1944 S. 741.

— u. K. A. Löfroth: Gasgeneratorns teori III. Tekn. T. 1944 S. 1073.

Bošnjaković, F.: Anwesenheit von Methan im Generatorgas (kroatisch). Tehnički Vjestnik, Zagreb Bd. 61 (1944) S. 28.

— Rasplinjavanje i čadenje (Vergasung und Rußbildung). Zagreb 1947. Mit deutscher Zusammenfassung.

Gumz, W.: Gas Producers and Blast Furnaces, Theory and Methods of Calculation. New York: John Wiley & Sons, Inc. 1950.

Bošnjaković, F.: Vergasungsdiagramme. VDI-Forsch.-Heft 432 (1951).

Schmidt, E.: Stoff- Wärme- und Impulsaustausch als Analogie, Abschnitt 6 im „Fortschritte der Verfahrenstechnik 1952/53." Weinheim: Verlag Chemie G. m. b. H. 1954.

— Einführung in die Technische Thermodynamik, 6. Aufl. Berlin/Göttingen/Heidelberg: Springer 1956. Abschnitt „Tabellen für Reaktionen bei Verbrennungs- und Vergasungs-Vorgängen".

Sachverzeichnis

Abgase, zugesetzte 126
— -wärme, Verwertung der 126
Abstandgrad 91
absteigende Vergasung 11, 24, 30, 35
Abstrahlung 68
Abzugstemperatur 11
adiabate Vergasung 8, 32, 61
aktive Zentren 113
Angleichungsgrad 92
Asche 8, 120
— -gehalt 34
aufsteigende Vergasung 11, 24, 30
Auftrocknung des Brennstoffes 73
Ausbeute an Ruß 141, 144
Ausgangsfeuchte 2, 28, 107
Außenheizung 17
Austauschgeschwindigkeit 113
— -strom 68
— -widerstand 100
— -zahl 68
Austrittszustand des Gases 65, 99
Azetylenflamme, Rußneigung 136

Belastungsänderung 128, 130
Bildungsanteil des Wasserstoffes 20, 39
BOUDOUARDsche Reaktion 18, 114
Brennstoff 33
— -charakteristik nach MOLLIER 24, 27
— -feuchtigkeit 33
— -oberfläche 66, 68, 75
— -temperatur 70, 78, 81, 84, 107
— -verbrauch 28
Brennzone 46, 75
BRLEK, V. 125
BURKE 75

COLBURN 100

Dicke der Grenzschicht 75
Diffusion in der Grenzschicht 79, 88, 97, 103
Diffusionskoeffizient 79, 97
Dissoziation 49, 77
Dissoziationsgrad 77
Druckvergasung 35, 56

ECKERT 78
Einheithöhe 92, 111
Emissionszahl des Flammengürtels 78
Entgasung 1, 73
Enthalpie des Gases 22, 40, 42
Enthalpienullpunkt 8, 24, 43
Entlastung des Generators 130
Erzeugung von Ruß 139, 142

Feuchtegehalt des Vergasungsmittels 2
feuchtes Gas 2
Flächeneinheitsgewicht 71
— -volumen 70, 91
Flammenfront 76, 79
— -gürtel 77
flüchtige Bestandteile 30
Flugkoks 45
Fremdgase 126
— -wärme 17, 37, 122, 143

Gaseigenschaften 3, 15
— -film 76
— -kern 70, 89
— -menge 5, 7, 20, 39, 141
— -zusammensetzung 31, 38, 141
— -zustand am Brennstoff 67, 69, 74, 76, 85, 91, 94, 98, 104, 106
gebundener Wasserstoff 29
Gegenstromvergasung 66
gehemmte Gleichgewichtseinstellung 81, 111, 119
Generatorbelastung 93
getrocknetes Gas 2
Gleichgewichtabstandgrad 91
Gleichgewichtsbedingungen 18
— -gas 48
— -konstanten 19
— -linie 48
— -zusammensetzung 21, 39
Gleichstromvergasung 24
Graphitierung von Ruß 145
Grenzschicht 57, 66, 69, 75, 85, 91, 94, 97, 100, 103
GUMZ, W. 27

Halbwerthöhe 92, 111
Hauptstrom 99

Heizwärme 17
— -wert 11, 13, 22, 35
heterogene Gleichgewichte 51, 52
— Gleichgewichtslinie 47
heterogenes Gebiet 46
Höhe des Brennstoffbettes 129
— einer Austauscheinheit 92
HOFFMANN-MOLLIERsches Vergasungsviereck 7
Holz 34
— -kohle 34
homogenes Wasserglasgleichgewicht 51
H. T. U. (Height of a Transfer Unit) 92

Isothermentrapez 113
— -viereck 50

Kaltblasen 17
Kanalbildung 93
Karburierung 24
Keimstelle 113
Kennzahl nach LEWIS 105
— nach PRANDTL 98
— nach REYNOLDS 101
— nach SCHMIDT 97
Kennziffer der Kohle 34
Kerngas 67
Kernströmung 57
Kleinanlagen 130
Kohle 33
Kohlenstaubfeuerung 82
— -stoff, amorph, graphitisch 22, 23, 145
— -stoffbedarf, Kohlenstoffverbrauch 3, 20, 39, 107
— -stoffbilanz 38
Koks 33
Konvektion 70, 88
Konvertierung 134
Kriterium der Rußbildung 132
Kritischer Luftfaktor der Rußbildung 132, 136
— Vergasungsmittelbedarf 133

Laminare Grenzschicht 66, 75, 97, 103
LEWISsche Kennzahl 105
LEWISsche Oberflächentemperatur 109, 111, 119
LEWISsches Gesetz 70, 109
LEYE, A. R. 81
Lignit 34
Luftbefeuchtung gegen Rußen 138
— -faktor 142
— -faktor, kritischer 132, 136
— -gasprozeß 3, 31, 33, 51
— -mangel 143

Methanflamme, Rußneigung 136
Methangehalt 36

methanhaltiges Gas 25, 38
Mischgasprozeß 37
— -gerade 58, 75, 143
— -vorgang 57, 67
Mittengas 57, 129
MOLLIER-HOFFMANNsches Vergasungsviereck 7

NEUMANN 89
nichtadiabate Vergasung 10, 32, 63
Nullpunktsenthalpie 40, 41, 43

Örtliche Gleichgewichte 89
Offene Flamme 145

Phasengrenze 89
PRANDTLsche Kennzahl 98

Quertransport 93

Randmaßstab 46, 61
Rauchgas 57, 129
Raumanteil 2
Reaktionstemperatur 12, 34, 75, 80, 144
reales Isothermenviereck 50
reale Zustände 49
rechnerische Ausgangsfeuchte 29
Reduktion 3
Reduktionszone 72
Reinkohle 33
REYNOLDSsche Zahl 101
Richtungsmaßstab 46
Rückführung der Verbrennungsgase 123
Rückführungsanteil 123
Ruß 45, 131
— -abscheidung 73
— -bildung 131, 135
— -bildung, Kriterium der 132
— -erzeugung 139, 142
— -fester Brennstoff 134
— -freie Verbrennung 135
— -gebiet 45, 143
— -isotherme 45, 68
— -neigung 135

Sättigungslinie 46
Sauerstoffbilanz 38
— -gehalt der Luft 21, 107
— -vergasung 37, 56
Schachtquerschnitt 68, 90
Schichthöhe 91, 97
Schlackentemperatur 86, 120
SCHMIDT, E. 78
SCHMIDTsche Kennzahl 97
SCHULTE, Fr. 81
SCHUMANN 75
SCHWARZ v. BERGKAMPF 7

Schwefelgleichgewicht 27
selektive Gleichgewichtseinstellung 113
simultanes Vergasungsgleichgewicht 47, 53
Stickstoffbilanz 38
Stoffaustausch 68, 88, 101
— -zahl 101
Stoffbilanz 18, 38
Synthesegas 15

Tanner, E. 81
Teilgleichgewichte 51
Temperaturgradient der Grenzschicht 78
— -profil 76
— -verlauf 66, 74, 83, 97, 110, 119
thermische Zersetzung 139, 144
Traustel, S. 75
trockene Destillation 1
trockenes Gas 2
turbulente Mischbewegung 67, 70
turbulenter Austausch 89

Übergangszone, turbulent-laminar 75, 113
Umwälzgas 122
— -verfahren 121
Umwandlungsanteil 113
— -grad 125
Unterschubfeuerung 85
Untertagevergasung 26
unvollkommene Verbrennung 44, 144

Verbrennliche Bestandteile im Gas 26
Verbrennung im Rußungsgebiet 143
Verbrennungstemperatur 44, 75, 78, 81
— -vorgang 75
Vergasung 1, 44
— in der Schwebe 34
Vergasungsdruck 17, 23, 36
— -gebiet 44
— -gerade 10, 33

Vergasungsgleichungen 17
— -mittel 2, 18, 35, 39
— -temperatur 2, 3, 7, 10, 22, 35
— -verlauf 96
— -zone 24, 74
Vermischen 57
Verrußung 136
Verteilungsgrad des Sauerstoffes 20, 39
Verwendungszustand des Brennstoffes 34
vollkommene Verbrennung 44, 144

Wärmeaustausch 68, 88, 101
— -bilanz 18, 32, 41
— -entzug 68
— -leitung im Brennstoff 71
— -leitung in der Grenzschicht 88, 100
— -strahlung des Flammengürtels 78
— -übergangszahl 70
— -verluste 10, 127
— -zufuhr 33, 56
Warmblasen 17
Wassergasprozeß 3, 17, 31, 37, 50, 122
— -gasreaktion, homogene 18, 117
— -gasreaktion, heterogene 53, 115
— -gehalt des Brennstoffes 28
— -stoffbilanz 38
— -zusatz 12
Wechselbetrieb bei Wassergas 72
wechselnde Belastung 128
Widerstandsanteil der Grenzschicht 101
Wurffeuerung 84

Zersetzungsgrad des Wasserdampfes 20
Zonengrenze 64, 77
Zündgewölbe 87
Zusammenbacken 93
— -setzung des Gases 2, 20, 39, 97
Zustandsänderungsrichtung 69

Tafel-Anhang

4. Maßstäbliche Diagrammtafeln

Tafel

1   Enthalpie i_C des Kohlenstoffes

$i\psi$-Diagramme und Hilfsdiagramme

a) Methan vernachlässigt

$CH_4 = 0$, $\sigma = 1$, $p = 1$ Atm, $r_L = 0,21$

2   χt- und ωt-Diagramm
3     $\zeta \psi$-Diagramm
4     $i\psi$-Diagramm
5     $V_f\psi$-Diagramm
6     $V_{tr}\psi$-Diagramm
7   H_2-CO-Diagramm mit Linien CO_2 = konst
8   H_2-CO-Diagramm mit Linien H_2O = konst

b) Methan berücksichtigt

$\sigma = 1$, $p = 1$ Atm, $r_L = 0,21$

9     $\zeta \psi$-Diagramm
10     $i\psi$-Diagramm
11     $V_f\psi$-Diagramm
12     $V_{tr}\psi$-Diagramm
13   H_2-CO-Diagramm mit Linien CH_4 = konst
14   H_2-CO-Diagramm mit Linien H_2O = konst
15     $H_{uf}\psi$-Diagramm
16   χ, ω, μ—t-Diagramm

$\sigma = 1,1$, $p = 1$ Atm, $r_L = 0,21$

17     $\zeta \psi$-Diagramm
18     $i\psi$-Diagramm
19     $V_f\psi$-Diagramm
20     $V_{tr}\psi$-Diagramm
21   H_2-CO-Diagramm mit Linien CH_4 = konst
22   H_2-CO-Diagramm mit Linien H_2O = konst
23     $H_{uf}\psi$-Diagramm
24   χ, ω, μ—t-Diagramm

$\sigma = 1,2$, $p = 1$ Atm, $r_L = 0,21$

25     $\zeta \psi$-Diagramm
26     $i\psi$-Diagramm
27     $V_f\psi$-Diagramm
28     $V_{tr}\psi$-Diagramm
29   H_2-CO-Diagramm mit Linien CH_4 = konst

Tafel

30   H_2-CO-Diagramm mit Linien H_2O = konst
31     $H_{uf}\psi$-Diagramm
32   χ, ω, μ—t-Diagramm

$\sigma = 1$, $p = 10$ at, $r_L = 0,21$

33     $\zeta \psi$-Diagramm
34     $i\psi$-Diagramm
35     $V_f\psi$-Diagramm
36     $V_{tr}\psi$-Diagramm
37   H_2-CO-Diagramm mit Linien CH_4 = konst
38   H_2-CO-Diagramm mit Linien H_2O = konst
39     $H_{uf}\psi$-Diagramm
40   χ, ω, μ—t-Diagramm

$\sigma = 1$, $p = 25$ at, $r_L = 0,21$

41     $\zeta \psi$-Diagramm
42     $i\psi$-Diagramm
43     $V_f\psi$-Diagramm
44     $V_{tr}\psi$-Diagramm
45   H_2-CO-Diagramm mit Linien CH_4 = konst
46   H_2-CO-Diagramm mit Linien H_2O = konst
47     $H_{uf}\psi$-Diagramm
48   χ, ω, μ—t-Diagramm

$\sigma = 1$, $p = 10$ at, $r_L = 1$

49     $\zeta \psi$-Diagramm
50     $i\psi$-Diagramm
51     $V_f\psi$-Diagramm
52     $V_{tr}\psi$-Diagramm
53   H_2-CO-Diagramm mit Linien CH_4 = konst
54   H_2-CO-Diagramm mit Linien H_2O = konst
55     $H_{uf}\psi$-Diagramm
56   χ, ω, μ—t-Diagramm

$\sigma = 1$, $p = 25$ at, $r_L = 1$

57     $\zeta \psi$-Diagramm
58     $i\psi$-Diagramm
59     $V_f\psi$-Diagramm
60     $V_{tr}\psi$-Diagramm
61   H_2-CO-Diagramm mit Linien CH_4 = konst

Maßstäbliche Diagrammtafeln.

Tafel

62 H_2-CO-Diagramm mit Linien H_2O = konst

63 $H_{ut}\psi$-Diagramm

64 χ, ω, μ—t-Diagramm

Rußerzeugung aus Methan

65 H_2O-ξ- und $V_{tr}\,\xi$-Diagramm

66 $i\xi$-Diagramm

67 H_2-CO-Diagramm

68 CH_4-H_2-Diagramm

69 χ, μ—t- und αt-Diagramm

$i\zeta$-Diagramme der Verbrennung und Vergasung mit $r_L = 0,21$
(in Tasche)

70 $i\zeta$-Diagramm für $\psi = 0$, $p = 1$ Atm, $\sigma = 1$, mit Sättigungslinien auch für $p = 10$ at und $p = 25$ at

Tafel

71 $i\zeta$-Diagramm für $\psi = 0,1$, $p = 1$ Atm, $\sigma = 1$

72 $i\zeta$-Diagramm für $\psi = 0,2$, $p = 1$ Atm, $\sigma = 1$

73 $i\zeta$-Diagramm für $\psi = 1$, $p = 1$ Atm, $\sigma = 1$

74 $i\zeta$-Diagramm für $\psi = 0,1$, $p = 10$ at, $\sigma = 1$

75 $i\zeta$-Diagramm für $\psi = 0,2$, $p = 10$ at, $\sigma = 1$

76 $i\zeta$-Diagramm für $\psi = 1$, $p = 10$ at, $\sigma = 1$

77 $i\zeta$-Diagramm für $\psi = 0,1$, $p = 25$ at, $\sigma = 1$

78 $i\zeta$-Diagramm für $\psi = 0,2$, $p = 25$ at, $\sigma = 1$

79 $i\zeta$-Diagramm für $\psi = 1$, $p = 25$ at, $\sigma = 1$

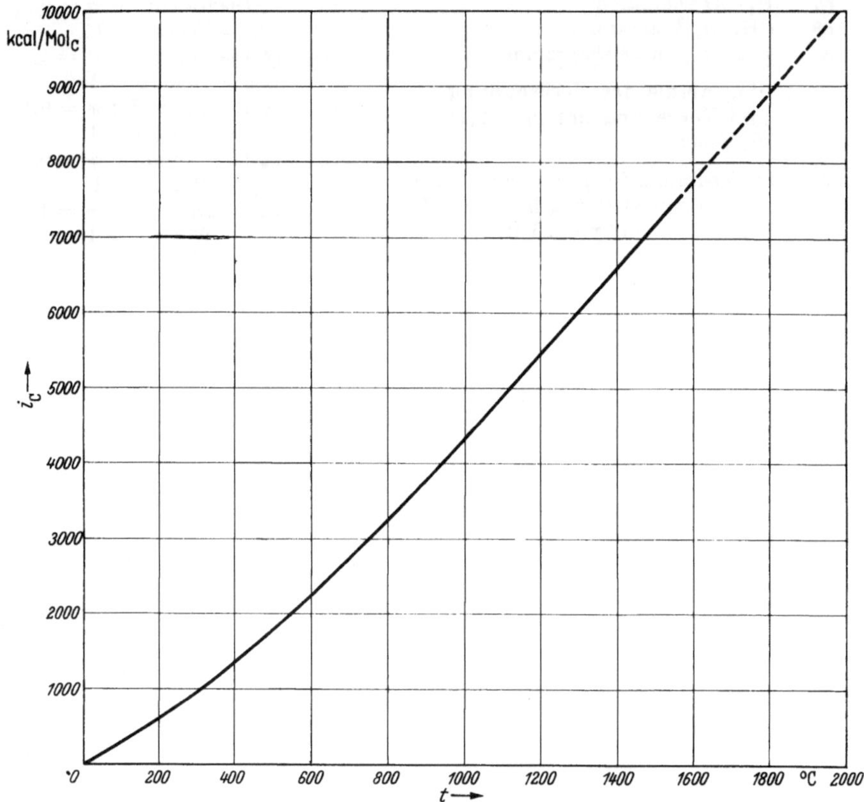

Enthalpie i_C des Kokskohlenstoffes

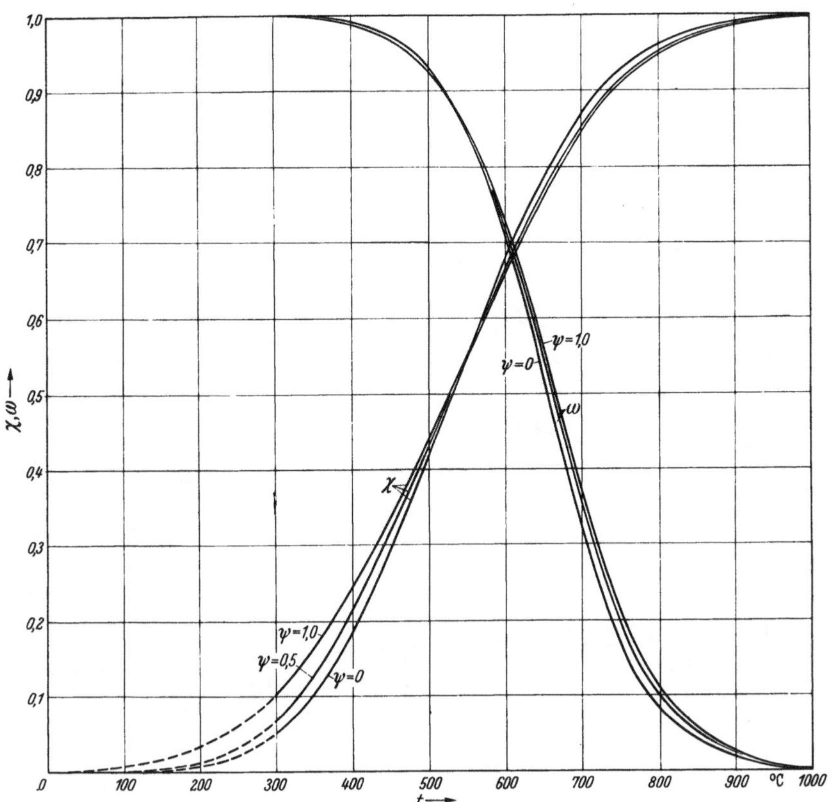

χt- und ωt-Diagramm für $CH_4 = 0$, $\sigma = 1$, $p = 1$ Atm, $r_L = 0{,}21$

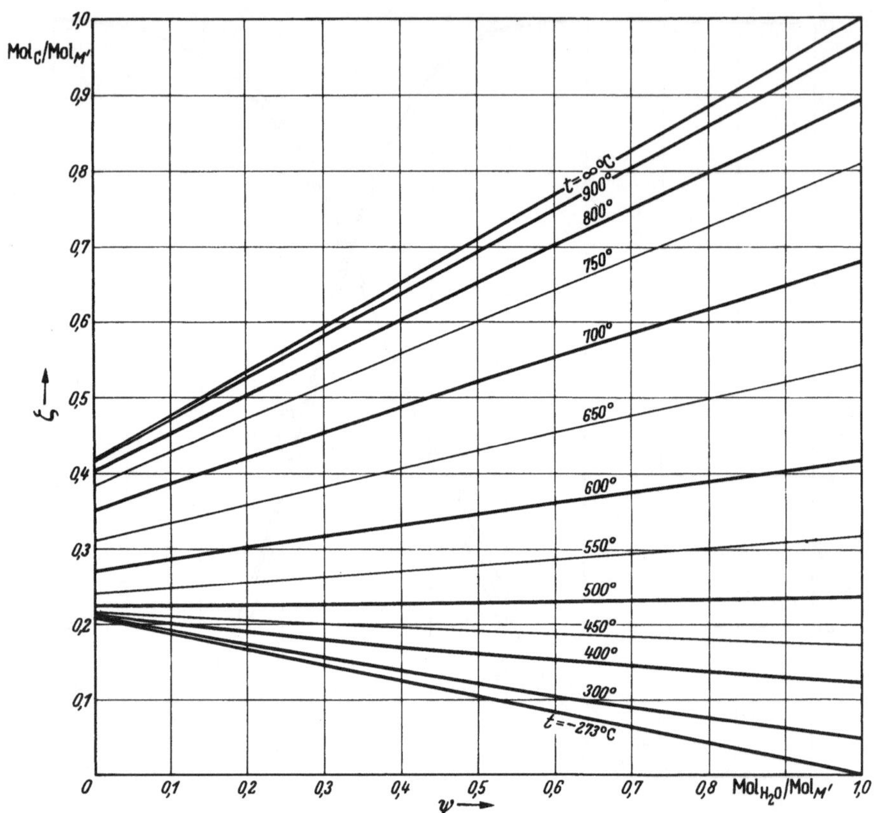

$\zeta\psi$-Diagramm für $CH_4 = 0$, $\sigma = 1$, $p = 1$ Atm, $r_L = 0{,}21$

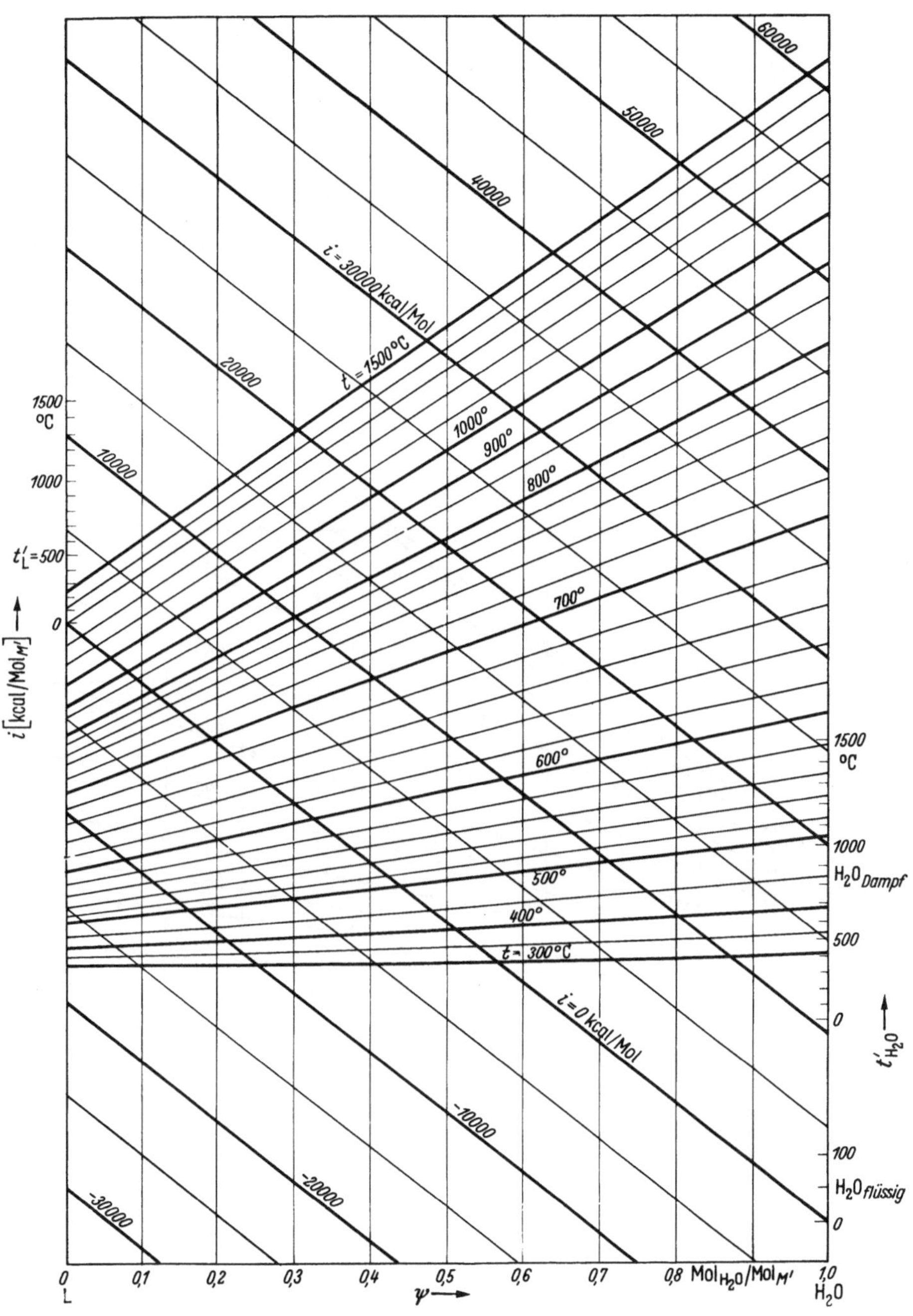

$i\,\psi$-Diagramm für $CH_4 = 0$, $\sigma = 1$, $p = 1$ Atm, $r_L = 0{,}21$

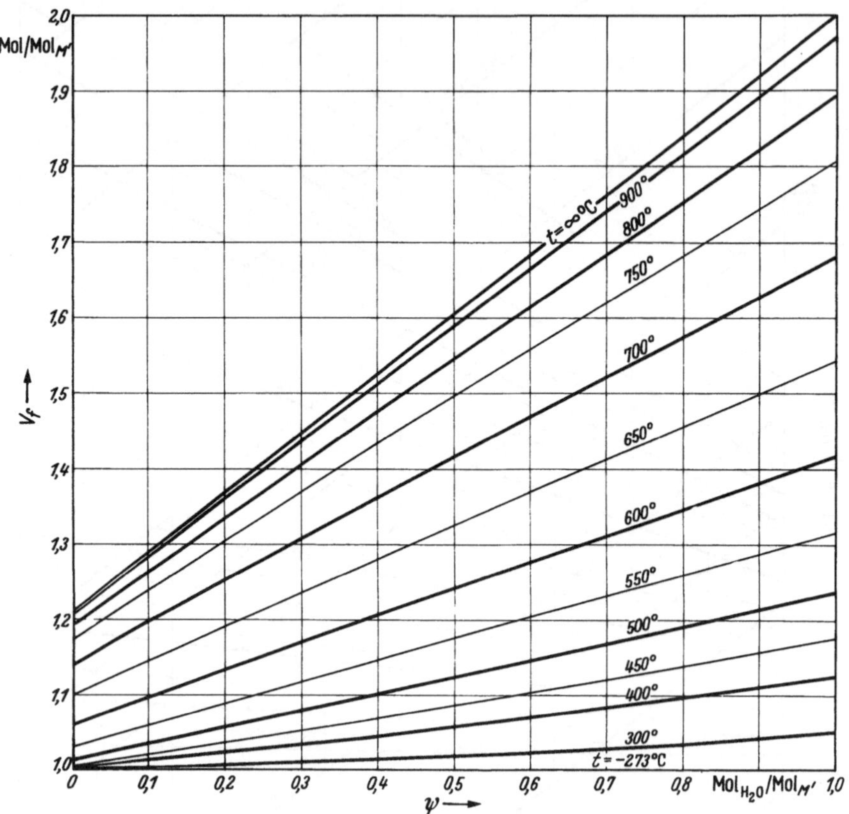

$V_f\psi$-Diagramm für $CH_4 = 0$, $\sigma = 1$, $p = 1$ Atm, $r_L = 0,21$

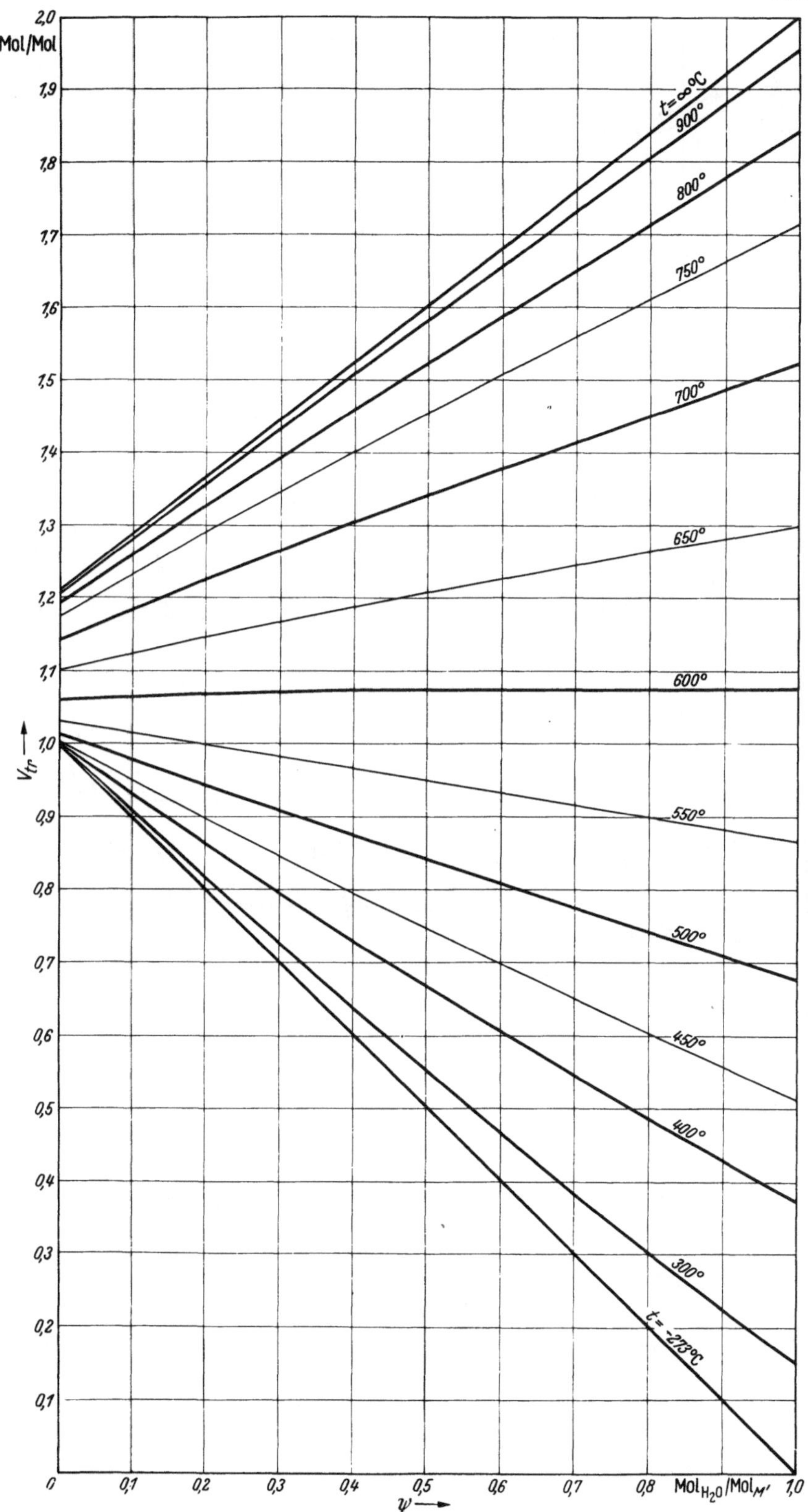

Mol/Mol
2,0
1,9
1,8
1,7
1,6
1,5
1,4
1,3
1,2
1,1
1,0
0,9
0,8
0,7
0,6
0,5
0,4
0,3
0,2
0,1
0
v_{tr}
$t=\infty°C$
900°
800°
750°
700°
650°
600°
550°
500°
450°
400°
300°
$t=-273°C$
0   0,1   0,2   0,3   0,4   0,5   0,6   0,7   0,8 $Mol_{H_2O}/Mol_{M'}$ 1,0
$\psi \longrightarrow$

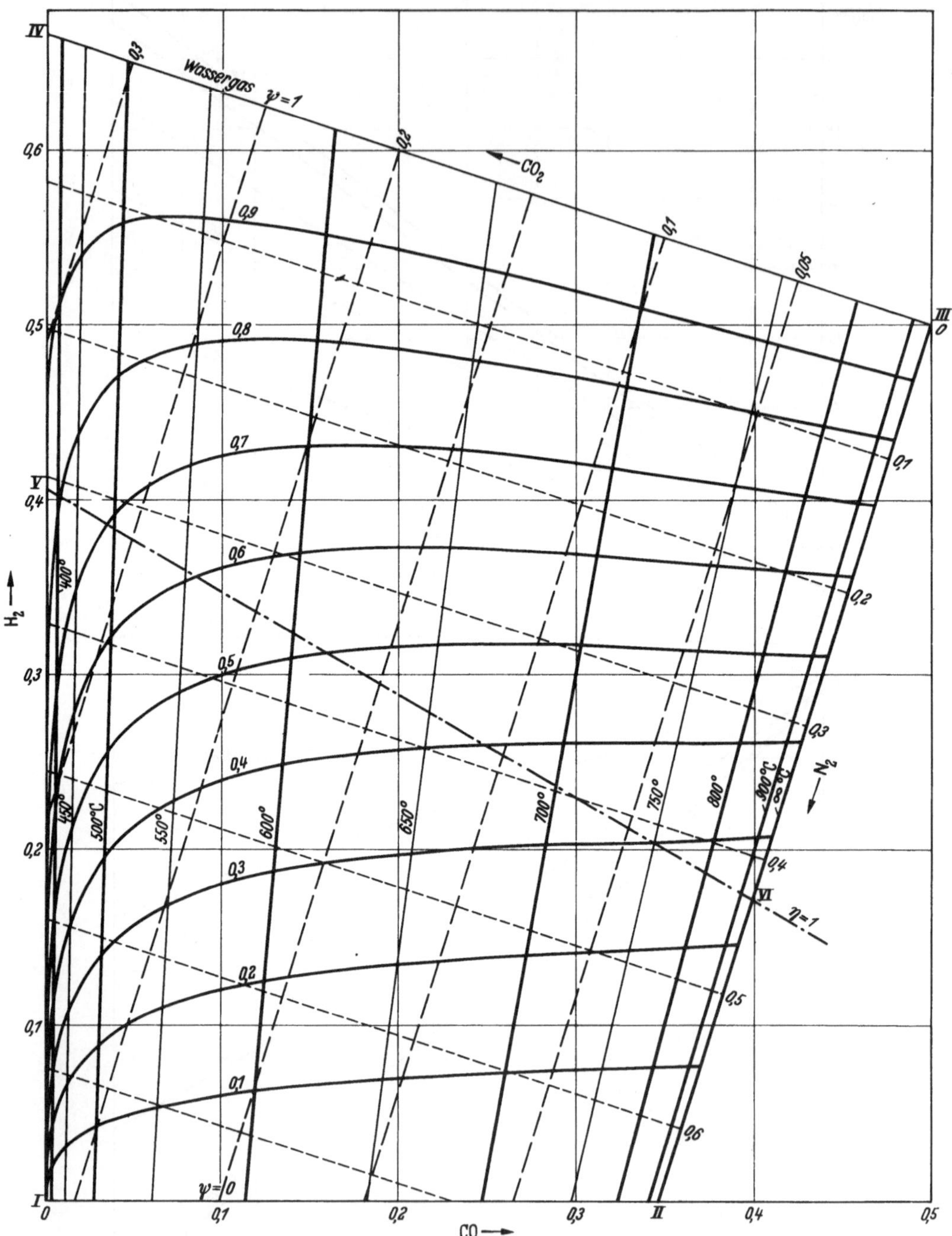

H_2-CO-Diagramm mit Linien $CO_2 =$ konst und $N_2 =$ konst, für $CH_4 = 0$, $\sigma = 1$, $p = 1$ Atm, $r_L = 0{,}21$

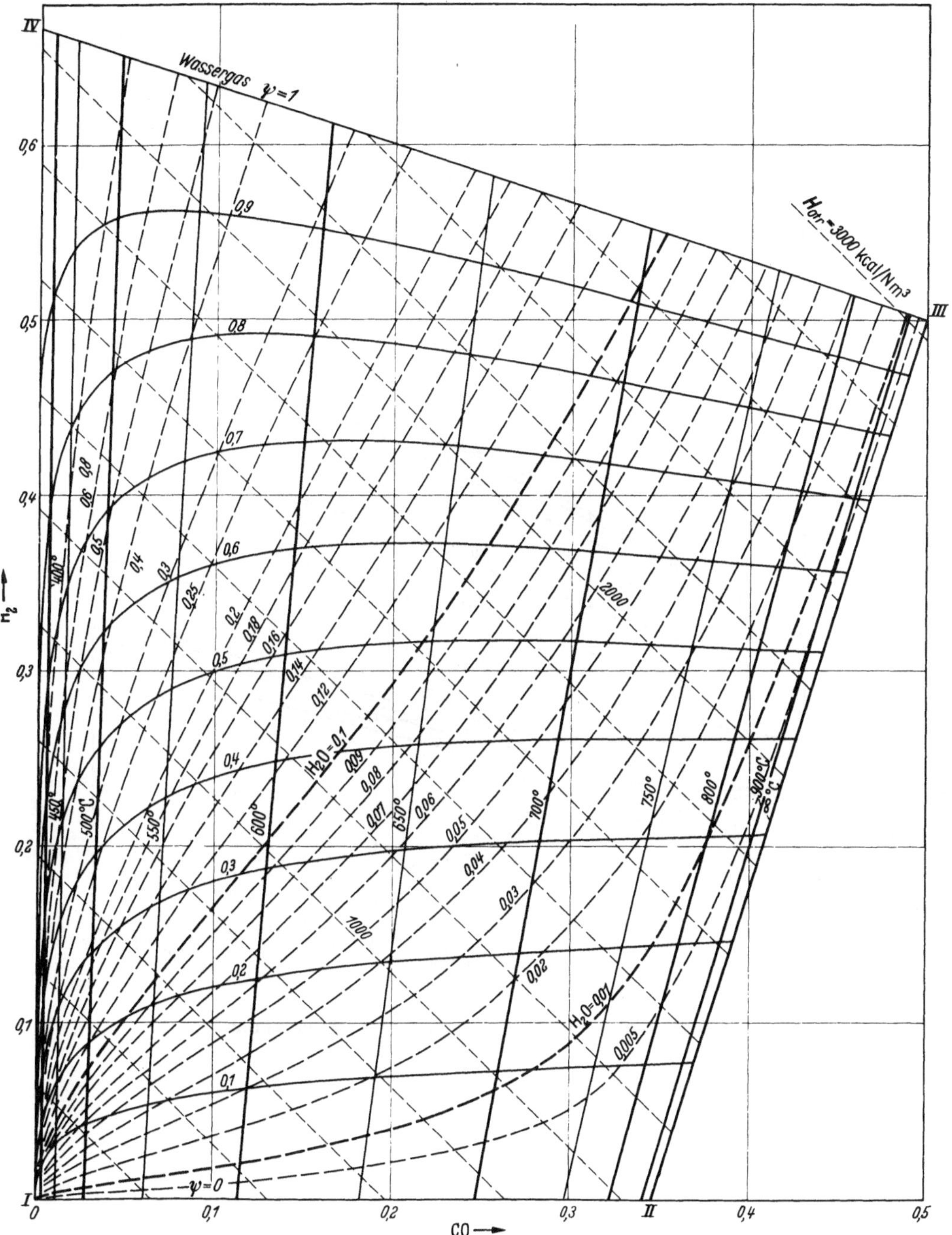

H$_2$-CO-Diagramm mit Linien H$_2$O $=$ konst und $\boldsymbol{H}_{\mathbf{o\,tr}} =$ konst, für CH$_4 = 0$, $\sigma = 1$, $p = 1$ Atm, $r_L = 0{,}21$

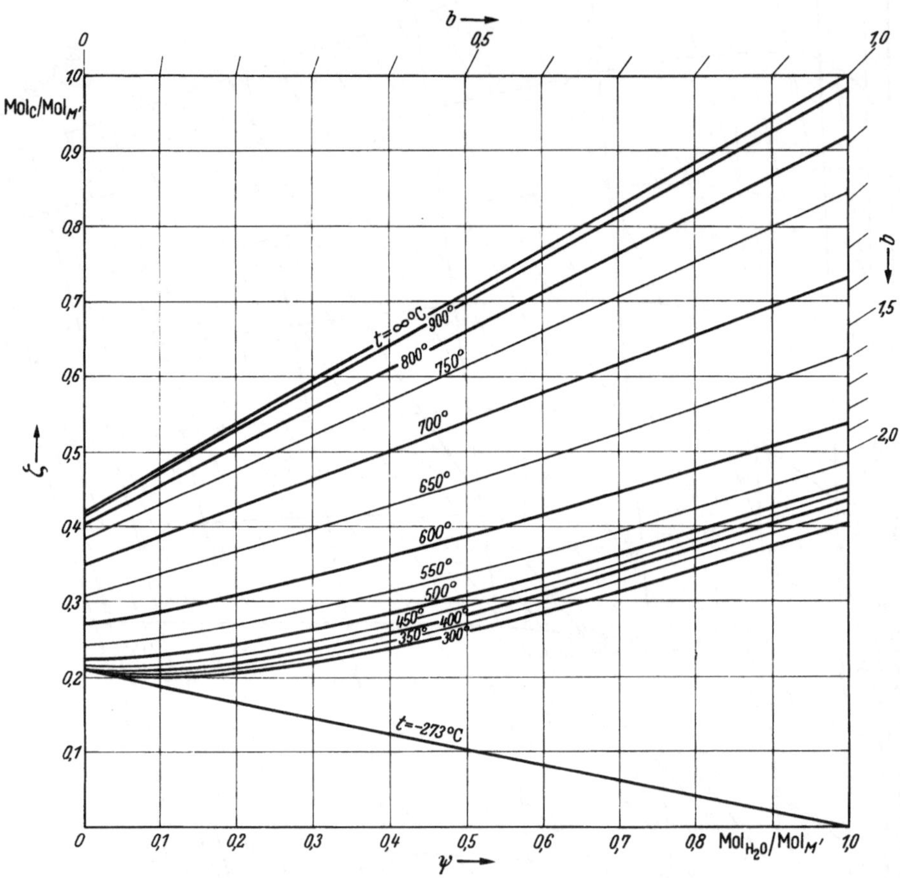

$\zeta\,\psi$-Diagramm für $\sigma = 1$, $p = 1$ Atm, $r_L = 0{,}21$

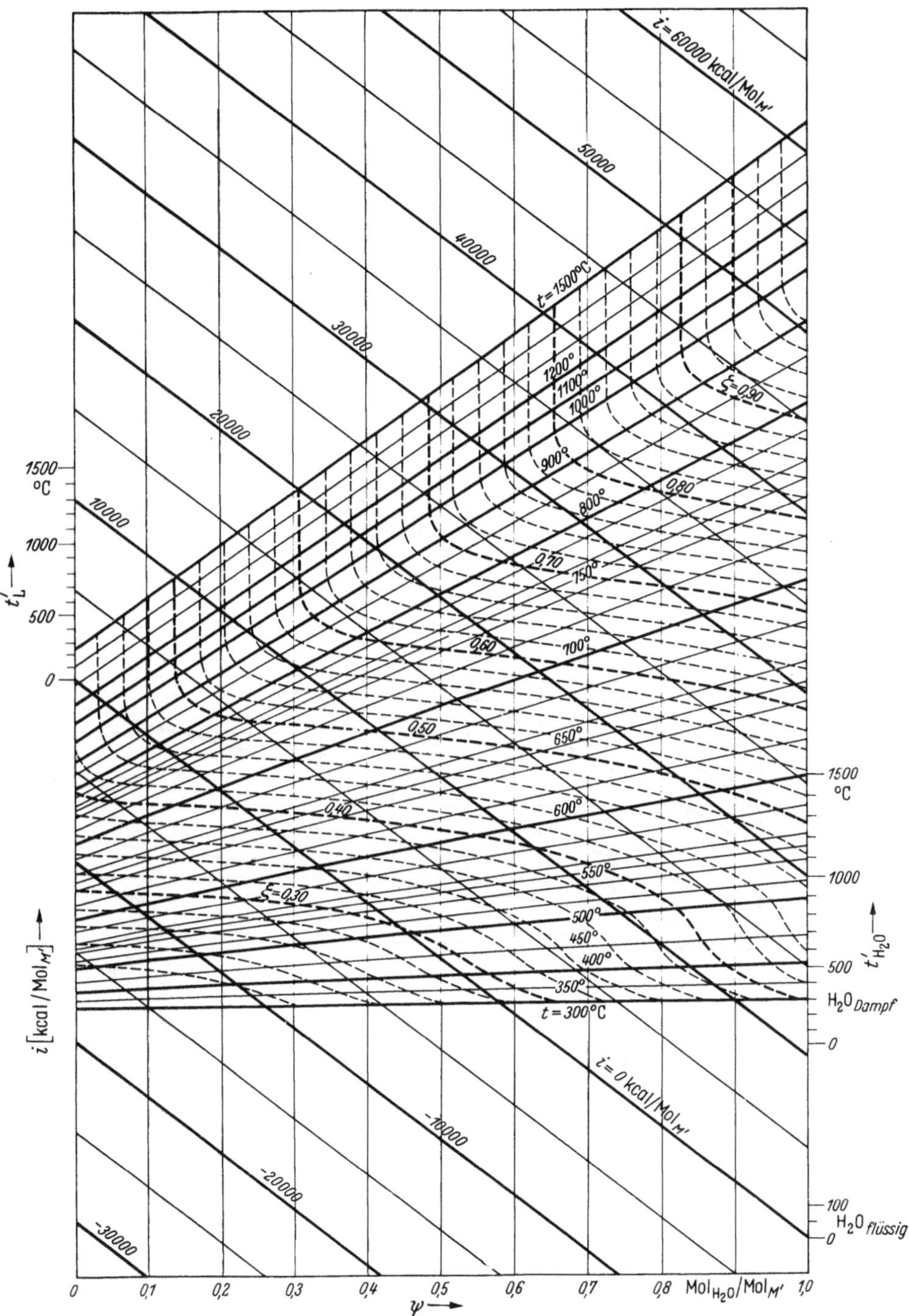

$i\,\psi$-Diagramm für $\sigma = 1$, $p = 1$ Atm, $r_L = 0{,}21$

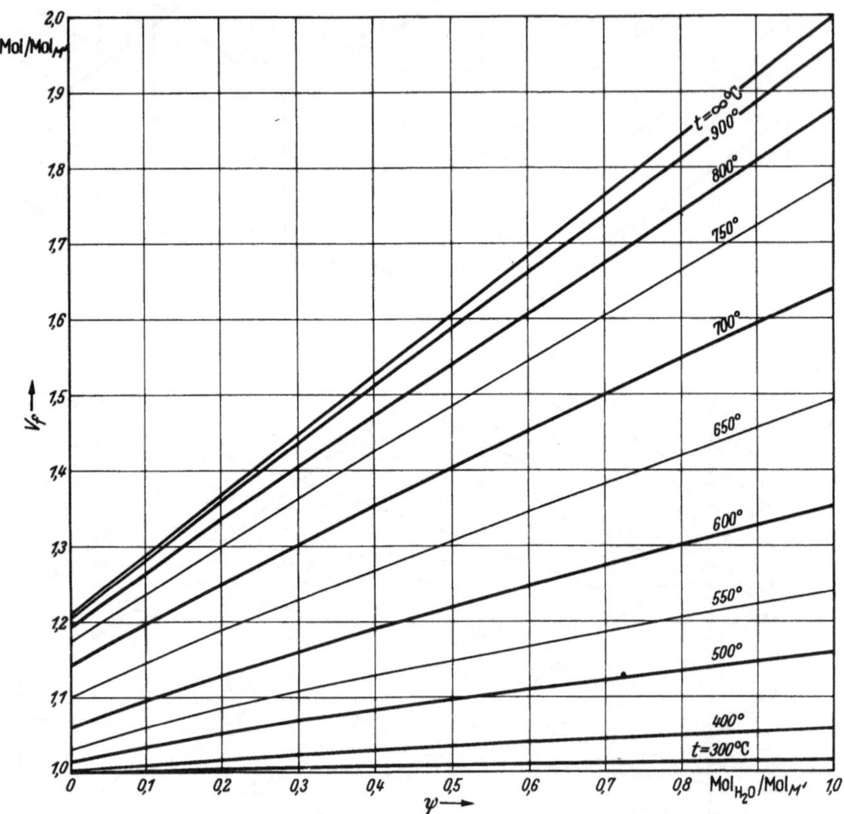

$V_f\psi$-Diagramm für $\sigma = 1$, $p = 1$ Atm, $r_L = 0{,}21$

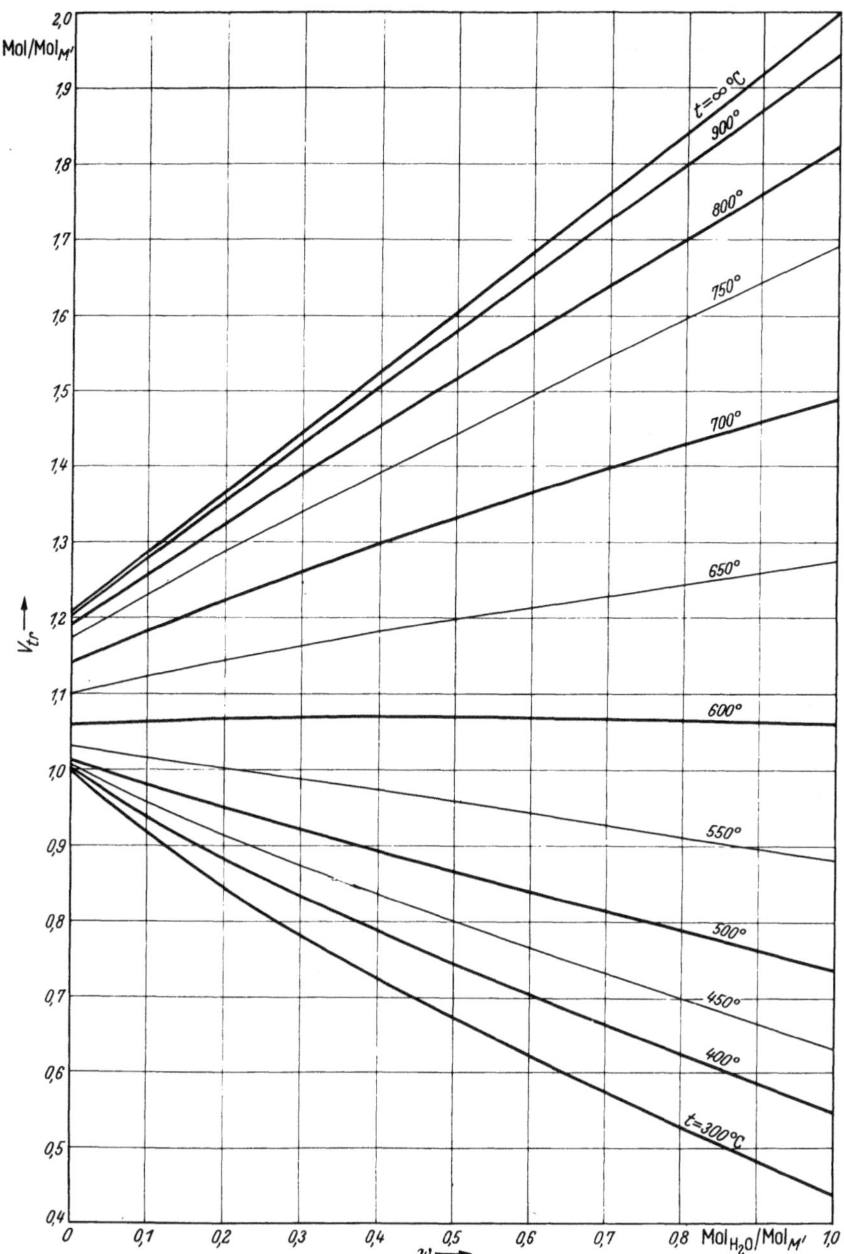

$V_{tr}\,\psi$-Diagramm für $\sigma = 1$, $p = 1$ Atm. $r_{r.} = 0{,}21$

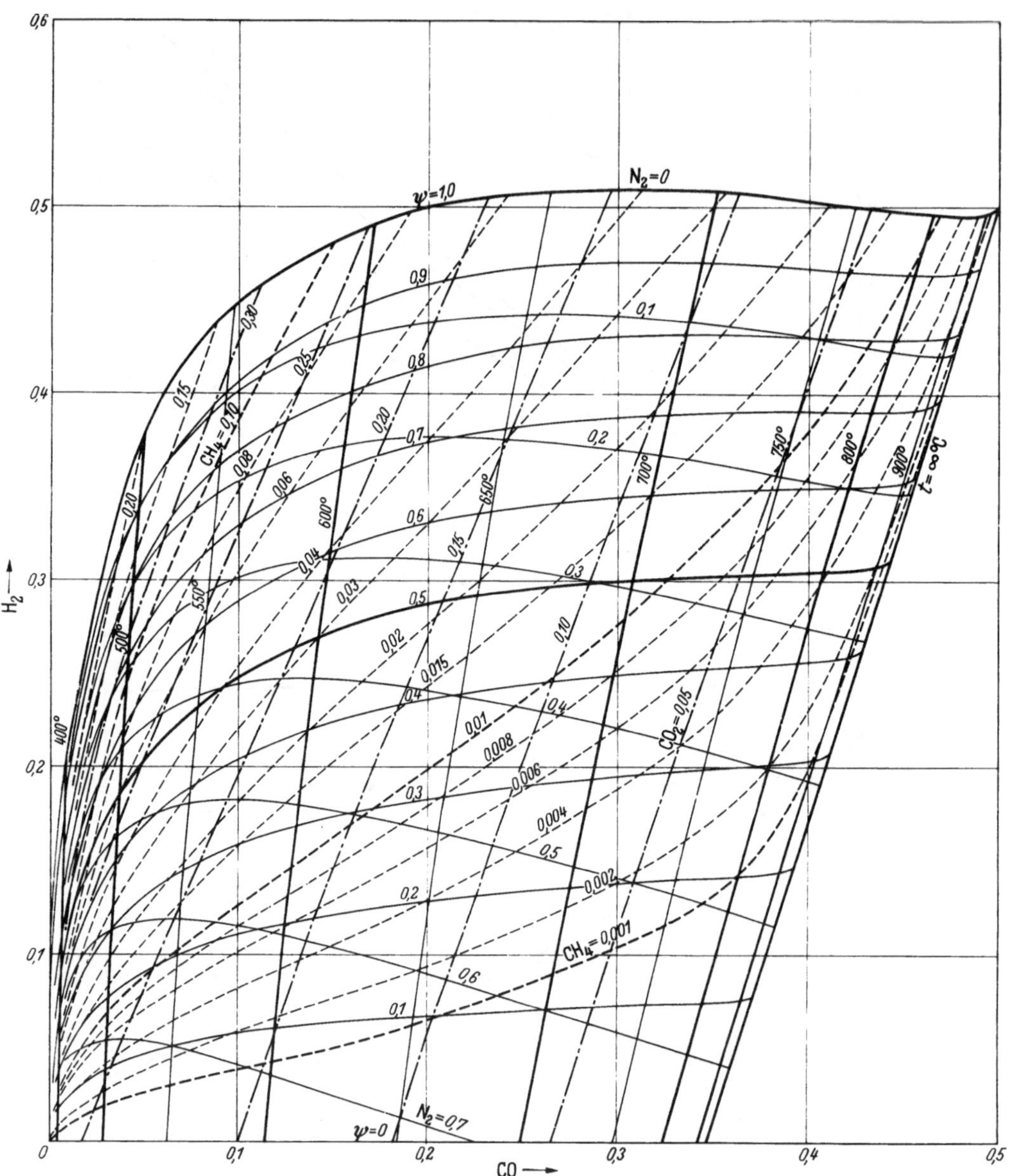

H_2-CO-Diagramm mit Linien CH_4 = konst für $\sigma = 1$, $p = 1$ Atm, $r_L = 0,21$

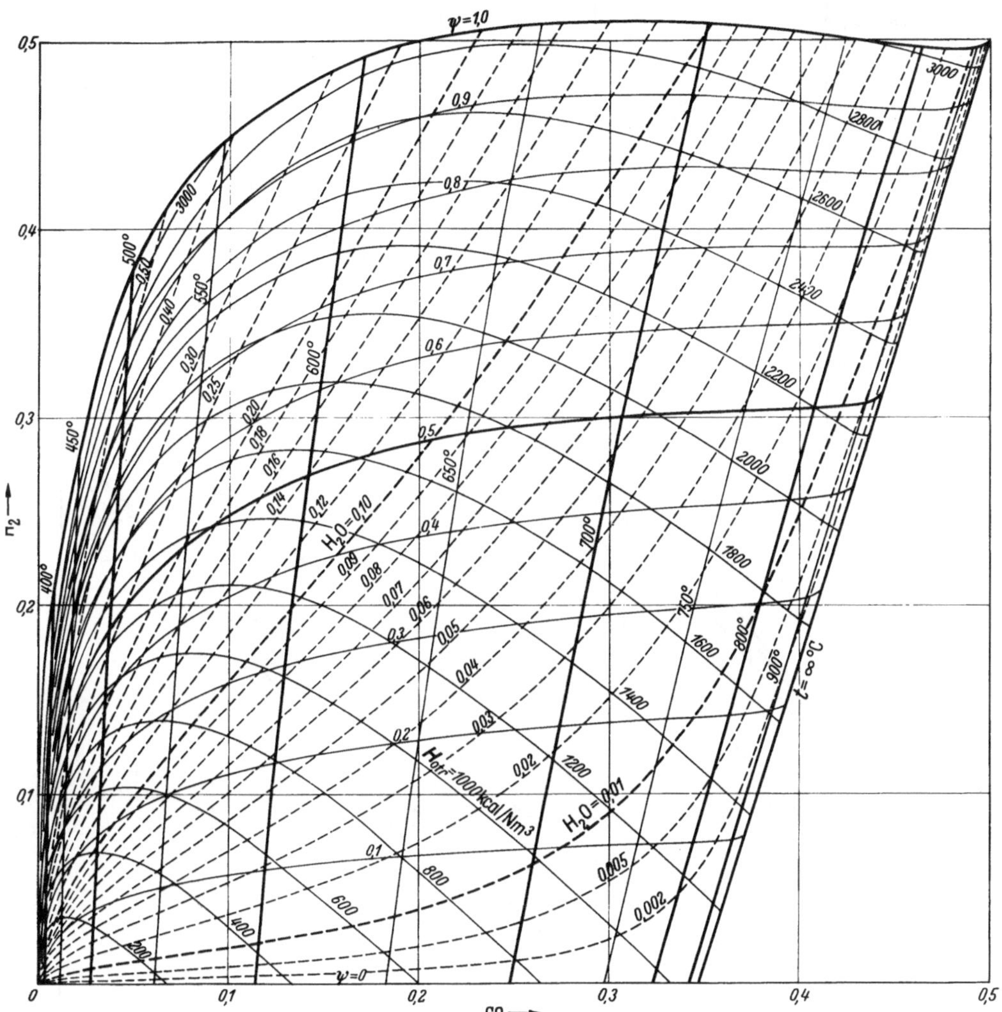

H_2-CO-Diagramm mit Linien H_2O = konst, für $\sigma = 1$, $p = 1$ Atm, $r_L = 0,21$

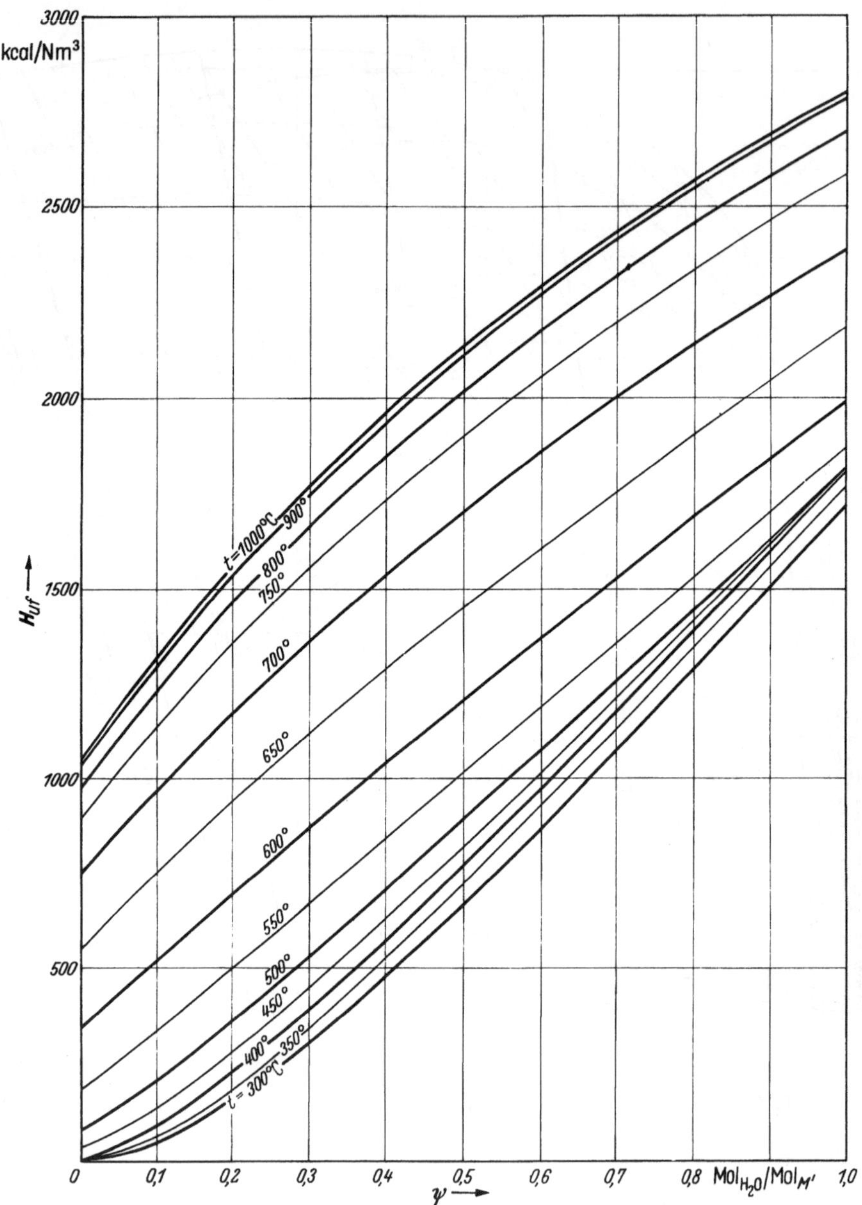

$H_{uf}\psi$-Diagramm für $\sigma = 1$, $p = 1$ Atm, $r_L = 0{,}21$

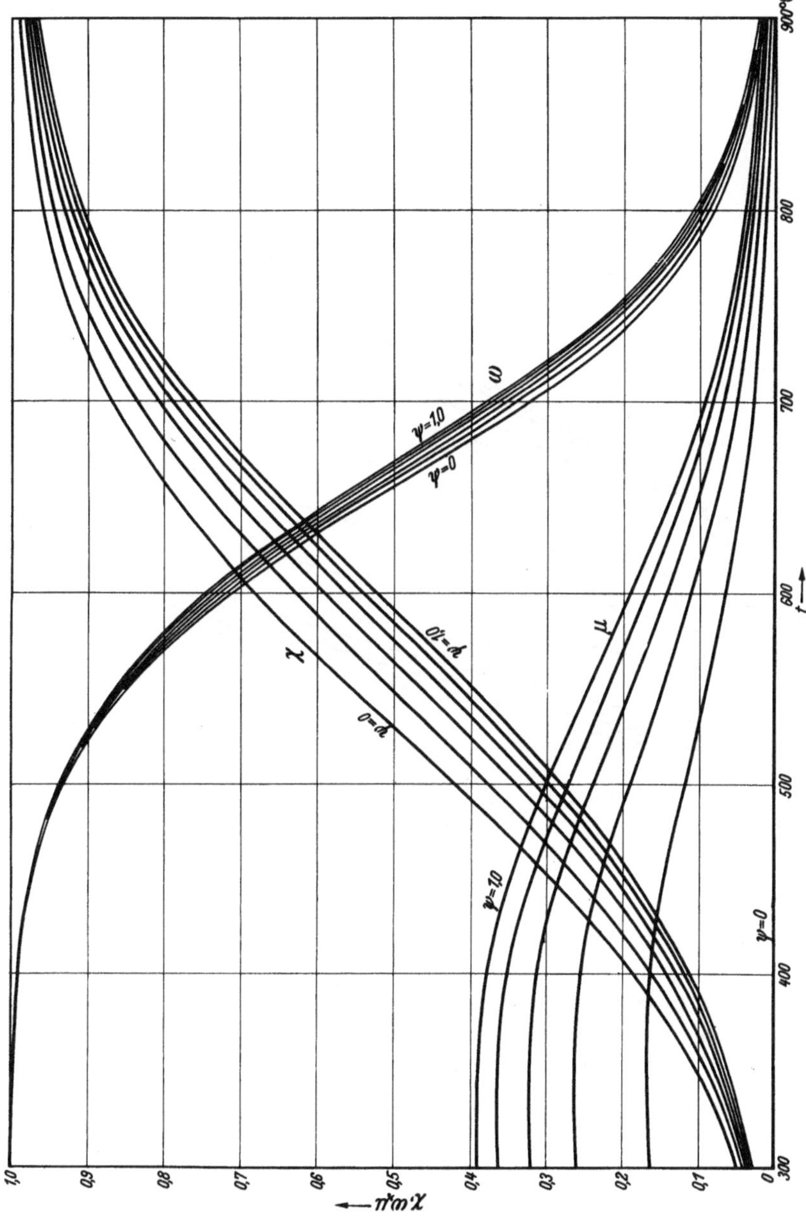

χ, ω, μ–t-Diagramm für $\sigma = 1$, $p = 1$ Atm, $r_L = 0{,}21$

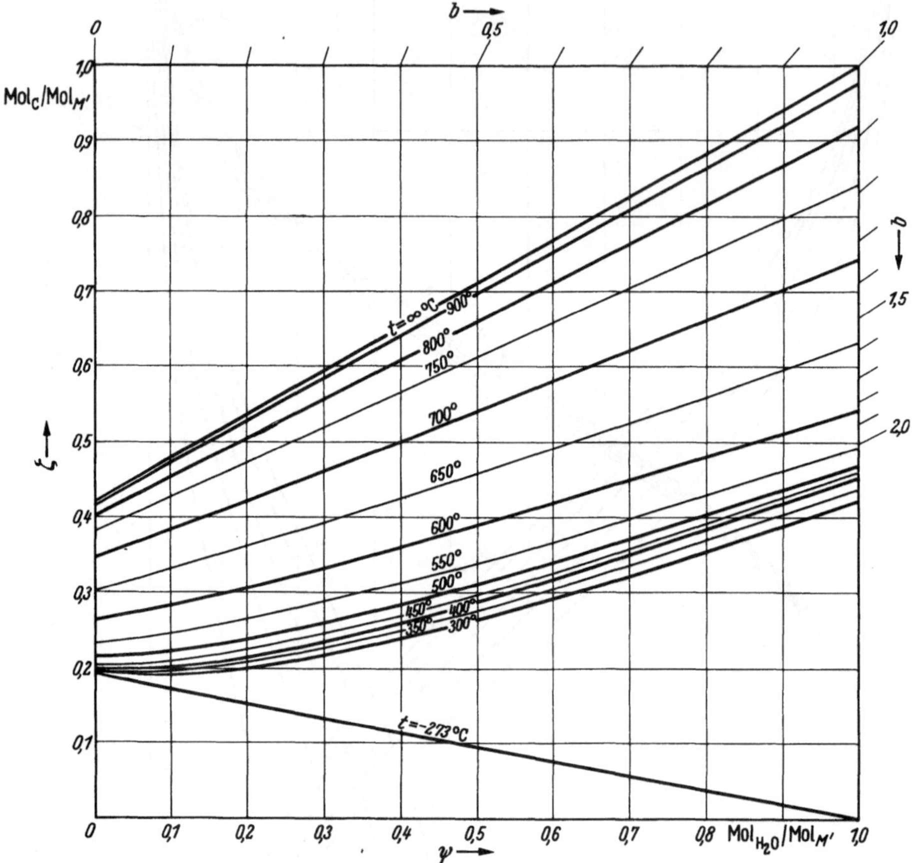

$\zeta\,\psi$-Diagramm für $\sigma = 1{,}1$, $p = 1$ Atm, $r_L = 0{,}21$

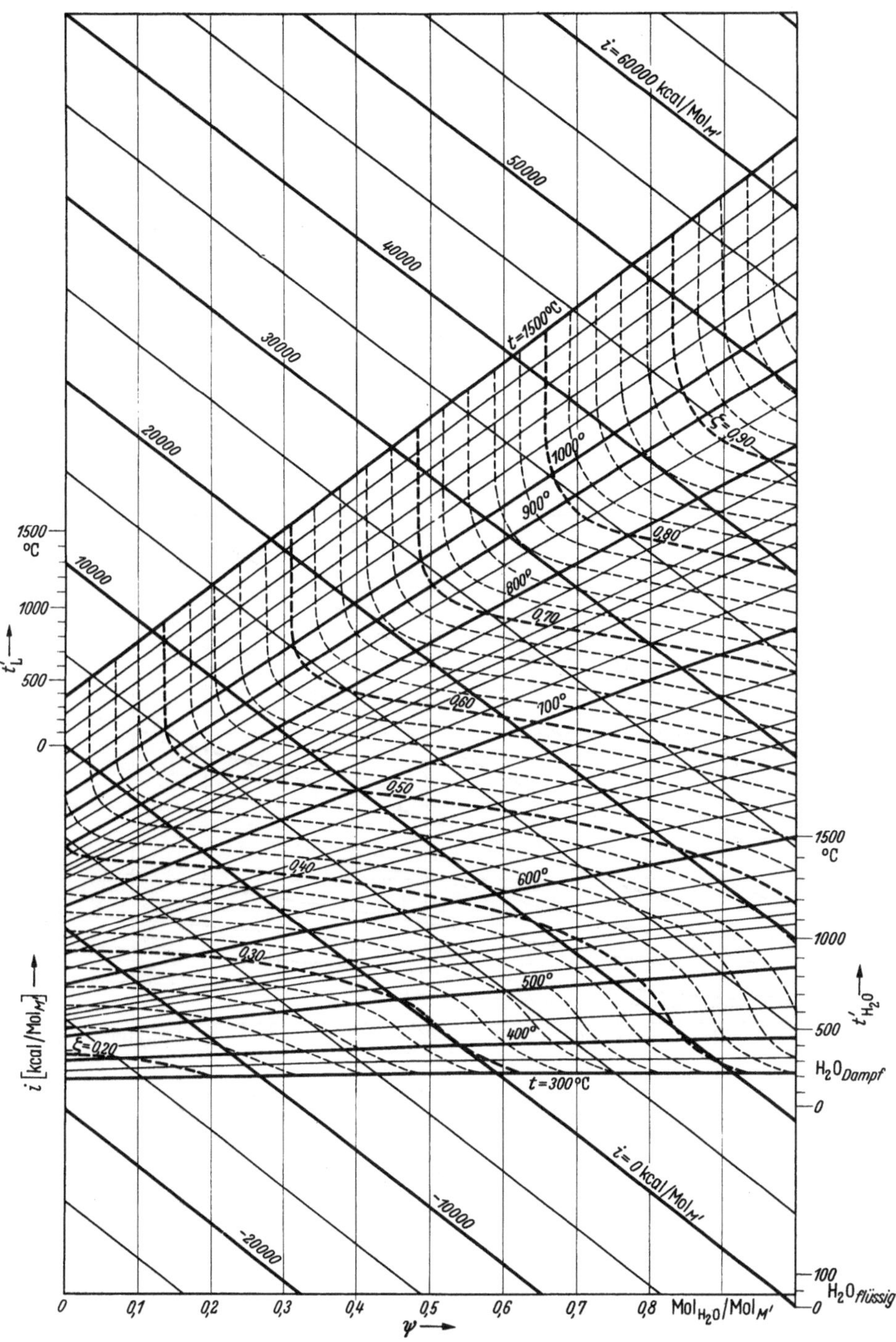

$i\,\psi$-Diagramm für $\sigma = 1{,}1$, $p = 1$ Atm, $r_L = 0{,}21$

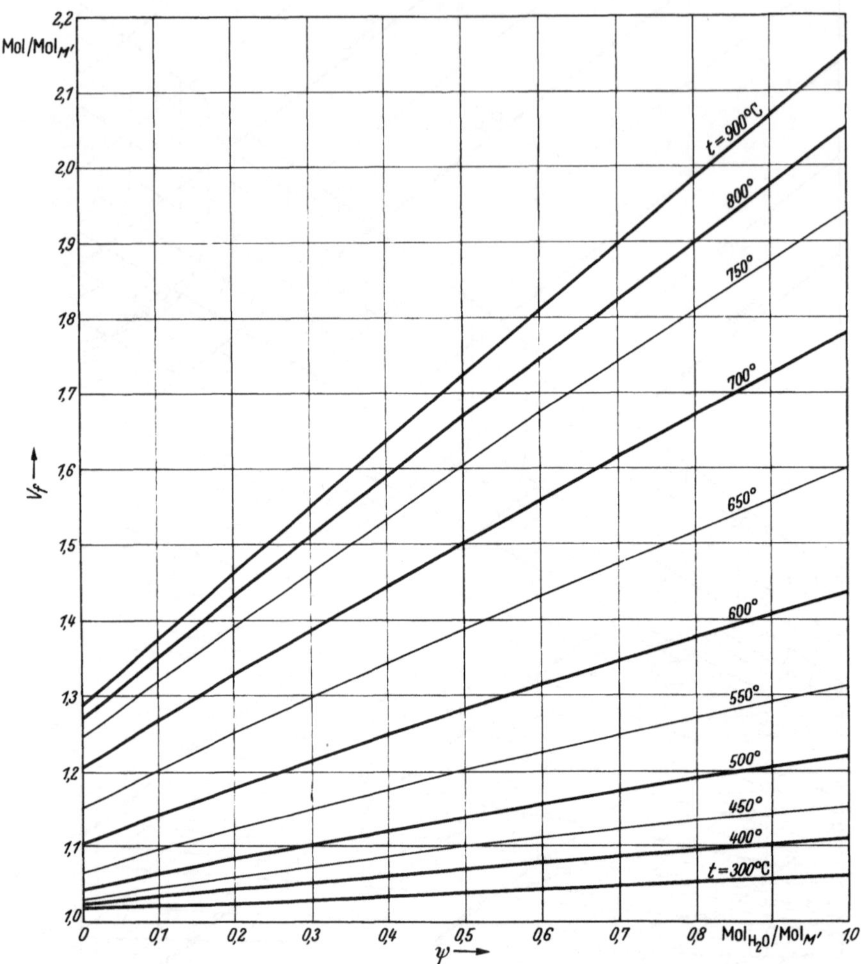

$V_f\psi$-Diagramm für $\sigma = 1{,}1$, $p = 1$ Atm, $r_L = 0{,}21$

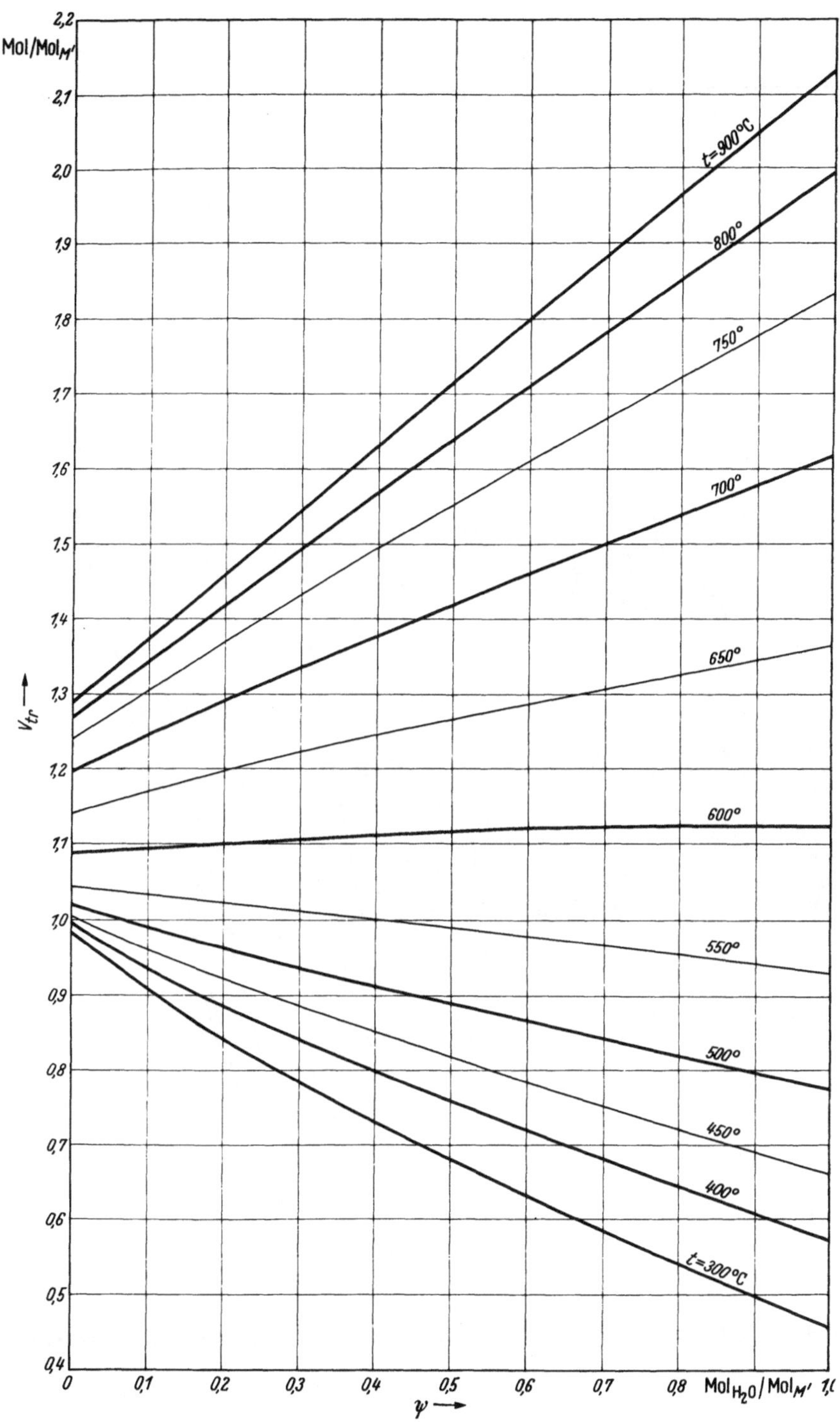

$V_{tr}\psi$-Diagramm für $\sigma = 1{,}1$, $p = 1$ Atm, $r_L = 0{,}21$

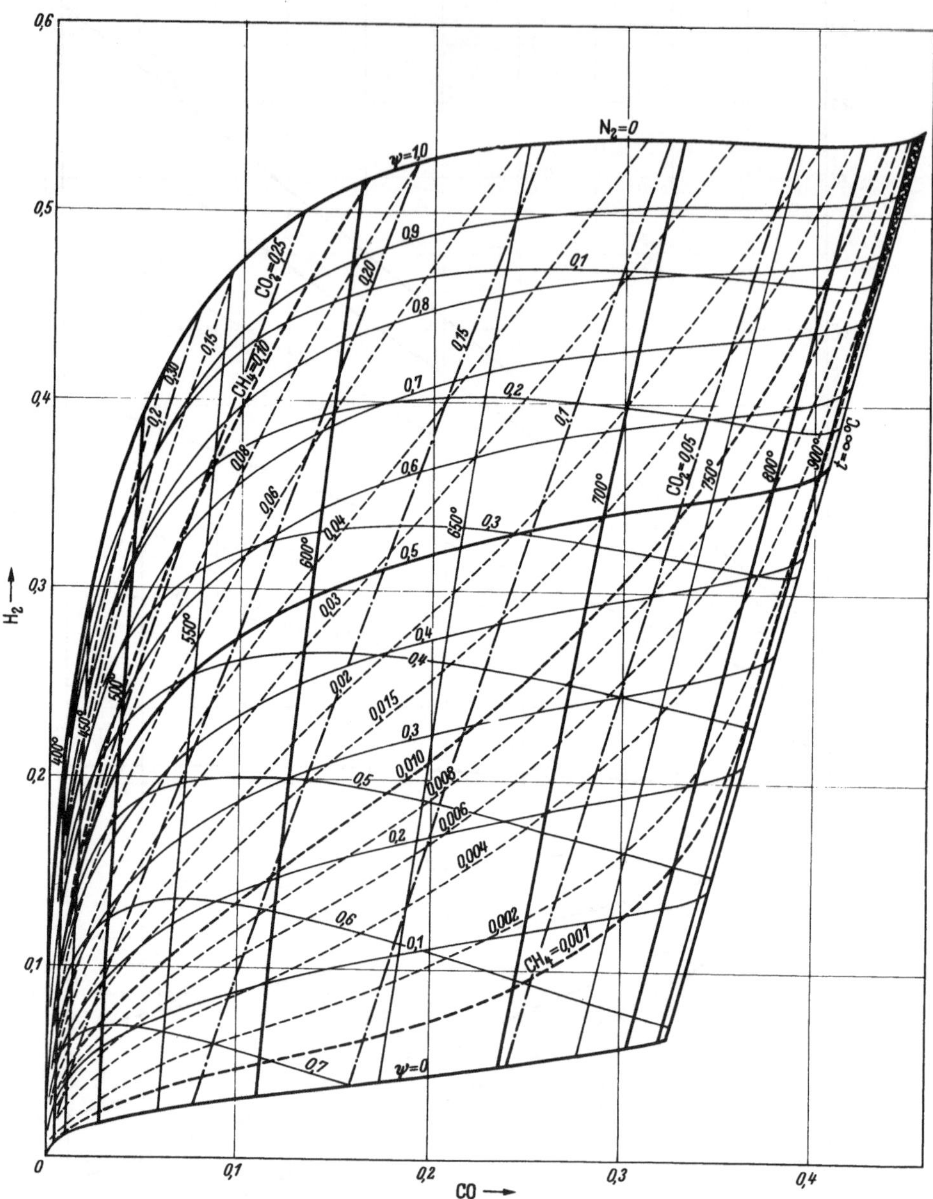

H_2-CO-Diagramm mit Linien CH_4 = konst, für $\sigma = 1,1$, $p = 1$ Atm, $r_L = 0,21$

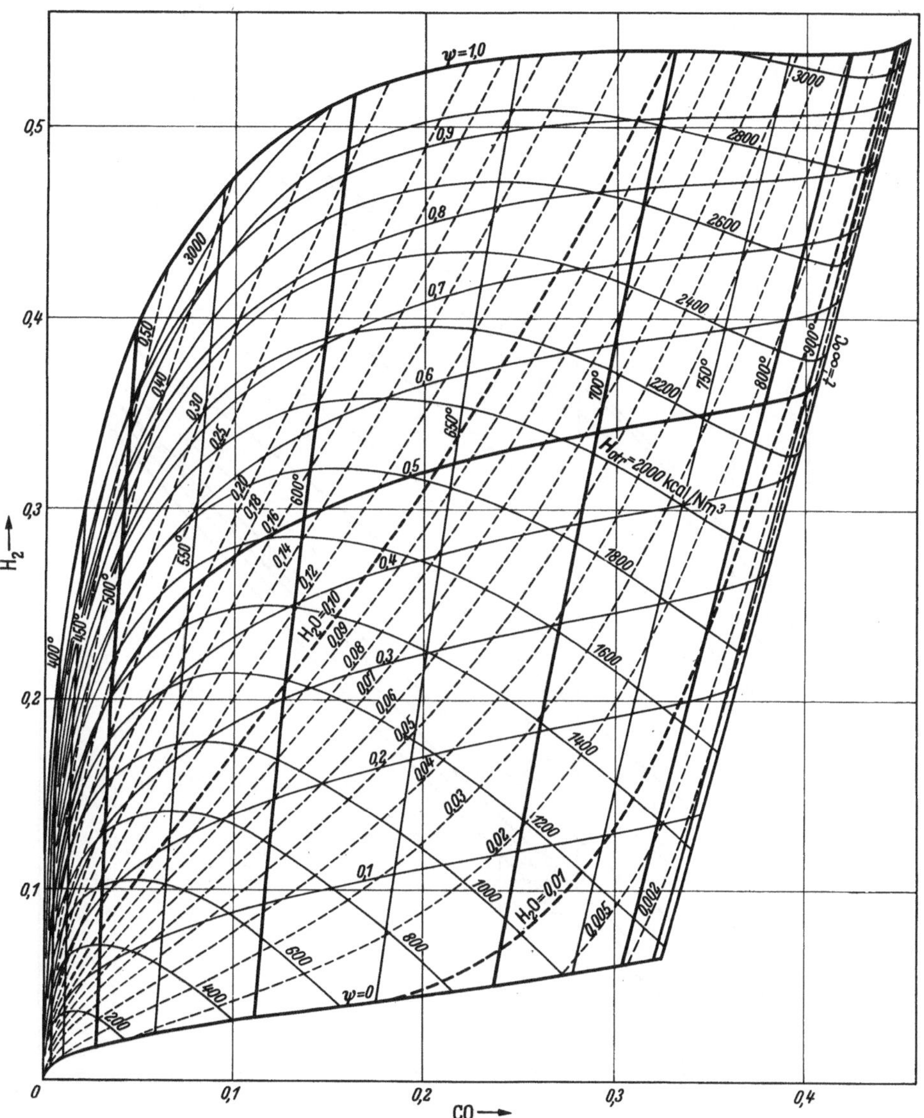

H₂-CO-Diagramm mit Linien H₂O = konst, für $\sigma = 1{,}1$, $p = 1$ Atm, $r_L = 0{,}21$

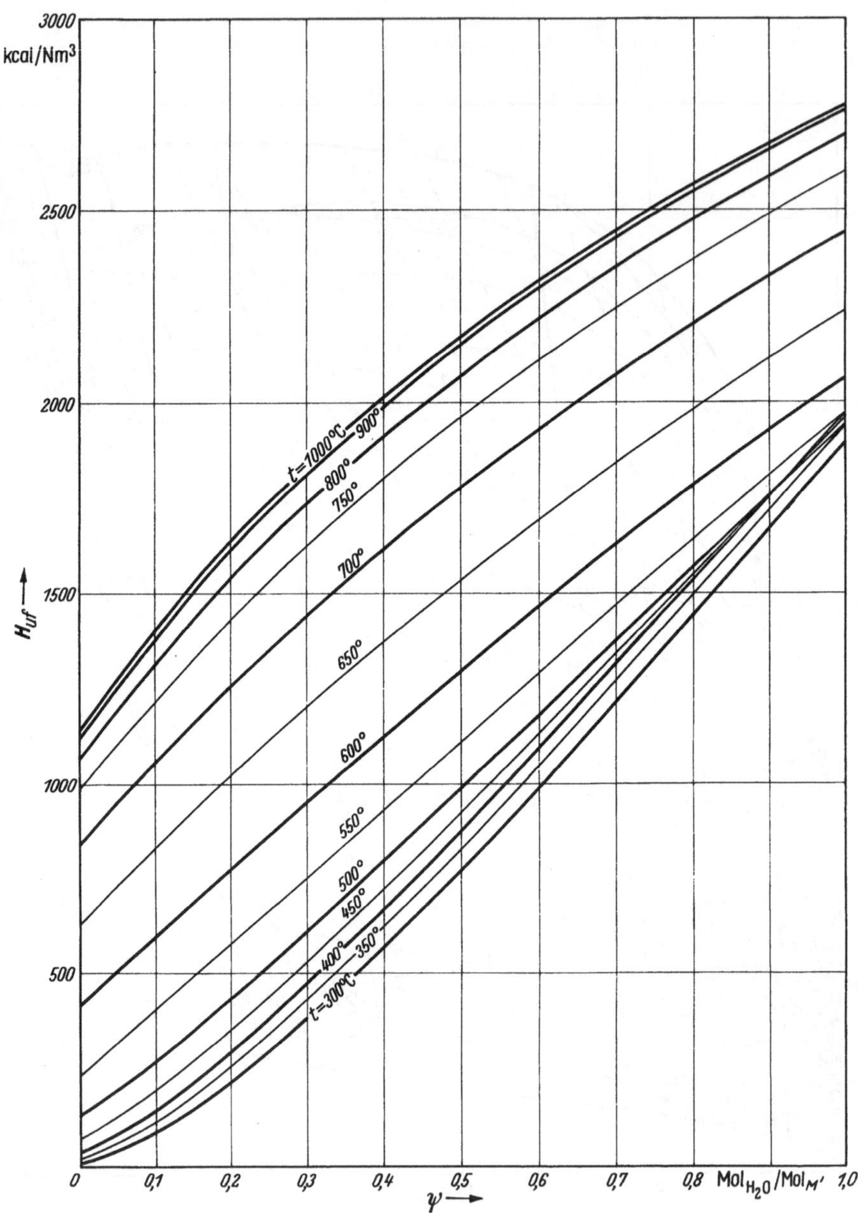

$H_{uf}\psi$-Diagramm für $\sigma = 1{,}1$, $p = 1$ Atm, $r_L = 0{,}21$

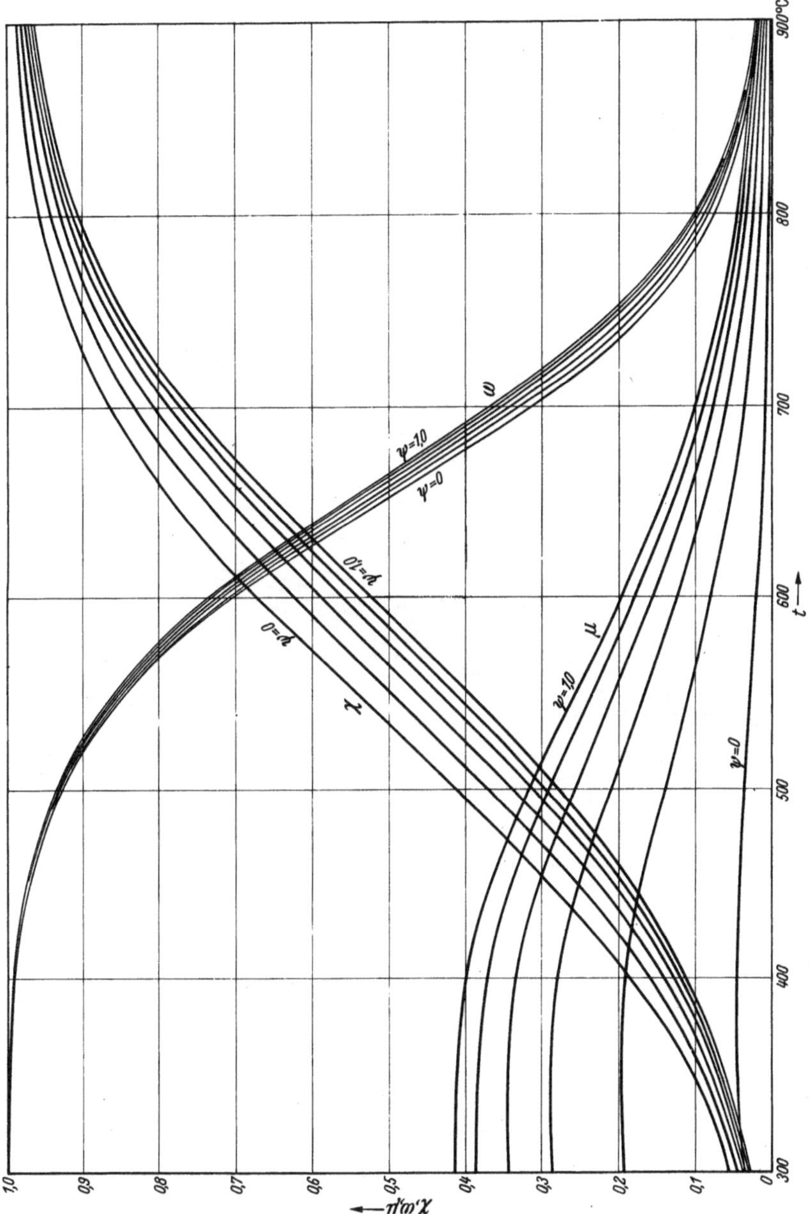

$\chi,\ \omega,\ \mu$—t-Diagramm für $\sigma = 1{,}1$, $p = 1$ Atm, $r_L = 0{,}21$

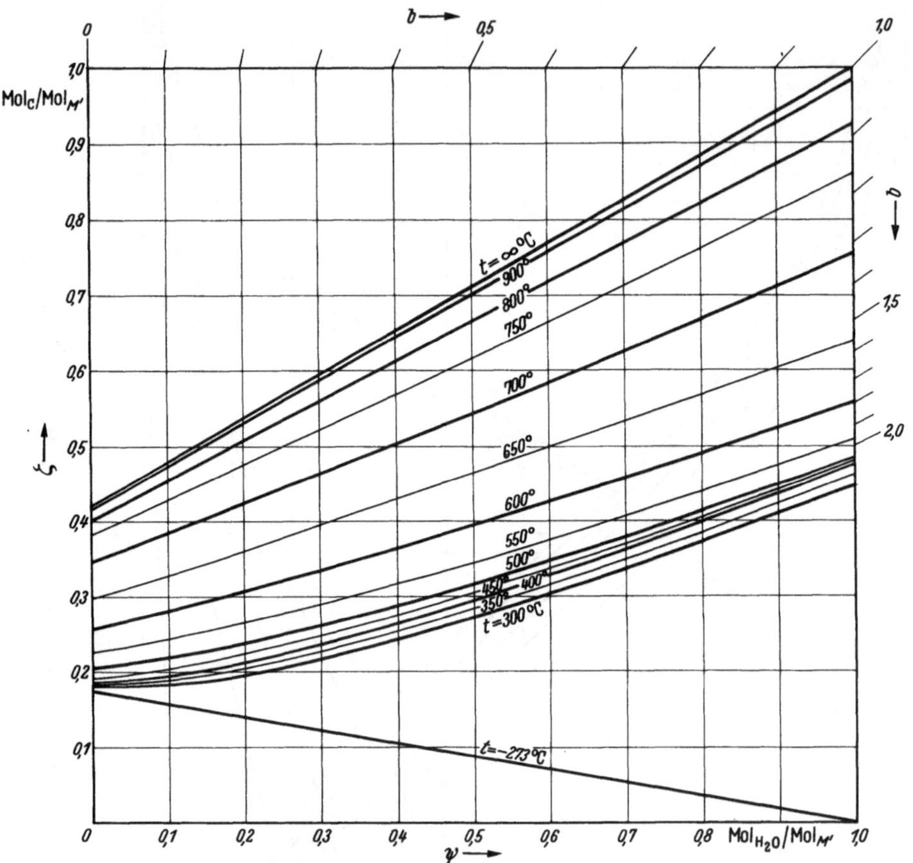

$\zeta\psi$-Diagramm für $\sigma = 1{,}2$, $p = 1$ Atm, $r_L = 0{,}21$

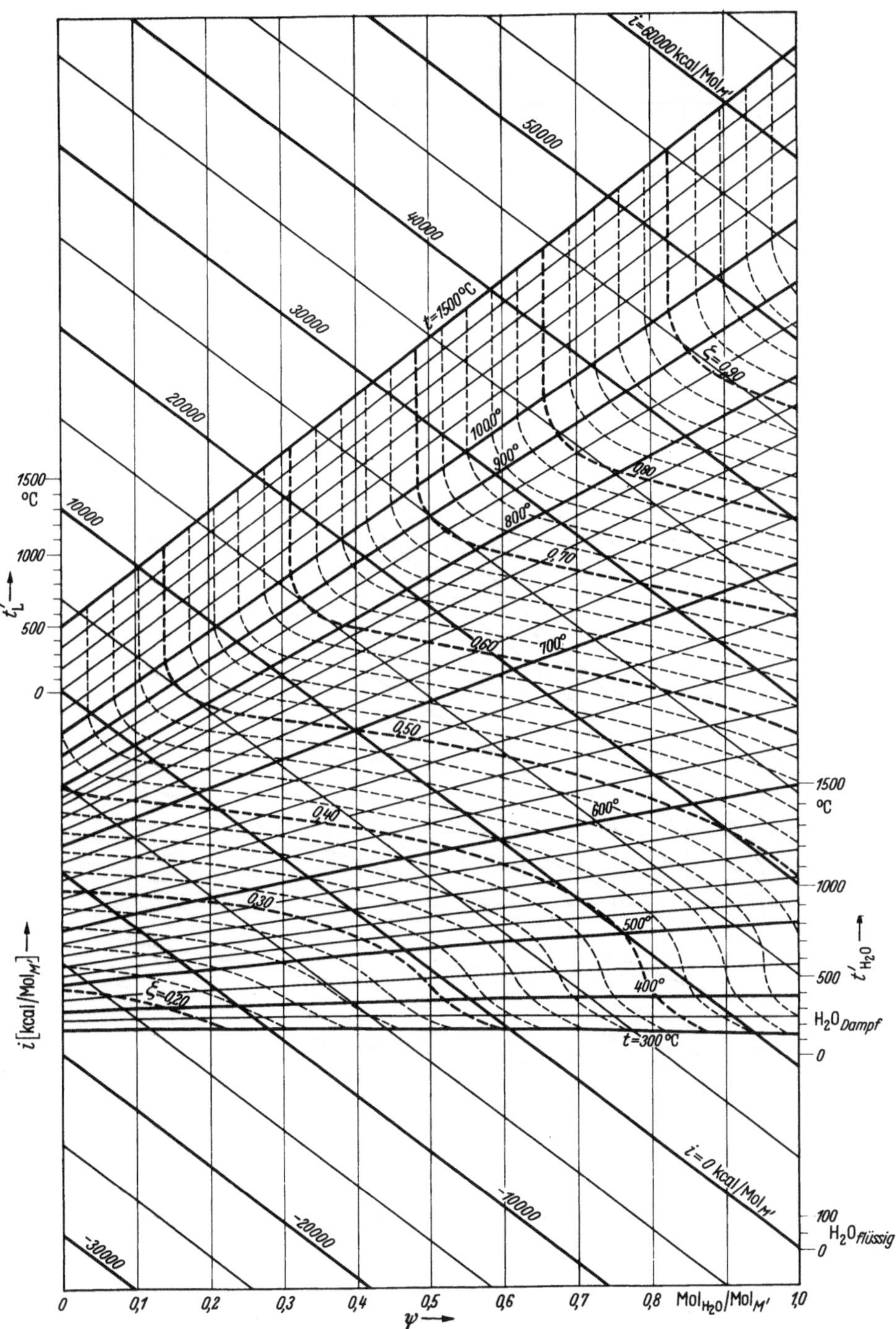

$i\psi$-Diagramm für $\sigma = 1,2$, $p = 1$ Atm, $r_L = 0,21$

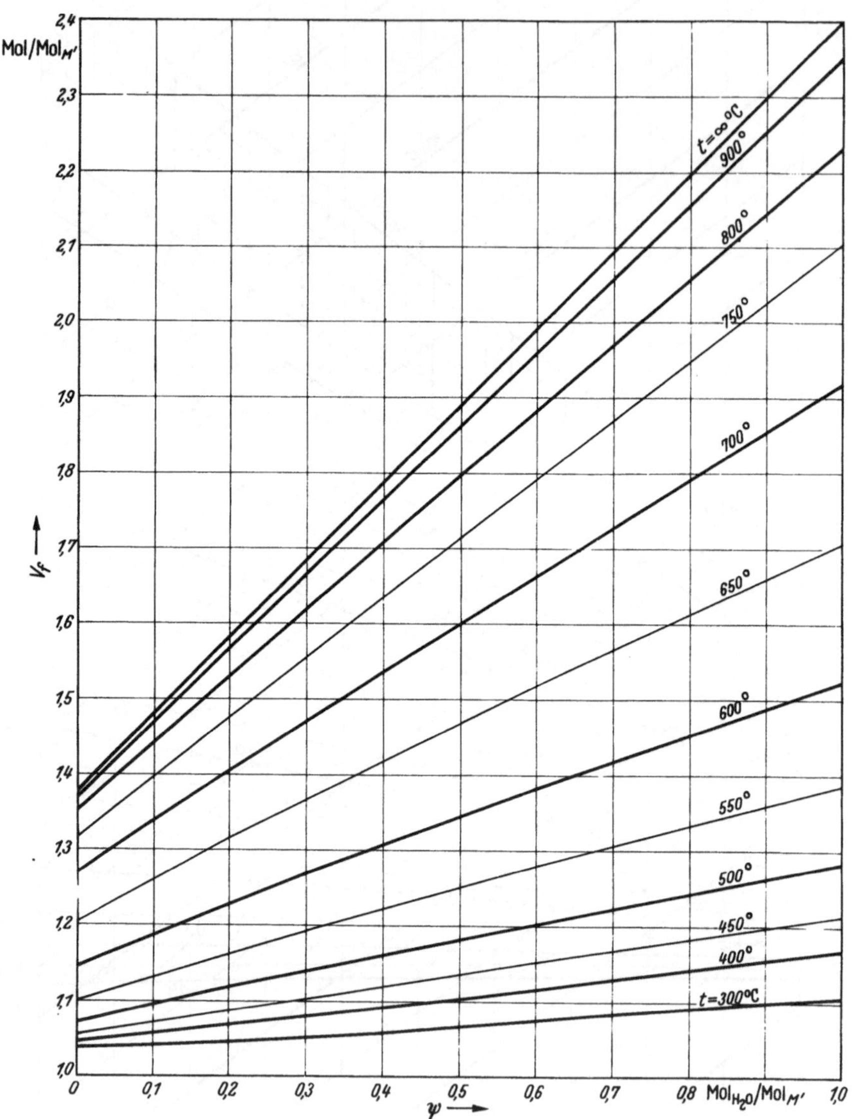

$V_t\psi$-Diagramm für $\sigma = 1{,}2$, $p = 1$ Atm, $r_L = 0{,}21$

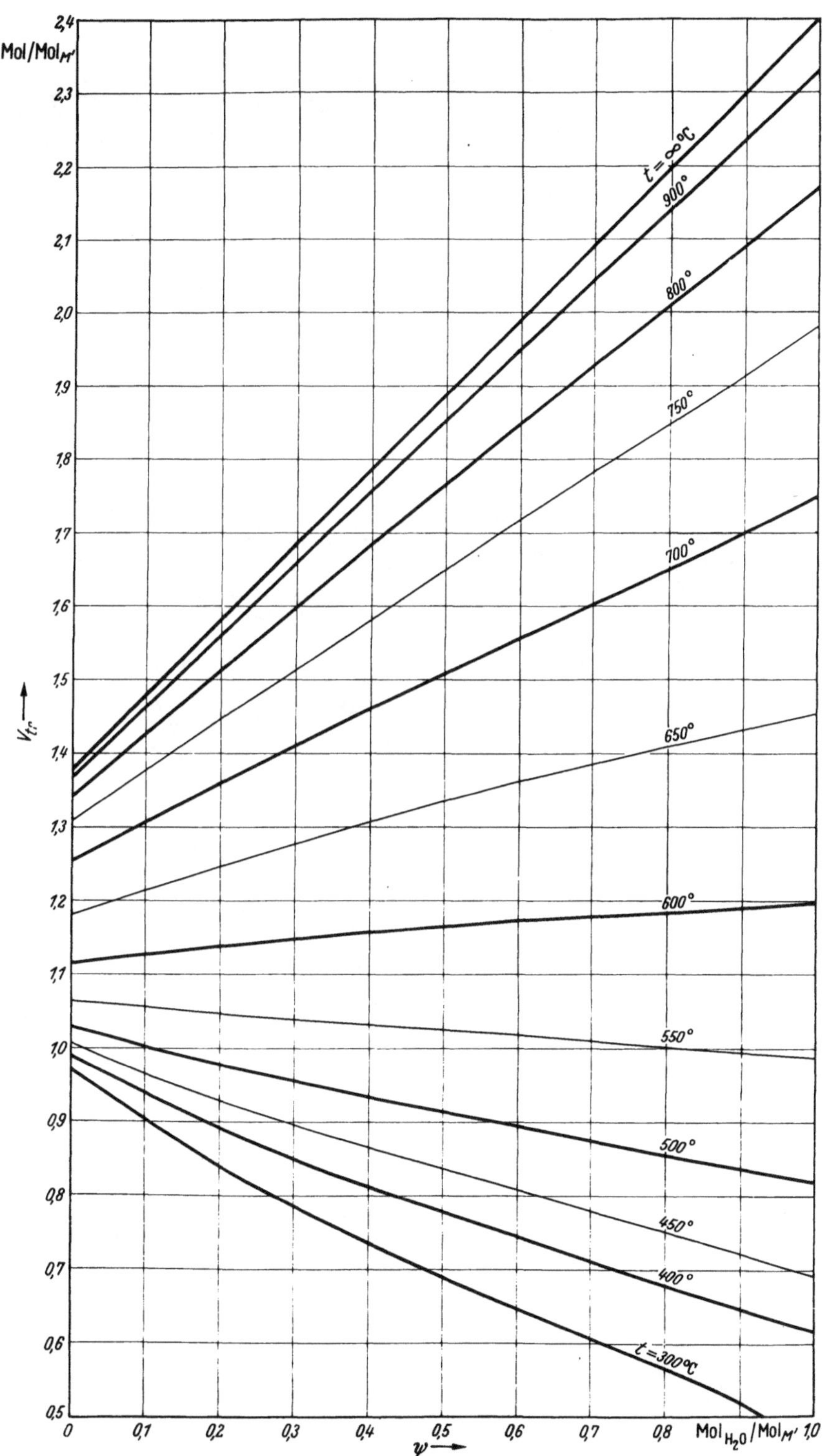

$V_{tr}\psi$-Diagramm für $\sigma = 1,2$, $p = 1$ Atm, $r_L = 0,21$

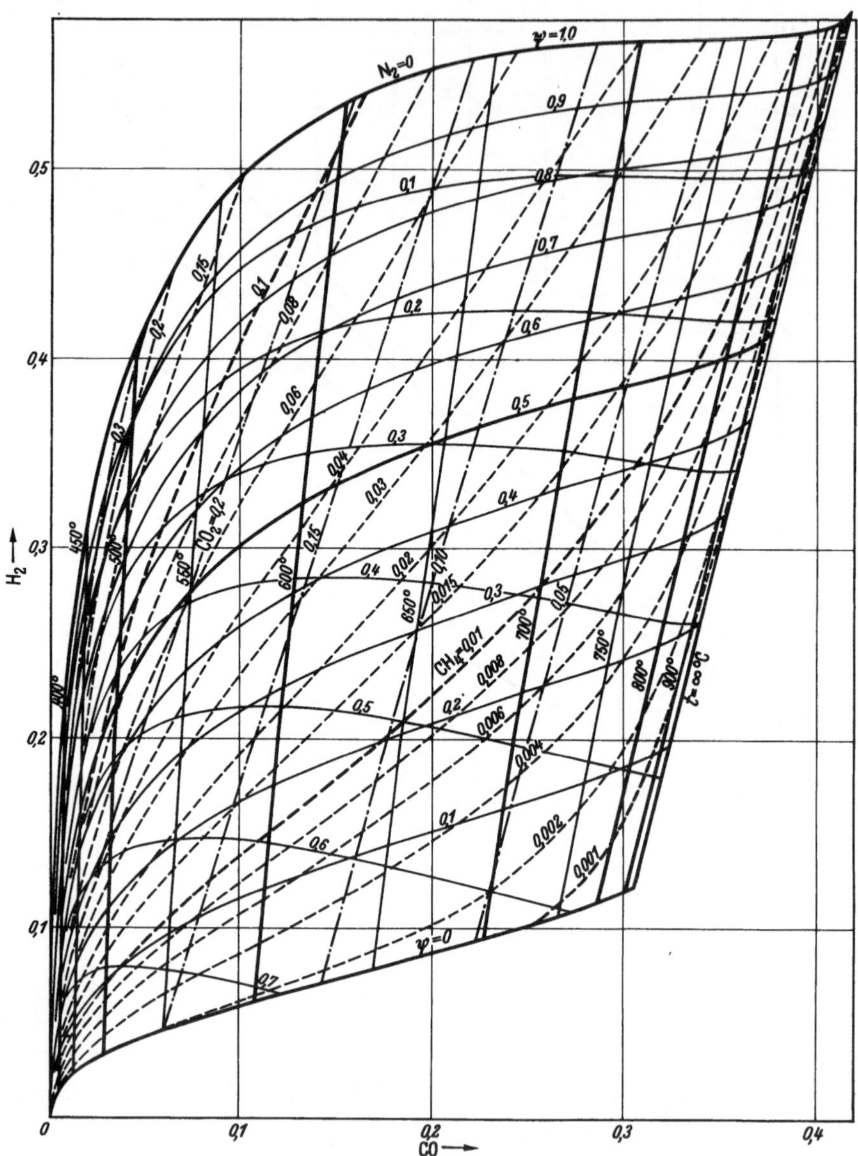

H_2-CO-Diagramm mit Linien CH_4 = konst. für $\sigma = 1{,}2$, $p = 1$ Atm. $r_L = 0{,}21$

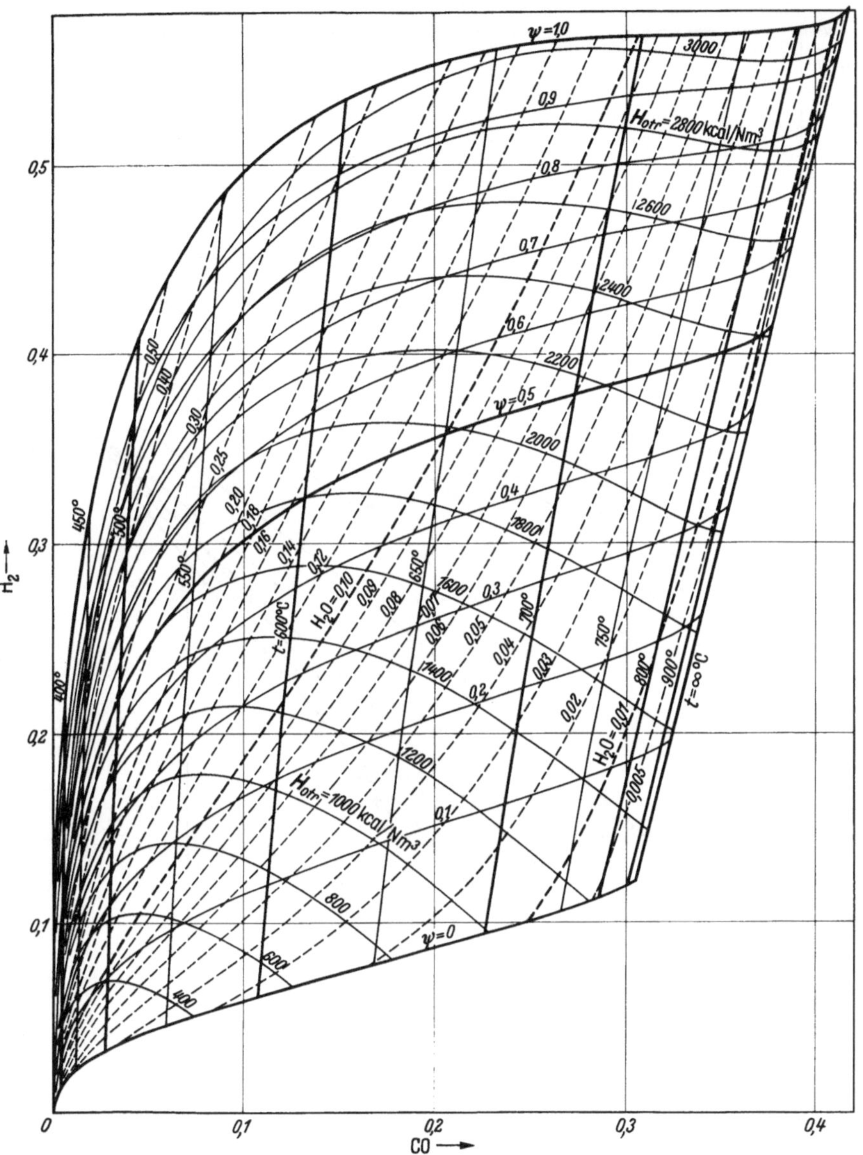

H_2–CO-Diagramm mit Linien H_2O = konst. für $\sigma = 1{,}2$, $p = 1$ Atm, $r_L = 0{,}21$

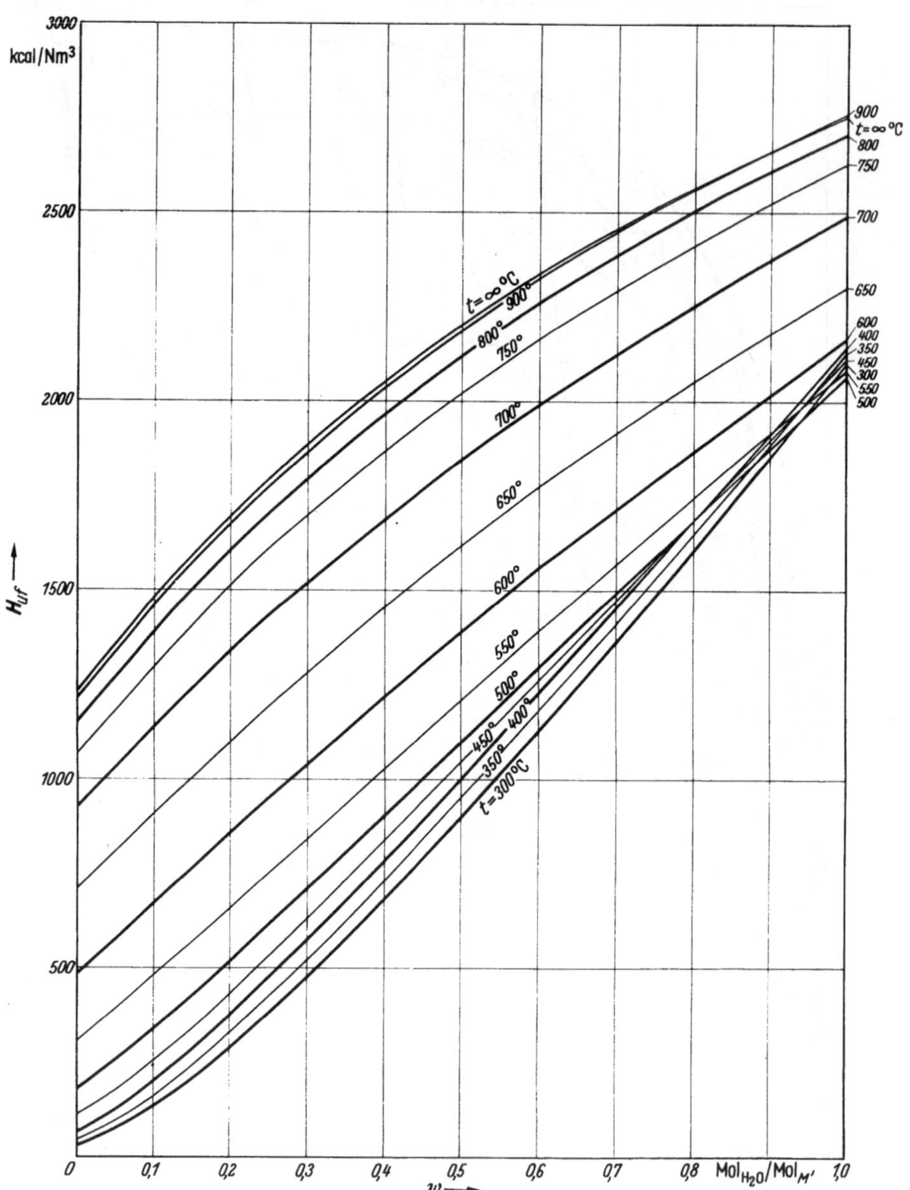

$H_{uf}\psi$-Diagramm für $\sigma = 1,2$, $p = 1$ Atm, $r_L = 0,21$

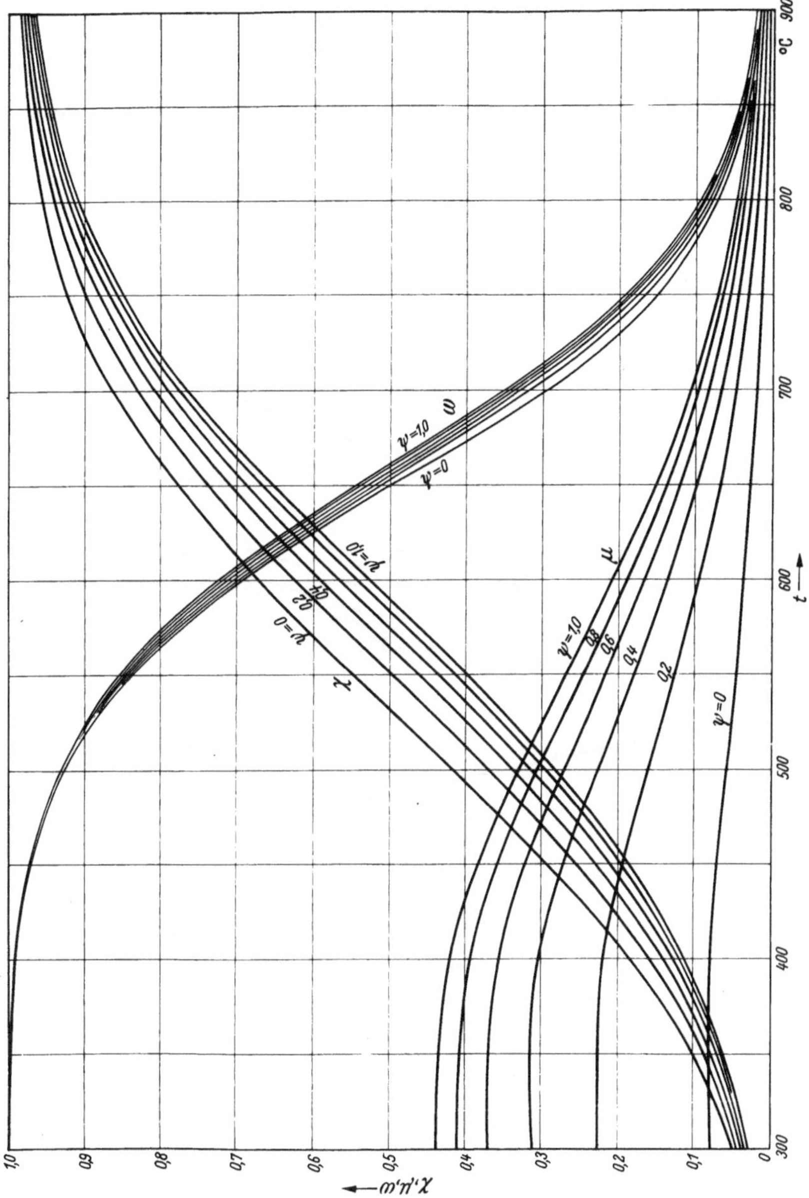

$\chi,\ \omega,\ \mu$—t-Diagramm für $\sigma = 1{,}2$, $p = 1$ Atm, $r_L = 0{,}21$

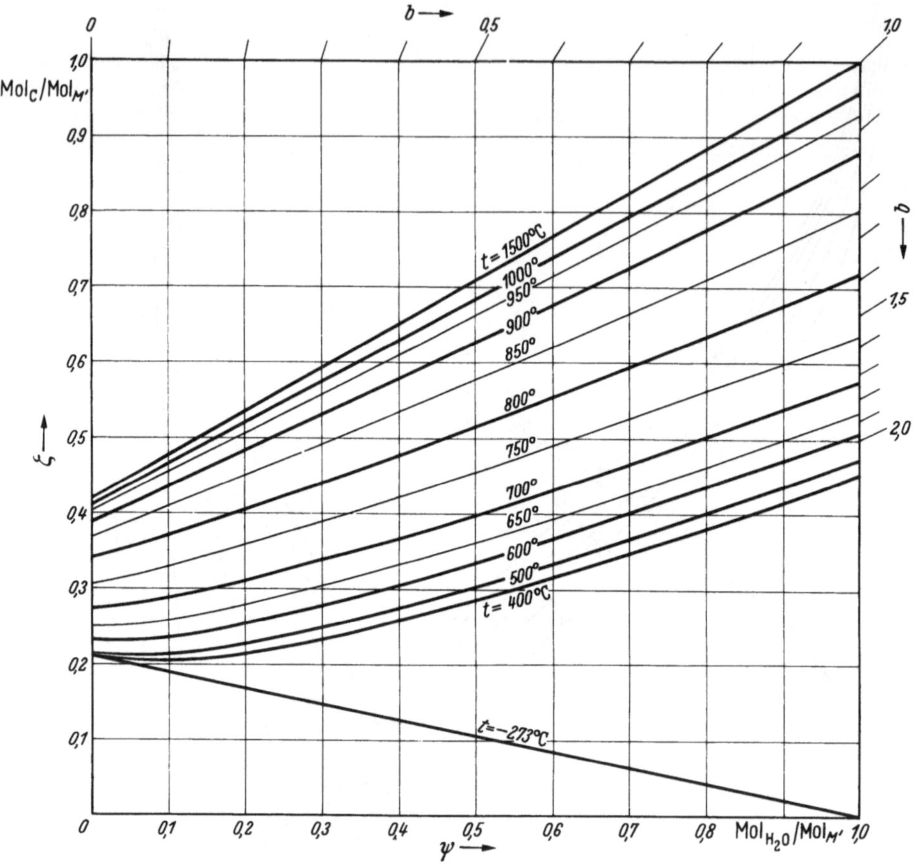

$\zeta\psi$-Diagramm für $\sigma = 1$, $p = 10$ at, $r_L = 0{,}21$

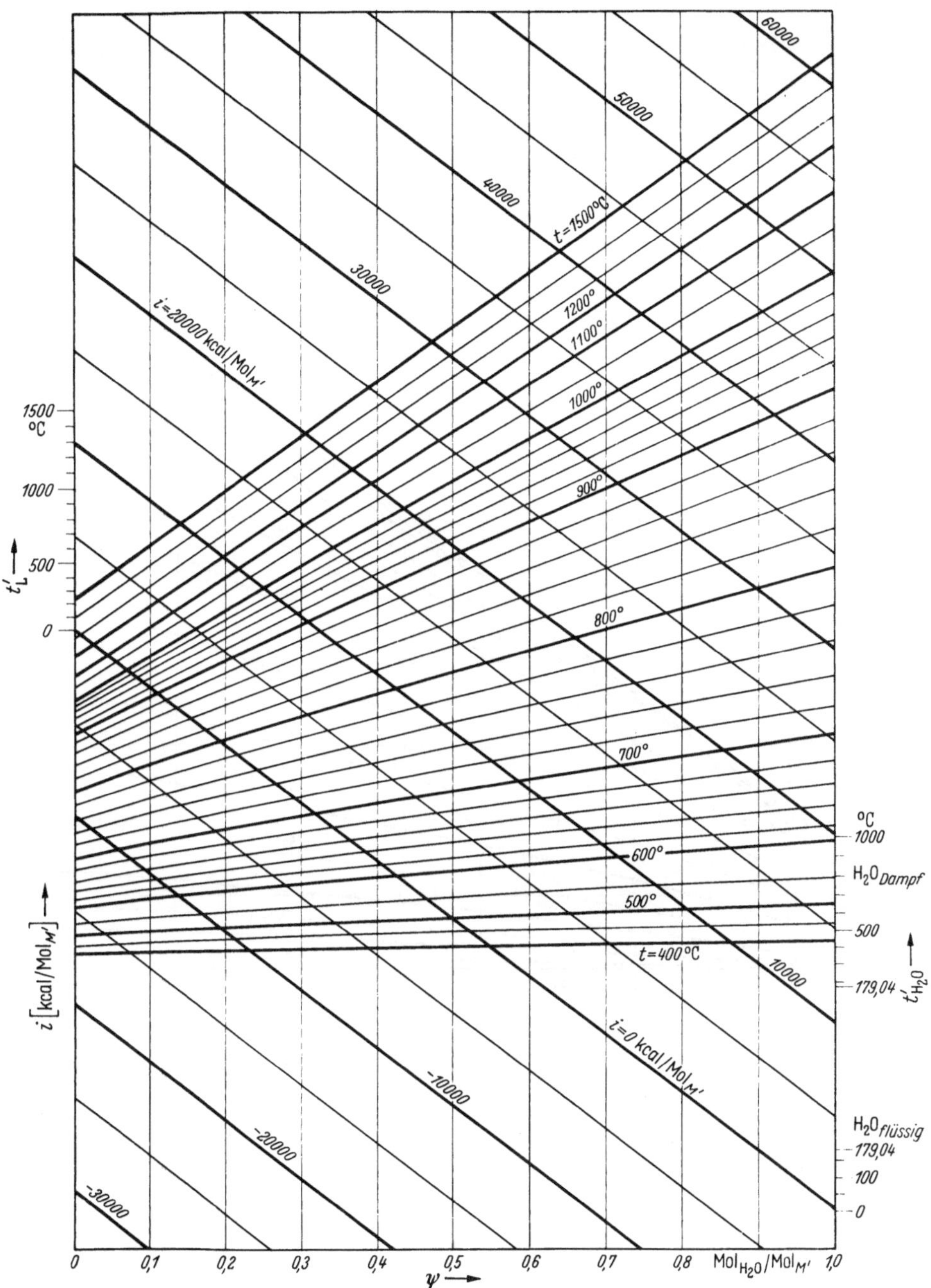

$i\,\psi$-Diagramm für $\sigma = 1$, $p = 10$ at, $r_L = 0{,}21$

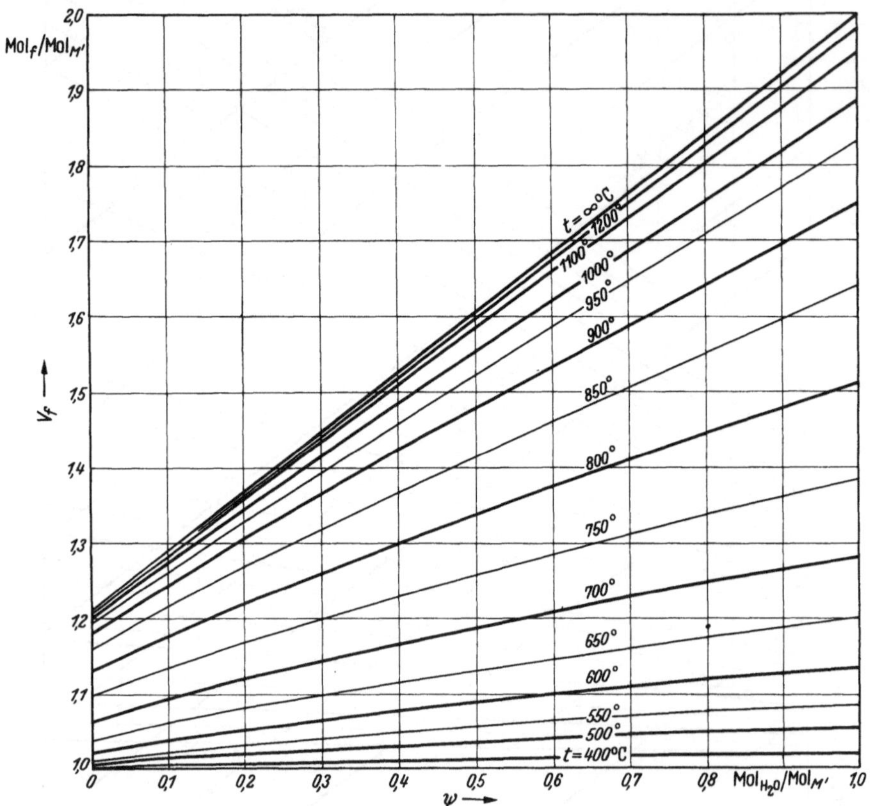

$V_f\psi$-Diagramm für $\sigma = 1$, $p = 10$ at, $r_L = 0,21$

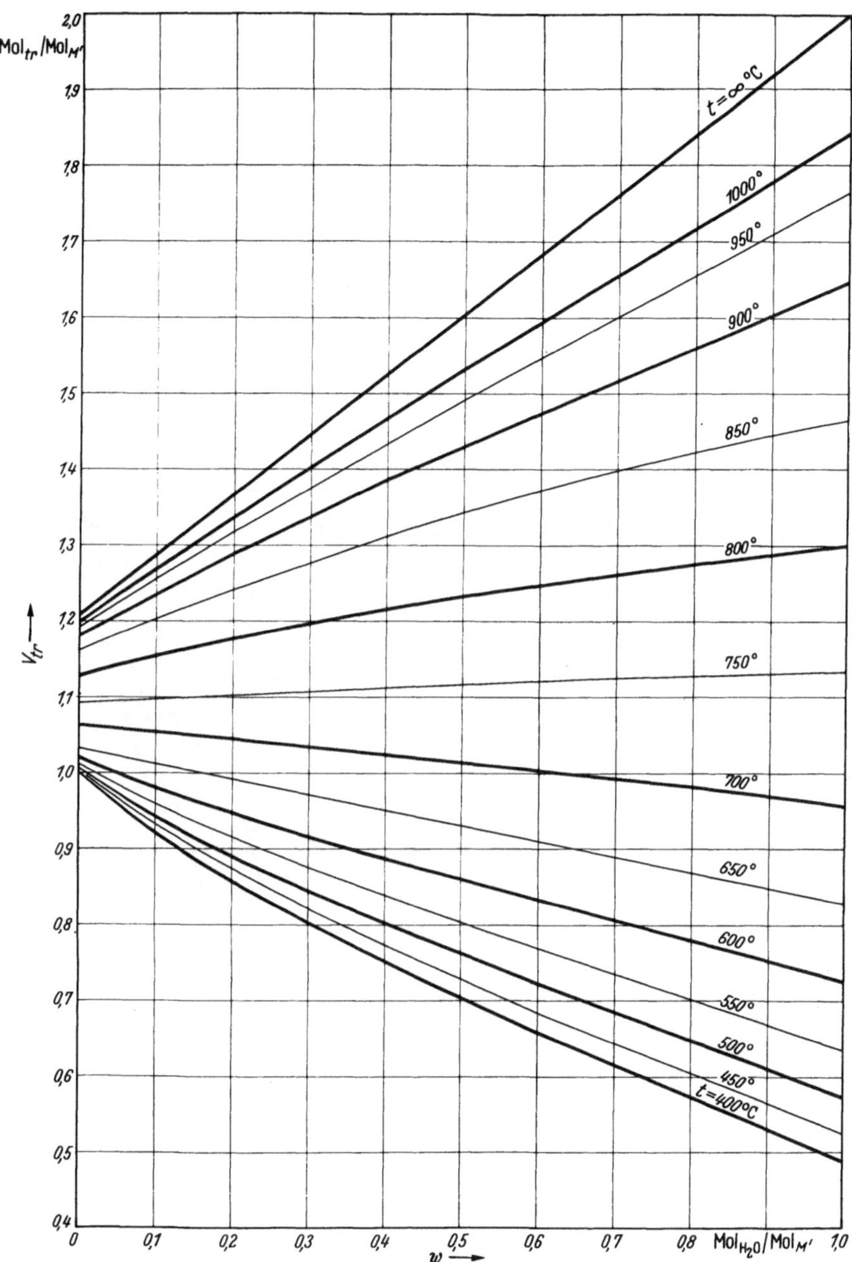

$V_{tr}\,\psi$-Diagramm für $\sigma = 1$, $p = 10$ at, $r_L = 0{,}21$

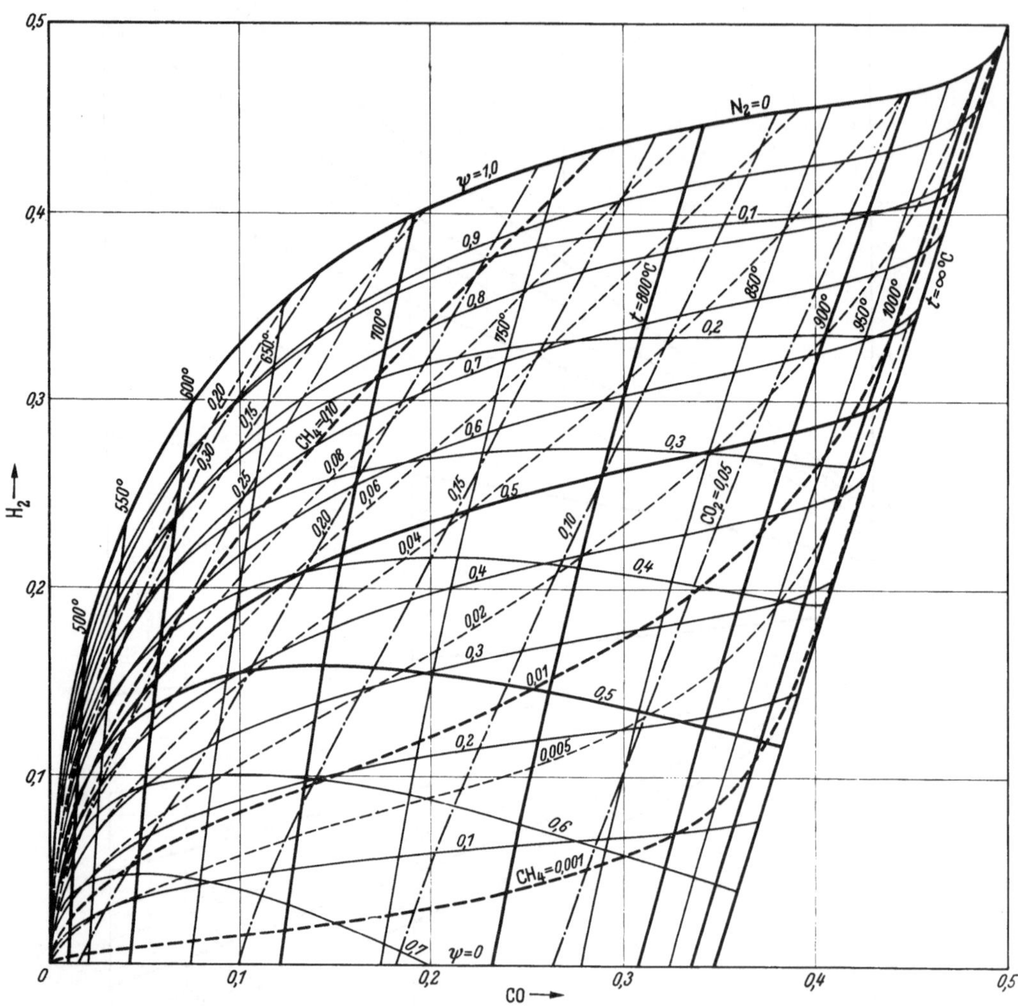

H_2-CO-Diagramm mit Linien CH_4 = konst, für $\sigma = 1$, $p = 10$ at, $r_L = 0{,}21$

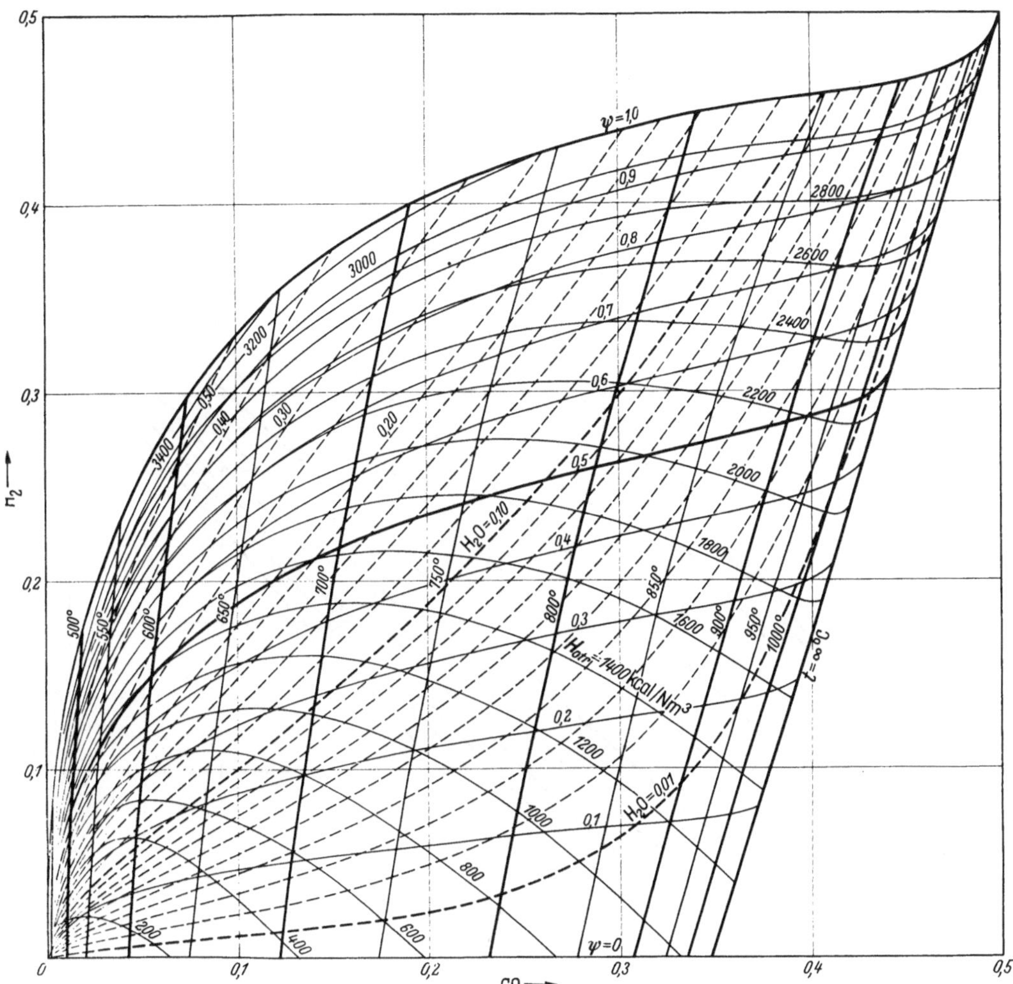

H_2-CO-Diagramm mit Linien H_2O = konst, für $\sigma = 1$, $p = 10$ at, $r_L = 0,21$

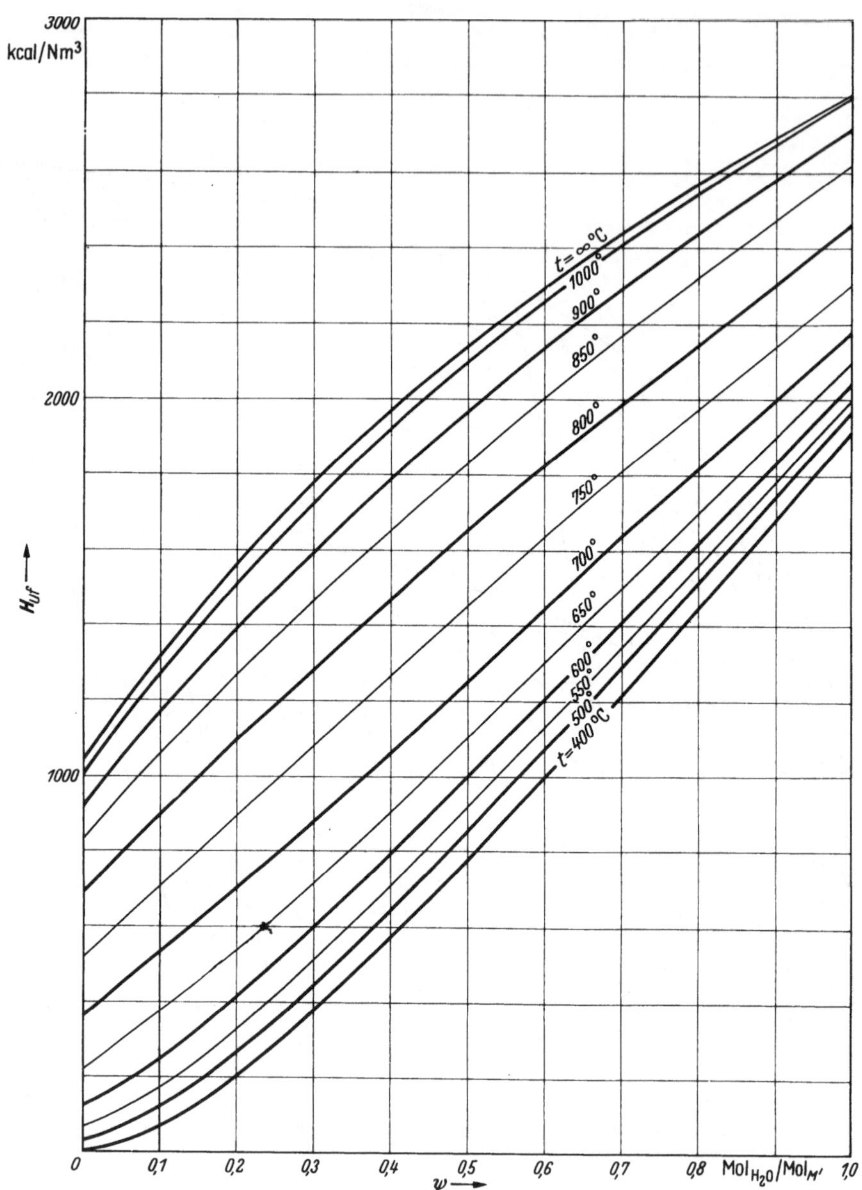

$H_{uf}\,\psi$-Diagramm für $\sigma = 1$, $p = 10$ at, $r_L = 0{,}21$

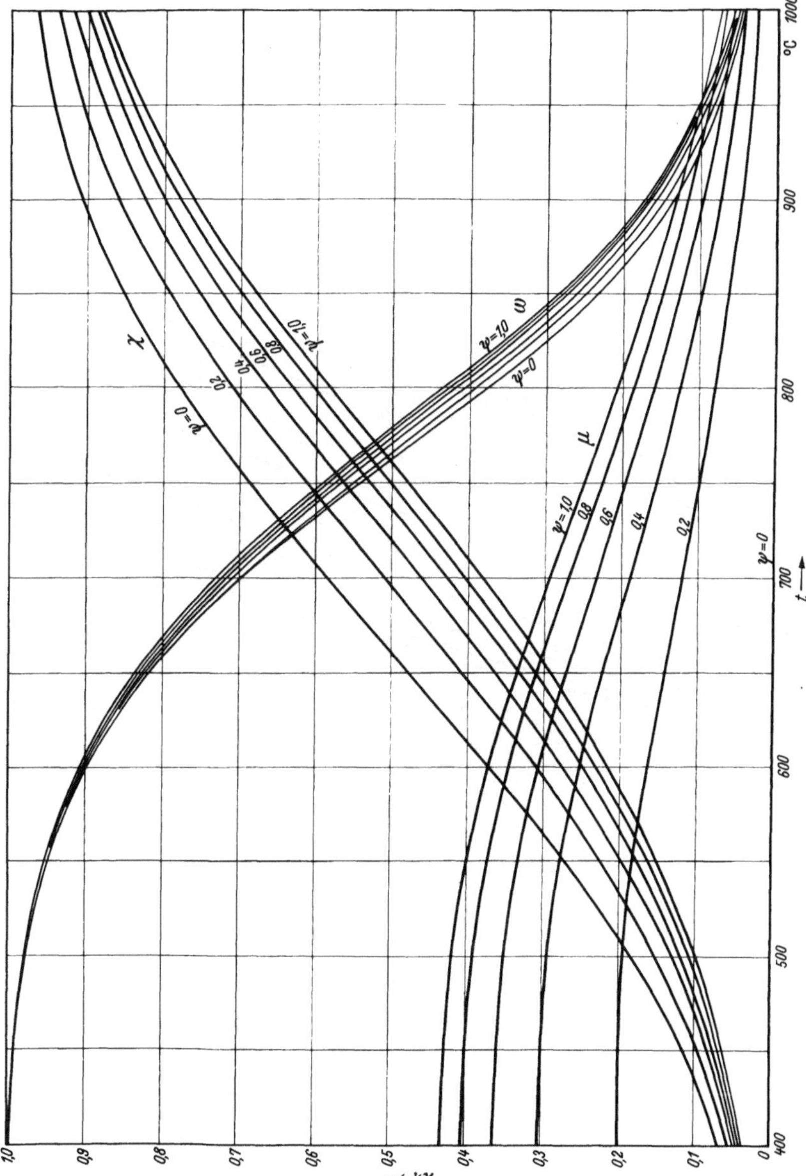

χ, ω, μ—t-Diagramm für $\sigma = 1$, $p = 10$ at, $r_L = 0{,}21$

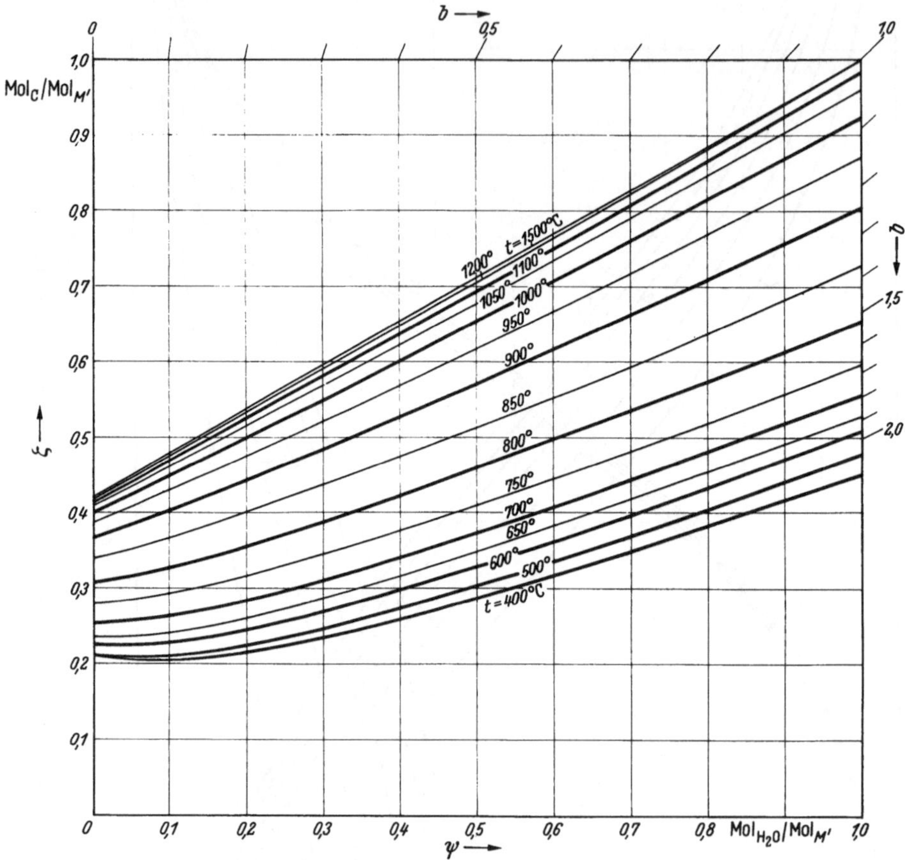

$\zeta\,\psi$-Diagramm für $\sigma = 1$, $p = 25$ at, $r_L = 0{,}21$

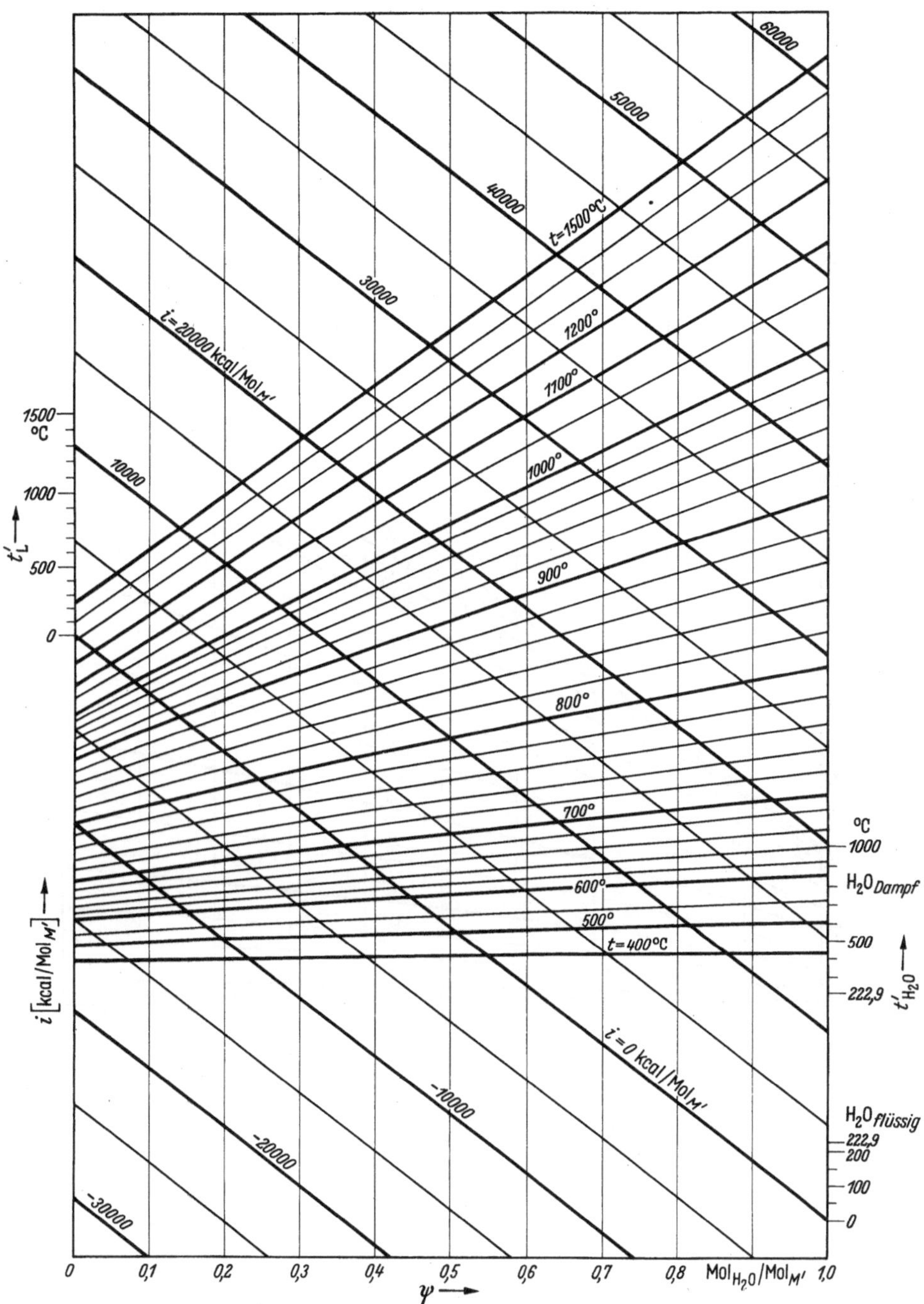

$i\,\psi$-Diagramm für $\sigma = 1$, $p = 25$ at, $r_L = 0{,}21$

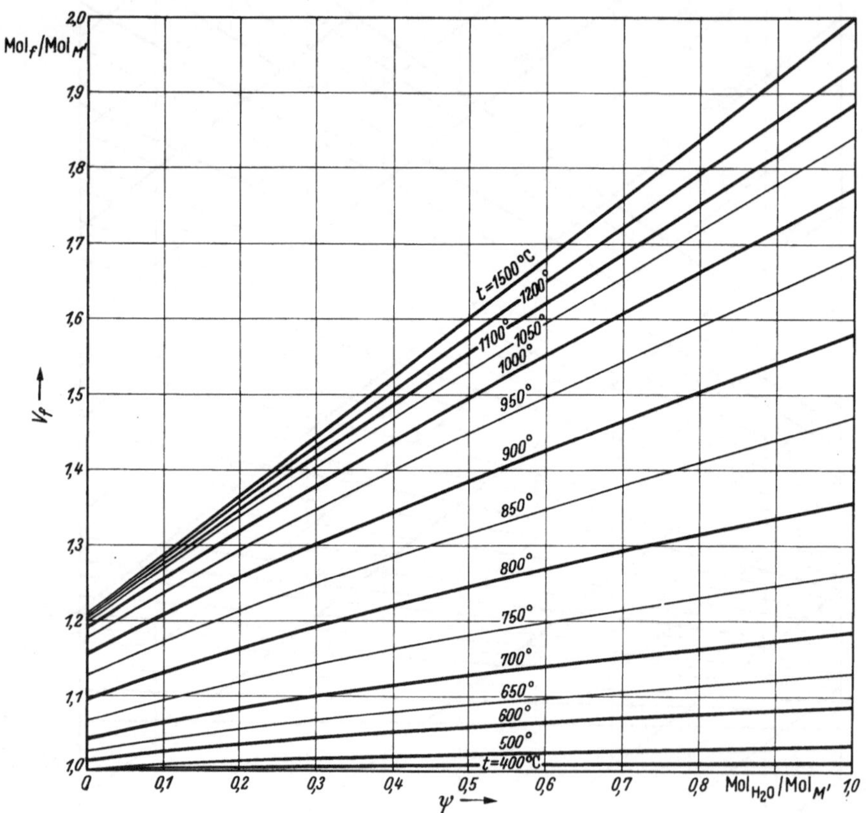

$V_t\psi$-Diagramm für $\sigma = 1$, $p = 25$ at, $r_L = 0,21$

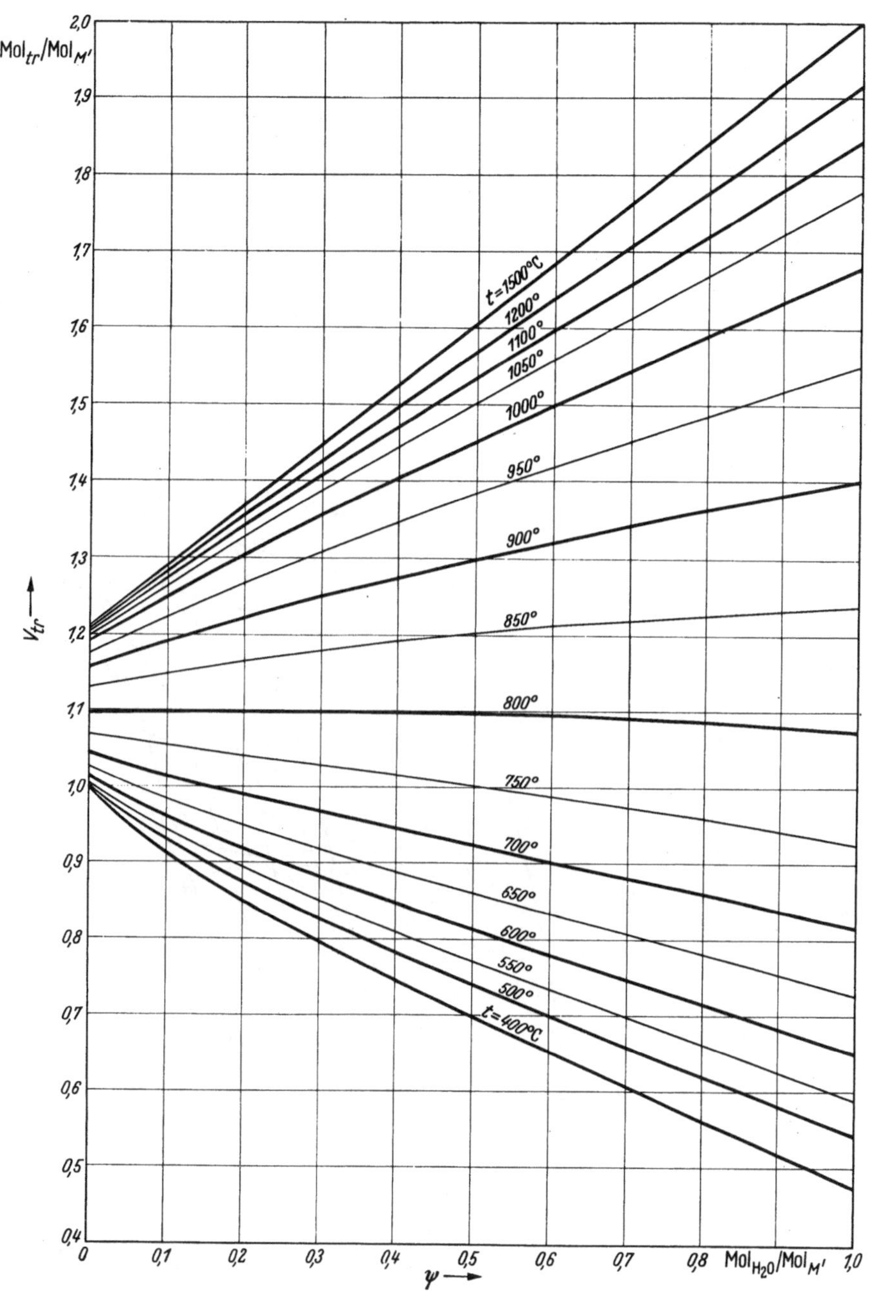

$V_{tr}\,\psi$-Diagramm für $\sigma = 1$, $p = 25$ at, $r_L = 0{,}21$

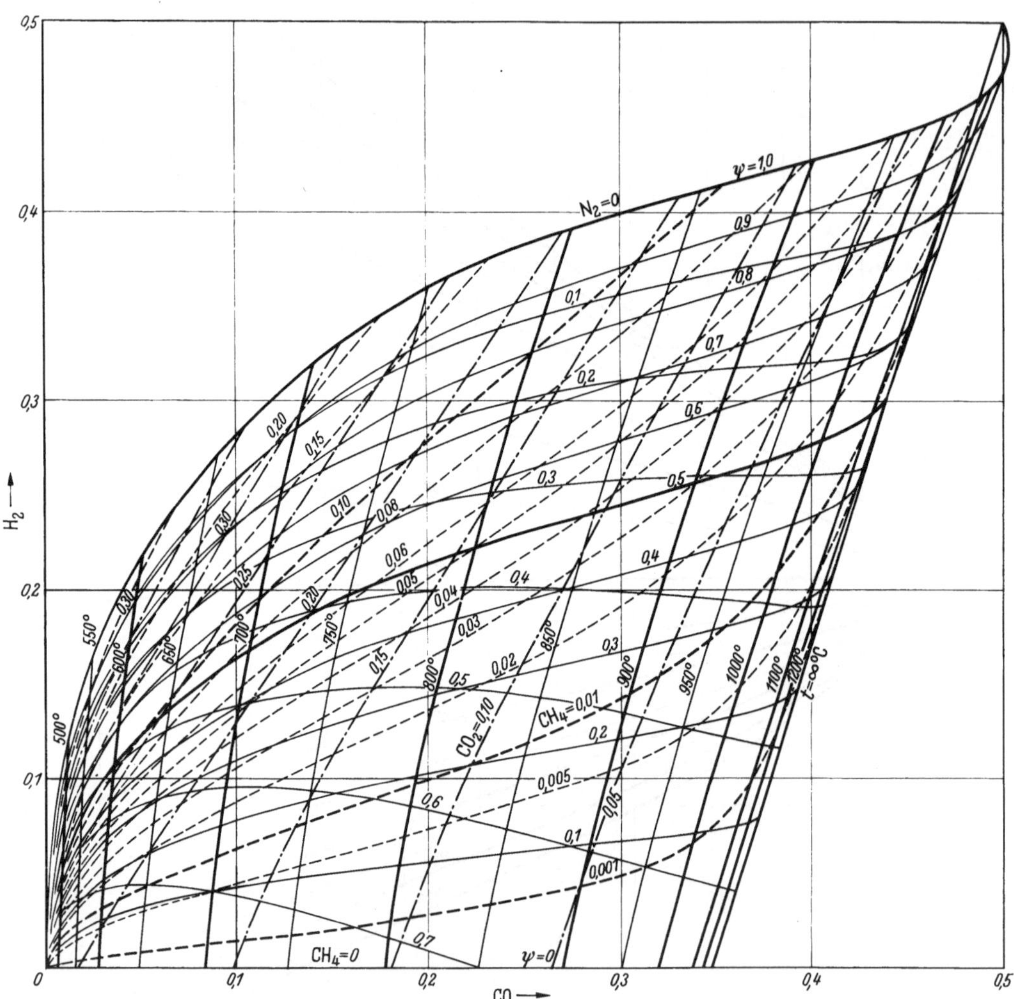

H_2-CO-Diagramm mit Linien $CH_4 =$ konst, für $\sigma = 1$, $p = 25$ at, $r_L = 0,21$

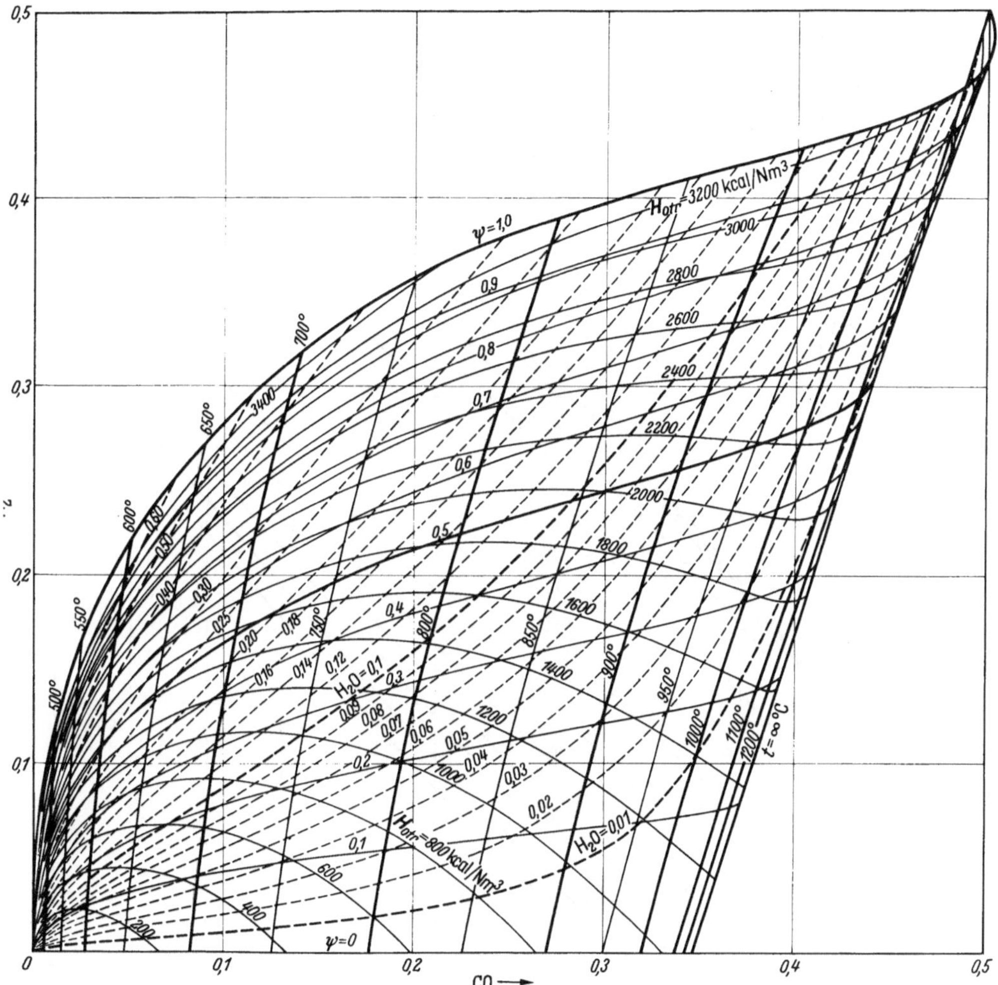

H_2-CO-Diagramm mit Linien H_2O = konst, für $\sigma = 1$, $p = 25$ at, $r_L = 0,21$

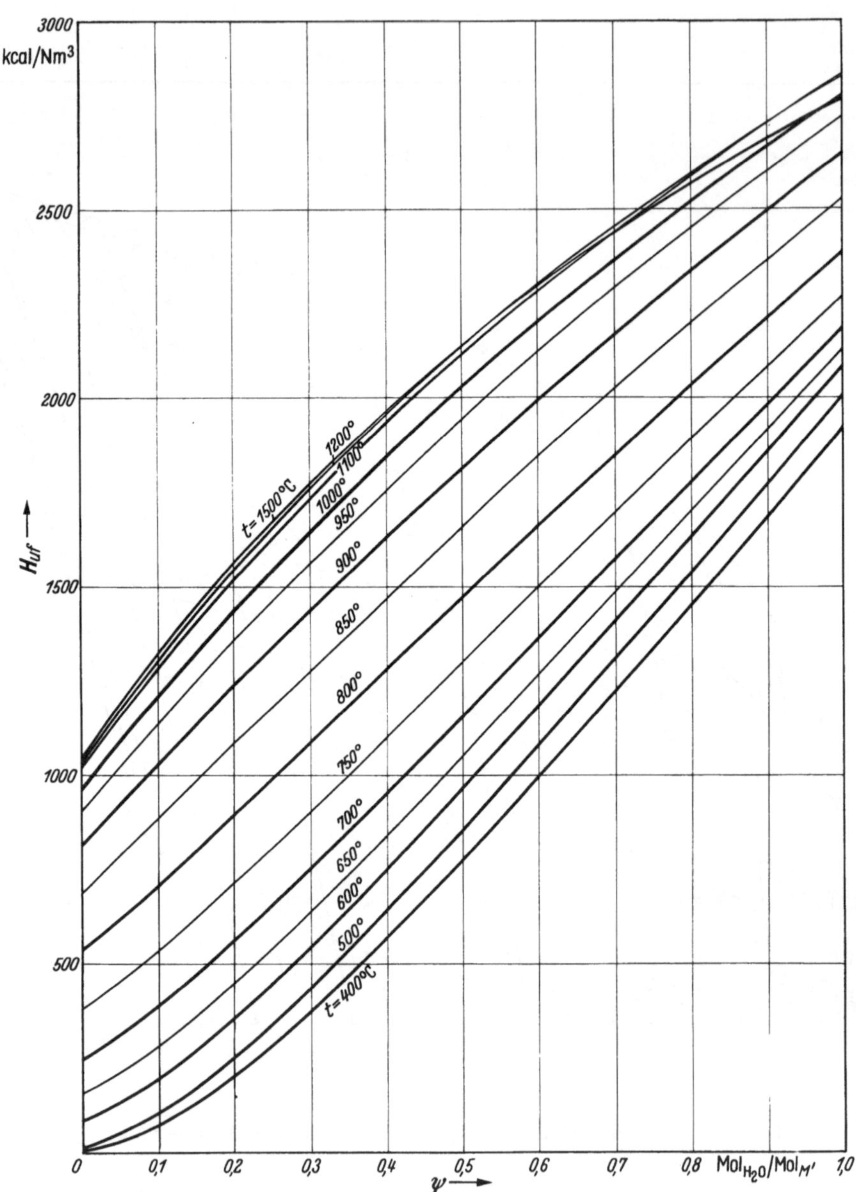

$H_{uf}\psi$-Diagramm für $\sigma = 1$, $p = 25$ at, $r_L = 0,21$

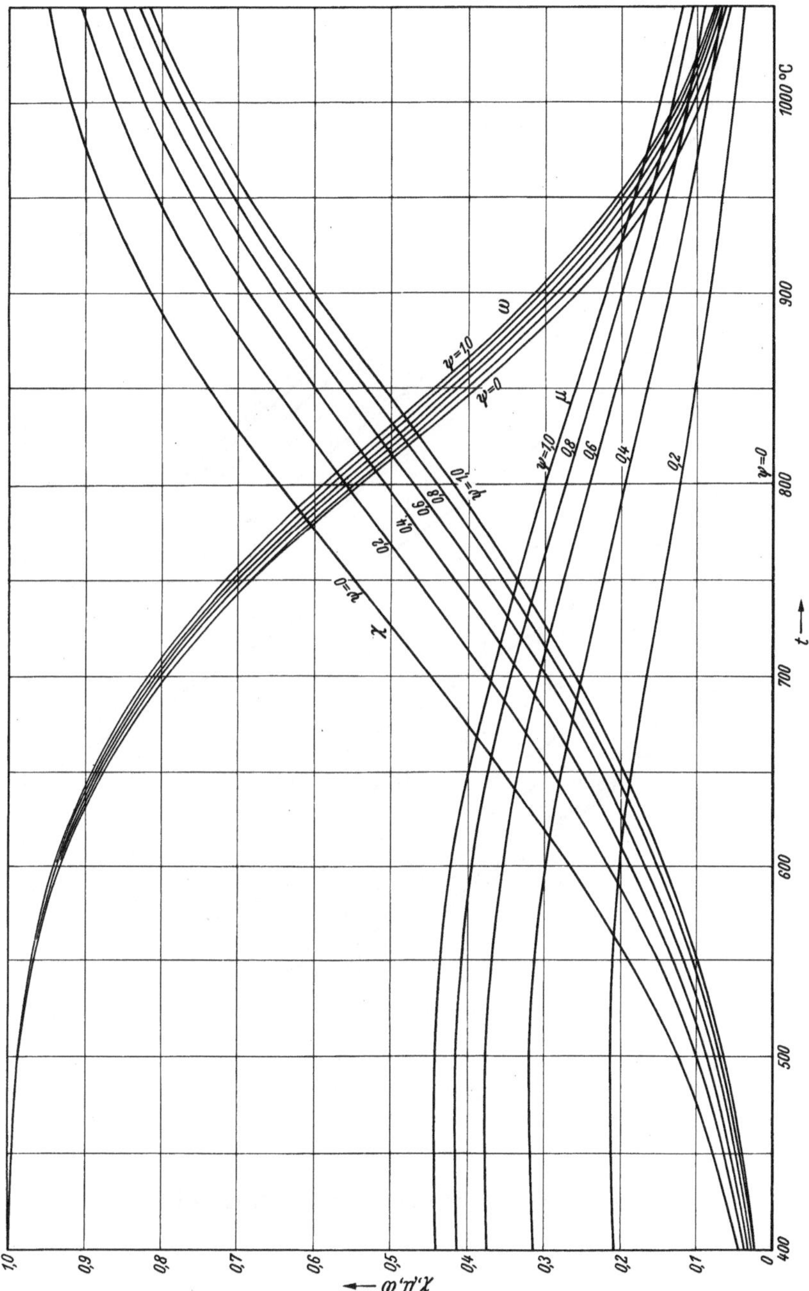

χ, ω, $\mu-t$-Diagramm für $\sigma = 1$, $p = 25$ at, $r_L = 0,21$

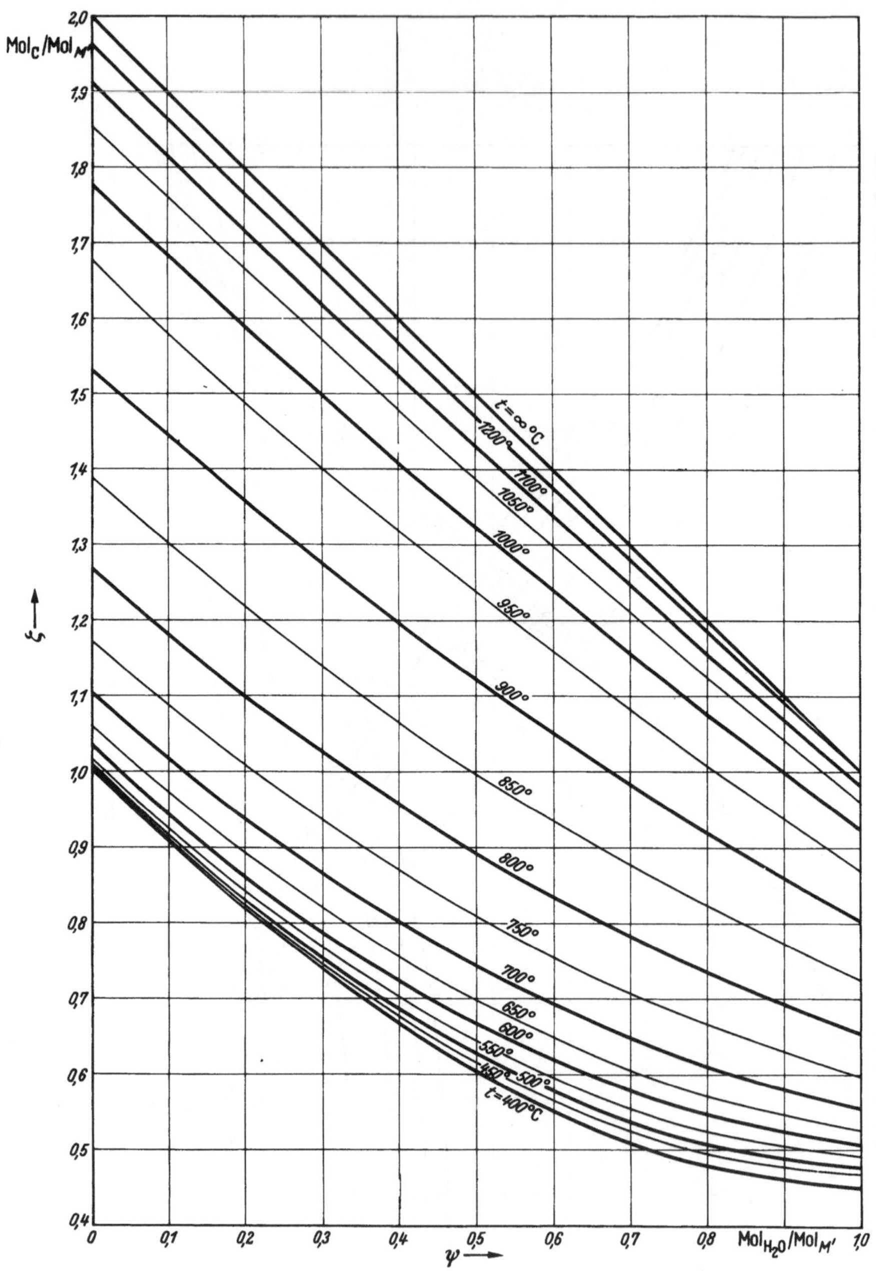

$\zeta\,\psi$-Diagramm für $\sigma = 1$, $p = 10$ at, $r_L = 1$

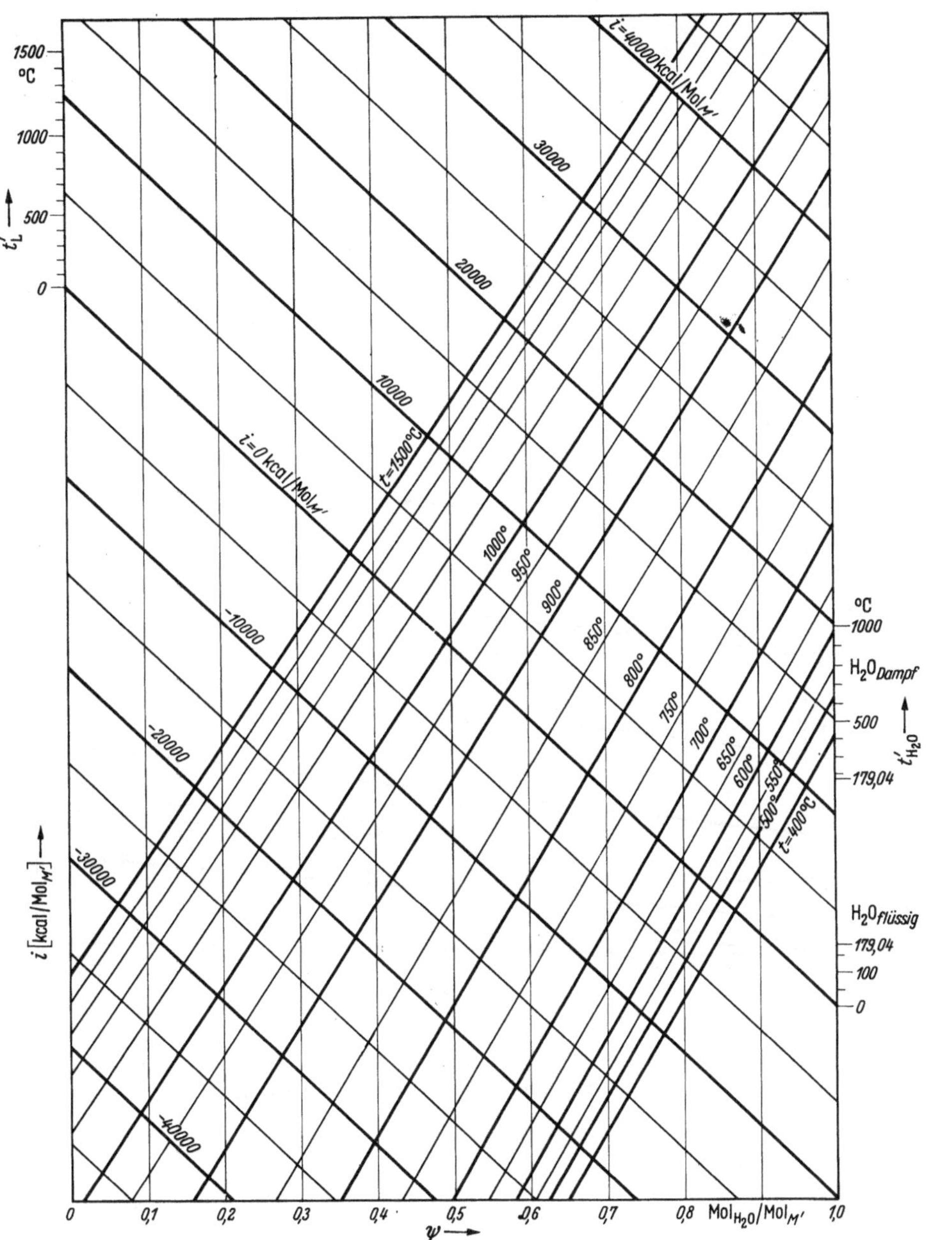

$i\,\psi$-Diagramm für $\sigma = 1$, $p = 10$ at, $r_L = 1$

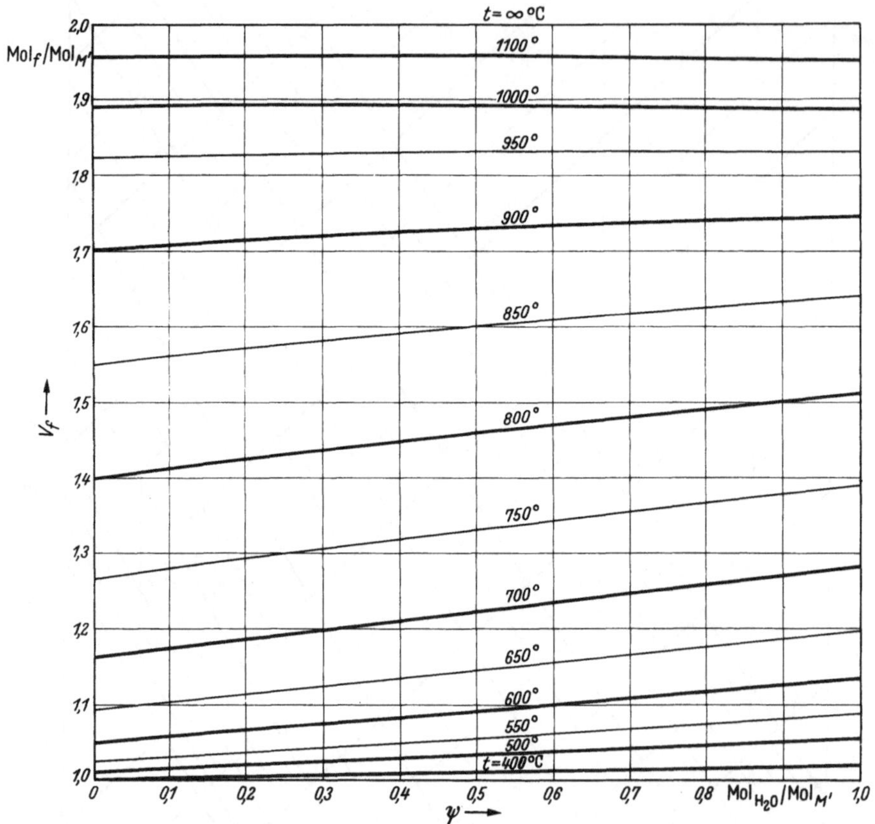

$V_f\psi$-Diagramm für $\sigma = 1$, $p = 10$ at, $r_L = 1$

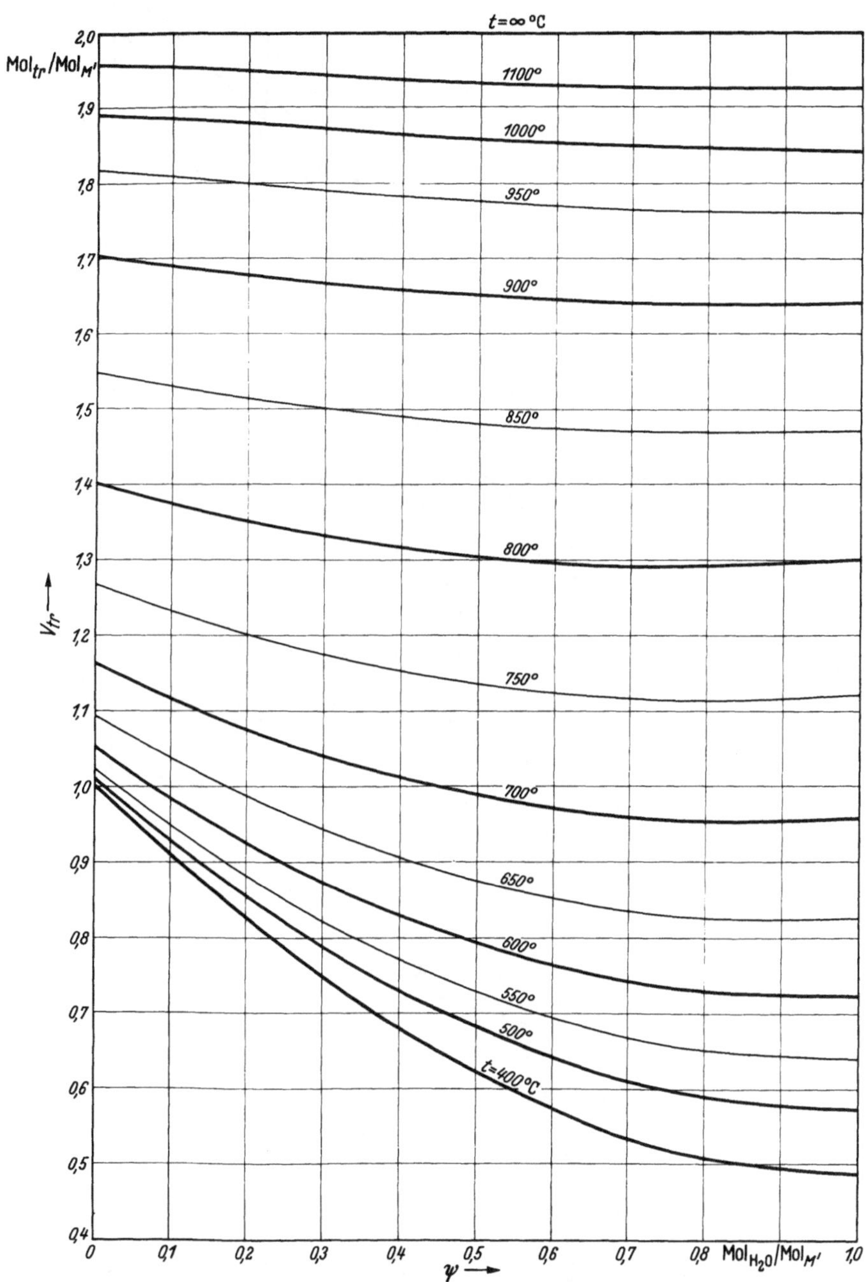

$V_{tr}\,\psi$-Diagramm für $\sigma = 1$, $p = 10$ at, $r_L = 1$

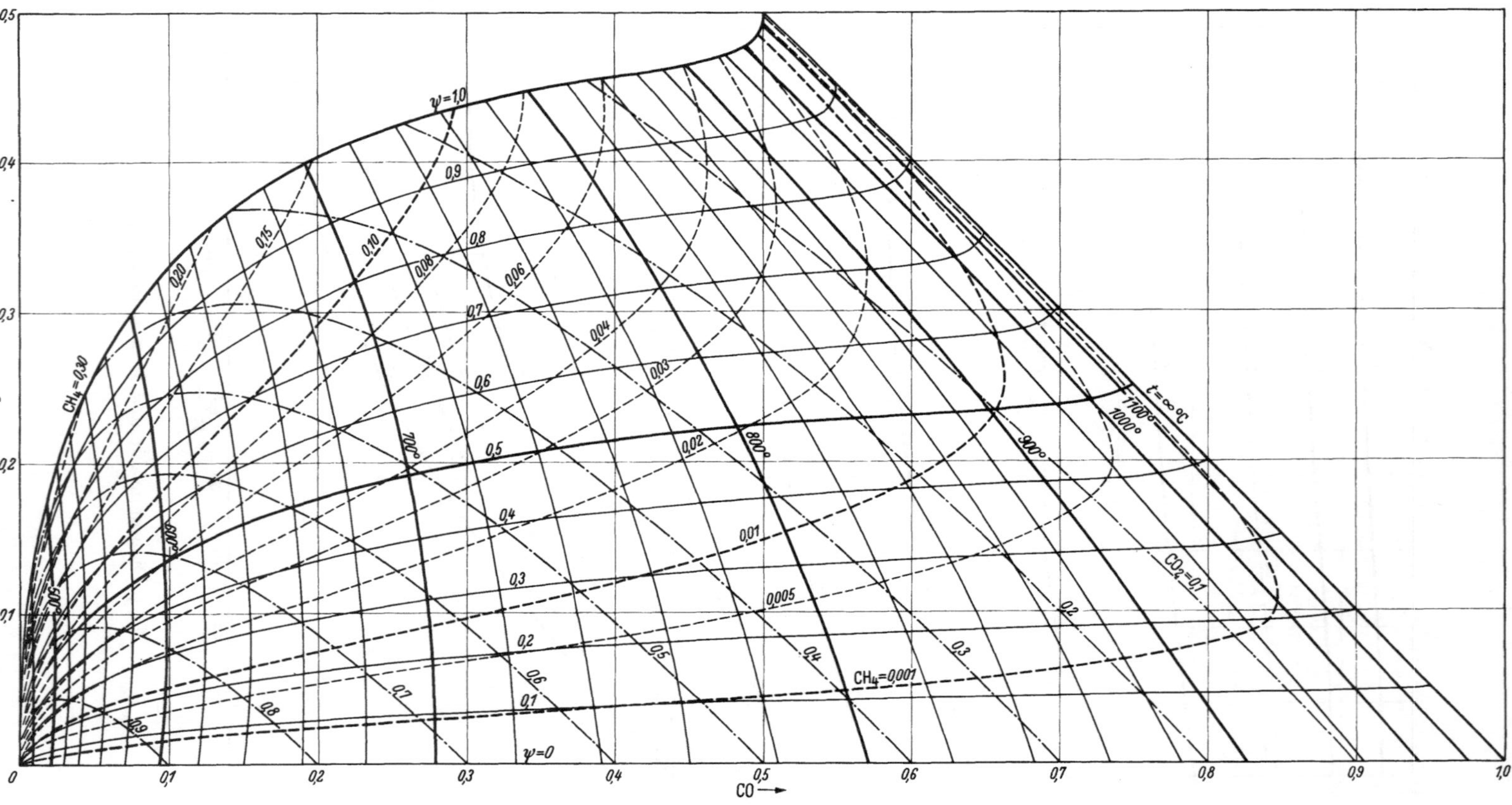

H_2–CO-Diagramm mit Linien $CH_4 =$ konst, für $\sigma = 1$, $p = 10$ at, $r_L = 1$

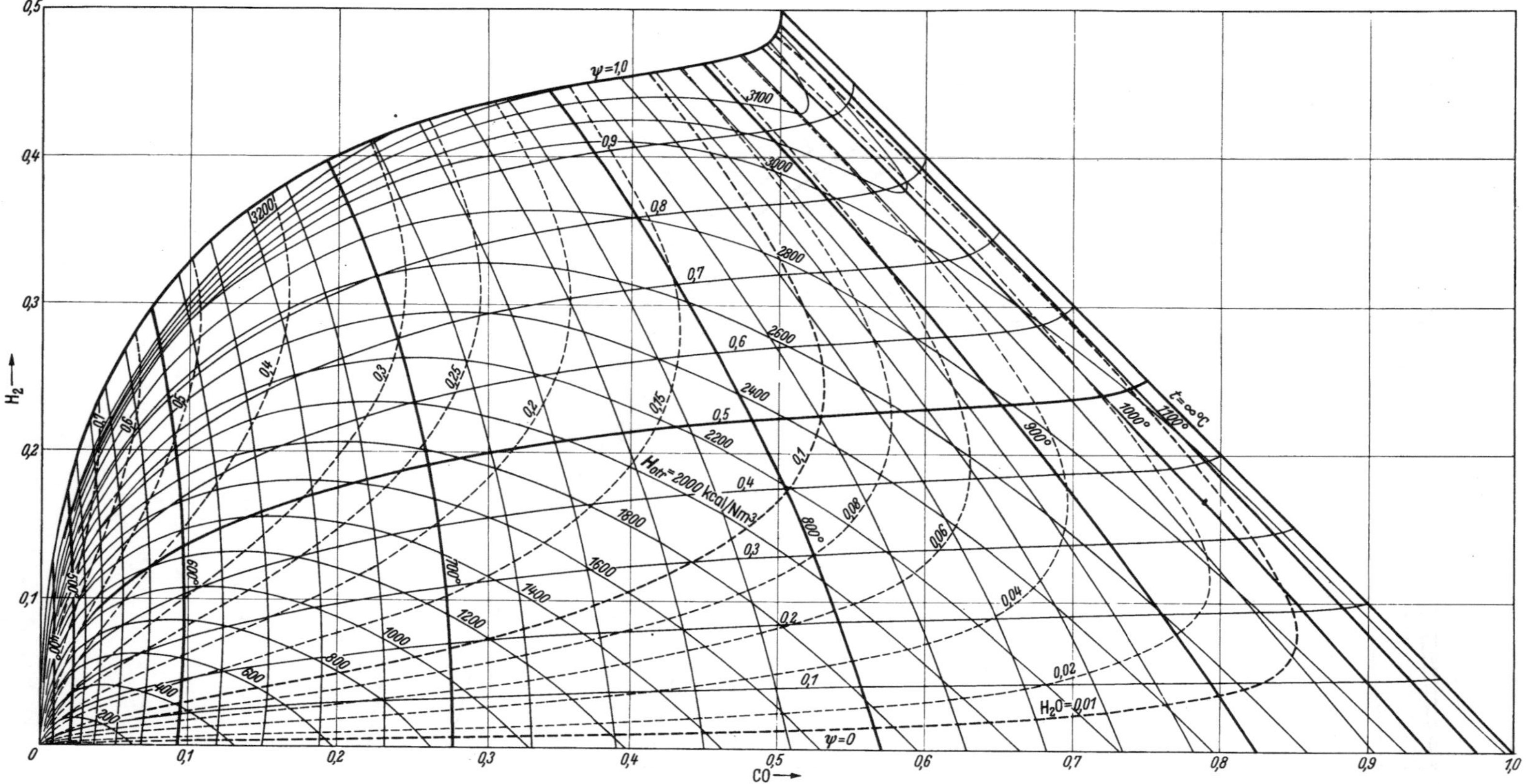

H$_2$-CO-Diagramm mit Linien H$_2$O = konst, für $\sigma = 1$, $p = 10$ at, $r_L = 1$

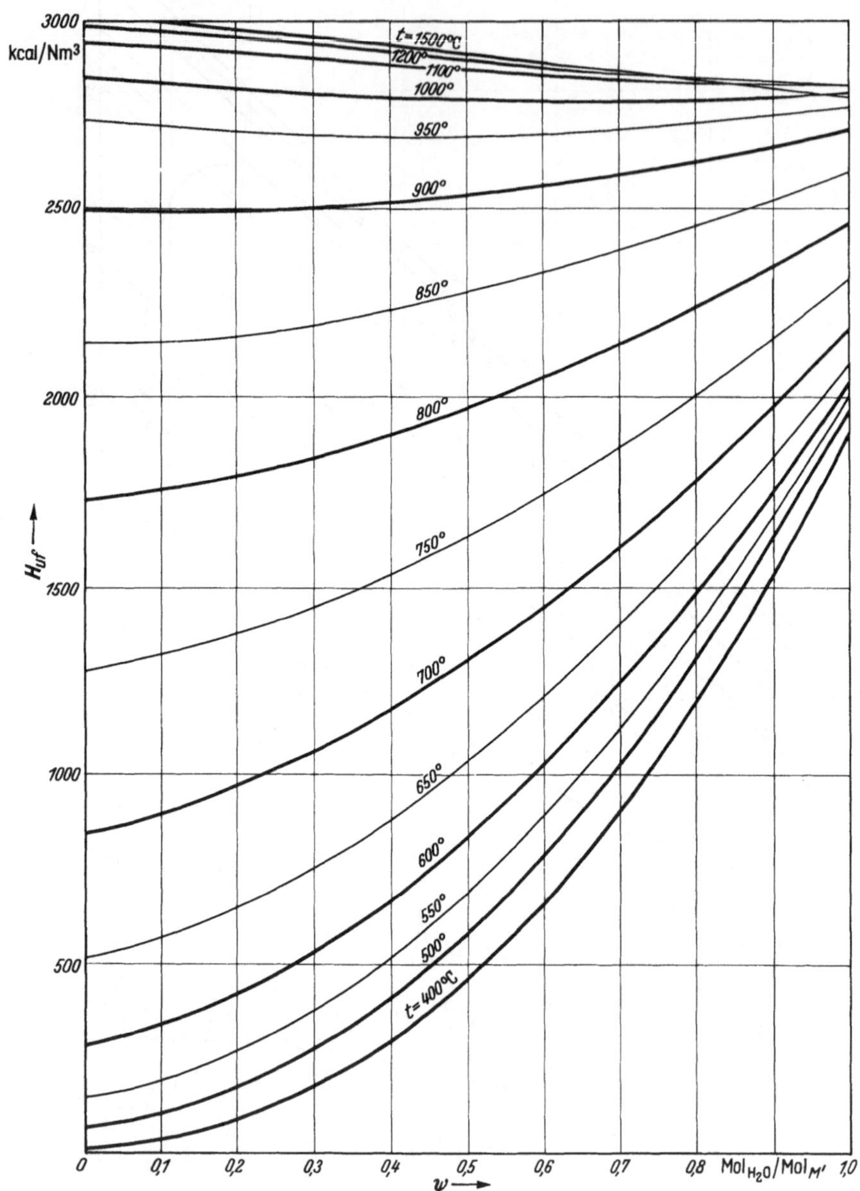

$H_{uf}\psi$-Diagramm für $\sigma = 1$, $p = 10$ at, $r_L = 1$

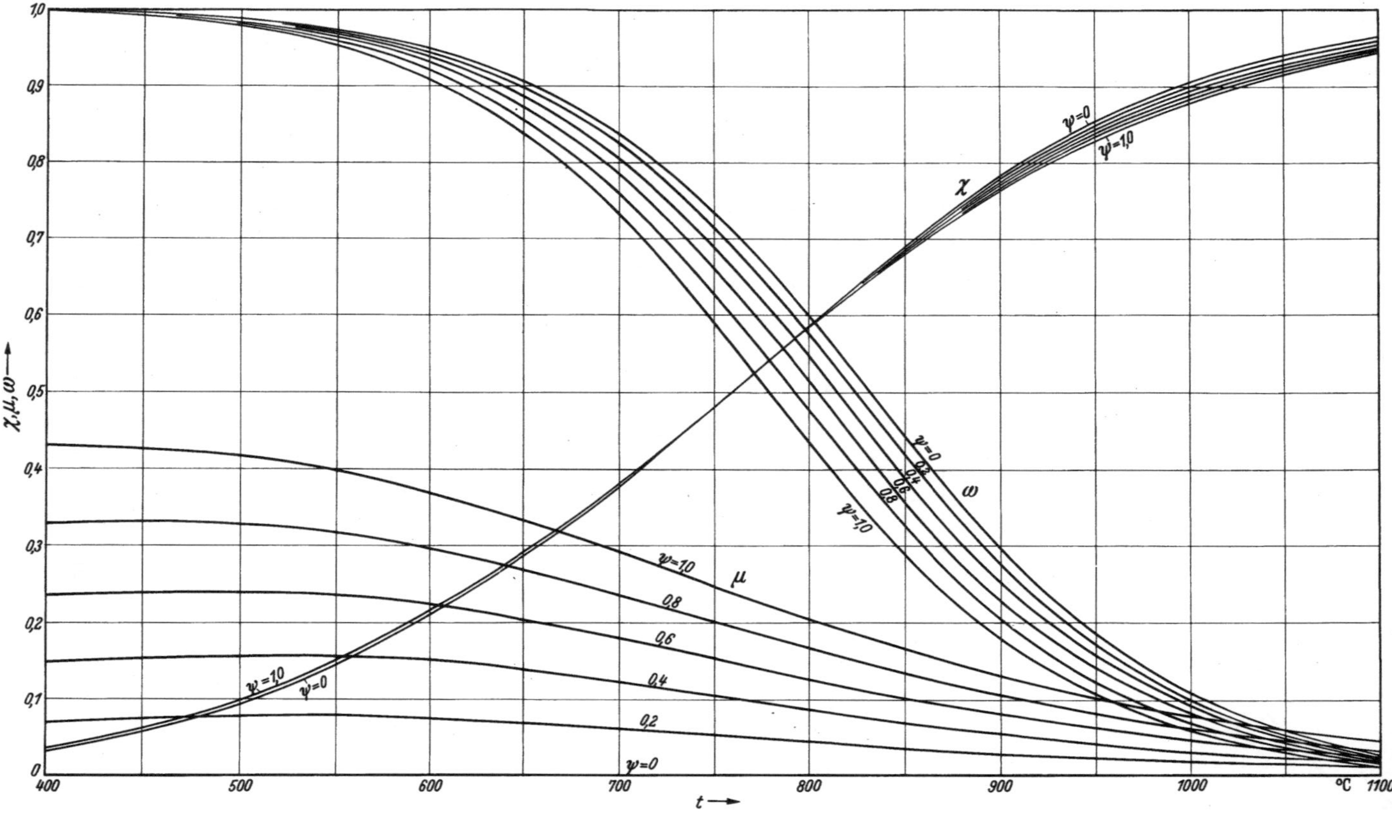

χ, ω, μ—t-Diagramm für σ = 1, p = 10 at, $r_L = 1$

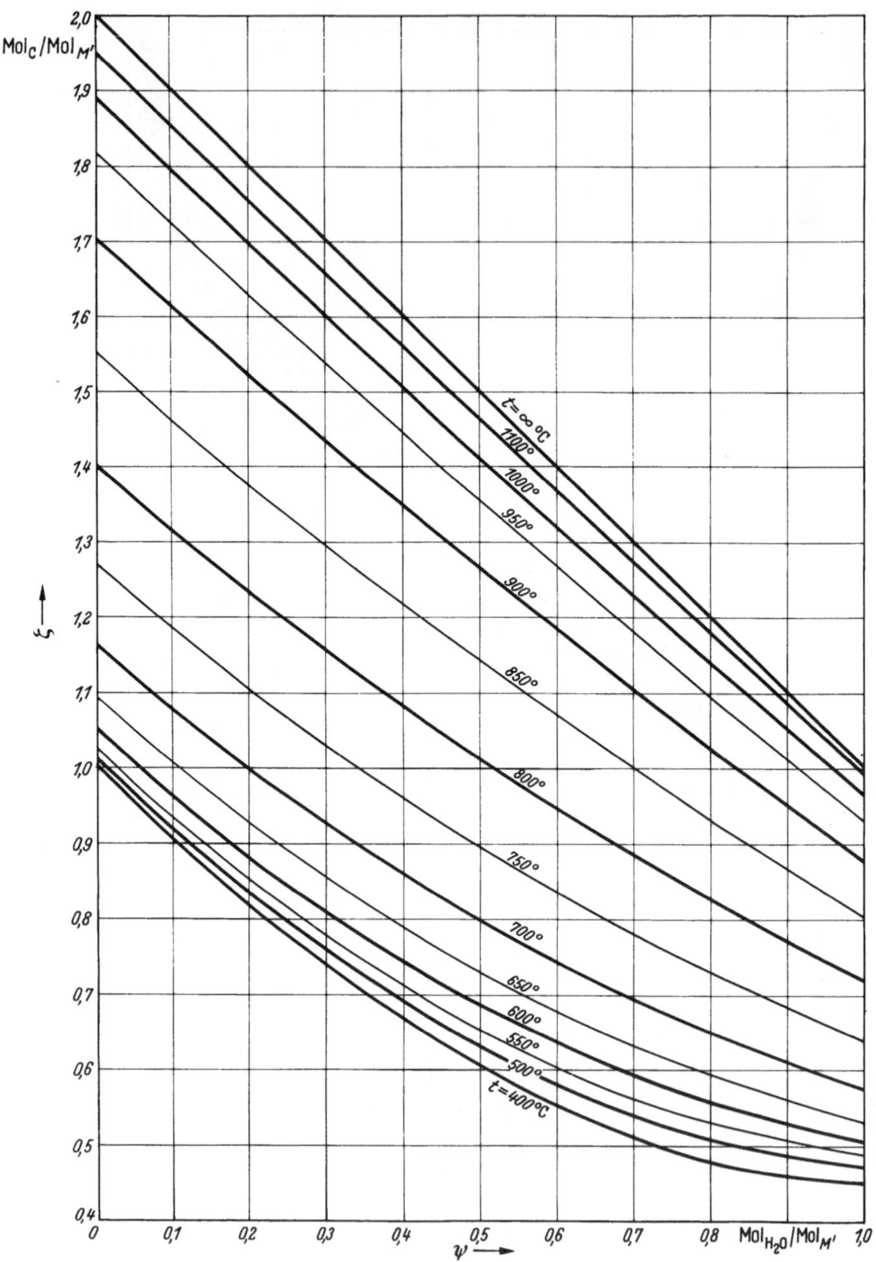

$\zeta\,\psi$-Diagramm für $\sigma = 1$, $p = 25$ at, $r_L = 1$

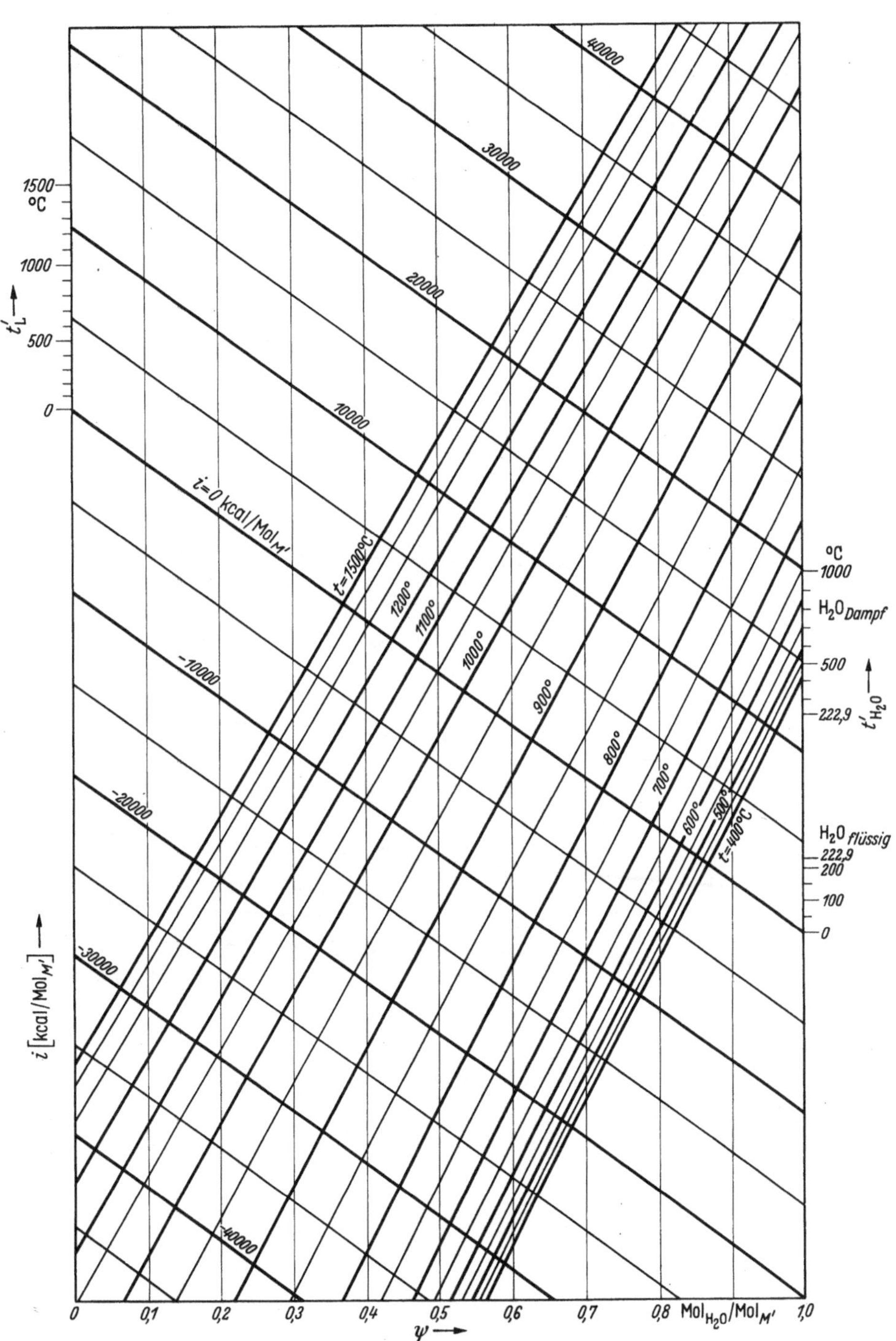

$i\,\psi$-Diagramm für $\sigma = 1$, $p = 25$ at, $r_L = 1$

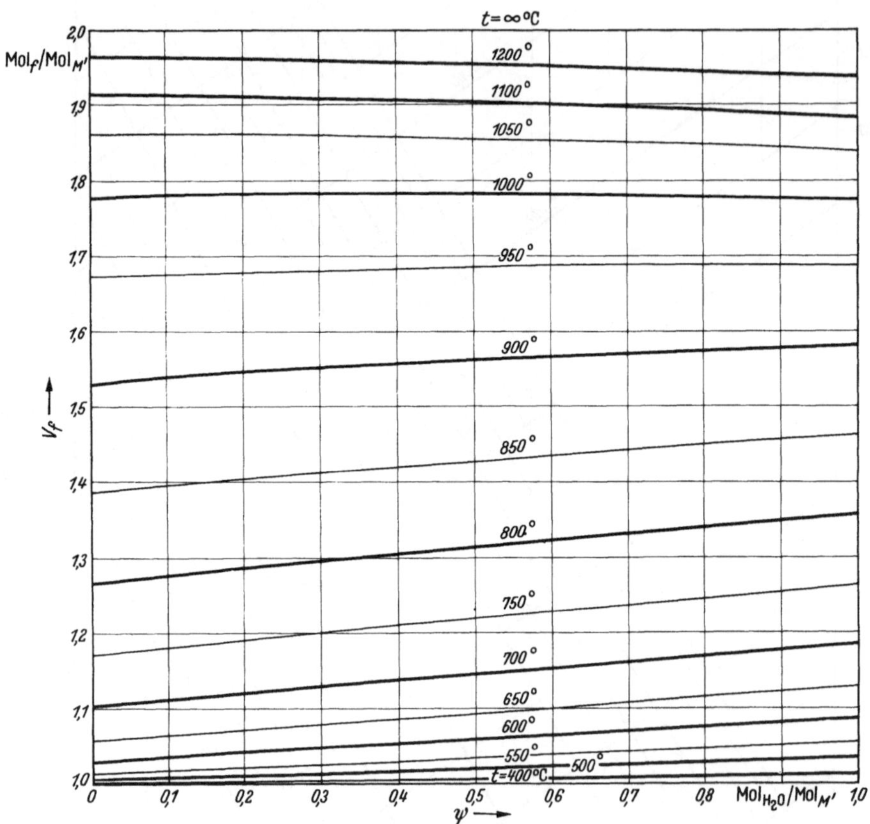

$V_f\,\psi$-Diagramm für $\sigma = 1$, $p = 25$ at, $r_L = 1$

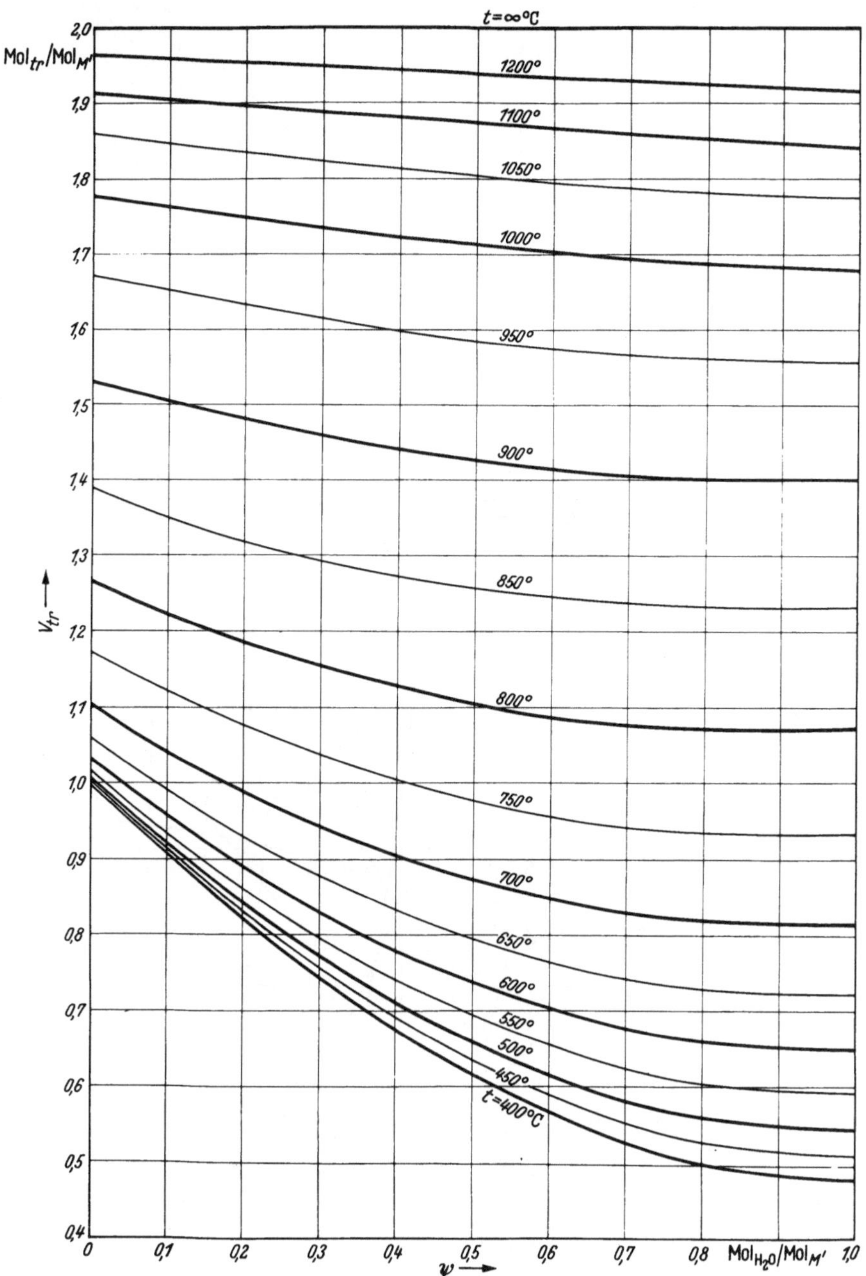

$V_{tr}\psi$-Diagramm für $\sigma = 1$, $p = 25$ at, $r_L = 1$

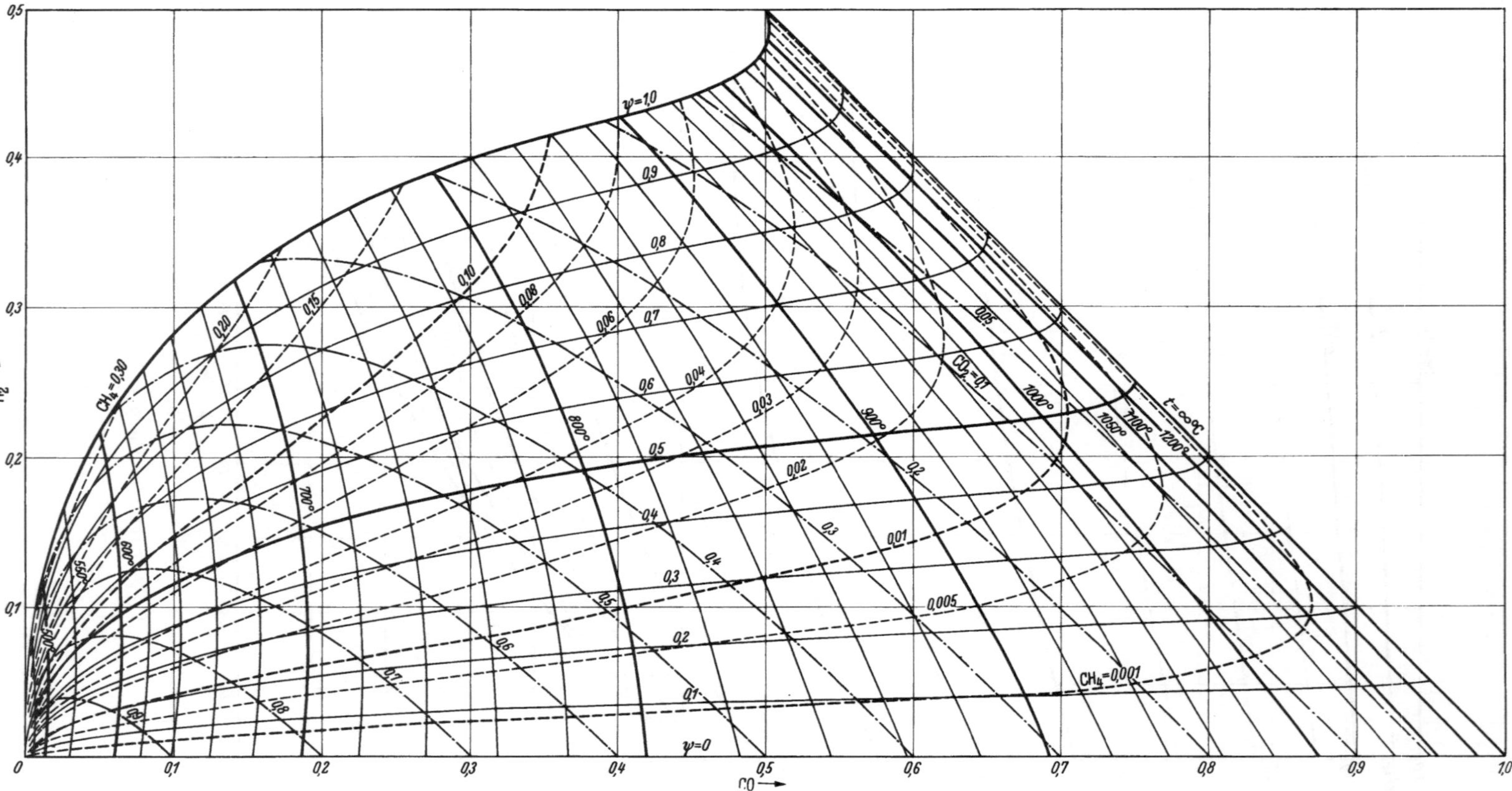

H₂-CO-Diagramm mit Linien CH₄ = konst, für σ = 1, p = 25 at, r_L = 1

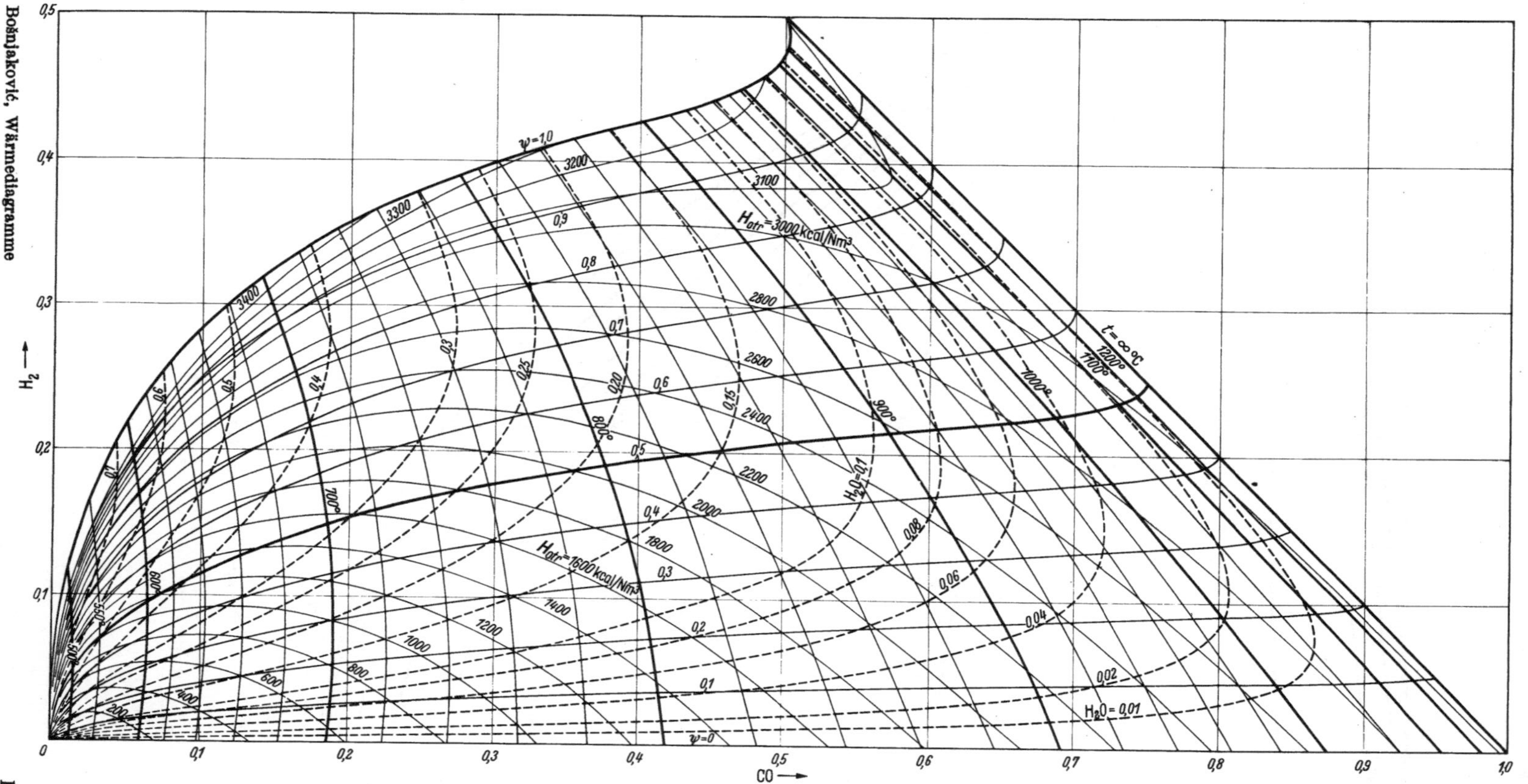

H₂–CO-Diagramm mit Linien H₂O = konst, für σ = 1, p = 25 at, r_L = 1

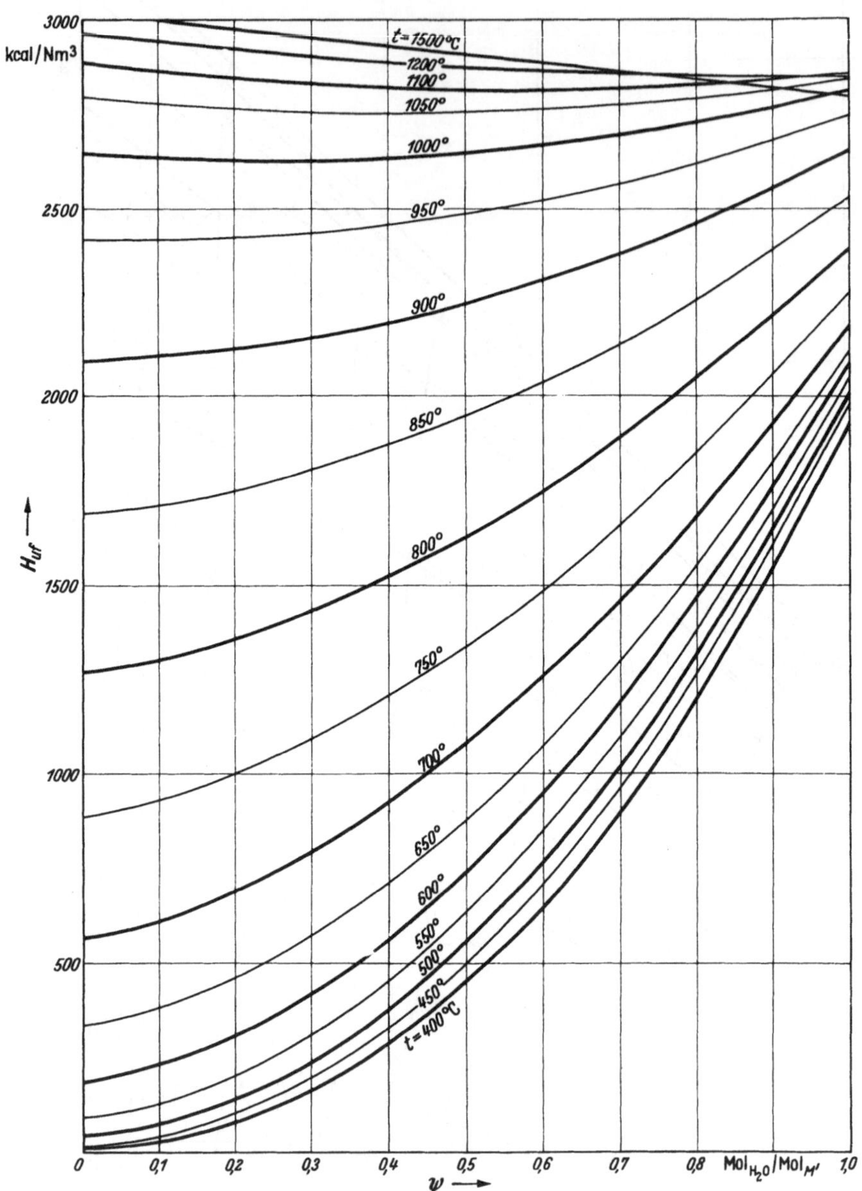

$H_{uf}\psi$-Diagramm für $\sigma = 1$, $p = 25$ at, $r_L = 1$

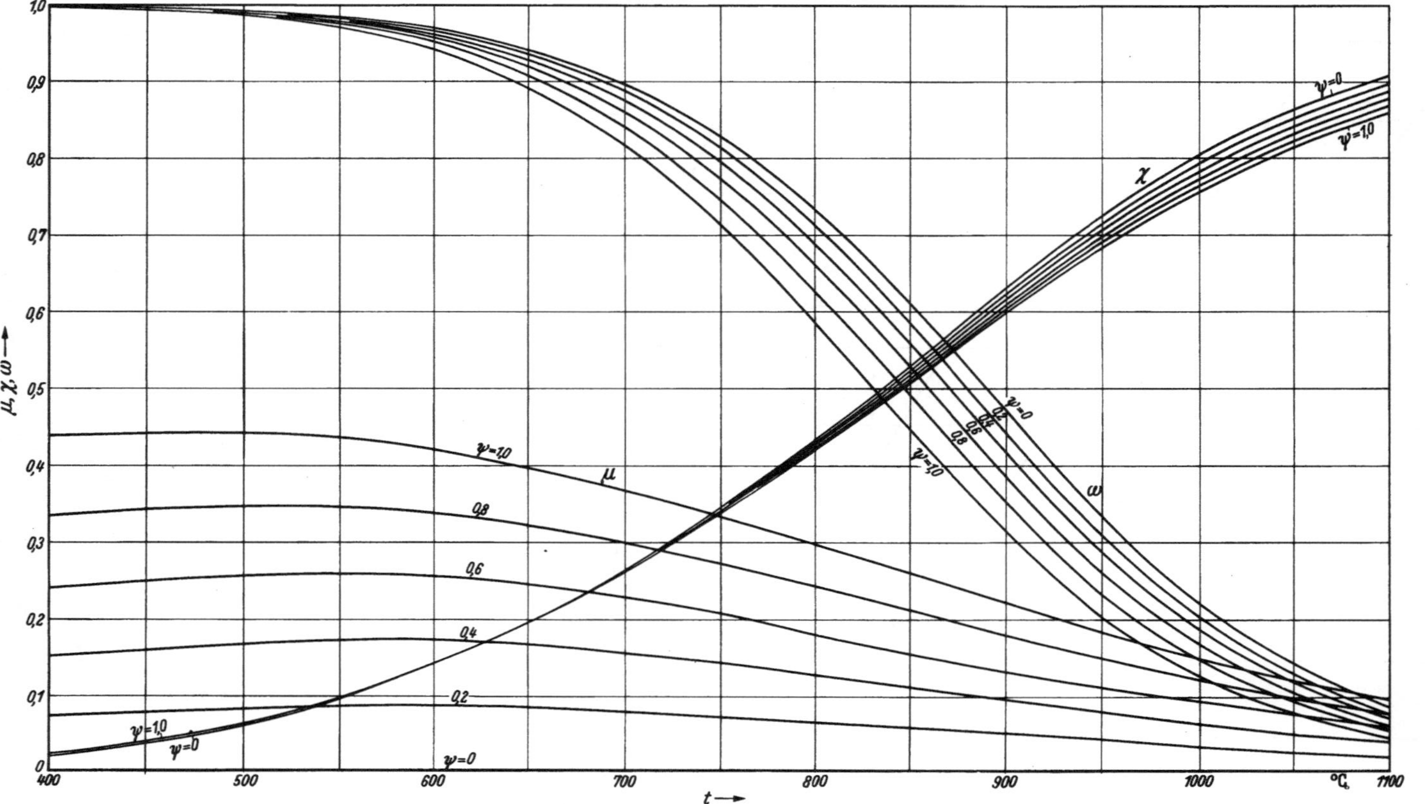

$\chi,\ \omega,\ \mu - t$-Diagramm für $\sigma = 1$, $p = 25$ at, $r_L = 1$

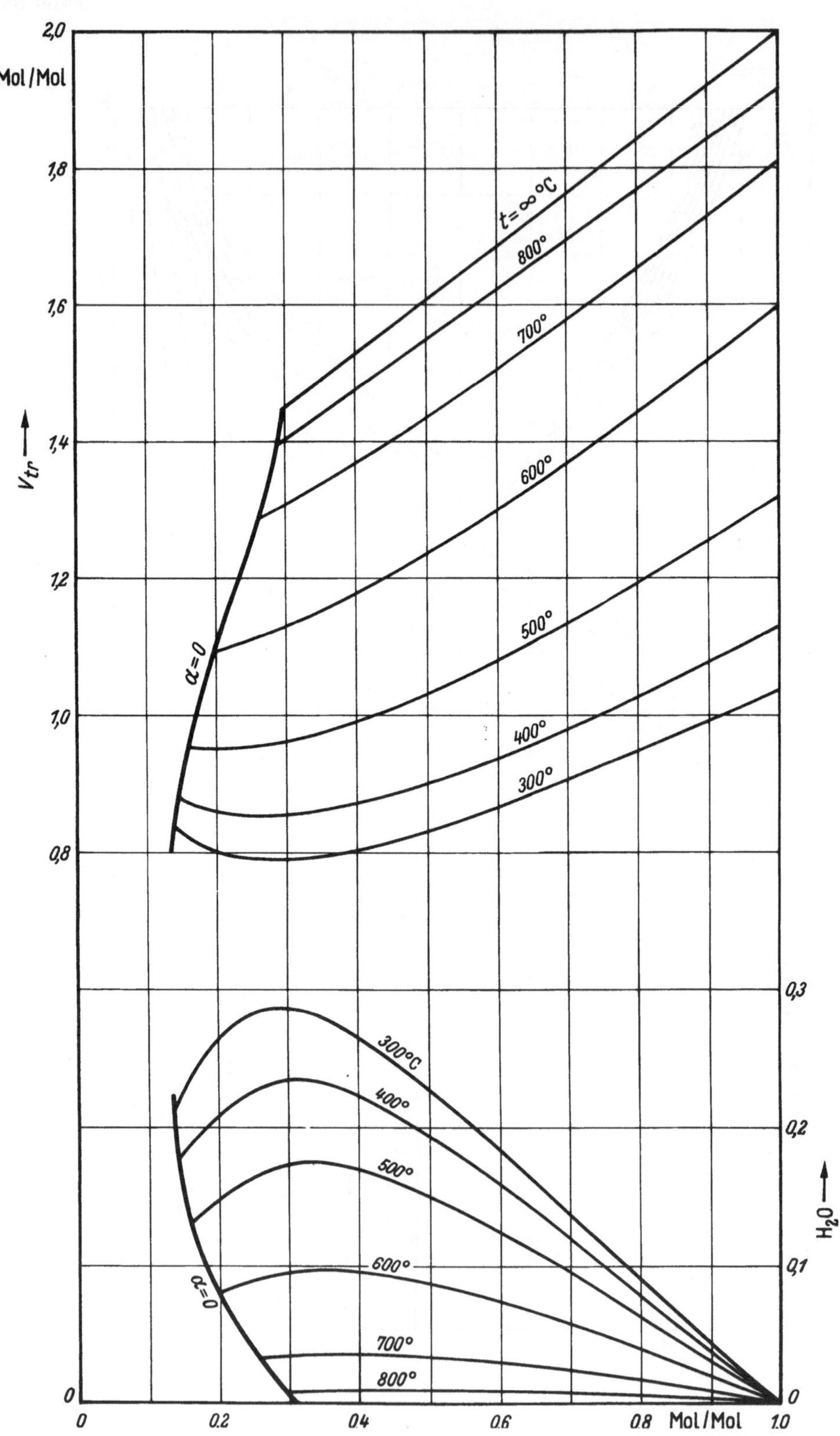
Mol/Mol
2,0
1,8
1,6
1,4
1,2
1,0
0,8
V_{tr}
$\alpha=0$
$t=\infty\,°C$
800°
700°
600°
500°
400°
300°
0,3
0,2
0,1
0
H_2O
300°C
400°
500°
600°
700°
800°
$\alpha=0$
0   0,2   0,4   0,6   0,8   Mol/Mol   1,0

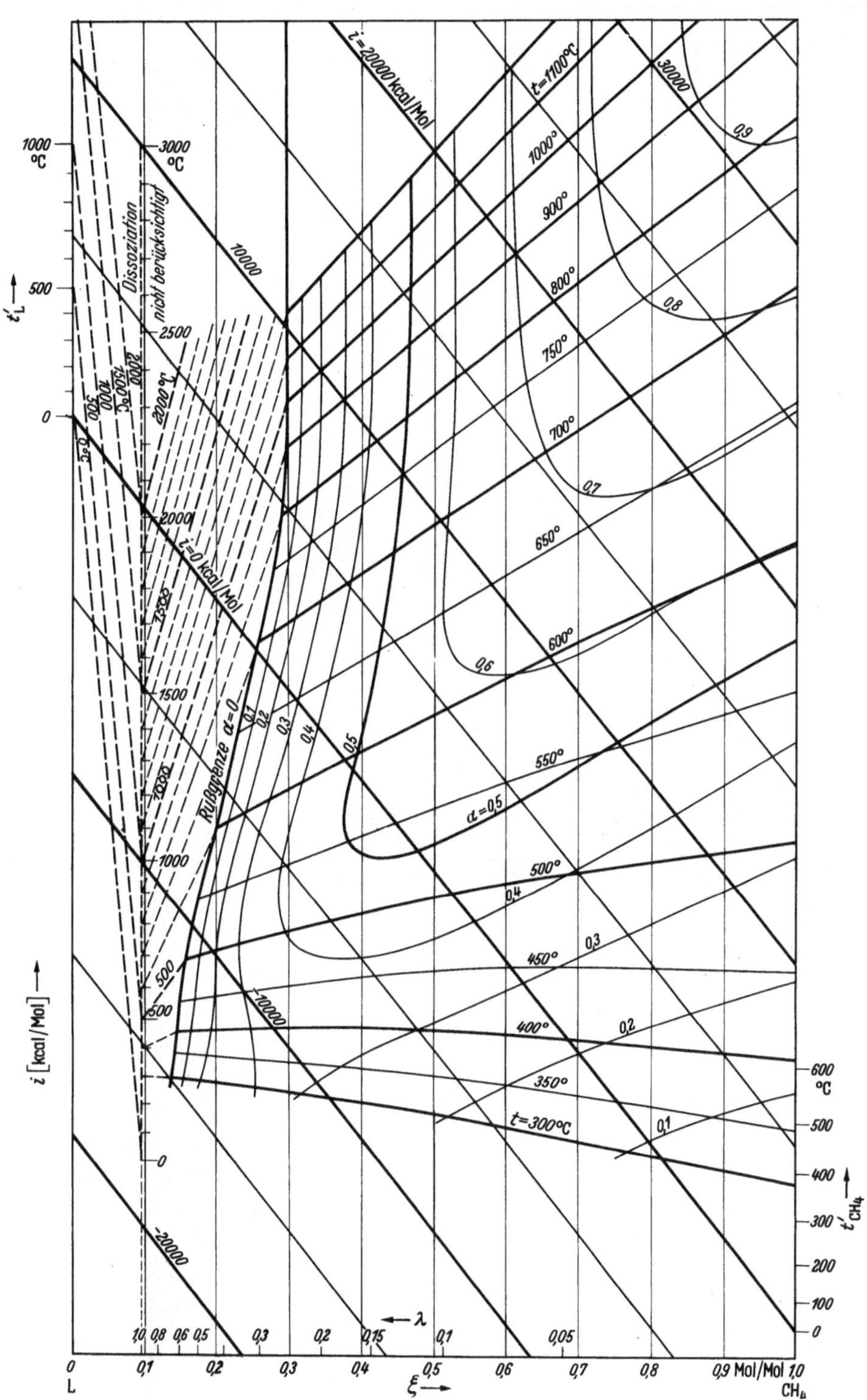

i,ξ-Diagramm für Methanverbrennung

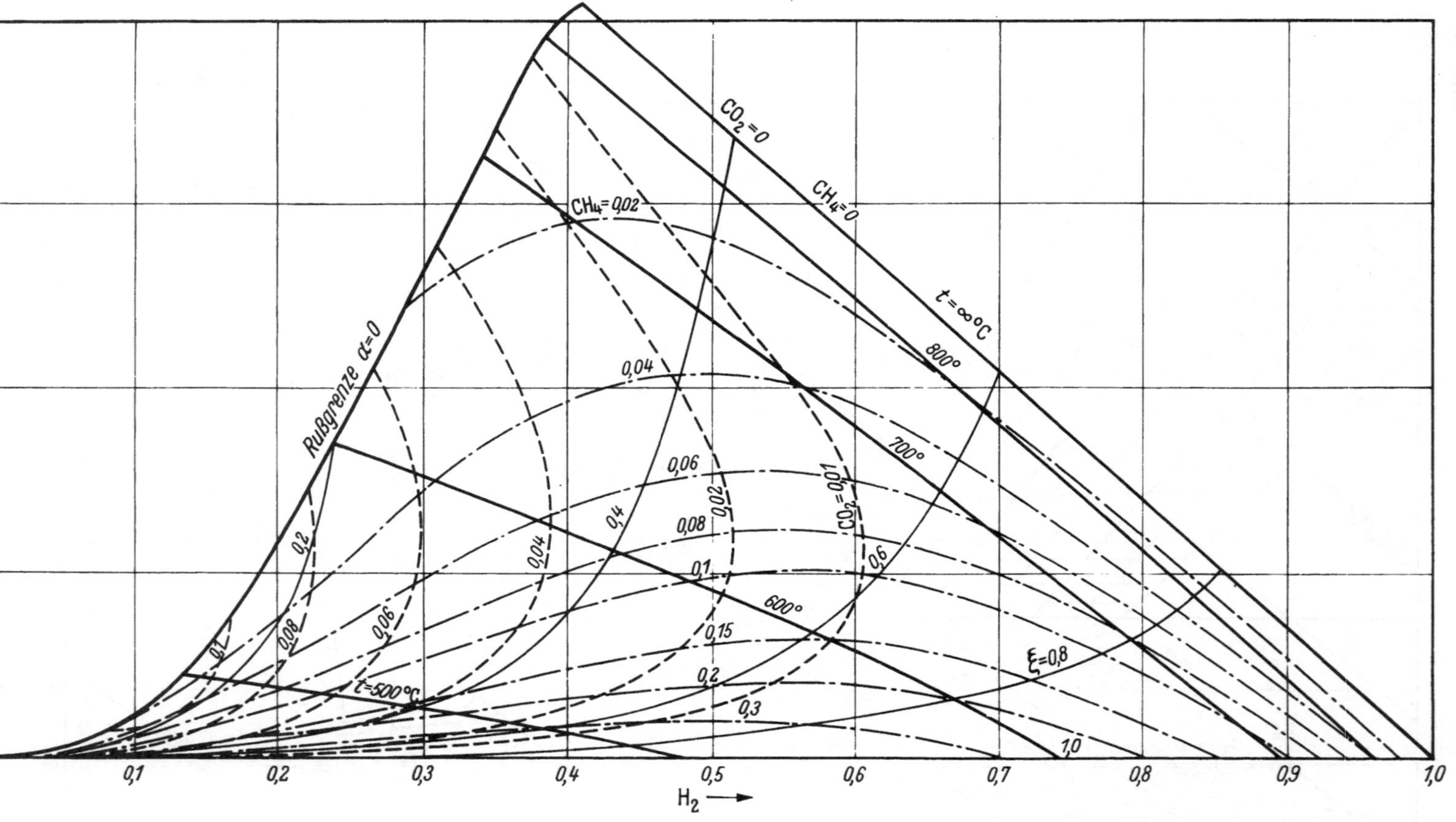

H₂-CO-Diagramm im Rußgebiet der Methanverbrennung

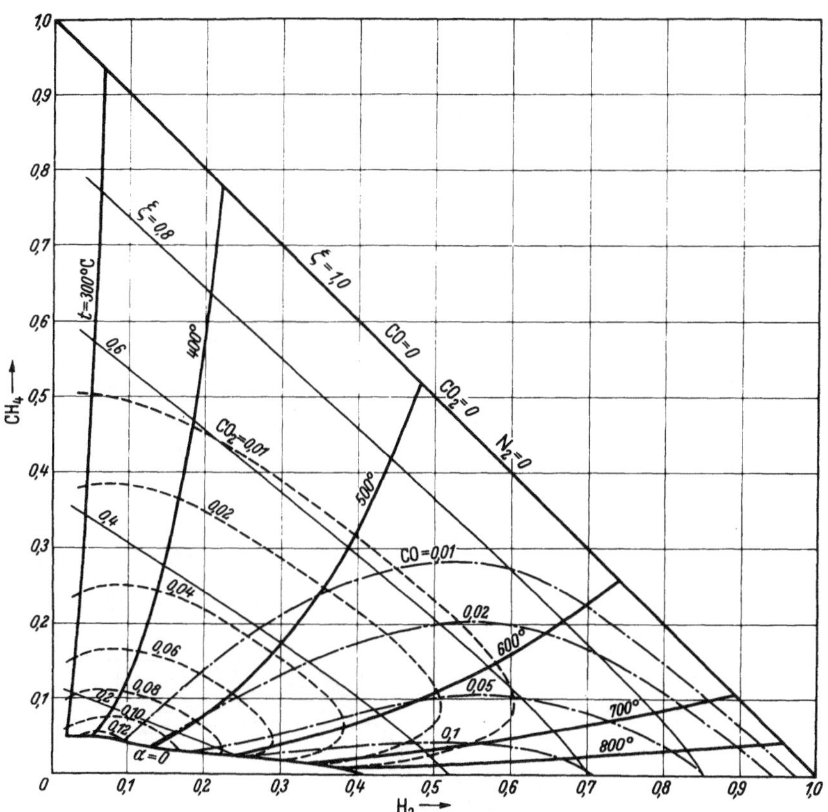

CH₄-H₂-Diagramm im Rußgebiet der Methanverbrennung

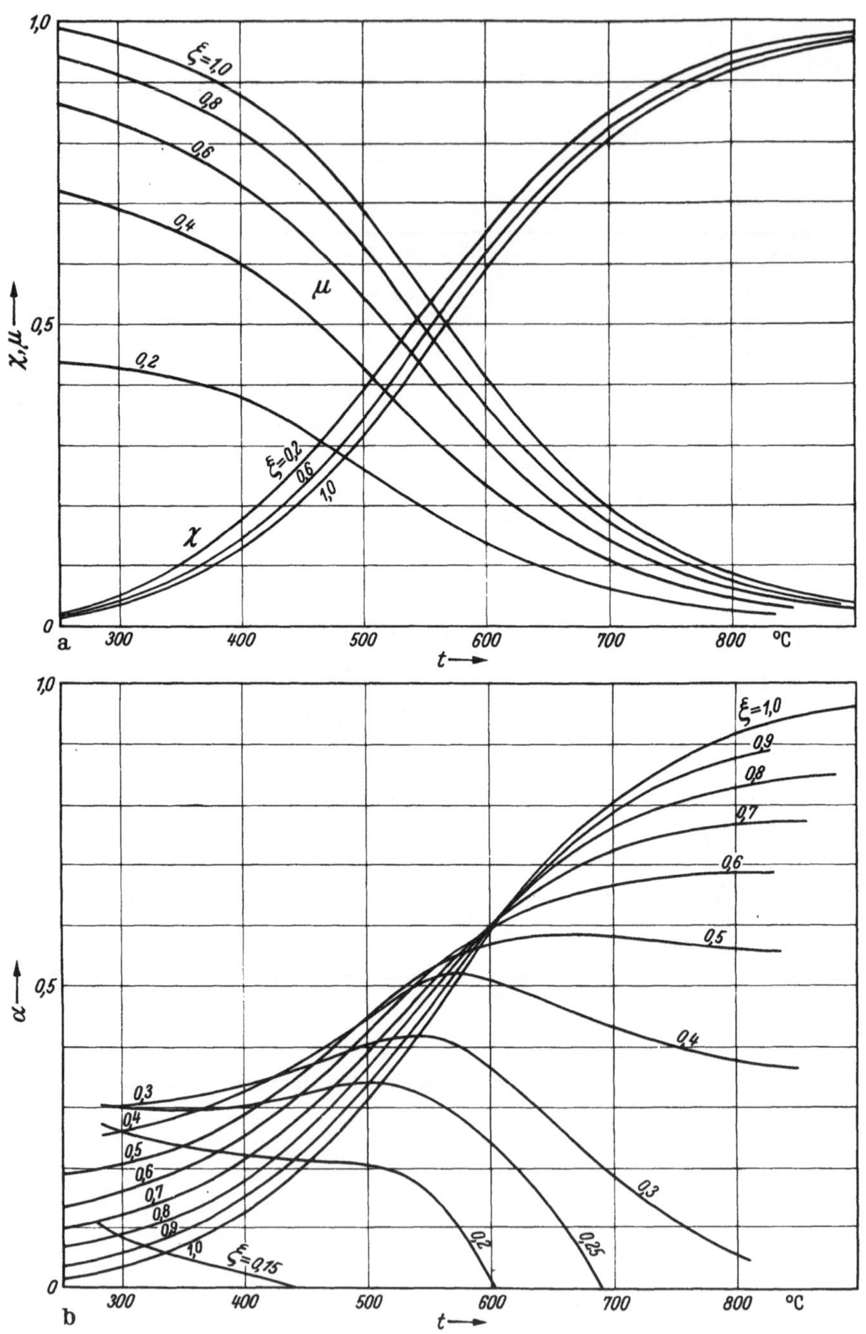

χ, μ—t- und αt-Diagramm im Rußgebiet der Methanverbrennung